JN485232

Bubble Dynamics

기포동역학

곽 호 영

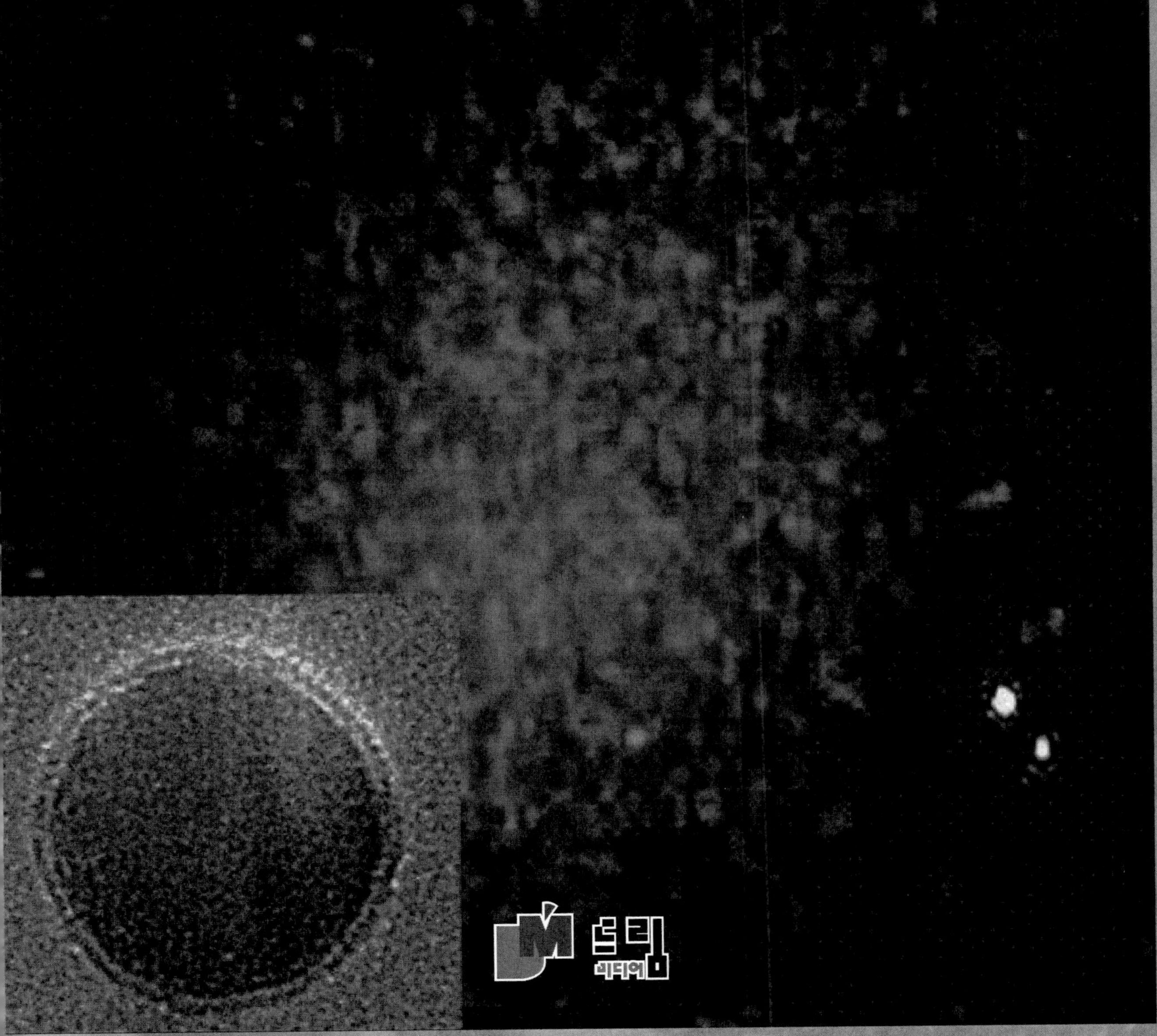

§ 헌 사 §

산으로, 들로, 냇가로 뛰어 놀 줄만 알았던 이 아들이 그간 꾸준히 학문에 정진하여 부모님의 크신 은혜에 작은 보답으로 이 책을 바칩니다.

머리말

중앙대학교 중앙문화연구원(현 연구협력처)에서 발간한 연구원 뉴스레터에 1993년 5월 있었던 교수 논저구상이라는 컬럼에 기포형성이론 이란 제목으로 글을 쓴지가 이미 8년이 넘었다. 나는 내가 창안한 분자론적 모델인 액체 내에서의 기포 형성을 중심으로 책을 집필하고자 구상했었다. 나는 당시 물리학, 음향학 및 화학분야에서 초미의 관심사로 등장한 소노루미네센스 현상에 대해 관심을 갖고 있었고, 다행히도 지난 10년 동안 그 분야에 대한 연구를 집중적으로 계속할 수 있었다. 이 연구과정에서 지금껏 수치해석적으로만 가능했던 기포의 거동에 관계되는 Navier-Stokes 식에 대한 해석적 해를 얻게 되는 행운을 가졌으며, 이어서 지금까지 미해결의 문제였던 소노루미네센스 현상을 유체역학적으로 설명할 수 있었고, 이 모든 현상의 전반에 걸쳐 나 자신의 독창적 이론을 펼칠 수 있는 행운도 누릴 수 있었다. 이제 와서 기포동역학 이라는 제목의 저서를 출판하기에 이르니 감회가 깊다.

우리나라의 기계공학이나 화학공학 분야의 연구자들에게 잘 알려져 있지는 못한 실정이지만 핵비등 현상(R. Cole : Boiling Nucleation in Advances in Heat Transfer, Vol. 10, pp.85-166)이나 공동현상(R. T. Knapp, J. W. Daily and F. G. Hammitt : Cavitation, Mcgraw-Hill, 1970), 액체의 과열 한계(M. Blander and J. I. Katz:, Boiling Nucleation in Liquid, AICHE J. Vol.21.pp.833-848, 1975, C.T. Avedisian: The Homogeneous Nucleation Limits of Liquids, J. Phys. Chem. Ref. Data, Vol. 14, pp. 695-729, 1985)나 초음파장내에서의 기포의 거동(E. A. Neppiras Acoustic Cavitation, Phys. Reports, Vol. 61. pp. 160-251, 1980), 소노루미네센스 현상(B. P. Barber et al.; Defining the Unknowns of Sonoluminescence, Phys. Report, Vol. 281, pp. 65-143, 1997) 등에 관련되어서는 지금껏 이미 수백편의 논문이 쓰여졌다. 특히 지난 10년간 초음파장에서 미소 크기의 단일 기포를 띄우는 방법이 가능해졌고 이러한 크기의 기포가 초음파장에서 진동할 경우 그 수축시 빛이 나오는 현상-소노루미네센스

(Sonoluminescence) 현상에 관심이 중대함에 따라 이에 대한 연구 결과가 많이 발표되었다. 게다가 최근에는 마이크로히터 위에서의 기포형성이 버블젯 프린터에 응용되고 있을뿐더러, 초음파장에서 진동하는 미소 기포가 급격히 수축 할 때 기포 내 가스의 온도가 극고온에 달해 핵융합이 일어날 가능성이 제시되고 있다. 또한 기포가 수축할 때 이때 기포벽 주위의 액체층에서 실험실에서 쉽사리 달성할 수 없는 고온, 고압의 반응영역이 형성되기 때문에 이 현상을 이용한 새로운 물질이나 촉매의 제조에 관련하여 많은 연구가 행해져 이를 설렵하고 정리하기란 용이하지 않은 일이다.

본 책자에 있는 내용들은 지난 20여년간 기포형성이나 성장 및 기포거동에 관련된 연구를 수행하면서 이러한 현상들을 본인 나름대로 이해하고자 했던 노력의 결과이다. 하지만 다른 연구자의 관점도 이해하고자 하였고 또 내용에 포함시키고자 노력하였다. 알려진 사실이지만 창조적인 발상이란 우연히 한 순간에 이루어지는 것이 아니고 어떤 문제를 이해하려고 노력하는 과정중에 떠올랐던 일련의 착상 중에서 얻어지는 것임을 깨달았다. 기포동역학 내에는 기포생성 및 거동에 관련하여 유체역학 교과에서 포함하고 있는 응축 및 기화현상,복사를 포함한 열전달 현상, 물질전달 현상, 기포의 급격한 수축에 의한 충격파의 전파는 물론 양자터널링에 의한 기포형성 현상과 중력에 의한 에너지 집중현상인 중력수축 문제도 다루었다. 하지만, 분자들이 만들어내는 무수한 현상 중에서 비선형적인 Navier-Stokes 방정식이 내포하고 있는 거대한 산과 같은 내용 중에서 아주 적은 일부분만을 들추어냈을 뿐이다. 본 책자가 기포형성이나 기포거동에 관련하여 연구하고자 하는 학생이나 연구자에게 좋은 참고자료를 제공해줄수 있고, 또 연구를 수행하는데 있어서 발상의 전환에 대한 계기를 줄 수 있기를 기대한다.

본인에게 Bubble 이라는 평생의 연구과제를 제시한 University of Texas at Austin의 지도교수이자 친구인 R. L. Panton 교수께 감사드리며, 그 동안 실험과 계산을 수행해 준 상변화 연구실을 거쳐간 학생에게 감사한다. 힘들었던 80년대에 연구를 수행하는 동안 정신적으로 많은 도움을 주신, 하지만 지금은 타계하신 중앙대학교 기계설계학과 한정수 교수님께 감사드린다. 또한 인간사와 사회전반사에 대한 예리한 통찰력으로 관조한 뒤 위트와 유머가 넘치는 수

필(영어,한국어)로 승화시키고 계신 중앙대학교 영어교육과 이창국 교수와의 유쾌한 교우관계는 현재도 본인의 연구에 변함없는 자극과 격려가 되고 있음도 이 자리를 빌어 밝혀둔다.

끝으로, 이 책이 나올 수 있도록 물심양면으로 지원해 주신 드림미디어 안기열 사장께 감사드린다.

2002.5
중앙대학교 기계공학부
상변화 연구실에서

개정판을 내면서

기포동역학의 초판을 출판한지도 벌써 만 12년이란 세월이 지나갔다. 고등학교 3학년이던 아들이 대학을 졸업하고 대학원에 진학하여 마이크로 유체역학분야에서 박사를 취득하고 같은 방면에서 일을 한지가 1년이 되어가는 그런 오랜 세월 이였다.

그동안에도 나의 "물방울과의 전쟁'은 계속되었다. 수천 개의 마이크로 기포가 생성되고 소멸되는 초음파 장을 이용하여 메탄을 수소로 개질 시키는 데 있어서 성능이 탁월한 핵-층상 구조의 나노촉매를 제조 하였으며 음파 발광 시에 나오는 아주 미약한 빛의 펄스폭을 단일 광자를 셀수 있는 방법으로 측정하였다. 이론적으로는 수천 개의 마이크로 기포 운 (bubble cloud) 내에서 거동하는 기포가 수축 시 왜 단일기포의 경우에 비해 더 미약한 빛을 발산하는지도 기포-액체에 대한 질량 및 운동량 보존 식을 이용하여 규명하였다. 게다가 초음파 장에서 거동하는 기포의 수축 시에 고온 고압의 상태를 기술할 수 있는 검증된 상태량의 값을 모르는 현 시점에서 분자동력학 시뮬레이션을 통하여 이론적인 결과를 검증할 수 있었다.

기포동역학의 수정증보판에는 위에 기술한 내용 이외에도 왜 콜라에 박하사탕을 넣으면 폭발하게 되는지와 같은 흥미 있는 소재이라든지 플래스틱이나 금속 제품을 제조할 때 기계적 강도는 그대로 유지하며 재료를 절감할 수 있는 폴리머 내에서 초미세 폼의 형성과정에 관한 내용도 포함시켰다. 또한 선택적으로 암세포를 사멸시키는 방법으로 이용될 수 있는 용액 내의 나노입자에 레이저를 조사할 경우에 생성되고 소멸되는 나노기포에 대해서도 기술하였고 해저에서 TNT가 폭발할 경우 어떻게 군함을 파괴할 정도의 거대한 힘이 나오는지에 대해서도 기술하였다. 수정증보판에는 학계에서 눈을 부릅뜨며 인정할 수 없다는 내용인 구대칭 이상기체 시스템에 대한 해석적 해를 이용하여 원시성의 iron-core가 수축할 때와 그 iron-core가 되튀어 폭발할 때 얼마큼 열을 발산하고 흡수하는지에 대한 해석도 과감하게 포함시켰다.

기포와 함께 지내온 지난 30 여 년간 돌이켜 보니 고독하였고, 어려웠고 때로는 뛸 듯이 기뻤던 格物致知의 긴 여정이었지만 소정의 의미 있는 일을 할 수 있었던 것은 적시에 재능 있는 학생이 옆에 있었기 때문이었다.

드림미디어 안 기열 사장의 재촉과 열의에 힘입어 기포동력학의 수정증보판이 빛을 보게 되었다. 이에 심심한 사의를 보낸다.

2014년 4월

중앙대학교 CAU Fellow 연구실에서

chapter 1. 핵형성(nucleation) 이론

chapter 2. 액체 내에서의 증기에 의한 기포형성

chapter 3. 액체 내에서의 가스에 의한 기포형성

chapter 6. 기포의 성장과 운동

chapter 7. 소노루미네센스 현상

chapter 8. 하나의 기포로서의 별과 우주 및 해저 폭발

Chapter 1
핵형성(nucleation) 이론

1. 1 서론

상변화에 따른 여러 가지 문제는 과학이나 공학의 여러 분야[1] 즉, 기계공학, 기상학, 물리학, 금속공학, 화학 및 천문학, 항공학 분야에서 대두되고 있다. 일상 생활 중에서 흔히 볼 수 있는 상변화의 예로는 공기중의 수증기들이 냉장고에서 갓 꺼낸 쥬스통의 표면에서 물방울로 변한다거나, 청량 음료수를 컵에 따를 때 그 속에 있던 가스들이 모여 기포를 형성하는 일 등이다.

일반적으로 이러한 상변화는 세 개의 단계로 구분할 수 있다. 첫 번째 단계는 온도, 압력, 응력 등 화학 또는 물리적 외부 조건의 변화의 결과로 기인되는 과포화상태로의 발전이다. 두 번째 단계는 이러한 과포화상태 내에서 새로운 상태의 핵(nucleus)의 형성이다. 그리고 이 핵은 새로운 상태의 모체(embryo)라 할 수 있다. 세 번째의 단계는 이러한 새로운 상태의 핵이 거시적인 형태로 커나가는 과정이라 할 수 있다.

이 장에서는 핵형성 현상의 한 예로 과포화 상태에 있는 증기(vapor)의 응축과정(condensation process)을 중심으로 설명하고자 한다. 왜냐하면 고전 기포형성 이론도 이 응축 과정에 대한 이론에서 출발했기 때문이다. 제2절에서는 핵형성 현상의 예와 그 응용에 대해서, 제3절에서는 열역학적인 관점에서, 제4절에서는 운동론적인 관점에서 고찰해보았고, 제5절에서는 과냉각 액체 내에서의 결정형성을, 6절에서는 핵형성 이론의 동향과 문제점에 대해서 다루었다.

1. 2 핵형성 현상의 예들과 그 응용

핵형성 현상의 비근한 예로는 응축(condensation)이나 기화(evaporation)현상, 용액이나 고체 내에서 기포의 형성, 그리고 용액 내에서 결정의 형성 등을 들 수 있다. 이러한 상변화 현상이 계의 내부에서 일어날 때를 균질 핵형성(homogeneous nucleation)이라 하고, 그 물질의 표면이나 불순물(dust particle)에 의하여 일어날 때를 비균질 핵형성(heterogeneous nucleation)이라 한다. 이렇게 볼 때, 우리가 일상 생활에서 흔히 볼 수 있는 것은 후자의 예이다.

응축이나 기화 현상은 지구를 둘러싼 대기 중에서[2] 끊임없이 일어나는 현상 중의 하나이다. 구름의 형성이라든가 빗방울의 모체인 액적(droplet)의 형성 등은 좋은 예이다. 더욱이 대기 현상은 대부분의 경우 난류 현상을 동반하기 때문에 온도와 압력 등 외부조건의 요동(fluctuation) 중에 일어나는 응축이나 기화 현상[3]의 이해는 기상학에서 중요한 과제 중의 하나이다. 또한 액적의 성장이나 기화 현상에 관한 연구는 환경공학과 일상 생활이나 군사적인 목적에 매우 중요한 에어로졸 분야[4]에 필요 불가결한 과제이기도 하다. 기계공학 측면에서도 응축이나 기화 현상은 대부분의 에너지 시스템의 중요한 부분을 차지하는 증발기나 응축기 등의 열교환기 설계에 필요하다는 것은 주지의 사실이다[5].

용액이나 고체의 내부에서 발생하는 기포에는 증기로 된 기포와 가스로 형성된 기포가 있다. 액체의 온도를 높였을 때, 발생하는 비등현상(boiling)은 증기로 된 기포의 전형적인 예이며 보일러에서의 열전달 문제나 안정성 문제에도 큰 몫을 차지하고 있다. 비등현상의 응용으로는 높은 열유속을 갖는 전자장치의 액침냉각[6]을 들 수 있다. 또한 원자로에서의 안정성 문제[7]라든지, 물이 고온인 금속 용액과 접촉하였을 때 일어나는 증기폭발[8] 등을 들 수 있다. 증기로 된 기포의 발생은 부압(negative pressure)[9]인 상태에서도 일어나는데 이러한 현상을 공동현상(cavitation)[10]이라 부른다. 이 현상은 와류(vortex)의 중심에서나 혹은 초음파를 액체 내에서 작동시켰을 때 액체 내의 어떤 부분의 순간 압력이 액체의 증기압 이하로 내려갔을 때 발생하는 것이다. 그러므로 공동현상은 양압력(positive pressure)하에서 일어나는 비등현상과는 달리 기포의 붕괴(collapse)를 수반하기 때문에 프로펠라나 하이드로포일(hydrofoil)의 설계 및 운전 등에 중요하다. 생물학에서는 이러한 기포의 붕괴를 이용 하여 박테리아를 죽이는 데 쓰이기도 하며 신장결석을 파괴하기도 한다.

가스로 형성된 기포는 높은 압력에서 많은 가스 분자들이 용액 속에 용해되어 있다가 압력을 내리면 용해되어 녹아있던 가스 분자들이 과포화상태에 이르게 됨에 따라 발생하게 되는 것이다. 이 현상의 중요한 예로는 잠수부들이 수압이 높은 깊은 물 속에 들어갔다가 갑자기 지상으로 나오게 되면 혈관이나 세포 내에서 질소나 산소로 구성된 기포가 발생하게 됨으로써 생기는 잠수병[11]을 들 수 있다. 또한 이 현상은 쉿물의 진공상태에서의 가스제거(vacuum degassing)[12]에 중요한 연구 과제일 뿐만 아니라 세공이 많이 있는 물질[13,14]를 만드는 데 이용되기도 한다. 또한 원자로 내부에서 중성자나 이온 또는 전자 등의 조사(irradiation)에 의하여 금속 내부에 증기와 가스로 된 기포[15]가 생기게 되는데, 이 경우 금속의 부피팽창으로 인하여 금속의 강도가 현저히 달라지기 때문에 고속 증식로(fission reactor)나 핵융합 원자로[16] 설계에 큰 문제를 제기하게 된다.

끝으로 핵형성 현상의 한 예는 과냉각 상태의 물에서 얼음이 형성[2]되는 과정을 들 수 있다. 추운 겨울, 냇가에서 수면에 돌출한 바위의 둘레에만 얼음이 얼어 있는 것을 볼 수 있는데 이 현상의 응용으로는 원동소의 흡입 그레이트에서나 선박 주위에서의 얼음의 형성 등일 것이다.

1. 3 응축(condensation) 현상의 열역학적 고찰

외부와 열교환이 없는 온도가 T인 밀폐된 계를 생각해보자(Fig. 1). 그리고 밀폐계에 들어 있는 증기는 갑작스런 온도의 변화로 인하여 과포화상태에 있다고 하자. 그러면 이러한 불안정한 상태(과포화상태)에 있는 증기 분자들은 좀 더 안정한 상태로 변화하려 할 것이다. 그 결과, 기체 분자들의 상호 충돌에 의하여 Fig. 1에서와 같이 기체 분자들의 집합으로 된 액적, B가 형성되었다고 하자. 이러한 과정에 대해 좀 더 엄밀한 이론으로는 Callen[17]의 열역학 접근 방식을 이용한 헬름홀츠(Helmholtz) 자유에너지를 이용한 방법이[18] 있지만 여기에서는 깁스(Gibbs) 자유에너지를 이용한 방법을[19] 이용하고자 한다.

이제, 액적을 구성하고 있는 분자의 수를 n_B라 하고, 과포화상태의 증기 분자를 n_A라 하면 Fig. 1과 같은 계에서의 깁스 자유에너지는 각 부분계의 합으로서 다음과 같이 나타낼 수 있다.

$$G = n_A\mu_A + n_B\mu_B + 4\pi r^2 \sigma \tag{1-1}$$

여기서 μ_A와 μ_B는 각각 증기분자와 액적을 구성하고 있는 분자의 화학퍼텐셜이고,

r 은 액적의 반경, σ 는 액적의 거시적인 표면장력이다.

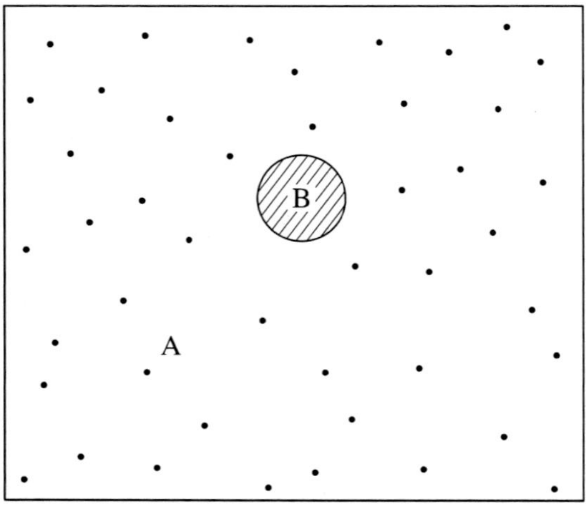

Fig. 1 Vapor(A)–droplet(B) system.

이 계에 들어 있는 분자의 총 수는 일정 ($n_A + n_B = const.$)하므로 액적이 생성되기 전후의 Gibbs 자유에너지 변화는 아래와 같다.

$$\Delta G = n_A \mu_A + n_B \mu_B + 4\pi r^2 \sigma - \mu_A (n_A + n_B) \tag{1-2}$$

또는

$$\frac{d\Delta G}{dn_B} = (\mu_B - \mu_A) + 4\pi\sigma \frac{d(r^2)}{dn_B} \tag{1-3}$$

액적 B 와 과포화상태에 있는 기체 분자 A 가 서로 열역학적 평형상태에 있다고 하면 ($\Delta G = 0$) 식 (1-3)에서 다음과 같은 Kelvin 식을 얻는다. 즉,

$$\mu_B - \mu_A + \frac{2\sigma V_B}{r^*} = 0 \tag{1-4}$$

위의 식을 유도하기 위해서 $n_B V_B = 4\pi r^3/3$ 이라는 관계를 이용했다. 여기서 V_B 는 액적을 구성하는 분자 1개의 체적이다. 이러한 액적의 형성이 일정한 온도하에서 일어난다 고 하면 Gibbs-Duhem 관계식에 의해서 $d\mu_A = V_A dp$, $d\mu_B = V_B dp$ 이므로 식 (1-4)는 다음과 같이 쓸 수 있다.

$$(V_B - V_A)dp + 2\sigma V_B d(1/r) = 0 \qquad (1-4)$$

또한 $V_B \ll V_A$ 이고, 증기를 이상기체라고 가정하면, Kelvin 식은 다음과 같이 기술할 수 있다.

$$k_B T \ln P/P_\infty = \frac{2\sigma V_B}{r^*} \qquad (1-5)$$

k_B 는 Boltzmann 상수이고, P 는 액적을 구성하는 액체의 증기압, P_∞ 는 $r=\infty$ 일 때의 포화증기압이다. 위에서 구한 액적 B 와 증기 A 의 평형조건 식 (1-4)를 식 (1-2)에 대입하면 임의의 크기의 액적, 즉 비평형상태에 있는 액적에 대한 Gibbs 자유에너지 변화에 대한 식을 구할 수 있다.

$$\Delta G = 4\pi\sigma\left[-\frac{2}{3}\frac{r^3}{r^*} + r^2\right] \qquad (1-6)$$

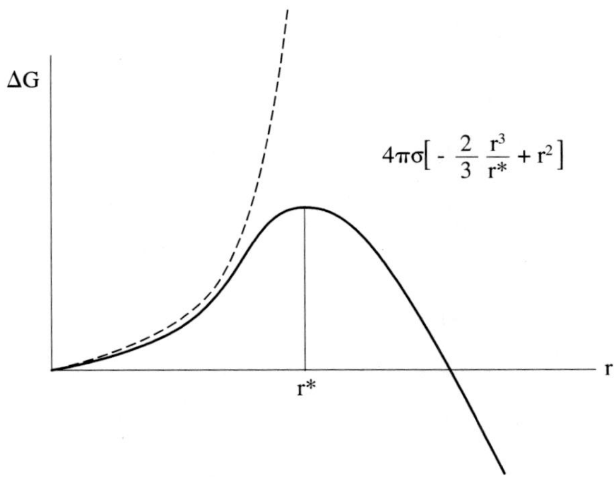

Fig. 2 ΔG as function of r.

Fig. 2에 나타난 바와 같이 식 (1-6)을 액적의 반경, r 의 함수로 나타내 그래프를 그려보면 Gibbs 자유에너지 변화, ΔG 가 평형조건 $r=r^*$ 에서 최소치를 갖는 것이 아니라 최대치를 갖는 것을 알 수 있다.

이것은 액적 B 와 과포화 증기 A 가 이루는 열역학적 평형상태는 불안정한(unstable)

평형상태임을 나타낸다. 또 이것은 이 계가 비록 열역학적인 평형상태에 있더라도 분자들의 요동이 분명히 존재한다는 것을 의미한다. 따라서 액적의 크기는 이러한 요동에 의하여 커지기도 하고, 작아지기도 할 것이다. 즉, 식 (1-6)에서 알 수 있는 바와 같이 액적의 크기가 $r=r^*$ 에 이르지 못하면 ($\delta^2 G > 0$) 액적은 더 이상 크지 못하고, 그 크기는 다시 줄어들 것이다. 반대로 액적의 크기가 $r=r^*$ 에 이르게 되면($\delta^2 G = 0$) 액적은 별 장해 없이 거시적인 액적으로 커나갈 수 있을 것이다. 그래서 액적의 크기 $r=r^*$ 를 임계크기(critical size)라고 한다. 즉, 액적이 임계크기에 도달하느냐가 거시적으로 클 수 있으냐 없느냐를 결정하기 때문이다. 이때 Gibbs 자유에너지 변화는 마치 확산이나 화학반응에서 활성화에너지(activation energy)와 같은 상태변화 $A \rightarrow B$ 에 필요한 "퍼텐셜 장벽"의 역할을 하고 있다.

액적이 임계크기가 될 때, Gibbs 자유에너지의 최대치는 다음과 같이 쓸 수 있다.

$$(\Delta G)_{\max} = \frac{4\pi\sigma}{3} r^{*2} \tag{1-7}$$

$$= \frac{4\pi}{3}\left[\frac{2\sigma V_B}{k_B T \ln P/P_\infty}\right]^2 \sigma$$

윗식에서 알 수 있는 바와 같이 액적이 임계크기에 도달하는데 넘어서야 하는 퍼텐셜 장벽, $(\Delta G)_{\max}$ 는 $(\mu_A - \mu_B)$, 혹은 $k_B T \ln P/P_\infty$ 값이 크면 클수록 작아진다. 증기의 포화상태 정도를 나타내는 $(\mu_A - \mu_B)$를 액적 형성을 위한 구동 퍼텐셜이라고 하고 S $= P/P_\infty$ 를 과포화비(supersaturation ratio)라고 한다. 수증기의 경우 값 S 의 변화에 따라 $(\Delta G)_{\max}$ 이 얼마나 달라지는가를 Table 1. [20]에서 볼 수 있다.

| Table 1 | Values of $(\Delta G)_{\max}$ depending S in water vapor at 300K

S	1.001	1.11	2	5	10
$\frac{(\Delta G)_{\max}}{k_B T}$	8.4×10^7	1.9×10^2	1.9×10^2	35	17

여기서 $(\Delta G)_{\max}$ 는 임계크기의 액적을 형성하는데 필요한 자유에너지라고 간주할 수 있다. 포화상태의 정도가 미약한 경우, 즉 S 의 값이 작은 경우에는 $(\Delta G)_{\max}$ 의 값이

상대적으로 크기 때문에 임계크기에 달한 액적의 개수는 거의 없다. 따라서 상태변화가 거시적으로 나타나기 위해서는, 즉 임계크기에 도달하는 액적의 갯수가 많아지기 위해서는 값 S가 어느 정도 크기에 달하여야 하는데 이 한계를 준안정 한계(metastable limit)라고 한다. 임계크기에 도달하는 액적의 수는 i 개의 분자를 포함하는 액적의 평형상수를 구함으로써 얻을 수 있다. 한 개의 분자로 이루어지는 액적의 수는 한 개 이외의 분자 수를 갖는 액적의 수의 총합계보다 훨씬 많으므로 임계 크기의 액적에 필요한 분자 수 i^* 개를 갖는 임계크기의 액적의 수는 van't Hoff 평형식으로 다음과 같이 쓸 수 있다.

$$n_i^* = n_1 \exp\left[-\frac{4}{3}\pi r^{*2}\sigma / k_B T \right] \qquad (1-8)$$

윗식에서 n_1은 액적을 둘러싼 기체분자의 수밀도(number density)이다.

1. 4 운동론적인 고찰

임계크기의 액적을 형성하는데 필요한 자유에너지와 임계크기에 도달하는 액적의 수와의 관계를 나타내는 식은 운동론(kinetics)적 고찰에서 얻을 수 있다. 균질핵형성의 운동론적 기구는 Szilard와 Frenkel[19]에 의하여 발전되었고 뒤를 이어 Volmer[20], Farkas[21], Becker와 Döring[22], Zeldovich[23] 그리고 Frenkel[19]에 의하여 완성되었다.

과포화 상태에 있는 증기들은 분자가 독립적(monomer)으로 존재하기도 하지만, 두 개 분자의 모임(dimer), 세 개 분자의 모임(trimer), … 그리고 n 개 분자의 모임($n-mer$) 등으로도 존재할 것이다. B_i 를 증기 분자 i 개로 구성된 모듬이라고 하면, B_i 는 B_{i+1} 에서 하나의 분자를 잃게 되던가 혹은 B_{i-1} 에서 하나의 분자를 얻게 될 때 생기게 될 것이다. 여기서 다른 가능성[24], 즉 두 개의 분자가 동시에 붙는다던가 또는 B_i 와 B_j 가 충돌에 의하여 B_{i+j}가 되는 것은 제외하기로 한다. 다시 과포화상태에서 모듬이 형성되어 액적으로 변화하는 증기 분자들의 운동론적 기구는 다음과 같이 명확하게 기술할 수 있다.

$$
\begin{array}{lllll}
B & + & B & \Leftrightarrow & B_2 \\
B_2 & + & B & \Leftrightarrow & B_3 \\
B_3 & + & B & \Leftrightarrow & B_4 \\
\vdots & & \vdots & & \vdots \\
B_i & + & B & \Leftrightarrow & B_{i+1} \\
\vdots & & \vdots & & \vdots \\
B_{k-1} & + & B & \Leftrightarrow & B_k \\
B_k & + & B & \Leftrightarrow & B_{k+1}
\end{array} \tag{1-9}
$$

따라서 상변화(액적의 형성)는 여러 가지 크기들의 분자들의 모임(B_i , $i=1,2,\cdots n$)에서 한 개의 분자를 잃게 되는 과정보다는 한 개의 분자가 부착되는 과정의 기회가 더 많을 때 이루어진다고 볼 수 있다. 그러므로 포화상태의 정도가 클 경우(S 의 값이 큰 경우)에는 시간에 따라 B_i 의 분포가 달라질 것이고, B_i 보다 크기가 큰 분자들의 모임이 증가될 것이다.

과포화상태에 있는 분자들을 이상기체라 간주하고, 또 이 상태에서 생기는 액적들의 크기가 기체 분자들의 평균자유행로(mean free path)보다는 훨씬 작다고 가정하자, 그리고 이제 여러 가지 크기의 액적 분포는 시간에 따라 변하지 않고 일정하다고 해보자. 이것은 단위시간당 단위체적당 i 개의 분자로 구성된 액적($i-mer$)이 분자 한 개를 더 얻어 $(i+1)-mer$ 로 되는 수나 $(i+1)-mer$ 가 분자 한 개를 잃어 $i-mer$ 로 되는 수가 같다는 것을 의미한다. 따라서 Fig. 1에서 $A+B$ 의 계가 정상상태에 있다고 하면, 다음과 같은 식을 만족해야 한다.

$$\tilde{n}_i s_i \alpha_i = \tilde{n}_{i-1} s_{i-1} \beta \tag{1-10}$$

$\tilde{n}_i$는 단위체적당 $i-mer$ 의 수, s_i 는 $i-mer$ 의 표면적, β 는 단위면적당, 단위시간당 액적에 부착되는 분자의 수이며, α_i 는 $i-mer$ 에서 단위면적당, 단위시간당 증발되는 분자의 수이다. 다시 말하면, 식 (1-10)의 좌변은 dt 시간 동안에 $i-mer$ 의 액적에서 증발로 인해 하나의 분자가 줄어드는 확률이며, 식 (1-10)의 우변은 dt 시간동안 응축에 의해 분자 하나가 증가되는 확률을 뜻한다.

평형상태에서의 분포함수 $\tilde{n}_i$ 대신에 비평형상태에서의 분포함수 f_i 를 도입하여, 식 (1-10)의 우변과 좌변의 차이를 J_i 라 하면 다음과 같이 된다.

$$J_i = f_{i-1} s_{i-1} \beta - f_i s_i \alpha_i \tag{1-11}$$

윗식은 응축으로 인해 $(i-1)-mer$ 액적이 $i-mer$ 액적으로 또는 증발로 인해, $i-mer$ 의 액적이 $(i-1)-mer$ 의 액적으로 천이 되는 율을 나타낸다. 식 (1-10)을 이용해서 식 (1-11)을 다시 쓰면 다음과 같이 된다.

$$J_i = \tilde{n}_{i-1} s_{i-1} \beta \left[\frac{f_{i-1}}{\tilde{n}_{i-1}} - \frac{f_i}{\tilde{n}_i} \right] \tag{1-12}$$

모듬을 구성하고 있는 분자수에 의존하지 않는 핵형성율 J를 가질 때 핵생성 과정은 정상상태에 도달했다고 말할 수 있다. 식 (1-12)를 정리하면 다음과 같이 쓸 수 있다.

$$\frac{J_i}{\tilde{n}_{i-1} s_{i-1} \beta} = \frac{f_{i-1}}{\tilde{n}_{i-1}} - \frac{f_i}{\tilde{n}_i} \tag{1-13}$$

윗식을 $i=2$에서 $i=G+1$까지 합하면 다음과 같이 된다.

$$J = \frac{\dfrac{f_1}{\tilde{n}_1} - \dfrac{f_{G+1}}{\tilde{n}_{G+1}}}{\displaystyle\sum_{i=2}^{G+1} \frac{1}{\beta \tilde{n}_{i-1} s_{i-1}}} \tag{1-14}$$

모듬 내의 분자수가 충분히 클 때 f_{G+1}은 0에, $f_1/\tilde{n}_1$은 1에 수렴하므로 정상상태에서의 핵형성율은 다음과 같이 된다.

$$J = \frac{1}{\displaystyle\sum_{i=2}^{G+1} \frac{1}{\beta \tilde{n}_{i-1} s_{i-1}}} \tag{1-15}$$

Katz와 Wiedersich[25]는 액적이 형성될 경우 어떻게 식 (1-14)에서 식 (1-15)로 되는지를 해명한 바 있다. 하지만 이것을 기포의 경우에 적용하는 것은 문제점이 있다. 또한 시간에 따른 $i-mer$ 분포의 변화는 다음의 식으로 주어질 수 있다.

$$\frac{\partial f_i}{\partial t} = J_i - J_{i+1} \tag{1-16}$$

시간당 $i-mer$ 의 액적에 응축되는 분자의 수는 $s_{i-1}\beta \cong s_i\beta = D_i$ 이므로 식 (1-12)는 첨자를 생략하면, 다음과 같이 기술할 수 있다.

$$J = -D\tilde{n}\frac{\partial}{\partial i}\left[\frac{f}{\tilde{n}}\right] \tag{1-17}$$

혹은

$$J(i) = -D(i)\frac{\partial f(i)}{\partial i} + D(i)f(i)\frac{\partial[\ln\tilde{n}(i)]}{\partial i} \tag{1-18}$$

또한 식 (1-7)과 식 (1-8)에 의하면, $\tilde{n}(i) = \tilde{n}_1\exp[-\Delta G(i)/k_BT]$ 이므로 식 (1- 18)은 다음과 같이 쓸 수 있다.

$$J(i) = -D(i)\frac{\partial f(i)}{\partial i} - \frac{D(i)}{k_BT}f(i)\frac{\partial(\Delta G)}{\partial i} \tag{1-19}$$

위의 식은 퍼텐셜에너지 ΔG 에 해당하는 외력하에서 확산에 의한 분자들의 흐름을 나타내는 식이다.

식 (1-16)의 우변, $J_i - J_{i+1}$ 은 $(-\partial J/\partial i)$로 쓸 수 있으므로 식 (1-19)를 이용하여 식 (1-16)은 다음과 같이 다시 쓸 수 있다.

$$\frac{\partial f}{\partial t} = \frac{\partial}{\partial i}\left[D\frac{\partial f}{\partial i}\right] + \frac{1}{k_BT}\frac{\partial}{\partial i}\left[fD\frac{\partial(\Delta G)}{\partial i}\right] \tag{1-20}$$

정상상태에서는 $\partial f/\partial t = 0$, 즉 $J=$ 일정. 하므로 식 (1-17)에서 분포함수f 를 구할 수 있다.

$$\frac{f}{\tilde{n}} = J\int_i^I \frac{di}{D\tilde{n}}$$

혹은

$$f = J\exp(-\Delta G/k_BT)\int_i^I \frac{\exp(\Delta G/k_BT)}{D}di \tag{1-21}$$

위 식에서 적분상수는 i 가 매우 큰 값I를 가질 때 분포함수f 가 0이라는 경계 조건에서 구할 수 있다(단, $I \gg i^*$). Fig. 2에서 볼 수 있는 바와 같이 $e^{-\Delta G/k_BT}$ 는 $i=i^*$ 혹은 $r=r^*$ 에서 급격히 변화하므로 ΔG 에 대하여 $i=i^*$ 를 기준으로 Taylor 급수 전개를 하면 다음과 같이 된다.

$$\Delta G = (\Delta G)_{i=i^*} - \gamma \frac{(i-i^*)^2}{2} \tag{1-22}$$

단,

$$\gamma = -\left[\frac{\partial^2(\Delta G)}{\partial i^2}\right]_{i=i^*} \tag{1-23}$$

식 (1-22)를 식 (1-21)에 대입하면, 분포함수 f 는 다음과 같이 쓸 수 있다.

$$f = \frac{J}{D(i^*)} \exp[(\Delta G(i^*) - \Delta G(i))/k_BT] \times \int_{-(i^*-i)}^{I-i^*} e^{-\gamma\xi^2/2k_BT} d\xi \tag{1-24}$$

단, $\xi = i - i^*$

만약 $(I-i^*)$과 (i^*-i)가 $(k_BT/\gamma)^{1/2}$ 의 값에 비하여 클 경우에는 식 (1-24)의 적분구간은 $\pm\infty$ 로 바꿀 수 있으며, 이 때 식 (1-24)는 다음과 같이 된다.

$$\frac{f(i)}{n(i)} = \frac{J}{n_1 D(i^*)} \exp\left[\frac{\Delta G(i^*)}{k_BT}\right] \sqrt{\frac{2\pi k_BT}{\gamma}} = const. \tag{1-25}$$

위의 관계식은 물론 $i < [i^* - (k_BT/\gamma)^{1/2}]$ 일 경우에만 성립한다. Fig. 3에서 볼 수 있는 바와 같이 $i << i^*$ 일 경우에 비평형상태의 분포함수 $f(i)$는 평형상태에서의 분포함수 $\tilde{n}(i)$ 와 거의 같음을 알 수 있으며, $i=I$에서는 전술한 바와 같이 $f/\tilde{n}=0$이 된다. 이제 식 (1-25)의 상수를 1로 놓으면 정상상태의 핵형성률, J는 다음과 같이 표현된다.

$$J = \tilde{n}_1 D(i^*) \exp\left[-\frac{\Delta G(i^*)}{k_B T}\right] Z_f \tag{1-26}$$

$$= \tilde{n}(i^*) D(i^*) Z_f$$

단, $Z_f = \left(-\frac{1}{2\pi k_B T}\frac{\partial^2 G_i}{\partial i^2}\right)_{i=i^*}^{\frac{1}{2}}$

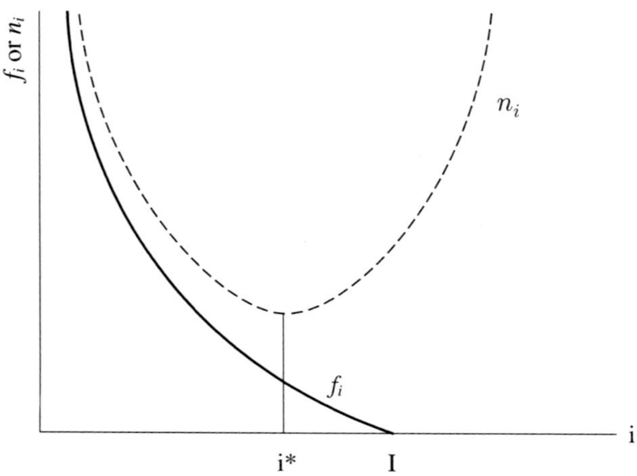

Fig. 3 Schematic variation of hypothetical equilibrium(n_i) and actual(f_i) distributions of nuclei with i.

식 (1-26)에서 Z_f는 Zeldovich 비평형상수이며[26], $\tilde{n}(i^*)$ 는 식 (1-8)에 주어진 임계 크기에 도달한 액적의 수이다.

전형적인 경우에 식 (1-26)의 pre-exponential factor는 대략 10^{25} 이고, Zeldovich 비평형상수는 10^{-2} 정도이다. 그리고 대체적으로 $J \cong 1$ nuclei/cm^{3}s일 때, 즉 단위체적당 임계 크기의 액적이 단위시간당 하나씩 나타날 때 상태 변화는 일어난다고 본다. 따라서 J 값이 어느 정도일 때 실험적으로 관측이 가능 하느냐 하는 것은 다음 절에서 논하기로 한다.

이제 실제적인 문제로 어떤 열역학적 계를 갑자기 상태 변화가 일어나기에 충분하게 외부 조건을 변형시켰다고 생각해 보자. 그러나 그 즉시로 상태 변화가 일어나지는 않을 것이다. 상태 변화의 조건인 준안정 한계에 달하는 시간은 포화상태의 정도에 따라 다를 것이다. 이렇게 외부 조건의 변화에 따라 어떤 계가 과포화상태로부터 준안정한계에 이르는 시간을 지연시간(time-lag)이라고 한다. 이 지연시간은 핵형성율, J가 시간의 함수라고 생각하고 식 (1-17)을 풀면 구할 수 있다.

식 (1-17)은 비정상상태에서도 성립하는 식이므로 식 (1-26)을 얻는데 사용한 경계조건에서 적분하면 다음과 같이 된다.

$$\int_1^0 d\left[\frac{f}{\tilde{n}}\right] = -\int_i^I \frac{J}{D\tilde{n}}\,di \tag{1-27}$$

위 식에서 사용한 적분 구간에서 D 값은 거의 변하지 않는다고 가정하고, $J(i)$ 에 대해 $i=i^*$ 를 기준으로 전개하여 식 (1-27)에 대입하면, 다음의 관계식을 얻는다.

$$1 = \frac{1}{\tilde{n}(i^*)D(i^*)}\int_{-(i^*-i)}^{I-i^*} e^{-\gamma\xi^2/2kT}\left[J(i^*) + \frac{\xi^2}{2}\left(\frac{\partial^2 J}{\partial i^2}\right)\right]d\xi \qquad (1\text{-}28)$$

식 (1-24)를 얻는데 사용한 구간에서 식 (1-28)을 적분하면 다음과 같이 된다.

$$J_s = J(i^*) + \frac{1}{4\pi Z_f^2}\left(\frac{\partial^2 J}{\partial i^2}\right)_{i=i^*} \qquad (1\text{-}29)$$

식 (1-17)은 임계크기의 모듬, 즉 $i=i^*$ 인 경우에는 다음과 같이 된다.

$$J(i^*) = -D(i^*)\left(\frac{\partial f}{\partial i}\right)_{i=i^*} \qquad (1\text{-}30)$$

또한 식 (1-30)과 (1-16)을 이용하면, 식 (1-29)의 $(\partial^2 J/\partial i^2)_{i=i^*}$ 항은 다음과 같이 표현할 수 있다. 즉,

$$\left(\frac{\partial^2 J}{\partial i^2}\right)_{i=i^*} = \frac{\partial}{\partial i}\left(-\frac{\partial f}{\partial t}\right) \qquad (1\text{-}31)$$

$$= \frac{1}{D(i^*)}\frac{dJ(i^*)}{dt}$$

식 (1-31)에 주어진 관계식을 사용하면, 식 (1-29)에서 $J(i^*)$ 에 대한 다음의 상미분 방정식을 얻을 수 있다.

$$\frac{dJ(i^*)}{dt} + \frac{1}{t_1}J(i^*) = \frac{1}{t_1}J_s \qquad (1\text{-}32)$$

단,

$$t_1 = \frac{1}{4\pi D(i^*)Z_f^2} \qquad (1\text{-}33)$$

이제, 식 (1-32)를 풀면 다음의 비정상상태에서의 핵형성률 $J(i^*,t)$를 얻는다.

$$J(i^*, t) = J_s\left[1 - \exp\left(-t/t_1\right)\right] \tag{1-34}$$

식 (1-32)나 식 (1-34)에 주어진 J_s는 정상상태에서의 핵형성율이며, 식 (1-26)에 주어진 바와 같다. 식 (1-34)에서 알 수 있는 바와 같이 $t > t_1$인 경우에 핵형성율은 정상상태의 핵형성률과 같아지므로, t_1은 지연시간의 역할을 하는 것임을 이 식을 통하여 확인할 수 있다.

1. 5 과냉각 액체 내에서의 결정형성

과냉각 액체 내에서 고체상이 형성되는 경우의 핵생성 경우는 액체에서 기체로의 상전이가 일어날 때와는 달리 액체의 증기압이 무시할 정도로 작아 부피의 급격한 변화를 동반하지 않는다. 과냉각 액체 내에서 고체상이 형성될 경우, 정상상태에서의 핵형성율은 다음과 같이 주어진다[26].

$$J = N_1 B \exp\left(-\frac{W^*}{k_B T}\right) \tag{1-35}$$

단,

$$B = Zi\left(\frac{k_B T}{h}\right)\exp\left(-\frac{E}{k_B T}\right) \tag{1-36}$$

식 (1-36)에서 i는 임계크기의 결정핵 내의 분자수이며 $k_B T/h$는 Eyring의 절대반응률, E는 이러한 반응이 일어나기 위해 극복해야 할 퍼텐셜 장벽이다. 이 경우 임계크기의 결정의 반경과 핵을 형성하는데 필요한 최소한의 에너지는 다음과 같이 주어진다.

$$r^* = 2\sigma v_s / \Delta\mu \tag{1-37}$$

$$W^* = \frac{4}{3}\pi r^{*2}\sigma = \frac{16\pi\sigma^3 {v_s}^2}{3(\Delta\mu)^2} \tag{1-38}$$

식 (1-37)에서 v_s는 핵을 형성하는 분자의 분자체적이며 $\Delta\mu$는 핵을 형성하는데 필요한 원동력인 포화상태와 과냉각상태 간의 화학퍼텐셜 차이이다. 일정 온도, T에서 상전이가 일어난다고 하면 이 화학퍼텐셜 차이는 다음과 같이 주어진다.

$$\Delta\mu = h_{ls} - T' s_{ls} \tag{1-39}$$

식 (1-39)에서 h_{ls}와 s_{ls}는 용융점, T_m에서 고체-액체간 엔탈피 차이와 엔트로피 차이이므로 $s_{ls} = h_{ls} / T_m$ 식이 성립한다. 따라서 식 (1-39)는 다음과 같이 표현할 수 있다.

$$\Delta\mu = \frac{h_{ls}\Delta T}{T_m} \tag{1-39'}$$

$$단,\ \Delta T = T_m - T$$

식 (1-39')를 이용하여 식 (1-38)에 주어진 임계크기의 결정을 형성하는데 필요한 에너지를 과냉각 온도 ΔT와 용융점의 온도T_m으로 나타낼 수 있다. 즉

$$W^* = \frac{16\pi\sigma^3 v_s^2 T_m^2}{3h_{ls}^2(\Delta T)^2} \tag{1-38'}$$

실험적으로 핵형성율을 안다고 하면 과냉각 온도 ΔT는 용융점의 온도 T_m으로 다음과 같이 나타낼 수 있다.

$$\Delta T = \left[\frac{16\pi}{3}\left(\frac{h_{ls}}{k_B T_m}\right)\left(\frac{\sigma^3 v_s^2}{h_{es}^3}\right)\left(\frac{T_m}{T}\right)\Big/ \ln\frac{N_1 B}{J}\right]^{\frac{1}{2}} T_m \tag{1-40}$$

Table 2에는 여러 가지 금속의 결정형성에 필요한 과냉각 온도의 식 (1-40)에 의한 계산결과와 실험결과가 나와 있다. 이 Table에서 볼 수 있는 바와 같이 Al, Sb, Pb, Hg 등은 물질에 대한 결정형성에 필요한 과냉각 정도는 Perepezko[27]와 Turnbull과 Cech[28]의 실험결과와 너무도 많은 차이가 남을 볼 수 있다. 이것은 실험방법에 따라 결정형성에 필요한 과냉각 온도가 민감하게 변함을 의미한다. 또한 이와 같은 사실은 실험방법에 따라 표면효과가 결정형성에 영향을 끼칠 가능성도 있음을 의미한다. 참고로 기술하면 Perepezko는 실험하고자 하는 액적을 액적과 섞이지 않는 용액에 띄워 실험한 결과이고, Turnbull과 Cech의 경우는 유리판 위에 마이크로 크기의 액적을 올려놓고 냉각해서 얻은 결과이다.

| Table 2 | Some experimentally reported values of limit of supercooling for crystalization with the predicted values by classical theory.

Substance	Melting temp. T_m(K)	Supercooling temp.(K)	
		Theory	Experiment
Aluminium	931.7	820.8	771.7[a] 801.3[b]
Antimony	903.0	779.5	693.0[a] 767.6[b]
Bismuth	544.0	458.0	317.0[a] 453.6[b]
Cobalt	1763	1433	1433.0[b]
Copper	1356	1120	1120.0[b]
Germanium	1231.7	1065.0	1005.1[b]
Gold	1336	1138.6	1106.2[b]
Iron	1803	1546.6	1508[b]
Lead	600.7	528.9	447.7[a] 520.8[b]
Manganese	1493	1241.1	1185.4[b]
Mercury	234.3	178.4	146.3[a] 176.4[b]
Nickel	1725	1443.6	1406[b]
Palladium	1828	1528.2	1496[b]
Platinum	2043	1695.1	1673[b]
Silver	1233.7	1031.5	1006.7[b]

a. Perepezko(1984) / b. Turnbull and Cech(1950)

1. 6 핵형성 이론의 동향과 문제점

여러 가지 증기에 대해 실험[18]해 본 결과, 수증기나 알코올 등은 Becker-Döring이론[식 (1-26)]에 따르지만 암모니아, 벤젠 그리고 chloroform 등에 대해서는 그렇지 않음이 밝혀졌다. 이에 Lothe-Pound[29]는 액적을 구성하고 있는 분자들의 병진운동과 회전운동을 고려해줌으로써 Becker-Döring의 이론보다 pre-exponential factor가 무려 10^{17} 배나 큰 개정 이론을 내놓았다. 즉,

$$\frac{J(\text{Lothe} - \text{Pound})}{J(\text{Becher} - \text{Döring})} \cong 10^{17}$$

하지만 이 이론은 암모니아, 벤젠 그리고 chloroform 등에 대해서는 응축현상을 예측할 수 있지만 수증기나 알코올에 대해서는 그렇지 못했다. 이 두 이론의 상충은 핵형성 이론의 기본적인 문제를 제시해 주고 있다. 즉, 어떻게 일관된 pre-exponential factor를 구할 수 있는가[30]와 거시적으로 정의된 표면장력을 미시적인 액적에도 적용할 수 있느냐는 것이다.

현재는 실험 기술의 발달로 응축현상의 경우 핵형성률을 측정할 수 있는 단계에 이르고 있다. 즉, 식 (1-26)에 기술된 고전 이론의 정량적인 검증이 이루어지고 있는 실정이다[31, 32]. 이와 같은 일련의 실험에서 과포화에 따른 응축 핵형성률의 변화 경향은 고전이론을 따르고 있지만 고전이론과 실험결과가 일치하기 위하여는 거시적인 표면장력의 값을 수정해야만 한다는 결론이 나왔다. 즉, Nonane의 경우 응축 핵형성률의 실험치가 이론치보다 온도에 따라 10^6 정도 큰 것이 확인되었고[32], 메탄올의 경우, 273K 에서 이론치가 실험치보다 10^{10} 정도 큰 것으로 확인되었다. 따라서 보다 정확한 핵형성 현상을 기술하기 위하여는 핵형성에 필요한 자유에너지 항을 구하는데 있어서 미시적인 접근이 필수적이다[32, 33].

앞서 2절에서 핵형성 현상의 여러 가지 예를 들었고, 이 현상의 전형적인 예로서 과포화 상태에 있는 증기들의 응축과정에 대해서 설명했다. 그러나 이 이론을 직접적으로 다른 핵형성 현상에 응용할 수 있는가는 별개의 문제라 해도 과언이 아니다. 예를 들면, 가스로 된 기포의 형성이라든가 부압하에서의 증기로 된 기포의 형성 등에는 고전적인 이론으로는 실험적 사실을 전혀 예측할 수 없다. 하지만 결국은 pre-exponential factor와 미시적인 핵을 형성하는데 필요한 표면장력에 관한 문제로 귀착된다[34, 35].

References

1. A. C. Zettlemoyer, Nucleation, Marcel Dekker Inc., New York, 1969.
2. H. R. Byers, Elements of Cloud Physics, University of Chicago Press, 1965.
3. Yu.S. Sedunov, Physics of Drop Formation in the Atmosphere, John Wiley & Sons, New York, 1974.
4. G. M. Hidy and J. R. Brock, The Dynamics of Aerocolloidal Systems, Pregamon Press, 1970
5. D. Chisholm, Two Phase Flow in Pipelines and Heat Exchangers, George Godwin London, 1983.
6. W. Aung(ed.) Cooling Technology for Electronic Equipment, Hemisphere Publishing Co., 1988.
7. R. T. Lahey, Jr and F. J. Moody, The Thermal Hydraulics of a Boiling Water Nuclear, Reactor, American Nuclear Soc., 1977.
8. L. C.Witte, J. E. Cox and J. E. Bouvier, "The vapor explosion.", J. Metals, pp. 39-40, Feb., 1970.
9. J. C. Fisher, "The fracture of liquids." J. Appl. Phys., Vol.19, pp. 1062-1067, 1948.
10. H. G. Flynn, "Physics of acoustic cavitation in liquids", in Physical Acoustics, Vol.18, Academic Press, New York, 1965. ; R.T.Knapp, J.W.Daily and F.G.Hammitt, Cavitation, Mchraw-Hill, 1970.
11. J. S. Haldane and J. G. Prisetly, Respiration, Yale University Press, New Haven , 1935.
12. G. J.Kinsman, G. S. F. Hazeldean and M. W. Davies, "Physicochemical factors affecting the vacuum deoxidation of steels." J. Iron Steel Inst., Nov. pp. 1463-1478, 1969.
13. A. N. Gent and D. A. Tompkins, "Nucleation and growth of gas bubbles in elastomers." J. Appl. Phys., Vol 40, pp. 2520-2525, 1969.
14. W. J. Cho, H. Park and J. R. Youn, "Ultrasonic bubble nucleation in polyurethane for application," in Cellular Polymer, ASME, MD. Vol. 38, pp. 15-24, 1992.
15. H. Wiedersich and J. L. Katz, "The nucleation of voids and other irradiation defect aggregates." Advances in Colloid Interface. Sci., Vol 10, pp. 33- , 1979.
16. J. Gittus, Irradiation Effects in Crystalline Solids, Applied Sciences Publishers Ltd., London, 1978.
17. H. B. Callen, Thermodynamics, John Wiley and Sons, New York, 1960.
18. F. F. Abraham, Homogeneous Nucleation Theory, Academic Press, 1974.
19. J. Frenkel, Kinetic Theory of Liquids, Oxford University Press, 1946.

20. M. Volmer and A. Weber, "Keimbildung in Übersättigten Gebilden." Z. Phys. Chem., Vol. 119, pp. 277-301, 1926.

21. L. Farkas, "Keimbildungsgeschwindingkeit in Übersättingten Dämpfen." Z. Phys. Chem.(Leibzig), Vol. A125, pp. 236-242, 1927.

22. R. Becker and W. Döring, "Kinetische Behandlung der Keimbildung in Übersättigten Dampfen." Ann. Phys. (Leibzig), Vol. 24, pp. 719-732, 1935

23. J. B. Zeldovich, "On the theory of new phase formation, cavitation." Acta Physicochemical, U. R. S. S., Vol. 18, pp. 1-22, 1943.

24. W. H. Zurek and W. C. Schieve, "Molecular dynamics study of clustering." J. Chem. Phys., Vol. 68, pp. 840-846, 1978.

25. J. L. Katz and H. Wiedersich, "Nucleation theory without Maxwell demons." J. Colloid Interface, Sci., Vol. 61, pp. 351-355, 1977.

26. P.G. Debenedetti, Metastable Liquids, Princeton Univ. Press, 1996.

27. J. H. Perepezko, "Nucleation in undercooled liquids." Mater. Sci. Eng., Vol. 65, pp. 125- ,1984.

28. D. Turnbull and R. E. Cech, "Microscopic observation of solidification of small metal droplets." J. Appl. Phys., Vol. 21, pp. 804- , 1950.

29. J. Lothe and G. M. Pound, "Roconsideration of nucleation theory." J. Chem. Phys., Vol. 36, pp. 2080- 2085, J. Chem. Phys., Vol. 36, 1962.

30. A. C. Zettlemoyer, ed., Nucleation Ⅱ, Advanced in Colloid and Interface Sci., Vol. 7, 1977.

31. P. E. Wagner and R. Strey, "Measurements of homogeneous nucleation rates for n-nonane vapor using a two-piston expansion chamber." J. Chem. Phys., Vol. 80, pp. 5266-5275, 1984.

32. A. Kacker and R. H. Heist, "Homogeneous nucleation rate measurements I, ethaonal, n-propanol, and i-propanol." J. Chem. Phys., Vol. 82, pp. 2734-2744, 1985.

33. R. Strey, P. E. Wagner and T. Schmeling, "Homogeneous nucleation rates for n-alcohol vapors measured in a two-piston expansion chamber." J. Chem. Phys., Vol. 84, pp. 2325-2335, 1986.

34. R. Hoare, P. Pal and P. P. Wegner, "Argon clusters and homogeneous nucleation: comparison of experiment and theory." J. Colloid Interface Sci., Vol. 75, pp. 126-137, 1980.

35. N. G. Garcia and J. M. S. Torraja, "Monte Carlo calculation of argon clusters in homogeneous nucleation." Phys. Rev. Lett., Vol. 47, pp. 186-189, 1981.

Chapter 2
액체 내에서의 증기에 의한 기포형성

2. 1 서 론

액체 내에서의 기포형성은 크게 두 가지로 나눌 수 있다. 하나는 외부조건의 변화, 즉 과포화의 정도에 따라 액체 내에 용해되어 있던 가스 분자(He, H_2, N_2, O_2, CH_4, CO_2, CO 등)들의 모임에 의한 가스기포형성(gaseous bubble formation)이고, 다른 하나는 주어진 액체를 그 액체의 비등점 이상으로 높인다던가(비등현상) 또는 액체의 압력을 주어진 온도에서 그 포화증기압 이하로 내릴 때(공동현상) 발생하는 액체 자체의 활성화된 액체 분자들의 모임에 의한 기포형성(vaporous bubble formation)이다. 본 장에서는 주어진 액체를 그 액체의 비등점 이상으로 온도를 높인다던가 또는 액체의 압력을 주어진 온도에서 그 포화 증기압 이하로 내릴 때 발생하는 액체 자체의 활성화된 분자, 즉 증기분자로 구성된 기포형성에 대해 논하고자 한다.

비등현상의 예로는 우리가 일상생활에서 흔히 볼 수 있는 것이 용기에 물을 끓일 때일 것이다. 대기압하에서 100℃에 가깝게 물을 데우면 용기의 표면에서 기포가 발생하여 그 기포가 어느 정도 커지게 되면 그 표면에서 떨어져 올라오는 것을 흔히 볼 수 있다. 용기의 표면에서 기포가 발생하는 현상은 그 표면온도와 주어진 기압 하에서의 액체온도와의 차이에 따라 매우 달라질 것이 예상된다. 이와 같이 금속표면의 캐비티(cavity)에서 기포가 발생하는 것은 제1장에서도 설명한 바와 같이 비균질 기포형성(heterogeneous bubble nucleation)이라고 하며, 비등 열전달 현상과 깊은 관계가 있기 때문에 지금껏 많은 연구 대상이 되어 왔다[1].

이렇듯 물체표면에서 증기로 된 기포가 발생하는 또 다른 예는 수중에서 움직이는 물체의 연구에 아주 중요한 공동현상일 것이다. 이 현상을 쉽게 설명하기 위하여 Fig. 1(a)와 같은 축대칭 물체를 생각해 보자. 이 경우도 표면에서의 비등현상과 마찬가지로 과포화상태에 달하지 못하고 기포가 발생하는 캐비티에 의한 기포형성이다. 이와 같은 물체가 수중에서 움직인다고 할 때, 그 물체 표면 위에서의 압력 p를 각도 θ의 함수로 나타내면 다음과 같다.

$$\frac{p - P_o}{\rho_o U_o^{\,2}/2} = 3\cos^4\frac{\theta}{2} - 2\cos^2\frac{\theta}{2} \qquad (2-1)$$

여기서 P_o와 U_o는 자유흐름영역에서 유체의 압력과 속도이며, ρ_o는 그 영역에서 유체의 밀도이다. 축대칭 물체의 기하학적 형태는 Fig. 1(a)에 주어져 있으며, 표면에서의 압력은 이상유체의 흐름이라고 가정하고 구하였다.

Fig. 1(b)에서 보여지는 바와 같이 식 (2-1)에 주어진 값, $(p - P_o)$는 정체점을 지난 다음에 물체의 표면 위에서는 음의 값을 나타내므로 표면에서의 압력 p가 주어진 온도에서의 포화증기압 P_v보다 낮아지는 경우가 발생할 것이다. 식 (2-1)을 이용하여 $(p - P_v)$를 쓰면 다음과 같다.

$$\frac{p - P_v}{\rho_0 {U_0}^2/2} = \frac{P_0 - P_v}{\rho_0 {U_0}^2/2} + \frac{p - P_0}{\rho_0 {U_0}^2/2} = K - \left(2\cos^2\frac{\theta}{2} - 3\cos^4\frac{\theta}{2}\right) \tag{2-2}$$

식 (2-2)에서 정의된 K는 공동수(cavitation number)이며, 이 양은 작동여건에 좌우되는 것이다[2]. 하지만 식 (2-2)에서 각도 θ에 관계되는 항은 물체의 형태에 따라 주어지는 값이다.

이제 K의 값이 충분히 작은 경우, 즉 Fig. 1(a)에 주어진 축대칭 물체에 있어서 K의 값이 0.26인 경우$(p - P_0) \Big/ \frac{1}{2}\rho_0 U_0{}^2$의 최소값은 -0.333이므로 $(p - P_v) \Big/ \frac{1}{2}\rho_0 U_0{}^2$는 음의 값을 가지게 된다. 따라서 표면에서의 압력 p가 주어진 온도에서 포화증기압 Pv 보다 낮아지므로 표면의 캐비티에서 기포가 발생하는 것이다. 일반적으로 축대칭 물체에 있어서$(p - P_0) \Big/ \frac{1}{2}\rho_0 U_0{}^2$이 최소값을 가지는 부근에서 기포가 발생하는 것은 실험적으로 증명된 사실이다[3].

수중(水中)에서 움직이는 물체, 특히 하이드로포일 등에 기포가 발생하게 되면, 포일의 양력을 저하시킴은 물론 항력(drag force)을 증가시키게 되어 하이드로포일의 성능을 저하시키게 되는 것이다. 또한 이러한 기포가 압력이 높은 하이드로포일의 후반부에서 붕괴되어 하이드로포일 물질 자체를 손상시키기도 한다[4]. 이렇듯 기술적으로 중요한 현상인 캐비테이션 "inception" 문제는 유동장의 형태나 표면의 조건에 따라 어떻게 달라지는가에 대한 연구가 활발히 진행되고 있다[5].

2절에서는 과거의 기포형성에 관한 제(諸) 이론과 결과를 소개하고, 3절에서는 Becker-Döring의 고전 핵형성 이론을 기포형성에 응용한 결과에 대하여 논하고, 4절에서는 새로운 분자론적 모델에 대해 다루고 5절에서는 분자론적 모델에 의한 헬륨액체의 절대 인장내력에 대해 논하고자 한다. 제6절에서는 밀도 범함수 이론에 대해 논하고 7절에서는 액체의 절대 인장내력에 대해 논의하고자 한다.

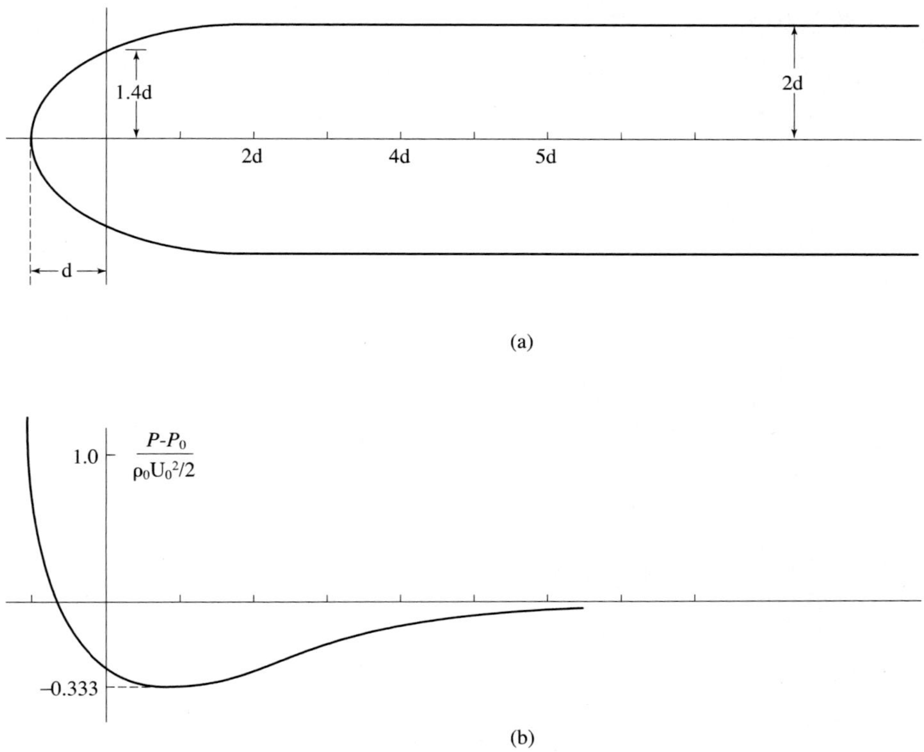

Fig.1 Axisymmetric blunt body (a) and its pressure distribution (b).

2. 2 기포형성에 관한 고전 이론들

증기로 된 기포형성에 관하여는 위에서 언급한 바와 같이 기술적인 문제와 관련이 깊은 관계로 여러 사람의 연구대상이 되어 왔다. Frenkel[6]은 다음과 같은 기포형성 이론을 액체 구조의 관찰에서 착상을 얻어 제안하였다. 즉, 액체 구조는 Fig. 2에서 볼 수 있는 바와 같이 고체처럼 분자간의 배열이 균일하게 되어 있는 것이 아니라, 불규칙적으로 배열되어 있을 것으로 예상된다. 이제 액체 분자간의 배열이 듬성듬성 한 곳에는 분자 하나 또는 그 이상의 크기 만한 홀(hole)이 생기게 됨을 알 수 있다.

이런 액체에 어떤 장력이 작용하게 될 때 이 홀을 중심으로 액체의 균열이 생기게 될 것으로 예상되며, 이 홀이 충분한 장력을 받아 액체와 기체간의 표면장력을 극복하게 되면 분자간의 거리가 충분히 커짐으로써 이 홀을 중심으로 기포가 생긴다고 생각할 수 있다(홀 이론; hole theory). 홀의 반경을 r_n이라고 할 때 이 홀이 기포가 되기 위한 장력(압축하는 과정을 양이라고 보면 끌어 잡아당기는 것은 음이라고 볼 수 있음) $-P$는 다음과 같다.

$$-P = \frac{2\sigma}{r_n} \tag{2-3}$$

이 식에서 σ는 액체의 표면장력이다. 예를 들면, 물 25℃에서 물의 표면장력이 72 dyne/cm 라 하고, 공동의 반경이 1.5 Å(물분자의 크기 정도)이라고 할 때 기포를 유발시키는 인장내력은 자그마치 9,500 기압 쯤 되는 것이다. 이와 같은 Frenkel의 홀 이론은 Griffith의 파괴 이론[7]과 흡사한 것이라 볼 수 있다. 여기에서 Finch[8]는 홀들의 모임에 의해서 기포형성을 위한 인장내력이 감소하게 된다고 설명하려 하지만 액체 구조의 변동에 의한 홀 이론은 실험과 너무 상이한 결과를 줄 뿐 아니라, 홀의 크기를 결정하는 문제는 상당히 임의성을 띠고 있다. 예를 들면, 홀의 크기가 0에 가까운 경우도 생각할 수 있는데, 이 경우 이 홀이 기포가 되기 위하여는 무한대에 가까운 인장내력을 요구하는 것이 된다.

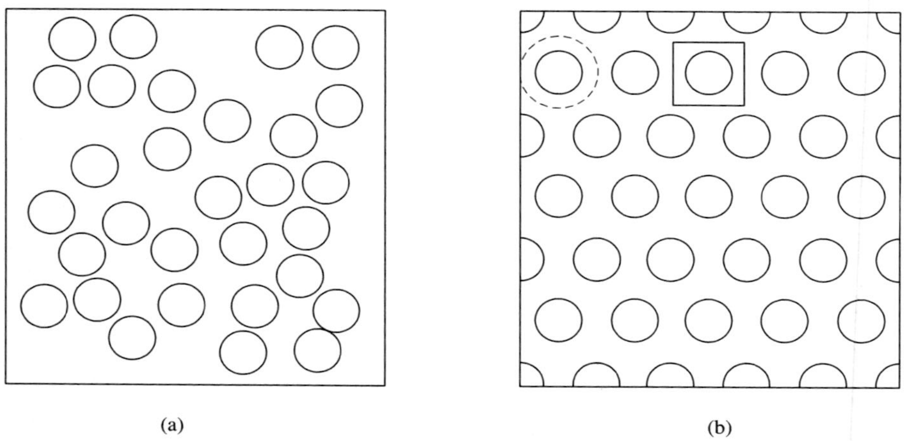

Fig. 2 Two dimensional version of a liquid model. The average fields of molecules in the random structure (a) is the same as that of ordered structure (b) with effective diameter of molecules shown by the dotted circle and the cell shown by the square. (From Kwak and Panton, 1985).

Fisher[9]는 고전 핵형성 이론을 이용하여 다음과 같은 관점으로 부압 하에서의 기포형성 이론을 전개하였다. 이제 부피가 V인 캐비티를 부압 P 하에서 만드는데 필요한 일은 PV 이며, 이 공동 내를 증기압 P_v 인 증기로 채우게 될 때 필요로 하는 일은 - P_vV가 될 것이다. 또한 이러한 공동이 기포를 형성하는데 필요로 하는 표면에너지는 σA가 될 것이다. 여기서 A는 공동의 표면적이다. 이제 공동이 구(球)라고 생각하면 반지름 r의 기포를 형성하는데 관여하는 모든 자유에너지는 다음과 같이 쓸 수 있다.

$$W = \frac{4}{3}\pi r^3 (P - P_v) + 4\pi r^2 \sigma \tag{2-4}$$

최대한의 일로 형성할 수 있는 기포의 크기는(임계 크기의 기포) $\partial W/\partial r = 0$ 라는 조건에서 구할 수 있을 것이다. 즉,

$$r_c = -\frac{2\sigma}{P - P_v} \tag{2-5}$$

식 (2-5)를 식 (2-4)에 대입하면 임계크기의 기포를 형성하는데 필요한 에너지를 얻게 된다.

$$W_{\min} = \frac{4}{3}\pi r_c^2 \sigma = \frac{16\pi\sigma^3}{3(P - P_v)^2} \tag{2-6}$$

여기서 주의해야 할 점은 식 (2-3)이나 식 (2-5)에서 볼 수 있는 바와 같이, r은 분자 반경 정도 혹은 분자 반경의 10배 정도의 크기이므로 상대적으로 P는 상당히 큰 부압을 나타내는 것에 반해, 식 (2-2)에서 주어진 p는 포화증기압 P_v보다 작은 값이므로 상당히 작은 값을 나타내게 된다. 따라서 식 (2-2)에서의 (p - P_v)는 비록 음의 값이지만 인장내력을 나타내는 것이 아니며, 이것을 구별하기 위해 식 (2-2)에서의 p는 소문자로, 식 (2-3)과 (2-5)에서의 압력 P는 대문자로 나타내었다.

이제, 문제는 이러한 임계크기의 기포가 단위체적당 그리고 단위시간당 몇 개가 생기느냐 하는 것이다. 주어진 과포화 정도에서 단위부피당 생기는 기포수가 Boltzmann 통계에 따른다고 하고, 그 빈도수가 Eyring의 절대반응률인 $k_B T/h$[10] (단, h는 Plank 상수)에 비례한다고 하면 단위체적당 단위시간당 생기는 기포수, 즉 핵형성률, J는 대략 다음과 같다.

$$J = \frac{Nk_B T}{h} exp\left[-\frac{16\pi\sigma^3}{3(P-P_v)^2 k_B T} \right] \tag{2-7}$$

Fisher는 $J \cong 1$ bubble/cm³s 일 경우 기포가 액체 내에서 형성하는 것이 관찰 가능하다고 보았으며, 식 (2-7)를 통하여 $J=1$에 해당하는 $(P\text{-}P_v)$를 주어진 온도에서 계산할 수 있었다. 이렇게 하여 구한 액체의 인장내력이 Table 1에 주어져 있다. Fisher의 이론에 의한 액체의 인장내력은 실험과 상당한 차이가 있음을 알 수 있다.

| Table 1 | Tensile strength of simple liquids.

Liquid	Molecular Cluster Model (Kwak and Panton)		Fisher	Temperley	Experiment
	$J=1$	$J=10^6$			
He(2.6 K)	0.7	0.8	3.9	9.0	0.16† (1.9K)
H_2 (16 K)	26	29	41	55	
Ar(85 K)	46	52	243	147	12†
N_2(75 K)	24	27	159	89	10†
O_2(75 K)	71	81	380	213	15†
CH_4(105 K)	36	40		149	
H_2O(10 ℃)	238	273	1778	1111	277‡

† : Beams(1959). / ‡ : Briggs (1950).

이에 반해 Temperley[11]는 van der Waals 상태 방정식을 이용하여 열역학적인 면에서 액체의 인장내력을 구하려 하였다. Fig. 3은 van der Waals 상태방정식을 $P-v$ 선도에서 여러 가지 온도에 해당되는 등온곡선을 그린 것이다. 한편 분자간의 상호작용 a와 분자들이 보유하고 있는 체적 b를 고려한 van der Waals 상태 방정식은

$$P + \frac{a}{V^2} = RT/(V-b) \tag{2-8}$$

로 표현할 수 있다. 비록 이 방정식은 액체상태를 정확히 기술하고 있지 못하지만 물질의 기액간의 상변화 현상을 정성적으로 기술해 주고 있다. Fig. 3에서 볼 수 있는 바와 같이 과포화의 상태를 나타내는 기하학적인 최소점이라고 생각할 수 있으며, 이

기하학적인 최소점은 온도에 따라 양의 값을 갖기도 하고 음의 값을 갖기도 함을 알 수 있다. Temperley는 이 기하학적인 최소점이 $P=0$ 에 해당되는 온도 ($T_m = 27/32T_c$)를 액체의 과열한계(superheat limit; 액체 내에서 기포 형성을 하지 않고 최대한으로 버틸 수 있는 온도, 즉 최대한의 과포화상태)라고 생각했으며, 온도가 과열한계에서의 온도 T_m 보다 낮은 경우까지도 확장하여 기하학적인 최소점($T < T_m$ 인 경우는 음의 압력을 나타냄) 이 최대한의 준안정 한계(metastable limit)를 나타낸다고 생각하였다. Temperley의 이러한 착상에 의한 계산은 온도가 높은 경우, 즉 과열한계는 비교적 잘 예측해주고 있지만 낮은 온도의 경우, 즉 기하학적인 최소점이 부압을 나타낼 경우는 그렇지 못함을 Table 1에서 알 수 있다. 이것은 Temperley의 착상에 오류가 있는 것이 아니라, van der Waals 상태방정식이 온도가 낮은 경우의 액체에 대한 상태를 잘 나타내주지 못하는데도 원인이 있는 것이다. Model과 Reid[12]는 보다 정확한 Peng-Robinson 상태방정식[13]을 이용, 압력에 따른 과열한계를 계산한 결과 Skripov와 Ermakov[14]의 실험결과와 잘 일치함을 확인하였다.

이제, Temperley의 착상을 다른 면에서 생각해 보기로 하자. 즉, 압력을 재는 기준을 $P=0$ 에 두지 말고 주어진 온도에서 액체의 포화증기압 P_v (Fig. 3에서 AC 선에 해당되는 압력)를 기준으로 생각하면, 기하학적인 최소점이 항상 포화증기압 P_v 에 대하여 음의 값을 가지게 됨을 알 수 있다. 여기서 액체의 인장내력을 전 온도 범위에서 다음과 같이 정의할 수 있을 것이다.

$$\tau = P_o - P_v \tag{2-9}$$

지금껏 여러 가지 기포형성 이론에 대하여 논의하였다. 하지만 위에서 언급한 이론들로부터 얻은 계산 결과는 실험과 잘 일치하지 않는다. 예를 들면, 물 25℃의 경우에 있어서 Frenkel의 홀 이론은 약 9,500 기압, Fisher의 기포형성 이론은 약 1,500 기압, Temperley의 이론은 약 1,000 기압의 인장내력이 주어져야 기포의 형성이 가능함을 예측하고 있는 반면에 Briggs[15]의 실험 방법을 가지고 얻은 물에 대한 최대 인장내력은 약 280 기압이었다. 이러한 실험과 이론의 격차에 대한 설명은 물 속에 용해되어 있는 가스 분자들이 핵이 되어 기포형성이 비롯된다는 것이 지배적이다. 또한 혹자는 이렇듯 미소한 기포를 형성하는데 필요한 표면장력은 우리가 실측한 표면장력과는 다르다는 것을 제안하기도 하였다[16]. 하지만 이러한 제안들도 위에서 언급한 실험과 이론의 격차를 해소하거나, 공학에서 필요한 어떤 체계적인 계산 방법을 제시하지는 못하였다.

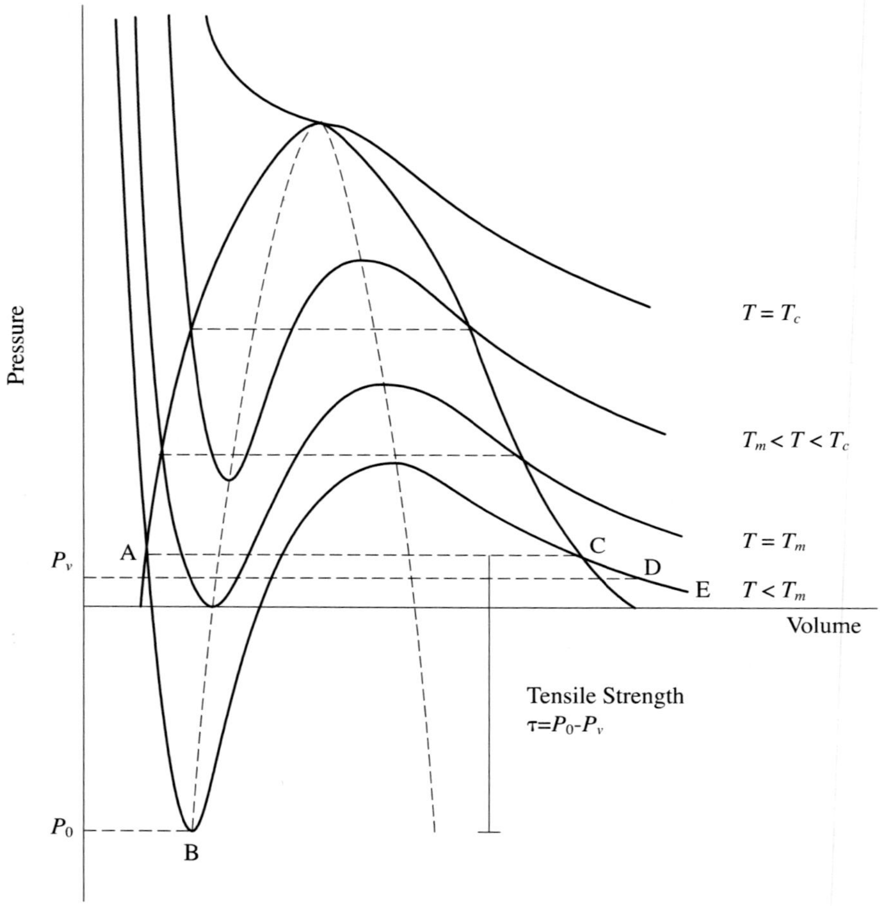

Fig. 3 van der Waals isotherms.

끝으로 이 절에서는 Briggs[15]가 Fig. 4에서와 같이 가느다란 모세관 내에 측정하려는 액체를 주입한 후 그 모세관 중심을 축으로 하여 상당한 속도로 그 모세관을 회전시켜 어떻게 인장내력을 구하는 실험을 하였는지 살펴보자. 이러한 경우 모세관 끝은 대기압이지만 그 중심은 원심력에 의하여 다음과 같은 압력상태에 있을 것이다. 즉,

$$P = P_o - \frac{1}{2}\rho_m r_{eff}^2 \omega^2 \qquad (2\text{–}10)$$

여기서, ρ_m 은 액체의 밀도, r_{eff} 는 모세관 끝에서 중심까지의 유효반경, ω 는 모세관의 회전속도이다. 식 (2-10)에서도 알 수 있는 바와 같이 각속도 ω 를 증가시키면 모세관의 중심부분은 부압 상태로 얼마든지 만들어 낼 수 있을 것이다. 이제 모세관의 중심에서 기포가 발생하는 때의 모세관의 각속도를 측정함으로써 식 (2-10)을 이용하여, 그 각속도에 해당되는 압력 P 를 계산할 수 있게 된다. 이와 같은 방법에 의한 액체의 인장내력의 실험결과[15, 17]는 Table 1에 주어져 있다.

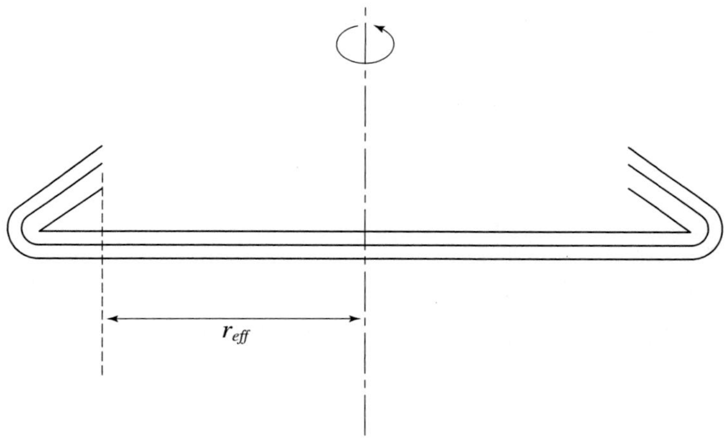

Fig. 4 Rotating capillary tube.

2. 3 기포형성에 관한 고전 핵형성 이론(Gibbs 이론)

Fig. 5에 주어진 바와 같이 환경 압력이 P_o , 온도가 T_o 인 액체 내의 부피가 V, 내압이 P^* 인 활성화된 분자로 이루어진 기포가 액체와 열적인 평형을 이루면서 형성되었다고 하자. 이 경우 주어진 환경 조건에서 이 계로부터 얻을 수 있는 유용일의 척도가 되는 유용성(availability) 함수는 다음과 같다[18].

$$A = U - T_o S + P_o V \tag{2-11}$$

윗식에서 U 는 내부에너지, S 는 엔트로피이다. 한편 기포-액체계에 대한 유용성 함수

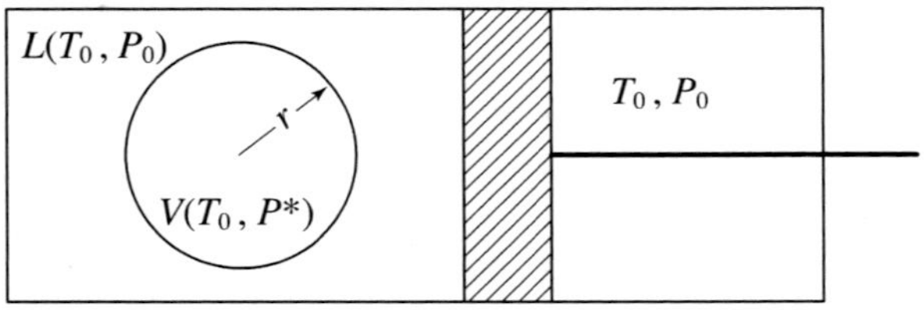

Fig. 5 Equilibrium state of an activated cluster.

는 액체상, 활성화 기체, 계면 등에 대한 유용성 함수의 합으로 나타낼 수 있다. 즉,

$$A = A_l + A^* + A_\sigma \quad (2-12)$$

여기서 액체상에 대한 유용성 함수, A_l은 다음과 같이 쓸 수 있다.

$$A_l = m_l(u_l - T_o s_l + P_o v_l) \quad (2-13)$$

$$= m_l g_l$$

이 식에서 u , s , v , g 는 U, S , V, G에 대한 단위질량당 양이며, m_l은 액체의 질량이다. 또한 기포를 이루는 활성화 분자들에 대한 유용성 함수, A^* 는 다음과 같다.

$$A^* = m^*[g^* - (P^* - P_o)v^*] \quad (2-14)$$

단, m^*는 기포를 이루는 활성화 분자의 전체 질량이다.
또한 액체-기포 계면에서의 압력은 환경 압력, P_o 와 같다고 하면 계면에 대한 유용성 함수는 표면장력에 의한 에너지를 고려하면 다음과 같이 쓸 수 있다.

$$A_\sigma = m_\sigma g_\sigma + 4\pi r^2 \sigma \quad (2-15)$$

액체 내에서 기포가 형성되는 과정에서 계의 질량은 보존되므로, 즉 $m_l + m^* + m_\sigma =$ 일정. 이므로 기포생성에 의한 유용성 함수 A의 변화 ΔA는 다음과 같이 된다.

$$\Delta A = m^*[(g^* - g_l) - (P^* - P_o)v^*] + 4\pi r^2 \sigma + m_\sigma(g_\sigma - g_l) \quad (2-16)$$

이 계가 상평형상태에 있다고 한다면 다음의 조건을 만족해야 한다.

$$g^*(P^*) = g_e(P_e) = g_l(P_o) \quad (2-17)$$

$$g_\sigma = g_l$$

그리고 기포 내 증기의 질량과 기포의 반경 r 과는 다음과 같은 관계가 성립하므로

$$m^* = \frac{4\pi r^3}{3v^*} \tag{2-18}$$

열역학적 평형상태에 있는 기포의 반경을 r_e 라고 하면 식 (2-16)은 다음과 같이 쓸 수 있다.

$$A_e = 4\pi r_e{}^2\sigma - \frac{4}{3}\pi r_e^3(P_e - P_o) \tag{2-19}$$

식 (2-19)에 주어져 있는 열역학적 평형상태에 있는 기포의 유용성 함수가 최대가 되는 조건은,

$$P_e - P_o = \frac{2\sigma}{r_e} \tag{2-20}$$

로 주어지며, 이 식은 Laplace 식으로 잘 알려져 있다[19]. 여기서 유용성 함수가 최대가 되는 조건이나 1장 3절에서 논의한 바 있는 Gibbs 자유에너지가 최대가 되는 조건은 같은 내용, 즉 새로운 상(相)을 형성하는데 필요한 일이 최소가 되는 조건이다. 따라서 준안정 상태의 액체로부터 기포가 형성되는데 필요한 최소 일은 다음과 같이 된다.

$$A_e = \frac{4}{3}\pi r_e^2\sigma = \frac{16\pi\sigma^3}{3(P_e - P_o)^2} \tag{2-21}$$

여기서 P_e 는 임계크기인 기포 내의 증기 분자의 압력이다. 기포의 반경이 무한대인 경우, 즉 환경 온도 T_o 에 해당되는 증기압을 P_∞ 라고 하면 기포 내의 증기 분자들의 Gibbs 자유에너지는 등온과정에서 압력만의 함수이므로 기포 내의 상태를 T_o 와 P_∞ 의 함수로 다음과 같이 표현할 수 있다.

$$g_e = g_\infty + RT_o \ln\frac{P_e}{P_\infty} \tag{2-22}$$

또한, 식 (2-13)에서 주어진 액체의 Gibbs 자유에너지는 액체가 비압축성이라고 가정하면, 다음과 같다.

$$g_l = g_\infty + v_l(P_o - P_\infty) \tag{2-23}$$

화학적인 평형상태에 있는 기포의 내부 압력 P_e 는 상평형 조건, $g_e = g_l$ 에서 구할 수 있다. 즉,

$$P_e = P_\infty \exp\left[\frac{v_l(P_o - P_\infty)}{RT_o}\right] \tag{2-24}$$

또한 기포 내의 활성화 분자에 대한 단위질량당 유용성 함수는 식 (2-22)와 같이 기술하면, 다음과 같이 쓸 수 있다.

$$g^*(P^*) = g_e(P_e) + RT_o \ln\frac{P^*}{P_e} \tag{2-25}$$

$$= g_l(P_o) + RT_o \ln\frac{P^*}{P_e}$$

식 (2-25)를 식 (2-16)에 대입하면, 기포-액체계에 대한 유용성 함수는 다음과 같이 표현된다.

$$A = \frac{4}{3}\pi r^3\left[P^* \ln\frac{P^*}{P_e} - (P^* - P_o)\right] + 4\pi r^2 \sigma \tag{2-26}$$

유용성 함수 A를 평형상태를 기준으로 P^*와 r에 대하여 Taylor 급수 전개를 하면 다음과 같이 된다.

$$A = A_e + \frac{1}{2}\left(\frac{\partial^2 A}{\partial r^2}\right)_{r=r_e}(r-r_e)^2 + \frac{1}{2}\left(\frac{\partial^2 A}{\partial P^{*2}}\right)_{r=r_e,\ P^*=P_e}(P^* - P_e)^2 \tag{2-27}$$

$$+\frac{1}{2}\left(\frac{\partial^2 A}{\partial r \partial p^*}\right)_{r=r_e,\ P^*=P_e}(r-r_e)(p^*-p_e)$$

$$= \frac{4}{3}\pi r_e^2\sigma - 4\pi(r-r_e)^2\sigma + \frac{2\pi r_e^3}{3P_e}(p^*-p_e)^2$$

형성되는 핵이 평형상태와의 이탈된 정도가 작을 경우 식 (2-27)에 주어진 핵형성에 필요한 에너지는 다음과 같이 쓸 수 있다.

$$A_{\min} = \frac{4}{3}\pi r_e^2\sigma - 4\pi(r-r_e)^2\sigma \tag{2-28}$$

한편, 핵이 형성되는 과정에서 역학적인 평형상태를 유지한다고 하면 식 (2-27)은 $r - r_e \cong \dfrac{r_e(P_e - P^*)}{P_e - P_o}$ 이므로 다음과 같이 쓸 수 있다.

$$A_e = \frac{4}{3}\pi r_e^2 \sigma - 4\pi\sigma(r-r_e)^2 B + \cdots \qquad (2-29)$$

단, $B = 1 - \frac{1}{3}(1 - \frac{P_o}{P_e}) \cong \frac{2}{3}$

이제, 기포의 크기에 따라서 액체 내에서 기포형성에 필요한 최소에너지는 식 (2-29)에 주어졌으므로 이러한 크기의 단위체적당 기포의 수, $\tilde{n}$ 개는 제 1장에서 토론한 바와 같이 다음과 같은 식으로 주어진다.

$$\tilde{n} = N\exp(-A_e/k_B T) \qquad (2-30)$$

여기서 N은 $\tilde{n}_i$ 에 해당되는 단위체적당 액체의 분자수이다. 기포의 성장이나 수축이 기포-액체 계면에서 분자들의 응축이나 기화에 의하여 이루어진다고 하면, 정상상태에서 단위체적당 기포생성률은 식 (1-15)로부터 크기에 관계 없이 기포 내의 분자가 i 에서 $(i+1)$로 증가되는 모든 기포의 합으로 기술할 수 있다[20]. 즉,

$$J = \frac{P^*/(2\pi m k_B T)^{1/2}}{\displaystyle\int_1^\infty \frac{di}{\tilde{n}(i)s(i)}} \qquad (2-31)$$

이 식에서 $P^*/(2\pi m k T)^{1/2}$ 는 기포 표면에 단위면적당 달라붙는 분자의 수이며, $s(i)$ 는 기포 표면의 면적이다. 식 (2-31)의 적분에서 i 개의 분자를 갖는 단위체적당 기포의 수 $\tilde{n}$ 개는 $\exp[-4\pi\sigma(r-r_e)^2 B]$ 에 비례하므로 임계크기에 도달한 기포만이 의미를 갖게 된다. 식 (2-31)의 적분을 기포의 반경 r로 바꾸면 $s(i) = 4\pi r^2$으로 되고 di는 다음과 같이 된다.

$$di = \frac{d}{dr}\left(\frac{\frac{4}{3}\pi r^3}{v_v}\right) \qquad (2-32)$$

$$= \frac{d}{dr}\left[\frac{\frac{4}{3}\pi r^3}{mRT_e}\left(P_o + \frac{2\sigma}{r}\right)\right] = \frac{4\pi r^2 P_e}{3mRT_e}\left(2 + \frac{P_o}{P_e}\right)dr$$

따라서 단위체적당 기포의 핵형성률은 다음과 같이 된다.

$$J = N\left(\frac{2\sigma}{\pi m B}\right)^{\frac{1}{2}} \exp\left[-\frac{16\pi\sigma^3}{3k_B T(P_e - P_o)^2}\right] \tag{2-33}$$

식 (2-20), (2-24), (2-33)으로 표현되는 고전 기포형성이론은 핵형성률을 $10^4 \sim 10^6/\text{cm}^3\text{s}$ 로 할 때 과열한계에 도달한 액적이 폭발하는 온도를 잘 예측해 주고 있다. 하지만 이와 같은 고전 기포형성 이론적 전개는 간과 못할 결함을 갖고 있다. 그것은 다름이 아니라 고전이론에서 사용한 기포형성에 필요한 에너지가 최소가 되는 조건인 Laplace 식 (2-20)은 거시적인 기포인 경우에만 성립하는 식인 반면, 단위 체적당 핵형성률을 구하는 식 (2-31)는 기포에 하나의 분자가 증가 또는 감소되는 미시적인 관점에서 기술한 식이라는 것이다. 다시 말하면, Laplace 식을 사용할 경우에는 기포의 증가는 농도 차이에 의한 확산방정식을 사용해야 함이 마땅하다. 그러나 거시적인 관점의 Laplace 식은 금속 표면의 캐비티에서 금속면의 과열에 의해 형성되는 기포에 대해서는 잘 설명하고 있다(제5장 참조).

2. 4 분자론적 모델

2.4.1 기포형성을 위한 표면에너지

기포형성을 위해서 정말 우리가 실측할 수 있는 표면장력을 이용한 표면에너지가 필요한 것일까? 누구도 이러한 사실에 의문을 품은 사람은 없었다. 왜냐하면 이것은 Gibbs의 상변화 이론에 있어서 기본이 되는 개념이기 때문이다. 이에 Kwak과 Panton[21]은 물 속에 용해되어 있는 가스가 과포화상태 하에서 기포로 형성되는 것을 새로운 표면장력 이론을 도입함으로써 설명하고자 하였다. 즉, 어떤 용액 속에 가스 분자가 용해될 때는 그 분자의 병진운동을 잃게 된다[22]. 그리고 병진운동을 다시 얻게 되면 용해된 분자에서 독립된 가스 분자가 될 수 있다는 착상으로부터 용해된 가스 분자에 의한 기포형성을 위한 표면장력이란 분자의 단위면적당 병진운동에 해당된다고 생각하였다. 즉,

$$\sigma_m = \frac{3k_B T/2}{4\pi r_g^2} \tag{2-34}$$

여기서 r_g 는 용해된 가스 분자의 반경이다. 식 (2-34)에서 알 수 있는 바와 같이, 같은 용액이라 할지라도 그 용해된 가스 분자의 반경이 가스마다 각각 다르므로 기포가 형성되기 위한 표면력도 각기 다르게 된다. 또한 용해된 가스분자의 반경은 용해분자와 용질분자(가스)의 상호작용에 의존함은 명확한 일이다. 이러한 새로운 관점에서 구한 표면력을 이용하여 계산한 결과는 실험과 잘 일치함을 보여주었다.

이제, 이러한 관점, 즉 분자 상호작용의 관점에서 부압이나 양압하에서 발생하는 기포생성을 위한 표면에너지를 다루어보자[23]. Fig. 2(a)에 주어진 불규칙하게 배열되어 있는 액체 구조를 규칙적으로 배열해 본다면, 그 중의 하나가 Fig. 2(b)에 있는 형태가 될 것이다. 이러한 형태의 배열을 면심입방격자(face centered cubic lattice) 구조라 한다. 액체 구조를 이러한 면심입방격자 구조로 생각하면 어떤 액체든 밀도가 주어지면 (비압축성 유체라 가정하면 밀도는 온도만의 함수가 될 것이다) 분자간의 평균거리, d_m 은 다음 식에 의해서 쉽게 구할 수 있다.

$$\frac{\pi}{6} {d_m}^3 N = 0.7405 \tag{2-35}$$

이 식에서 N은 수밀도로 $N = \rho_m N_A / M$으로 나타낼 수 있다. 단, N_A 는 Avogadro 수이고, M은 분자량이다. 또한 식 (2-35)에서 0.7405는 면심입방격자 구조에 있어서 채우기비율(packing fraction)이다. 이제, 분자간의 상호작용을 다음의 Lennard-Jones 6-12 퍼텐셜 타입이라고 생각해보자.

$$\epsilon = -4\epsilon_o \left[\left(\frac{d}{d_m} \right)^6 - \left(\frac{d}{d_m} \right)^{12} \right] \tag{2-36}$$

여기서 ϵ_o 는 분자의 종류에 따라 결정되는 인력상수(force constant)이며, d 는 분자들이 서로 가장 가까이 할 수 있는 거리, 즉 분자고유직경(hard sphere diameter)이다.
액체상태에서 기체상태로의 상변화는 분자간의 유효거리(d_m)에 따라 좌우된다고 생각할 수 있고, 또한 임계점(critical point)이라는 것은 액체와 기체의 구별이 안되는 점이므로 액체상태에서 기체 상태로의 변환이라는 것은 분자간의 유효거리를 임계점에서의 분자간의 유효거리, d_c 까지 떼어 놓음으로써 가능하다고 생각할 수 있다. 따라서 임의의 상태에서의 액체 분자 두 개를 임계점에서의 유효거리까지 떼어 놓는데 필요한 에너지는 식 (2-36)을 빌어 다음과 같이 쓸 수 있다.

$$\epsilon_m = \int_{d_m}^{d_c} \frac{\partial \epsilon}{\partial r} dr \tag{2-37}$$

$$= 4\epsilon_o \left[1-\left(\frac{\rho_c}{\rho_m}\right)^2\right]\left[\left(\frac{d}{d_m}\right)^6 - \left(\frac{d}{d_m}\right)^{12}\right]$$

식 (2-37)에서 ρ_c 는 임계점에서의 밀도이다. 이렇게 액체 분자의 상호작용이 상호간의 거리 d_c 에서 끝나는 유한 퍼텐셜(cut-off potential)을 사용하면, 결국은 액체 분자들의 상호작용이 주위의 가까운 거리의 분자들(nearest neighbor molecules)에게만 국한되어지게 된다. 왜냐 하면 최단거리에 위치한 다음의 주위 분자들(next nearest neighbor molecules)과의 거리는 면심입방격자 구조에서 $1.73d_m$ 으로, 이 거리는 대부분의 경우 임계점에서 분자간의 유효거리 d_c 보다 크기 때문이다.

실제의 경우는 Fig. 2(b)에서 볼 수 있는 바와 같이 한 분자 주위에 여러 개의 주위 분자들이 있으므로 한 개의 액체분자가 기체분자로 되기 위해 주위의 분자들을 떼어 놓는데 필요한 에너지[24]는 다음과 같이 쓸 수 있다.

$$W = \frac{Z}{2}\epsilon_m \tag{2-38}$$

여기서 Z는 주위 분자수이며, 면심입방격자 구조의 경우 $Z = 12$ 이다. 주어진 압력 하에서 액체의 온도를 높이거나 주어진 온도에서 액체의 온도를 내리는 경우에 액체 내에서는 에너지가 높은 상태의 분자들, 즉 활성화된 분자들이 모이게 될 것으로 예상된다. 이렇게 활성화된 분자들의 모임을 모듬(cluster)이라 하자. 그러면 n 개의 분자들로 구성된 모듬이 이러한 액체분자간의 상호작용(인력)을 벗어나 기체분자가 되기 위한 에너지, 즉 기포 형성을 위한 에너지는 다음과 같이 쓸 수 있을 것이다[25].

$$W = \frac{Z}{2}\epsilon_m n^{2/3} \tag{2-39}$$

이 에너지가 바로 기포형성을 위한 표면에너지에 해당하는 양이며, 이것을 사용하여 액체 내에서의 기포형성에 필요한 감압량을 예측할 수 있다.

2.4.2 열역학적인 면에서의 고찰

과포화상태, 즉 액체의 온도를 주어진 압력 하에서 포화 온도 이상으로 올리거나 혹은 액체의 온도를 주어진 온도에서 포화 증기압 이하로 내리면, 그에 따라 활성화된 분자들이 모이는 모듬과정에 대해 언급한 바 있다. 그러면 이러한 모듬과정(clustering process)의 원동력은 무엇인가? 그것은 두말할 것도 없이 포화상태와 과포화상태간의 화학적 퍼텐셜의 차이에서 비롯된 것이다. 이것을 van der Waals 상태방정식의 등온 곡선에서 생각해보기로 하자. Fig. 3에서 볼 수 있는 바와 같이 준안정상태, B는 포화 증기압 P_v를 가령 포화액체 상태(안정상태), A로부터 비롯될 것이다. 따라서 준안정상태 B에서의 모듬과정이 비롯되는 원동력을 상태 A와 B간의 화학적 퍼텐셜 차이라고 생각할 수 있다. 이제, 고려하고 있는 액체를 비압축성이라 가정하면, A와 B 두 상태간의 화학퍼텐셜 차이는 등온과정일 경우의 Gibbs- Duhem 관계에서 구할 수 있을 것이다. 즉,

$$\mu_m - \mu_s = V_m(P - P_v) \tag{2-40}$$

여기서 μ_m은 준안정상태 B에서의 화학퍼텐셜이고, μ_s는 포화상태 A에서의 화학퍼텐셜이다. 또한 액체의 분자 체적 V_m은 포화상태 A에서의 유효분자 체적으로, 이는 이 상태에서 분자간의 유효거리 d_m으로 나타낼 수 있다. 즉,

$$V_m = \frac{\pi}{6} d_m^3 \tag{2-41}$$

또한 활성화된 분자들로 이루어진 모듬 내의 분자들의 화학퍼텐셜을 준안정상태에 있는 활성화된 분자의 화학퍼텐셜과 같다고 하면,

$$\sum \mu_c(n) = n\mu_m \tag{2-42}$$

이 된다. 단 μ_c는 모듬 내의 분자의 화학퍼텐셜이다. 따라서 모듬 내의 분자와 포화상태에 있는 분자와의 화학퍼텐셜의 차이는 식 (2-40)과 (2-42)으로부터 다음과 같이 표현할 수 있다.

$$\sum \mu_c(n) - n\mu_s = (P - P_v)\, n V_m \tag{2-43}$$

준안정상태에서 모듬이 형성되고, 이 모듬들이 성장하여 기포가 형성되기 위한 자

유에너지, 즉 액체 내에서 기포형성을 위해 참여되는 모든 자유에너지는 식 (2-39)와 식 (2-43)에 주어진 에너지의 합으로 나타낼 수 있으므로 그 에너지는 다음과 같다.

$$F_n = (P - P_v) n V_m + \frac{Z}{2} \epsilon_m n^{2/3} \tag{2-44}$$

최대한의 일로 형성될 수 있는 모듬의 크기는 식 (2-44)를 n 에 대하여 미분함으로써 얻을 수 있다. 즉,

$$\begin{aligned} -(P - P_v) n_c^{1/3} &= \frac{2}{3} \left(\frac{Z}{2} \epsilon_m / V_m) \right) \\ &= \frac{2}{3} (\text{분자의인력에너지} / V_m) \end{aligned} \tag{2-45}$$

식 (2-45)를 모듬의 안정조건이라 생각할 수 있다. 즉, 어떤 모듬이라도 이 식을 만족하여 스스로 성장해 임계크기의 기포가 될 수 있는 충분한 분자수를 가지게 되면 팽창하여 기포가 될 수 있기 때문이다. 식 (2-45)에서도 볼 수 있는 바와 같이 활성화된 증기분자로 이루어진 모듬의 안정조건은 식 (2-9)에서 정의된 인장내력을 이용하면 다음과 같이 쓸 수 있다.

$$-\tau = \frac{1}{n_c^{1/3}} \cdot \frac{2}{3} \left(\frac{Z}{2} \epsilon_m / V_m \right) \tag{2-46}$$

2.4.3 모듬과정의 운동론적 고찰

그러면 과포화상태에서 어떻게 활성화된 분자들이 모이게 되는 것일까? 다음과 같은 간단한 모델을 사용하여 생각해 보기로 하자. 활성화된 분자 n 개로 구성된 모듬을 A_n 이 라고 하자. 1장 4절에서 설명한 바와 같이 분자들의 열적요동(thermal fluctuation)에 의하여 모듬 A_n 은 분자 하나를 잃어 A_{n-1} 의 모듬으로 되거나 혹은 분자 하나를 더 얻어 모듬 A_{n+1} 이 되기도 할 것이다[6].

$$\begin{aligned} A_n &+ A \rightarrow A_{n+1} \\ A_{n-1} &+ A \leftarrow A_n \end{aligned} \tag{2-47}$$

이렇듯 분자 하나가 모듬에 계속 더해짐에 의해서(monomer addition), 드디어는 임

계크기의 모듬까지 성장하여 주어진 조건에서 모듬의 안정 조건, 식 (2-45)를 만족하게 되면 모듬은 모듬상태로 성장하여 급기야는 하나의 기포로 변환되는 것이다. 이러한 경우 단위 부피당 그리고 시간당 생기는 활성화된 분자 n 개로 구성된 모듬의 수는 다음과 같이 표현할 수 있다(제1장 4절 참조).

$$J_n = ND_n \sqrt{\frac{\gamma}{2\pi k_B T}} \exp\left(-\frac{F_n}{k_B T}\right) \tag{2-48}$$

단, $\gamma = -\left(\frac{\partial^2 F_n}{\partial n^2}\right)_{\text{임계크기의 모듬}}$

여기서 D_n 은 단위시간당 표면적 s_n 을 가진 모듬 A_n 에 활성화된 분자들이 부딪치는 총 분자수이다. D_n 을 기체운동론에서 얻은 결과를 이용하면 다음과 같이 쓸 수 있을 것이다.

$$D_n = \frac{\beta}{4} \tilde{V}\tilde{n}\, s_n \tag{2-49}$$

이 식에서 $\tilde{V}$ 는 액체 내에서 활성화된 분자들의 평균속도이며, $\tilde{n}$ 은 단위부피당 활성화된 분자들의 수이다. 또한 활성화된 분자들이 모듬에 부딪친다 하더라도 모두 달라붙는 것은 아니므로 그 부착상수, β(accommodation coefficient)를 식 (2-49)에서 사용한 것이고, 실제로 계산할 경우에는 대체적으로 β=1로 가정한다. 아직은 액체의 운동론이 확립되지 않아 $\tilde{V}$ 나 $\tilde{n}$ 를 수식화하기란 어려운 실정이지만, 여기서 단위부피당 활성화된 분자들의 수, $\tilde{n}$ 는 온도와 증발열 ΔH_{vap} 에 따라 다음과 같이 주어진다고 가정할 수 있다.

$$\tilde{n} = N\exp\left(-\frac{\Delta H_{vap}}{RT}\right) \tag{2-50}$$

단, 이 식에서 R 은 기체상수이다. 또한 액체 내에서 활성화된 분자들의 평균속도는 융해열 ΔH_f 와 그 액체의 융해온도, T_f 에 따라 다음과 같이 주어진다고 가정하자 [26].

$$\tilde{V} = \left(\frac{8k_B T}{\pi m}\right)^{1/2} \exp\left(-\frac{\Delta H_f}{RT_f}\right) \tag{2-51}$$

여기서 $(8k_BT/\pi m)^{1/2}$ 은 주어진 온도에서 질량 m 인 기체 분자의 평균속도이다 이제, 가정한 식 (2-50)과 (2-51)을 사용하여 모듬 A_n 에 부딪치는 총 분자수, D_n 을 표시하면 다음과 같이 된다.

$$D_n = \frac{\beta}{4}N\left(\frac{8k_BT}{\pi m}\right)^{1/2}\exp\left[-\frac{\Delta H_{vap}}{RT}-\frac{\Delta H_f}{RT_f}\right]\cdot s_n \tag{2-52}$$

또한 n 개의 활성화된 분자로 구성된 모듬 A_n 을 형성하는데 필요한 자유에너지, F_n 은 모듬의 안정조건, 식 (2-45)를 식 (2-44)에 대입함으로써 얻을 수 있다.

$$\frac{F_n}{k_BT} = \frac{Z}{6}\left(\frac{\epsilon_m}{k_BT}\right)\cdot n^{2/3} \tag{2-53}$$

이제, 식 (2-52)와 (2-53)을 이용하여 식 (2-48)을 다시 쓰면, 단위시간당 그리고 단위부피당 생겨나는 임계크기의 모듬의 수는 다음과 같이 쓸 수 있다.

$$J_{nc} = \beta N\left(\frac{k_BT}{2\pi m}\right)^{\frac{1}{2}}\sqrt{\frac{Z}{18\pi}\left(\frac{\epsilon_m}{k_BT}\right)}\cdot 4\pi\left(\frac{3V_m}{4\pi}\right)^{2/3} \tag{2-54}$$

$$\times\exp\left[-\left(\frac{\Delta H_{vap}}{RT}\right)-\left(\frac{\Delta H_f}{RT_f}\right)\right]\cdot N\exp\left[-\frac{Z}{6}\left(\frac{\epsilon_m}{k_BT}\right)n_c^{2/3}\right]$$

식 (2-54)에 주어진 정상상태에서 단위체적당 기포 핵형성률은 제1장 4절에서 기술한 고전 핵형성 이론의 운동론을 기포형성의 경우에 이용한 결과이다. 이 표현은 Hirth- Pound[27]가 유도한 기포 핵형성에 대한 기술과 흡사하다. 액체가 과포화상태로 발전해 수식 (2-54)와 같은 정상상태의 핵형성률을 갖기 위해서는 지연시간이 필요하다. 이 지연시간[28]은 1장 4절에서 논의한 바와 같이 다음과 같다.

$$t_l = \frac{1}{4\pi D_n Z_f^{\,2}} \tag{2-55}$$

2.4.4 인장내력(tensile strength)

우리가 구하고자 하는 것은 식 (2-46)에 주어진 기포형성에 필요한 인장내력, $-\tau$ 인 것이다. 식 (2-46)에서도 알 수 있는 바와 같이 이 인장내력을 계산하기 위하여는 분자간의 상호작용 ϵ_m, 분자 체적 V_m, 그리고 임계크기의 모듬을 이루는 분자수 n을 알아야 할 것이다. 분자의 평균 체적 V_m은 온도에 따른 밀도 ρ_m만 알고 있으면 식 (2-35)를 이용하여 쉽사리 구할 수 있다. 또한 분자간의 상호작용 ϵ_m도 분자의 인력상수 ϵ_o와 고유반경 d를 알면 식 (2-37)로부터 구할 수 있다. 하지만 임계크기의 모듬을 구성하는 분자수 n은 핵형성률 J_n을 가정함으로써만 가능하다. 식 (2-54)에서 n을 제외한 나머지 변수, 말하자면 분자의 질량 m, 밀도수 N, 유효분자체적 V_m, 분자간의 상호작용 ϵ_m, 증발열 ΔH_{vap}, 융해열 ΔH_f, 융해점 T_f 등은 주어지거나, 주어진 온도에서 그 양을 계산할 수 있으므로 J_n을 가정하게 되면 이에 해당되는 n을 식 (2-54)로부터 구할 수 있는 것이다. 그런데 어떤 방법에 의하여 J_n을 가정해야 하느냐 혹은 J_n을 결정해야 하느냐 하는 문제는 상당히 어려운 문제 중의 하나이다. 그러나 다행히도 이 핵형성률이 임계크기의 모듬을 구성하고 있는 분자수 n에 미치는 영향은 그리 크지 않아 핵형성률의 차이가 대단히 커도 모듬의 안정조건에 미치는 영향은 상대적으로 작다. 그런데 지금껏 핵형성 현상을 관측할 수 있는 상태의 핵형성률의 값을 $J=1$ 또는 10^6 bubbles/cm^{3}s에 해당된다고 가정함으로써 인장내력을 계산해 왔다. 이제, 남은 문제는 분자들의 인력상수 ϵ_o를 어떻게 구하는가 라는 문제이다. 하지만 액체분자들의 인력상수를 구하는 일반적인 방법은 아직 알려지지 않은 상태이다[29]. 그러나 비교적 간단한 구조를 가진 액체, 즉 단순 액체(simple liquids) — 헬륨, 수소, 아르곤, 질소, 메탄, 물, 수은 등 — 에 대해서는 양자역학적인 London분산 힘 (London dispersion force)과 Lennard-Jones 6-12 퍼텐셜의 인력 항과의 비교[30]에 의해 다음과 같이 분자간의 인력상수를 구할 수 있다.

$$\epsilon_o = \frac{3}{16}\frac{E_I\,\alpha^2}{d^6} \tag{2-56}$$

여기서 E_I는 분자의 외각 전자 하나를 떼어 내는데 필요한 에너지인 이온화전위(ionization potential)이고, α는 액체의 분극률(polarizability)이다. 이 종류의 액체에 대해서는 액체분자의 고유직경, d는 제 2의 비리얼 상수(2nd Virial coefficient)로부터 얻은 자료[31]를 이용하여 구해진 값을 사용하였다. 액체의 분극률 α는 실험값이 주어진 경우에는 그 값을 사용하였고, 그렇지 못한 경우에는 다음의 Lorentz-Lorenz 공식을[32] 사용하여 구할 수 있다.

$$\alpha = \frac{3\,M}{4\pi N_A}\,\frac{1}{\rho_m}\left(\frac{{n_b}^2-1}{{n_b}^2+2}\right) = \frac{3M}{4\pi N_A}LL \tag{2-57}$$

단, Lorentz-Lorenz 함수 LL 은 다음과 같이 주어진다.

$$LL = \frac{1}{\rho_m}\left(\frac{{n_b}^2-1}{{n_b}^2+2}\right) \tag{2-58}$$

윗식에서 n_b는 액체의 굴절률(refractive index)이다. 대체로 Lorentz-Lorenz 함수는 전 온도 범위 내에서 액체마다 거의 일정한 값을 가지므로 Lorentz-Lorenz 함수를 구할 때는 같은 온도에서 밀도와 굴절률을 사용하여 구하였다. 이런 방법에 의한 단순 액체들의 자료가 Table 2에 주어져 있다.

| Table 2 | Physical properties of simple liquids.

Liquid	van der Waals diameter d (Å)	Polarisability α (Å^3)	Ionisation potential (eV)§	Density (g/cm^3)
He	2.566	0.205†	24.587	0.14404(2.6K)
H_2	2.928	0.790‡	15.427	0.07098(16K)
Ar	3.405	1.64†	15.759	1.407885(85K)
N_2	3.698	1.76‡	15.576	0.8175(75K)
O_2	3.58	1.60‡	12.063	1.212(75K)
CH_4	3.817	2.60‡	12.6	0.4333(105K)
H_2O	2.75‖	1.48‡	12.6	0.99973(10℃)

†: Bridge and Buckingham (1966). / ‡: Landolt–Borstein (1951).
§ : Handbook of Chemistry and Physics (1979). / ‖: Pierotti (1963).

단위체적당 기포 핵형성률의 값, $J_n = 1/\mathrm{cm}^3\mathrm{s}$ 과 $J_n = 10^6/\mathrm{cm}^3\mathrm{s}$ 을 가지고 계산한 단순 액체의 인장내력이 Table 1에 주어져 있다. Table 1에는 참고로 Beams[17, 33]과 Briggs[15]의 실험값과 Fisher와 Temperley의 이론에 의한 값도 함께 주어져 있다. Table 1에서 볼 수 있는 바와 같이 Temperley의 이론에 의한 인장내력 값은 분자론적 모델보다 2배 내지 5배나 큼을 알 수 있다. 또한 Fisher의 이론에 의한 인장내력 값도 실험 값보다 훨씬 큼을 알 수 있다.

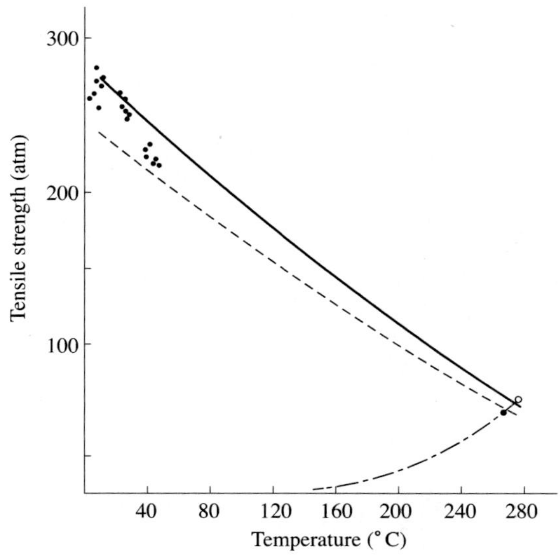

Fig. 6 Tensile strength of water as a function of temperature up to the superheat limit (—) $J = 10^6$: (···)$J = 1$:(—·—) vapor pressure. Experimental points : (•) Briggs (○) Apfel.

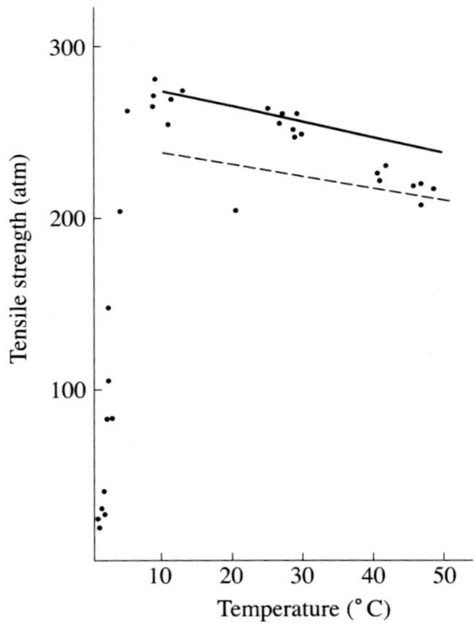

Fig. 7 Tensile strength of water as a function of temperature including the melting region. (—)$J = 10^6$: (···)$J = 1$: Experimental points : (•) Briggs(1950,[15]).

Fig. 6에는 온도에 따른 물(H_2O)의 인장내력이 주어져 있다. 10℃ 부근에서부터 과열한계까지 액체의 인장내력이 실험과 잘 일치함을 보여주고 있다. 하지만 Fig. 7에서

볼 수 있듯이 0℃에 가까워짐에 따라 액체의 인장내력이 급격히 감소함을 알 수 있다. 이러한 사실은 물뿐만 아니라, 유기물 용액에서도 그 액체의 융해점에 가까워지면 인장내력이 감소하는 경향을 보이고 있다. 이것 또한 액체 분자간의 상호작용의 관점에서 이해할 수 있을 것이다. 즉, 이것은 융해점 부근에서는 액체 분자간의 상호작용 가운데 반발력이 주된 상호작용이고, 반면에 인력은 분자끼리 떨어지지 않을 정도만 작용하기 때문이라고 이해할 수 있다[34].

| Table 3 | Tensile strength $-\tau$, the number of molecules of the critical clusters, n_c, the free energy for the formation of the critical clusters, F_{nc}/k_BT_c and the time lag to reach the steady state nucleation, t_l, for water at 283K for various possible values of the nucleation rates.

	J_n				
	1	10^6	10^{13}	10^{16}	10^{22}
$\tau\,(atm)$	238	273	345	400	706
n_c	835	552	275	177	32
F_n/k_BT_c	25.8	19.6	12.3	9.2	2.9
$t_1\,(\mu s)$	0.141	0.102	0.063	0.048	0.016

Ideal tensile strength, 2,240 atm (n_c =1).

Table 3에는 여러 가지 핵형성률의 값에 따른 임계크기의 모듬 내에 있는 분자의 수, 물의 인장내력($-\tau$), 정상상태까지 도달하는데 필요한 지연시간이 주어져 있다. 실험 방법에 따라 관측된 최대 인장내력 값은 다르기 때문에 좀 더 정확한 이론과 실험의 비교를 위하여는 핵형성률을 측정할 수 있어야 한다. 절에서는 하나의 분자로 이루어지는 임계 크기의 모듬일 경우에 얻을 수 있는 절대 인장내력과 관계가 있는 유기용액의 인장내력에 대하여 논하기로 한다.

2.4.5 유기 용액의 인장내력

헬륨, 수소, 아르곤, 질소, 물 등과 같은 단순 액체의 경우에는 분자의 고유직경 d를 제2의 비리얼상수로부터 얻은 자료를 이용하여 구한 값을 사용하였다. 하지만 유기용액의 경우는 주로 점성계수로부터 얻은 자료에 의해 분자들의 고유직경을 구하여 이동 물성치(transport properties)를 예측하는 것이 상례였다[35]. 액체 분자간의 인력이 London 분산힘에 의한 경우에는 van der Waals 직경이 좀더 적절하다[36]. 왜냐하면 van der Waals 직경으로 표현되는 분자체적은 분자의 전자운을 포함하는 체적이기 때문이다.

폴리머의 경우 몰당 van der Waals 체적, $\bar{v}_w$는 다음과 같이 액체의 몰당 체적$\bar{v}_l$로 나타낼 수 있다[37].

$$v_w = \frac{v_l(T)}{1.60 + \alpha_T(T - 298)} \tag{2-59}$$

윗식에서 α_T는 액체의 체적팽창계수이다. 유기 용액의 경우 체적팽창계수는 10^{-3} 정도이므로[38], van der Waals 직경은 식 (2-60)으로부터 주어진 온도에서 구할 수 있다. 즉,

$$d_w = \frac{d_m(T)}{[1.30 + 10^{-3}T]^{1/3}} \tag{2-60}$$

Table 4에는 293 K에서 구한 여러 가지 유기용액에 대한 van der Waals 직경과 London 분산힘을 계산하는데 필요한 물리 변수가 주어져 있다. 또한 Table 5에는 이들 액체들에 대해 분자론적 모델에 의한 인장내력 외에 Fisher의 이론에 의한 인장내력 값,

| Table 4 | Physical properties of organic solutions.

Liquid	van der Waals diameter, d_w (Å)	Polarizability α (Å^3)	Ionization potential (eV)	Density (g/cm^3)
Carbon tetrachliride	5.2194	10.5	11.47	1.5940
Chloroform	4.9131	8.23	11.42	1.4891
Ethyl alcohol	4.4141	5.1206*	10.49	0.7893
Acetic acid	4.3854	5.1516*	11.0	1.0493
Diethyl ether	5.3538	8.73	10.2	0.7135
Benzene	5.0784	10.32	9.24	0.8790
Aniline	5.1212	12.1316*	7.70	1.0217
n-Hexane	5.7719	11.78	10.18	0.6595

* : Calculated from Lorentz-Lorenz formula

Temperley의 이론에 의한 값, Briggs[39]의 실험값들이 주어져 있다.

분자론적 모델에 의한 인장내력은 하나의 분자가 임계모듬이 되는 절대 인장내력에 해당되는 핵형성률의 20%의 값을 가지고 계산하였다. 여기서 벤젠을 제외하고는 Briggs의 실험값과 분자론적 모델에 의한 값이 잘 일치하고 있음을 알 수 있다. Fisher의 이론도 유기 용액의 경우는 상당히 잘 예측하고 있다. 하지만 Temperley의 이론에 의한 인장내력값은 벤젠을 제외하고는 대체로 실험보다 낮은 값을 나타내고 있다.

| Table 5 | Tensile strength of organic solutions at 20℃.

Liquid	Molecular Theory(atm) (Nucleation rate)	Fisher's theory (J = 1, atm)	Temperley's theory (atm)	Experiment (atm)
Carbon tetrachliride	299(1.84×10^{25})	315	153	275
Chloroform	305(7.2×10^{23})	318	167	290
Ethyl alcohol	248(6.4×10^{22})	243	177	–
Acetic acid	289(6.4×10^{21})	325	225	288
Diethyl ether	111(2.0×10^{24})	158	71	–
Benzene	291(8.2×10^{23})	352	166	150
Aniline	323(1.28×10^{20})	325	274	280
n-Hexane	112(5.8×10^{21})	216	128	–

이와 같은 경향에서 나타나는 바와같이 물과 같은 단순 액체인 경우와는 달리 절대 인장내력에 가까운 경우에 기포형성이 가능한 이유는 무엇일까? 이는 유기용액이 저온일 경우에 분자간의 거리가 가까워 분자의 전자운이 서로 겹쳐져 분자간의 간격을 London 분산힘이 작용하는 거리까지 때어놓는데는 상당한 외부의 힘이 필요하기 때문이라고 생각할 수 있다.

2. 5 헬륨 액체의 절대 인장내력

2.5.1 헬륨 액체의 성질

액체가 어느 정도의 부압하에서 비로소 액체 분자간의 인력이 끊어져 기포가 생성되는가에 대한 문제는 오래 전부터 제기되어 왔으며 아직도 논란의 여지가 남아 있다 [40]. 4절에서 논의한 바와 같이 준안정상태의 정도에 따라 기포 형성의 핵이 될 수 있는 분자수가 달라지며, 하나의 분자로 기포형성이 가능한 때의 부압을 이상적 인장내력이라 가정하였다. 최근 Maris와 Xiong[41]는 helium-3와 helium-4 액체의 양압하에서 음속 측정치를 이용, Padé 근사식을 이용하여 부압까지 연장, C^4(C는 액체의 음속) 값이 '0'이 되는 점을 거시적 불안정상태(unstable state)라 규정지었고, 이 때의 부기압은 helium-3의 경우는 $-3\ bar\ (\pm\ 1\ bar)$를, 또 helium-4의 경우에는 근사적으로 $-9\ bar$ 를 각각 얻었다.

본 절에서는 액체의 인장내력에 대한 4절의 분자론적 모델을 이용, 압축성 액체인 helium-3과 helium-4에 적용하여 보았다. 헬륨과 같이 압축성 유체인 경우, 기포형성의 구동력인 준안정상태와 안정상태의 화학적 퍼텐셜의 차이는 다음과 같이 기술할 수 있다.

$$\begin{aligned}\Delta\mu &= \int V_m dP \qquad (2-61)\\ &= 0.7405\,m \int \frac{1}{\rho}\,dP\end{aligned}$$

식 (2-61)에서 0.7405는 FCC 격자에서의 채우기 비율이다. 준안정상태와 안정 상태간의 화학적 퍼텐셜을 구하기 위한 액체의 압력과 밀도의 관계는 helium-3과 helium-4의 경우 Abraham [42, 43, 44]의 실험결과를 이용하였다.

^{3}He의 경우[42]

$$\begin{aligned}P = {}& C_o^{\,2}(\rho-\rho_o) + C_oA_1(\rho-\rho_o)^2 + (1/3)\,[A_1^{\,2} + 2C_oA_2]\,(\rho-\rho_o)^3 \qquad (2-62)\\ &+ (1/2)\,A_1A_2(\rho-\rho_o)^4 + (1/5)\,A_2^{\,2}(\rho-\rho_o)^5\end{aligned}$$

윗식에서 $C_o = 182.9\ \mathrm{m/s}$, $p_o = 0.08191\ \mathrm{g/cm^3}$[43]이고, $A_1 = 6.2441\times10^5\ \mathrm{cm^4/g\cdot s}$, $A_2 =$

$1.06777 \times 10^6\ \ cm^6/g \cdot s$이다.

^{4}He의 경우[44]

$$P = A_1(\rho - \rho_o)\ +\ A_2(\rho - \rho_o)^2 + A_3(\rho - \rho_o)^3 \tag{2-63}$$

단, $A_1\ =\ 5.60\ \times\ 10^2$ atm cm^2 g^{-1}

$A_2\ =\ 1.0970\ \times\ 10^4$ atm cm^6 g^{-6}

$A_3\ =\ 7.33\ \times\ 10^4$ atm cm^9 g^{-3}

helium-3와 helium-4의 임계점에서의 열역학적 상태량들은 Donelly[45]에서 참고하면 된다.

2.5.2 양자터널링 현상에 의한 기포형성

액체가 부압을 받든지 또는 대기압하에서 포화온도 이상으로 가열될 경우 액체는 준안정상태(metastable state)로 발전하게 된다. 이와 같이 외부조건의 변화에 의하여 준안정상태로 발전한 액체는 좀더 안정한 상태인 기체로 천이하게 된다. 이 과정에서 반드시 극복해야 할 것은 액체에서 기체로 천이하는데 필요한 에너지장벽(energy barrier)이다. 온도, T가 높을 경우 준안정상태에서 안정한 상태로 천이하는 원동력은 두 말할 것도 없이 $k_B T$(단 k_B는 볼츠만 상수)로 표현되는 열적요동이다. 하지만 온도 T가 0 K에 접근하게 되면 열적요동에 의해서가 아니라 양자유체를 이루는 분자들의 양자요동에 의해서 액체에서 기체로 상변화가 일어날 것으로 예상된다 [46].

전절에서 논의한 바와 같은 방법에 의하면 인장내력을 얻는데 필요한 구동력은 다음과 같이 주어진다.

$$-\Delta\mu = \frac{Z}{3}\epsilon_m \Big/ {n_c}^{1/3} \tag{2-64}$$

식 (2-64)를 $F_n\ =\ n\Delta\mu + \dfrac{1}{2}Z\epsilon_m n^{2/3}$에 대입하면 준안정상태에서 안정상태, 즉 모듬이 액체에서 기체로 천이하는데 필요한 에너지장벽을 얻을 수 있는 바, 다음과 같다.

$$F_{n_c} = \frac{Z}{6}\epsilon_m {n_c}^{2/3} \tag{2-65}$$

Figure 8에는 helium-4의 경우 0.5 K에서 모듬을 이루는 분자수 n에 따른 에너지 장벽이 몇 가지의 부압의 경우에 대해 나와 있다. 본 연구에서는 액체에서 기체로의 상전이가 열적요동에 의한 것이든 양자운동에 의한 것이든지 상변화에 필요한 최대에너지 장벽은 식 (2-65)에 주어진 자유에너지를 이용하였다. 전술한 바와 같이 온도 T가 절대온도 0 K에 접근하게 되면 열적요동 현상은 의미가 없어진다. 따라서 이 경우에는 열적요동에 대응되는 양자요동(quantum fluctuation)의 개념을 도입해야 한다[47,48]. 이제 고전역학에 준하는 양자역학적 방법을 이용하여[46] 준안정상태에 있는 모듬의 에너지 준위를 구할 수 있는 바, 다음 식과 같이 모듬의 에너지 E_n는 운동에너지와 상전이를 위해 극복해야 하는 에너지장벽인 퍼텐셜에너지로 나타낼 수 있다. 즉

$$E_n = \frac{1}{2} m r_m{}^2 \dot{x}^2 n^{5/2} + (-F_n) \qquad (2-66)$$

윗식에서 $\dot{x}$는 분자의 속도를 나타내는 바 단위는 s^{-1} 이다. 식 (2-66)에서 오른쪽의 첫 번째 항은 식 (2-44)에 주어진 F_n의 역(inverse) 퍼텐셜하에 [49] 있는 분자의 진동에너지에 해당되며 이 문제는 고전적인 진동자 문제로 귀착됨을 알 수 있다.

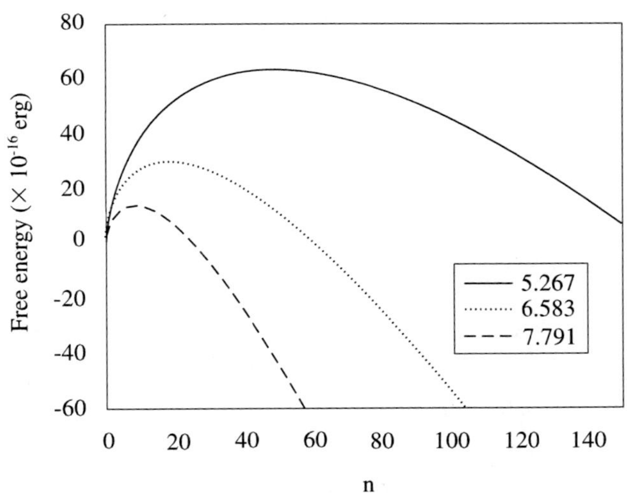

Fig. 8 Energy barrier depending on negative pressure for helium-4 at 0.5 K.

이제 분자의 진동에너지가 퍼텐셜장벽보다 작다고 가정하면 양자터널링(quantum tunneling)에 의해 다른 상태로 천이되는 빈도수를 다음과 같이 구할 수 있다.

$$\omega = \sqrt{\alpha} \cdot 2\pi \left[\frac{Z\epsilon_m}{m{r_m}^2} \right] \Big/ \int_0^{x_1} x^{3/2}\, dx \Big/ \sqrt{1 - \frac{2|\Delta\mu|}{Z\epsilon_m} x} \tag{2-67}$$

$$= \sqrt{\alpha}\, \frac{2^{7/2}}{3^2}\, \frac{\sqrt{F_{n_c}}}{\sqrt{m{r_m}^2/2}} \,/\, {n_c}^{5/6}$$

윗식은 구하는데 있어서 모듬의 전체에너지, $E_n = (\alpha - 1)F_n$로 표시하였다. 단 α는 1보다 작은 수이다. 식 (2-67)은 모듬 내의 활성화 분자의 진동에너지 크기를 나타내 준다. 즉

$$\epsilon_{vib} = \frac{1}{2} m{r_m}^2 \omega^2 n_c \tag{2-68}$$

$$= \alpha \cdot \frac{2^7 F_{n_c}}{3^4} \,/\, n_c$$

식 (2-68)에 주어진 진동에너지가 양자화 조건을 만족한다고 하면 즉 $\epsilon_{vib} = n_c \hbar\omega$라면 분자의 진동수는 다음과 같이 단일 분자의 양자진동수(quantum vibrational energy)로 나타낼 수 있다.

$$\omega_0 = \hbar \,/\, (m{r_m}^2/2) \tag{2-69}$$

식 (2-68)에 주어진 분자의 진동에너지를 이용하면 임계모듬의 에너지는 다음과 같이 쓸 수 있다.

$$E_{n_c} = \left[-1 + \alpha \cdot \frac{2^7}{3^4} \Big/ {n_c}^{5/3} \right] F_{n_c} \tag{2-70}$$

만약에 분자의 운동에너지와 퍼텐셜에너지가 같을 경우[47] α의 값은 $3^4 {n_c}^{5/3}/2^7$이 된다. 하지만 이 경우는 WKB 근사는 적용할 수 없다. 운동에너지가 $m{r_m}^2 \dot{x}^2/2$인 분자가 F_n 장벽을 극복해 양자터널링에 의해 다른 상태로 천이될 확률은 WKB 근사에 의해 다음과 같이 된다.

$$B \cong \frac{2}{\hbar} \int_0^{x_1} \sqrt{2mF_n}\, dx \tag{2-71}$$

식 (2-67)에 주어진 양자터널링에 의한 빈도수를 이용하면 양자요동에 의한 핵형성률은 다음과 같이 주어진다.

$$J_{QUM} = N\omega(F_{n_c}) \exp[-B] \tag{2-72}$$

단

$$B = \frac{\alpha^{1/2} \cdot 3^2 \cdot 5\sqrt{2}\pi}{2^{11/2}} \frac{F_{n_c}}{\hbar\omega} = \frac{3^4 \cdot 5\sqrt{2}\pi}{2^9} \sqrt{\frac{F_{n_c}}{\hbar\omega_0}} n_c^{5/6} \tag{2-73}$$

열적요동에 의한 핵형성률과 양자요동에 의한 핵형성률을 같다고 놓으면 양자요동에 대응되는 "양자온도"를 다음과 같이 구할 수 있다[50].

$$T_{QUM} = \frac{2^{11/2}}{\sqrt{\alpha} \cdot 3^2 \cdot 5\sqrt{2}\pi} \frac{\hbar\omega}{k_B} = \frac{2^9}{3^4 \cdot 5\sqrt{2}\pi} \frac{\sqrt{\hbar\omega_0 F_{n_c}}}{k_B {n_c}^{5/6}} \tag{2-74}$$

분자의 양자진동수와 임계크기 모듬의 자유에너지에 관계되는 양자온도는 helium-4의 경우는 0.25 K, helium-3의 경우는 0.175 K로 이 온도 이하에서는 양자터널링에 의한 기포형성이 가능함을 말해주고 있다.

거시적인 표면장력 개념을 사용하면 기포형성에 관여하는 자유에너지는 다음과 같이 주어진다[47].

$$F_R = -\frac{4}{3}\pi R^3 |P| + 4\pi R^2 \sigma \tag{2-75}$$

윗식에서 R은 기포의 반경, σ는 표면장력, $|P|$는 인가된 압력의 절대값이다. 만약에 기포가 빽빽이 들어찬 분자들의 모듬이라고 하면, 즉 $R = r_m n^{1/3}$이 성립된다고 하면 $\sigma = Z\epsilon_m/(8\pi r_m^2)$이 되고 $|P| = 3|\Delta\mu|/(4\pi r_m^3)$이 된다. 또한 분자의 질량이 $0.45 \cdot 4\pi {r_m}^3 \rho$가 아니라 $m = 4\pi {r_m}^3 \rho$라고 한다면 식 (2-73)에 주어진 B 값은 다음과 같이 Lifshitz와 Kagan[46]이 구한 값과 동일하게 된다.

$$B = \frac{135 \cdot \pi^2 6^{1/2} \rho^{1/2} \sigma^4}{16\hbar |P|^{7/2}} \tag{2-76}$$

하지만 거시적인 표면장력값과 분자론적 기포형성 이론에서 사용한 표면장력값과는 상당한 차이가 있으며 또한 마이크로 크기의 기포에 거시적인 표면장력값을 이용하여 기포형성 에너지를 구할 수 있느냐는 문제는 현재 논쟁의 초점이 되고 있다.

2.5.3 기포형성에 필요한 인장내력 계산

앞에서 언급한 방법에 의하여 주어진 온도에서 액체에 부가되는 부압의 크기에 따른 핵생성률의 계산결과가 helium-4의 경우는 Fig. 9에 helium-3의 경우는 Fig. 10에 각각 주어져 있다[50]. Fig. 9에는 helium-4의 온도가 0.3, 0.6 및 1.0 K일 경우 열적요동에 의한 핵생성률이 0.25 K일 경우는 양자요동에 의한 핵생성률이 나와 있다. 이 온도범위에서 양자요동에 의한 핵생성률은 어느 온도에서든지 거의 비슷하므로 0.25 K인 경우에만 나타내었다. 0.25 K일 때와 같이 온도가 절대 0 K에 근접할 경우에는 모든 핵형성률에 대하여 양자요동에 의한 핵생성률이 열적요동에 의한 핵생성률보다 커서 양자요동에 의한 기포형성이 일어날 것이 예상된다. 따라서 helium-4에 있어서 0.25 K는 열적요동에 의한 상전이에서 양자요동에 의한 상전이로 변하는 천이온도(cross-over temperature)라고 할 수 있다. 한편 1.0 K와 같은 높은 온도에서는 "이상적인 인장내력"을 나타내는 부압의 근처에서 양자요동에 의한 핵형성률의 값이 더 높게 나타나지만 대부분의 기포형성이 이보다 낮은 부압하에서 일어나기 때문에 이 온도에서는 열적요동에 의한 상변화가 일어난다고 볼 수 있다. 예를 들어 실험적으로 관측할 수 있는 핵형성률이 $10^{20}\,cm^{-3}sec^{-1}$라 할 때[48] 0.25 K에서는 양자요동에 의해 -7.3 bar에서 기포형성이 일어나고 1.0 K에서는 열적요동에 의해 -6.0 bar에서 기포형성이 일어남을 말해주고 있다.

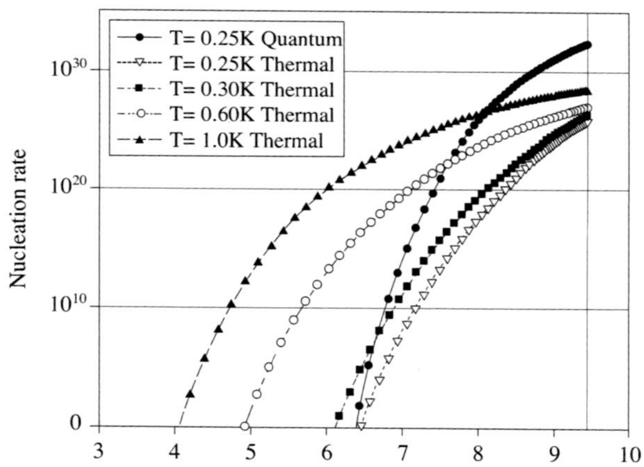

Fig. 9 Tensile strength of helium-4 depending on temperature.

Figure 10에는 helium-3에 대해 helium-4의 경우와 비슷한 환산 온도를 갖는 경우, 즉 온도가 0.175, 0.20, 0.40 및 0.70 K인 경우에 열적요동에 의한 핵생성률이 나와 있고, 0.175 K인 경우에는 양자요동에 의한 핵생성률이 나와 있는 바, helium-4의 경우와 비슷한 결과를 얻었다[50]. 즉 0.175 K에서와 같이 절대 0 K 부근에서는 어떤 값의 부압하에서도 양자요동에 의한 핵형성률이 열적 요동에 의한 그것보다 커 양자요동에 의한 기포형성이 일어날 것으로 예상된다. helium-4와 같이 helium-3에서도 Fig. 10에 나와 있는 온도 범위 내에서 양자요동에 의한 핵생성률은 온도에 관계없이 거의 같았다. 한편 0.70 K인 온도에서는 열적요동에 의해 액체에서 기체로 상전이가 알어날 것으로 예상된다. 즉 핵생성률이 $10^{20}/cm^3 \cdot s$ 일 때 0.175 K이하에서는 양자요동에

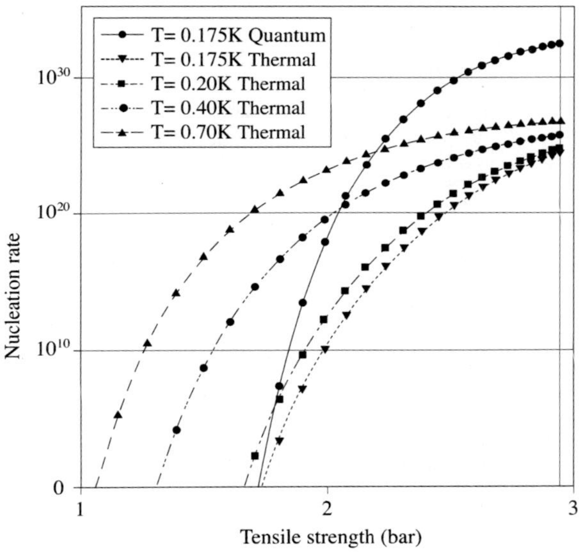

Fig. 10 Tensile strength of helium-3 depending on temperature.

의해 -2.0 bar에서 기포형성이 일어나고 0.70 K일 때는 열적 요동에 의해 -1.7 bar에서 기포형성이 일어날 것이 예상된다. 따라서 양자요동에 의한 액체에서 기체로의 상전이 현상은 helium-4의 경우는 0.25 K보다 낮은 온도에서 helium-3의 경우는 0.175 K보다 낮은 온도에서 일어날 가능성이 있으며 이 온도범위는 Maris[47]에 의한 해석결과와 거의 같다. 또한 Fig. 9 나 Fig. 10 에서 확인할 수 있는 바와 같이 어느 온도에서나 핵생성률 값은 다소 차이가 나지만 이상적인 인장내력의 값은 helium -4의 경우는 -9.46 bar, helium-3의 경우는 -2.95 bar 정도임을 알 수 있다. 이와 같은 값은 Maris 와 Xiong [41]이 helium-3와 helium-4의 양압하에서 Padé 근사식을 이용하여 음속 측정치를 부압까지 연장해 C^4(C는 액체의 음속) 값이 "0"이 되는 점을 거시적 불안정상태라 규정지었는 바

이때의 부기압이 helium-3의 경우는 -3 bar (±1 bar) 또 helium-4의 경우는 -9 bar와 비슷함을 알 수 있다. 한편 거시적인 표면장력을 이용한 고전이론에 의하여 계산한 helium의 인장내력 값은 0.5 K에서 -16 bar를 넘고 있으며, Lifshitz와 Kagan[46]의 양자론적인 이론으로 계산한 값은 온도가 절대 0 K에 수렴할 경우 -15 bar 정도이다. 하지만 helium-4의 경우 지금껏 실험적으로 얻은 최대의 인장내력[51] 값은 각각 2 K에서 -6 bar, -1.6 K에서 -8 bar 이다.

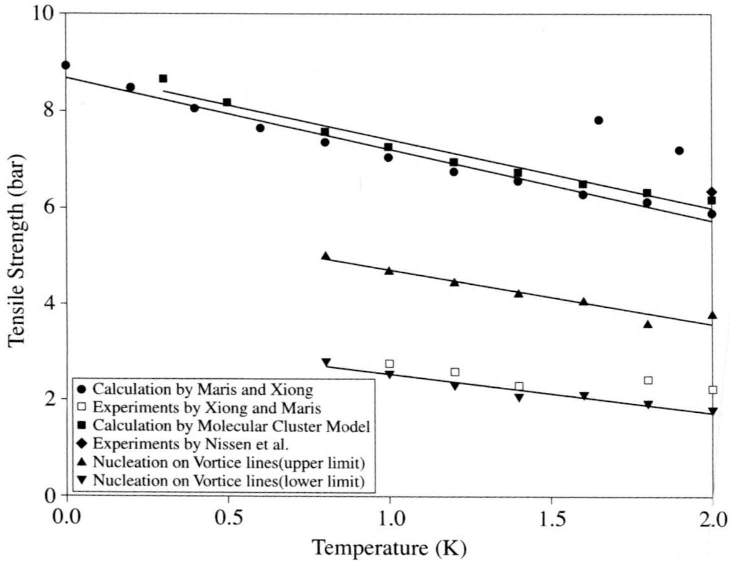

Fig. 11 Calculated and measured tensile strength of liquid helium-4 depending on temperature.

Figure 11에는 밀도 범함수 이론[52]과 분자상호작용에 의한 기포형성 모델을 이용하여 구한 온도에 따른 helium-4의 인장내력이 나와 있다. 이 그림에서도 알 수 있는 바와 같이 이 두 모델에 의한 인장내력 값을 구하는데 있어서 두 모델이 적용한 핵형성률이 다름에도 불구하고 이들 값은 상당히 유사함을 알 수 있다. 분자상호작용에 의한 기포형성 모델[50]의 경우는 2.0 K일 때 하나의 액체분자가 기포로 되는 최대의 인장내력에 해당되는 핵형성률값이 $2.16\times10^{30}/cm^3s$인데 비해, 실험에서 측정된 인장내력 값 -6.18에 해당되는 핵형성률은 $4.48\times10^{26}/cm^3s$이었다. 다른 온도에 있어서 핵형성률은 이와 같이 2.0 K일 때 적용한 최대 인장내력에 해당되는 핵형성률 대 실제 핵형성률의 비를 적용하여 핵형성률을 구하였고, 그 핵형성률에 해당되는 인장내력 값을 구하였는 바, Table 6에 나와 있다. 또 Fig. 11에는 액체 내에서 발생하는 보텍스 선에서 기포형성이 될 경우에[53, 54] Table 6에 주어진 핵형성률을 사용해 구한 온도에 따른 인장내력값과 핵형성률을 10^5/cm^{3}s이라고 가정하여 구한 인장내력 값이 실험결과와 같이 나와 있다. 밀도 범함수 이론에 의한 계산결과[55]는 부기압이 8 기압 이하에서 유체가 상당히 불안정함을 보이고 있음을 나타낸다. 이 그림에서도 확인할 수 있는 바와 같이 실험결과는 핵형성률을 10^5/cm^{3}s로 가정해 구한 인장내력 값과 잘 일치함을 볼 수 있다.

| Table 6 | Nucleation rates for ideal tensile strength and tensile strengths at different temperatures for helium-4 to obtain the results in Fig. 11.

Liquid temperature (K)	Nucleation rate for ideal tensile strength (/cm^{3}sec)	Tensile strength for bubble formation (bar)
0.3	3.14×10^{26}	8.63 (6.49×10^{22})
0.5	9.52×10^{26}	8.15 (1.97×10^{23})
0.8	2.02×10^{27}	7.57 (4.18×10^{23})
1.0	1.73×10^{28}	7.25 (3.58×10^{24})
1.2	7.32×10^{28}	6.97 (1.51×10^{25})
1.4	2.02×10^{29}	6.73 (4.18×10^{25})
1.6	4.62×10^{29}	6.51 (9.56×10^{25})
1.8	1.09×10^{30}	6.34 (2.25×10^{26})
2.0	2.16×10^{30}	6.18 (4.48×10^{26})

2. 6 밀도 범함수 이론(density functional theory)

핵을 형성하는 데 필요한 에너지를 구하는 데 있어서 고전이론은 거시적인 개념인 표면장력을 이용한다(capillarity approximation). 하지만 거시적인 이론은 용액 내에서 가스의 기포형성이라든가 증기에 의한 기포형성 현상을 잘 기술하지 못함은 잘 알려진 사실이다. 한편 Kwak-Panton[23]에 의한 분자론적 기포형성 모델은 기포형성현상을 잘 기술하고 있지만 순수한 이론이기 보다는 현상론적인 이론이다. 이런 면에서 핵형성의 거시적 관점에서 기술한 고전이론을 수정하기 위해 시도된 밀도 범함수 이론은 임계크기의 기포를 가정하고 있기 때문에 거시적인 이론이다. 하지만 이 밀도 범함수 이론은 액체→기체, 기체→액체, 액체→고체 등의 모든 상전이 현상에 응용되기 때문에 상전이 현상을 잘 기술하고 못하고를 떠나 의논할 여지가 있는 이론이다[56].

고전이론이나 Kwak-Panton 모델이 핵형성을 이루는 데 필요한 자유에너지가 핵의 크기에 좌우되는 것에 비하여 밀도 범함수 이론은 핵과 핵을 둘러싼 액체의 계면에서 밀도 분포의 함수에 좌우된다. 따라서 밀도 범함수 이론은 계면에서의 밀도분포를 다루기 위해 다음과 같은 불균일한 유체에 대한 Helmholtz 자유에너지를 가정한다[56].

$$F[\rho(r)] = \int d^3 r f_h[\rho(r)] + \frac{1}{2}\int\int d^3 r d^3 r' \rho(\bar{r})\rho(r')\phi(|\vec{r}-\vec{r}'|) \quad (2-77)$$

윗식에서 Helmholtz 자유에너지 F는 계면에서의 밀도분포 $\rho(\vec{r})$에 좌우되는 즉 $\rho(\vec{r})$의 범함수이며 f_h는 분자들의 상호작용이 척력만 존재한다고 가정했을 때의 Helmholtz 자유에너지 밀도이며, ϕ는 분자들의 인력 상호작용을 고려한 퍼텐셜이다. 따라서 밀도 범함수 이론은 계면을 가진 불균일한 유체의 Helmholtz 자유에너지가 척력과 인력의 항으로 나누어 표현할 수 있음을 말하고 있다. 또한 상전이에 대한 밀도 범함수이론의 전제는 기포/액체의 불균일한 준안정상태 내에서 범함수가 최소일 때 평형상태의 온도분포를 주는 온도분포의 함수인 범함수(functional) 즉 대정준 퍼텐셜(grand potential), $\Omega[\rho]$가 존재한다는 것이다[57]. 대정준 퍼텐셜, $\Omega[\rho]$는 내부에너지 $U[T, \mu]$의 Legendre 변환으로부터 구할 수 있는 바[58] 다음과 같다.

$$\Omega[\rho] = F[\rho] - \mu N \quad (2-78)$$

단, $N = \int_0^\infty \rho(r) d^3 r$

기포형성에 필요한 에너지는 식 (2-78)에 주어진 기포/액체계에 대한 대정준 퍼텐셜과 계면에서 멀리 떨어진 균일한 유체에 대한 대정준 퍼텐셜과의 차이로 나타낼 수 있다. 즉

$$\Delta\,\Omega \;=\; \Omega\,[\rho] - \Omega\,[\rho_o] \tag{2-79}$$

단, ρ_o는 평형상태에 있는 균일한 유체의 밀도이다. 식 (2-78)에 있는 $\Omega\,[\rho_o]$는 거리의 함수에 무관하기 때문에 다음과 같이 주어진다.

$$\Omega\,[\,\rho_o\,]/\,V \;=\; f_h(\rho_o) - \mu(\rho_o)\rho_o - \frac{1}{2}\zeta\rho_o^2 \tag{2-80}$$

단, $\zeta \;=\; -\int_0^{\infty}\phi(r)\,d^3r$

분자간의 상호작용이 척력만 존재한다고 가정했을 때 균일한 유체의 Helmholtz 자유에너지 밀도는 다음과 같이 주어진다.

$$f_h(\rho_o) = -P_h(\rho_o) + \mu_h(\rho_o)\rho_o \tag{2-81}$$

식 (2-81)에서 $\mu_h(\rho_o)$와 $P_h(\rho_o)$는 각각 유체의 화학퍼텐셜과 압력이며 이 물리량들은 상태방정식이 주어지면 계산할 수 있다. 평형상태의 밀도분포 $\rho(r)$이나 ρ_o는 이에 해당되는 대정준 퍼텐셜을 미분함으로써 얻을 수 있다. 즉 $\Omega[\rho]$와 $\Omega[\rho_o]$로 각각 ρ와 ρ_o에 대해 미분을 취하면 다음 식을 얻는다.

$$\mu(\rho) = \mu_h(\rho) - \Phi \tag{2-82}$$

$$\mu(\rho_o) = \mu_h(\rho_o) - \zeta\rho_o \tag{2-83}$$

단, $\Phi = -\int_0^{\infty}\rho(r')\phi(r')\,d^3r'$

식 (2-80), (2-81)과 (2-82)로부터 균일 액체에 대한 대정준 퍼텐셜이 $\Omega[\rho] = -P_oV$가 됨을 알 수 있다. 포화상태의 상태량은 식 (2-83)로부터 구할 수 있으며 평형상태에서의 밀도분포 $\rho(r)$은 식 (2-82)를 풀음으로써 구할 수 있다. 이와 같이 평형상태에서의 밀도분포 $\rho(r)$과 ρ_o를 구하면 식 (2-77)과 (2-80)으로부터 이에 대응되는 $\Delta\Omega^*$를 구할 수 있다. $\Delta\Omega^*$를 자세히 기술하면 다음과 같다.

$$\Delta\Omega^* = \int_0^{\infty} f_h[\rho(r)]\,d^3r - \mu\int_0^{\infty}\rho(r)\,d^3r \tag{2-84}$$

$$+\frac{1}{2}\int_0^{\infty}\rho(r)\rho(r')\phi(r)\,d^3r\,d^3r' - V\left[f_h(\rho_o) - \mu(\rho_o) - \frac{1}{2}\zeta\rho_o^{\,2}\right]$$

기체에서 액체로의 상전이일 경우 핵형성에 필요한 대정준 퍼텐셜 $\Delta\Omega^*/k_B T$의 양이 무차원 가스밀도 $\rho_g/d_s{}^3$에 따라 Fig. 12에 나와 있는 바, 이 그림은 과포화도에 따라 어떻게 핵형성에 필요한 에너지가 변화하는가를 보여주고 있다. 무차원 가스밀도는 $\rho_g/d_s^3 = s(P_s/\overline{R}T)/d_s^3$, 단 과포화도 $s = P^*/P_s$ 이므로 기포형성의 경우에도 이 그림을 적용할 수 있다[56]. 무차원밀도 $\rho_g/d_s{}^3$이 커질수록 $\Delta\Omega^*/k_B T$는 적어지며 스피노달 점에서는 0이 됨을 알 수 있으며, 이것이 고전이론이나 Kwak-Panton 모델과는 다른 점이다. Fig. 13에서 확인할 수 있는 바와 같이 과포화 정도가 크면 클수록 고전이론과는 차이가 크게 나는 것을 알 수 있다. 즉 과포화 정도가 클 경우 핵형성에 필요한 에너지장벽이 상대적으로 작아져 스피노달 점 부근에서는 핵형성률이 10^{19} 정도 차이가 날 것으로 예상된다[56].

위에서 토론한 바와 같이 상전이에 대한 밀도 범함수 이론은 그 응용범위가 모든 상전이 현상에 응용할 수 있다는 장점이 있지만 상대적으로 큰 분자인 경우에는 분자 모양이 구형이 아니기 때문에 퍼텐셜을 계산하기가 용이하지 않다. 따라서 기체 → 액체, 또는 액체 → 기체로의 상전이 현상에 대한 자세한 정보를 제공해 주고 있지는 못하다.

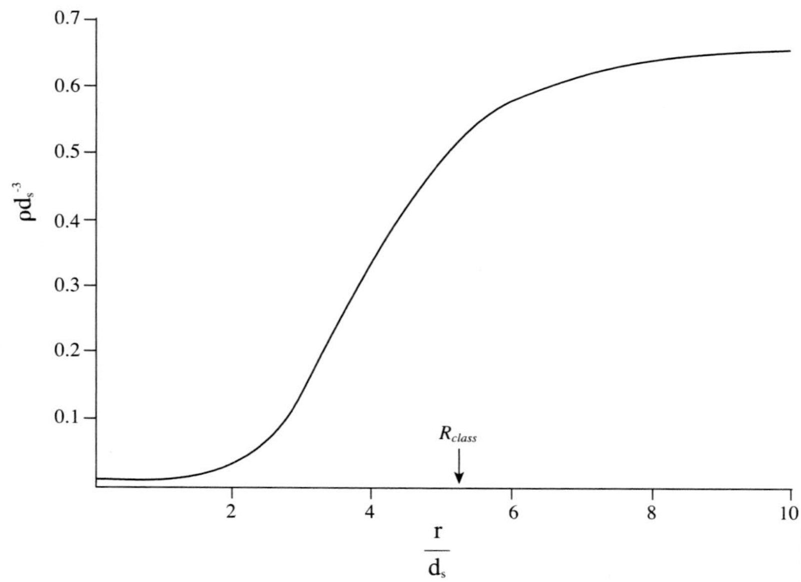

Fig. 12 The density profile of the critical droplet at $T = 0.6\,T_c$, $\Delta\mu = 0.62\,k_B T_c$, and $\lambda = 1$[From reference, 56].

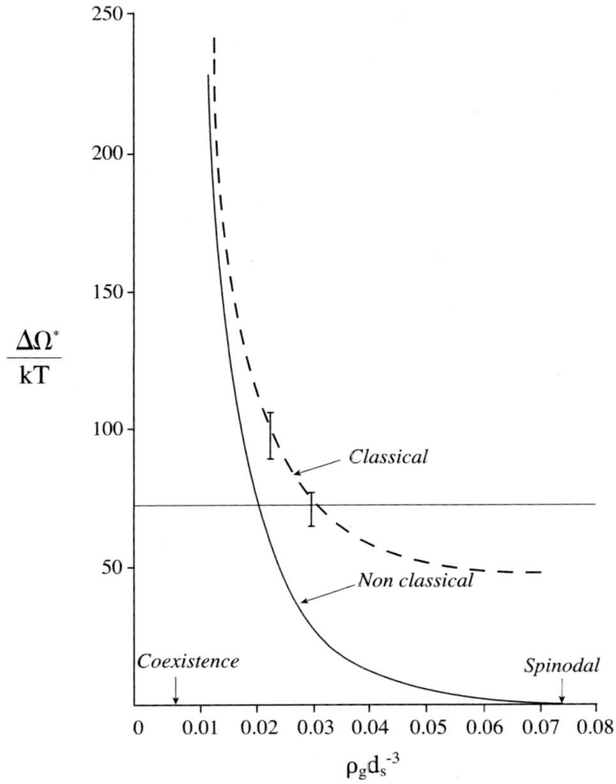

Fig. 13 The dependence of barrier height devided by temperature on vapor density for $T = 0.6\,T_c$, and $\lambda = 1$. Densities are expressed in units of σ^{-3} where σ is the hard sphere diameter[From reference, 56].

2. 7 액체의 절대 인장내력

액체의 인장내력에 대한 측정 결과는 실험방법에 따라 달라진다. 예를 들면 2장 2절에서 설명한 Briggs의 모세관 회전에 의한 실험방법은 7℃에서 측정한 물의 인장내력의 값은 28.0 MPa (276.3 atm) [15]이지만 Berthelot 튜브 방법[59]에 의해 8.3℃에서 측정한 물의 인장내력 값은 2.03 MPa 이었다. Berthelot 튜브 방법은 금속 또는 유리 튜브 내에 액체를 채운 뒤 봉한다. 이때 튜브 내에는 공기나 증기가 있는 공간이 있을 수 이는 데 튜브를 가열하게 되면 공기나 증기는 액체 내로 용해된다. 이제 튜브를 냉각하게 되면 액체 내에 부압이 형성되며 어떤 한계 온도에서 액체 내에서 소리를 내며 기포가 생기게 된다. 이 때의 부압을 상태방정식을 이용하여 계산할 수 있으며 이 값이 액체의 인장내력 값이다. 한편 음파를 액체에 조사하여도 액체에 부압 상태를 생성시킬 수 있는 바 이 방법[60]에 의한 물의 인장내력 값은 0.1℃ 에서 26.40 MPa, 80℃ 에서 16.50 MPa를 얻어 Briggs의 모세관 회전실험방법과 거의 비슷한 값을 얻었다. 지금껏 물에 대한 최대 인장내력 값은 마이크로 크기의 내포에 들어있는 물에 Berthelot 튜브 방법으로 부압을 생성 시켰을 경우[61]에 측정한 42℃ 에서 140.3 MPa 이었다. 이와 같이 실험방법에 따라 조금씩 다른 물의 인장내력 값을 얻는 것은 그 실험방법에 따라 핵 생성율이 다르기 때문이다.

열역학적으로 얻을 수 있는 최대 인장내력은 주어진 온도에서 액체의 스피노달 점(spinodal point)으로 2장의 Fig. 3에 나타낸 B점에서의 부압 일 것이다. 헌데 부압하에서는 물의 밀도도 변하게 되므로 Chen-Fine-Millero 상태방정식[62]을 이용하여 부압 하에서의 물의 밀도는 다음 식에 의하여 구할 수 있다.

$$\rho = \rho_s \left[1 + \sqrt{(1 - P/P_s} / B_s \right] \tag{2-85}$$

위 식에서 ρ_s, P_s, B_s,는 부압 하에서 밀도가 줄어든 상태에 해당되는 변수들이다[62]. 물 0℃~100℃에서 Speedy [63] 와 HGK상태방정식[64]를 이용하여 구한 온도에 따른 물의 인장내력 값이 Fig. 14에 나와있다. 이 그림에서 볼 수 있는 바와 같이 부압하에서 줄어든 밀도를 고려하여 구한 인장내력 값이 20℃~60℃ 사이에서는 상당히 차이가 남을 알 수 있다.

핵생성 이론에 의한 액체의 절대인장내력 값은 식 (2-46)에서 확인할 수 있는 바와 같이 임계 모듬을 구성하는 분자 수가 한 개의 분자로 구성된 경우일 것이다. 식 (2-54)와 식 (2-46)으로 구한 물의 절대인장내력 값이 부압 하에서 밀도의 변화를 고려한 경우와 그렇지 않은 경우가 Table 7에 나와 있다. 이 Table에서 볼 수 있는 바와 같이 부압 하에서 밀도의 변화를 고려하여 구한 절대인장내력의 절대 값이 훨씬 작으며 Fig. 14에서 볼 수 있는 바와 같이 물의 온도가 50℃ 보다 클 경우에는 HGK상태방정식으로 구한 물의 절대 인장 내력 값[64]과 유사함을 알 수 있다[65].

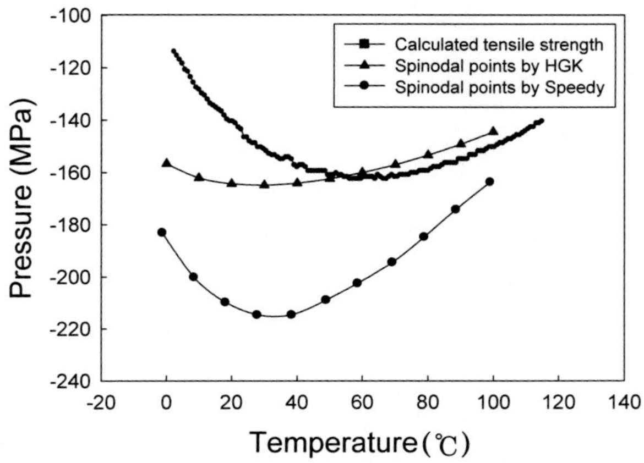

Fig. 14 Calculated absolute metastable limit for water with stretched density (square) depending on the temperature, the spinodal by the HGK equation of state for water (triangle) and the spinodal by Speedy (circle).

| Table 7 | Calculated absolute metastable limits and the corresponding nucleation rate values for water at various temperatures.

Temperature (℃)	Density (g/cm^3)	Absolute tensile strength (MPa)		Nucleation rate J_{nc} ($/cm^3s$)
		With density data under negative pressure	With density data of static water	
0	0.8779	158.69	226.60	3.7×10^{23}
10	0.8884	164.16	226.60	9.9×10^{23}
20	0.8927	166.44	225.42	2.4×10^{24}
30	0.8977	166.97	224.25	5.7×10^{23}
40	0.8923	166.22	221.93	1.2×10^{25}
50	0.8890	164.50	219.64	2.6×10^{25}
60	0.8844	162.09	216.82	5.3×10^{25}
70	0.8786	159.04	213.46	1.0×10^{26}
80	0.8713	155.32	210.18	1.9×10^{26}
90	0.8630	151.06	206.41	3.5×10^{26}
100	0.8535	146.31	202.18	6.2×10^{26}

References

1. S. van Stalen and R. Cole, Boiling Phenomena, McGraw-Hill Co., 1979.
2. G. K. Batchelor, Intro. to Fluid Dynamics, Cambridge Univ. Press, 1967.
3. A. J. Acosta and B. R. Parkin, "Cavitation inception … a selective review.", J. Ship Research, Vol. 19, pp.193-205, 1975
4. R. T. Knapp, J. W. Daily and F. G. Hammitt, Cavitation, McGraw-Hill, 1970.
5. W. B. Morgan and B. R. Parkin, eds., International Symposium on Cavitation Inception, ASME FED-Vol. 89, 1989.
6. J. Frenkel, Kinetic Theory of Liquids, Oxford Univ. Press, 1946.
7. A. A. Griffith, "The phenomena of rupture and flow in solids." Phil, Trans. Roy. Soc. Lond., Vol. A211, pp. 163-173, 1921.
8. R. D. Finch, "Hole theory of cavitation nucleation." Phys. Fluids, Vol. 12, pp. 1775-1778, 1969.
9. J. C. Fisher, "The fracture of liquids." J. Appl. Phys., Vol. 19, pp. 1062-1067, 1948.
10. B. Lewis and J. C. Anderson, Nucleation and Growth of Thin Films, Academic Press, 1978.
11. H. N. V. Temperley, "The behavior of water under hydrostatic tension; Ⅲ." Proc. Phys. Soc., Vol. 59, pp. 199-208, 1947.
12. M.Modell and R. C. Reid, Thermodynamics and its Applications, Prentice-Hall, 1983.
13. D. Yu. Peng and D. B. Robinson, "A new two-constant equation of state." Ind. Eng. Chem. Fundam., Vol. 15, pp. 59-64, 1976.
14. V. P. Skripov and G. V. Ermakov, "Pressure dependence of the limiting superheating of a liquid." Russ. J. Phys. Chem., Vol. 38, pp. 208-212, 1964.
15. L. J. Briggs, "Limiting negative pressure of water." J. Appl. Phys., Vol. 21, pp. 721-722, 1950.
16. R. C. Tolman, "The effect of droplet size on surface tension." J. Chem. Phys., Vol. 17, pp. 333-337, 1949.
17. J. W. Beams, "Tensile strength of liquid argon, helium, nitrogen and oxygen." Phys. of Fluids, Vol. 2, pp. 1-4, 1959.
18. R. Cole, "Boiling Nucleation", in Advanced in Heat Transfer, Vol. 10, pp. 85-166, 1974.
19. F. C. Goodrich, "The thermodynamics of fluid interface", in Surface and Colloid Science, Vol. 1, pp. 1-37, 1969.
20. M. Blander and J. L. Katz, "Bubble nucleation in liquids." AIChE. J., Vol. 21, pp.

833-848, 1975.

21. H. Kwak and R. L. Panton, "Gas bubble formation in nonequilibrium water-gas solutions." J. Chem. Phys., Vol. 78, pp. 5795-5799, 1983.

22. D. D. Eley, "On the solubility of gases, Part I. - the inert gases in water." Trans. Faraday Soc., Vol. 35, pp. 1281-1293, 1939.

23. H. Kwak and R. L. Panton, "Tensile strenth of simple liquids pridicted by a model of molecular interactions." J. Phys. D. Appl. Phys., Vol. 18, pp. 647-659, 1985.

24. J. M. Pransnitz, Molecular Thermodynamics of Fluid-Phase Equilibria, Prentice-Hall, New-York, 1969.

25. R. P. Feynman, Statistical Mechanics, Benjamin, 1972.

26. T. E. Faber, Introduction to the Theory of Liquid Metals, Cambridge University Press, 1972.

27. J. P. Hirth and G. M. Pound, Condensation and Evaporation, Pergamon, 1963.

28. J. Feder, K. C. Russel, J. Lothe and G. M. Pound, "Homogeneous nucleation and growth of droplet in vapors." Adv. Phys., Vol. 15, pp. 111-178, 1966.

29. R. A. Perriotti, "Aqueous solutions of nonpolar gases." J. Phys. Chem., 69, pp. 281-288, 1965.

30. S. K. Shoor and K. E. Gubbins, "Solubility of nonpolar gases in concentrated electrolyte solutions." J. Phys. Chem., Vol. 73, pp. 498-505, 1969.

31. J. O. Hirschfelder, C. F. Curtis and R. B. Bird, Molecular Theory of Gases and Liquids John Wiley & Sons, 1954.

32. M. Born and E. Wolf, Principles of Optics, Pergamon, 1959.

33. J. W. Beams, "Tensile strength of liquid helium Ⅱ." Phys. Rev., Vol. 104, pp. 880-882, 1956.

34. H. C. Longuet-Higgins and B. Widom, Mol. Phys., Vol. 8, pp. 549, 1964.

35. R. C. Reid, J. M. Pransitz and T. K. Sherwood, The Properties of Gases and Liquids McGraw-Hills, 1977.

36. A. Streitweiser and C. H. Heathcock, Introduction to Organic Chemistry, Macmillan, 1981.

37. D. W. Van Krevelen and P. J. Hoftyzer, Properties of Polymers, Elsevier, 1976.

38. D. D. Eley, "On the solubility of gases, Part Ⅱ - A comparison of organic solvents with water," Farady Soc., Vol. 19, pp. 1421-1432, 1939.

39. L. J. Briggs, "The limiting negative pressure of acetic acid, bengene, aniline, carbon tetrachloride, and chloroform," J. Chem Phys., Vol. 19, pp. 970-972, 1951

40. H. Kwak, In Some Unanswered Questions in Fluid Mechanics ed. by L. M. Trefethen and R. L. Panton, Appl. Mech. Rev., Vol. 43, pp. 164-165, 1991.

41. H. J. Maris and Q. Xiong, "Nucleation of bubbles in liquid helium at negative pressure." Phys. Rev. Lett., Vol. 63, pp. 1078-1081, 1989.

42. B. M. Abraham, D. Chung, Y. Ecketein, J. B. Ketterson and P. R. Roach, "Sound propagation, density, and viscosity in liquid ^{3}He." J. of Low Temp. Phys., Vol. 6, pp. 521-528, 1972.

43. B. M. Abraham and D. W. Osborne, "Experimental determination of the molar volume and derivation of the expansion coefficient, entropy change on compression, compressibility, and first-sound velocity for liquid ^{3}He from 35 to 1200 mK and from the saturation pressure to 24 atm." J. Low Temp. Phys., Vol. 5, pp. 335-352, 1971.

44. B. M. Abraham, Y. Ecketein, J. B. Ketterson, M. Kuchnir and P. R. Roach, "Velocity of sound, density, and Grüneisen constant in liquid ^{4}He." Phys. Rev. A, Vol. 1, pp. 250-257, 1970.

45. R. J. Donelly, Experimental Superfluidity, Chicago University Press, 1976.

46. L. M. Lifshitz and Yu. Kagan, "Quantum kinetics of phase transitions at temperature close to absolute zero." Soviet Phys., JETP, Vol. 30, pp. 206-214, 1972.

47. H. J. Maris, "Theory of quantum nucleation of bubbles in liguid helium, "J. Low Temp Phys., Vol. 98, pp.403-424, 1995

48. S. Balibar, C. Guthmann, H. Lambare, P. Roche, E. Rolley, and H. J Maris, "Quantum caritation in superfluid helium, "J.Low Temp. Phys., Vol. 101, pp. 271-277, 1995

49. E. M. Chudnovsky, "Phase transitions in the problem of the decay of a metastable state, "Phys. Rev. A, Vol. 46, pp. 8011-8014, 1992.

50. H. Kwak, J. Jung and J. Hong "Quantum nucleation of bubbles in liquid heliums," J. Phys. Soc. Jpn., Vol. 71, pp. 2186-2191, 2002.

51. J. A. Nissen, E. Bodegan, L. C. Brodie and J. S. Semura, "New measurements of the tensile strength of liquid ^{4}He." Adv. Cryog. Eng., Vol. 33, pp. 999-1003, 1988.

52. P. G. Debenedetti, Metastable Liquids, Princeton Union Press, New Jersey, 1996.

53. M. Guilleumas, M. Pi, M. Barranco, J. Navarro and M. A. Solis, "Thermal nucleation of cavities in liquid helium at negative pressure, "Phys. Rev. B, Vol. 47, pp. 9116-9119, 1993.

54. H. J. Maris, S. Balibar and M. S. Pettersen, "Nucleation of bubbles in liguid helium, "J.Low Temp Phys., Vol. 93, pp. 1069-1078, 1993.

55. F. Dalfovo, "Structure of vortices in helium at zero temperature," Phys. Rev. B, Vol. 46, pp. 5478-5487, 1992.

56. D. W. Octoby, and R. Evans, "Nonclassical nucleation theory for the gas-liquid transition." J. Chem. Phys., Vol. 89, pp. 7521-7530, 1988.

57. R. Evans, "The nature of the liquid-vapor interface and other topics in the statisfical mechanics of nonuniform, classical fluids." Adv. Phys., Vol. 28, pp. 143-200, 1979.

58. H. B. Callen, Thermodynamics, 2nd Ed. Wiley, New York, 1985.

59. M. Berthelot, "Sur quelques phenomenes de dilatation force des liquids," Ann. Chim Phys. Vol. 30, pp. 232-237, 1980.

60. E. Herbert, S. Balibar and F. Caupin, "Cavitation pressure in water," Phys. Rev. E, Vol. 74, Paper # 041603, 2006.

61. Q.Zheng, D.J. Durben, G.H. Wolf and C.A. Angell, "Liquids at large negative pressure: Water at the homogeneous nucleation limit," Science, Vol. 254, pp. 829-832, 1991.

62. C.T. Chen, R.A. Fine and F.J. Millero, "The equation of state of pure water determined from sound speeds," J. Chem. Phys. Vol. 66, pp. 2122-2144, 1977

63. R.J. Speedy, "Stability limit conjecture: An interpretation of the properties of water," J. Chem. Phys. Vol. 86, pp. 982-991, 1982.

64. A. Saul and W. Wagner, "A fundamental equation for water covering the range from the melting line to 1273 K at pressures up to 25000 MPa," J. Phys. Chem. Ref. Data, Vol. 18, pp. 1537-1564, 1989.

65. H. Kwak, K. Kang and I. Ko, "The absolute metastable limit of liquids under tension--- A review," J. Mech. Sci. Tech.,Vol. 25, pp. 863-869, 2011.

Chapter 3

액체 내에서의 가스에 의한 기포형성

3.1 서 론

Fig. 1에서 보는 바와 같이 높은 헬륨 가스 압력 P_i의 상평형상태에 있는 계가 갑자기 가스압력 P_f(대부분의 경우 대기압)로 내려갔다고 하면 물 용액 속에 용해되어 있던 많은 헬륨 가스들이 보다 안정한 상태를 찾기 위해 기포를 형성함으로써 용액 내에서 탈출하려고 할 것이다. 이 때 감압량, $P_i - P_f$가 얼마일 때 용액 내에서 헬륨 가스로 된 기포가 생기기 시작하는가가 최대의 관심사이다. 물의 온도가 25℃라 하고 그 때 물의 표면장력이 72 dyne/cm라고 하면, 고전 기포형성 이론에 의하면 기포가 생기기

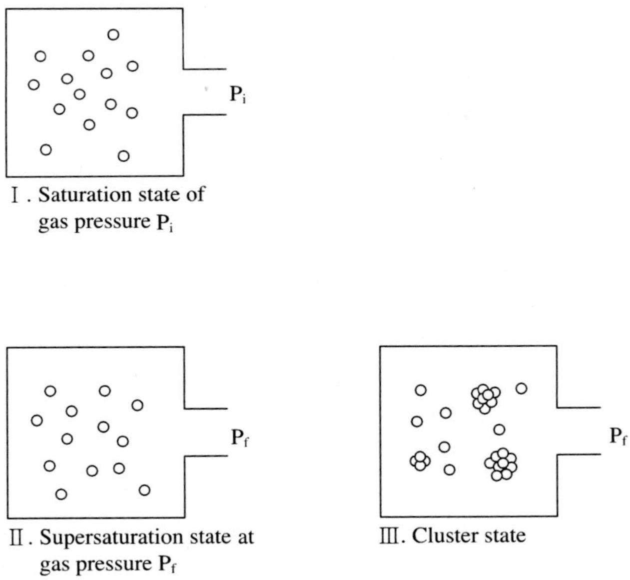

Fig. 1 Cluster formation process by rapid decpmpression.

위한 헬륨 가스의 초기 압력은 최종 가스 압력이 1기압이라고 할 때 대략 1,000 기압쯤 된다. 하지만 헬륨 가스를 다른 가스, 예를 들어 산소 가스로 바꾼다 하더라도 표면장력의 값이 별로 변하지 않으므로 그 초기압력은 변하지 않을 것이다. 이러한 것은 Table 1에 주어진 Hemmingsen[1, 2, 3]의 실험결과와 전혀 다른 것이다. 즉, 헬륨 가스를 사용했을 경우에 기포가 형성되기 위한 초기 압력은 대략 300 기압이고, 산소의 경우는 대략 140 기압이었다. 이러한 사실은 기포가 생성되기 위해서 극복하기 위

한 표면장력은 거시적인 것이 아니라 분자론적인 관점에서 구해져야 함을 보여주는 것이라 하겠다.

제 2절에서는 고전 기포형성 이론에 대한 문제점을 다루고, 3절에서는 Kwak과 Panton [4]의 분자론적 기포형성 모델에 대해, 제 4절에서는 가스와 증기로 이루어지는 기포형성에 대해 다루기로 하며, 제 5절에서는 Fe-C-O 용액에서의 CO 가스의 기포형성에 대해 논하고자 한다. 6절에서는 분자론적 모델과 고전이론과의 관계에 대해 논하고 7절에서는 폴리머 용액내에서의 기포형성을 8절에서는 전단력이 작용하는 유체 장에서의 기포형성을 다루기로 한다.

| Table 1 | The pressure limit of various gases in water solution.

Gas	Molecule diam. $2^{1/6}\sigma$ ( )	Energy density kT/v_m(atm)	Decompression to attain massive bubble formation $P_i - P_f$ (atm)		Decompression to attain threshold bubble formation $P_i - P_f$ (atm)	
			Theory	Hemmingsen's Exp	Theory	Hemmingsen's Exp
He	2.952	3016	375	360	314	300
Ar	3.816	1396	172	170	144	140
O_2	3.884	1324	164	155	137	140
CH_4	4.284	987	135	120	113	110
N_2	3.698	1534	191	190	160	160
CO_2	5.035	608	72	…	61	…
Xe	4.602	796	97	…	82	…
H_2	3.289	2181	269	…	226	…
Ne	3.086	2640	328	…	275	…
Kr	4.041	1176	144	…	121	…

Note : $f_L = 3$ in all calculations except CH_4, where $f_L = 3.3$ at T=25℃.
For nitrogen, σ_{LJ} was used instead of $2^{1/6}\sigma_{LJ}$

3. 2 고전 기포형성 이론의 문제점

가스에 의한 기포형성 문제는 제2장 2절에서 다룬 Fisher의 이론[5]을 그대로 적용해 왔다. 즉 용액 내에서 형성된 임계크기의 기포가 역학적인 평형상태에 있다고 가정하면 식 (2-20)에서 임계크기의 기포 반경을 구할 수 있다.

$$r_c = 2\sigma / (P_g - P_f) \tag{3-1}$$

식 (3-1)에서 P_g는 기포 내의 가스압력이고 P_f는 환경압력이다. 이러한 임계크기의 기포가 형성되는데 필요한 자유에너지는 식 (2-6)과 마찬가지로 쓸 수 있다.

$$F_{r_c} = \frac{16\pi\sigma^3}{3(P_g - P_f)^2} \tag{3-2}$$

지금까지 기포 내의 가스압력 P_g는 용액이 초기상태에서 높은 기체 압력 P_i과 평형상태에 있다가 갑자기 기체압력 P_f로 내렸을 경우 (Fig. 1) 그 기체의 초기압력 P_i와 같다고 생각해왔다. 이제, 과포화상태인 용액 내에서 가스로 구성된 반경 r'의 기포를 생각해보자. 이 기포가 역학적인 평형조건을 만족할 뿐만 아니라 기포 내의 가스 분자가 이상 기체의 법칙을 따른다고 하면 다음 두 식을 만족해야 한다.

$$P_g' \frac{4}{3}\pi r'^3 = n_g k_B T \tag{3-3}$$

그리고

$$P_g' - P_f = \frac{2\sigma}{r'} \tag{3-4}$$

여기서 P_g'는 가스 내의 가스압력이고, n_g는 기포 내에 있는 가스 분자의 수이다. 아주 작은 기포에 대하여는 기포 내의 가스 압력이 환경압력보다 상당히 크므로 ($P_g' > P_f$) 위의 두 식 (3-3)과 (3-4)에서 다음과 같은 식을 구할 수 있다.

$$P_g' \cong \left(\frac{32\pi\sigma^3}{3 n_g k_B T}\right)^{\frac{1}{2}} \tag{3-5}$$

그리고

$$r' \cong \left(\frac{3\, n_g\, k_B\, T}{8\, \pi\, \sigma} \right)^{\frac{1}{2}} \tag{3-6}$$

극단적인 경우인 가스 분자 1개로 구성된 기포를 생각해보자. 그러면 식 (3-5)와 식 (3-6)은 다음과 같이 쓸 수 있다.

$$P_g(1) \cong \left(\frac{32\, \pi\, \sigma^3}{3\, k_B\, T} \right)^{\frac{1}{2}} \tag{3-7}$$

$$r(1) \cong \left(\frac{3\, k_B\, T}{8\, \pi\, \sigma} \right)^{\frac{1}{2}} \tag{3-8}$$

또한 식 (3-8)은 다음과 같이 다시 쓸 수 있다. 즉,

$$4\, \pi\, r\, (1)^2\, \sigma = \frac{3}{2}\, k_B\, T \tag{3-9}$$

이제 물-가스 용액 내에서 식 (3-3)과 (3-4)를 만족하는 기포가 존재할 경우, 기포 내의 가스 분자 하나의 반경 $r(1)$ 을 식 (3-9)에서 구할 수 있다. 물의 온도가 25℃인 경우 표면장력은 72 dyne/cm 이므로, 이 값은 물 속에 용해되어 있는 가스의 종류에 관계없이 8.26×10^{-9} cm 임을 알 수 있다. 이에 해당되는 가스 압력을 식 (3-7)에서 구할 수 있는 바, 이 값은 대략 17,000기압이다. 표면장력의 값이 1700 dyne/cm 되는 금속(철) 용액 내에서 기포의 경우는 가스 분자 하나의 반경이 4.26×10^{-9} cm 이며, 이에 해당되는 가스 압력은 790,000 기압이나 된다. 이것은 물 용액 내에서나 금속 용액 내에서 어떤 가스 분자가 용해되든지 간에 그 분자가 차지하고 있는 체적은 같다는 것이다. 하지만 우리가 지금껏 이해하고 있는 사실은 어떤 분자이든 간에 그 분자 고유직경 이하로 압축할 수 없다는 것이다[6]. 따라서 주어진 표면장력하에서 역학적인 평형 조건을 만족하는 기포가 존재한다고 할 때, 분자의 반경은 그 분자의 고유반경보다 작음을 위의 계산에서 알 수 있다. 이와 같은 점으로 견주어 볼 때 거시적인 표면장력을 사용한 식 (3-4)는 미시적인 영역에서는 성립하지 못하며, 따라서 거시적인 관점에서 도입된 식 (3-4)를 사용한 고전 기포형성 이론은 불합리하다는 것을 알 수 있다.

3. 3 분자론적 모델

3.3.1 모듬형성을 위한 표면에너지

이제 다른 관점에서 식 (3-9)를 이해하여 보자. 식 (3-9)가 의미하는 바는 용해되어 있는 가스 분자 하나가 기포로 되기 위해 필요한 표면에너지는 그 분자가 가지고 있는 병진운동에 해당된다는 것이다. 이것은 가스 분자가 용액 속에 용해되는 과정에서 가스 분자는 그 병진 운동을 잃게 된다는 Eley[7]의 착상과 일맥상통하는 것이다. 또한 앞에서 언급한 바와 같이 가스 분자가 용액 속에 용해되었을 때, 그 기체 분자가 보유하고 있는 반경(r_g)은 기체 분자마다 다를 것으로 예상된다. 이것은 용매분자와 용질 분자간의 상호작용에 의해 결정될 것이다. 또한 매우 작은 기포에 대하여는 기포가 되기 위한 표면에너지가 같다고[8] 가정하면 똑같은 용질 속에 용해되었다 할지라도 기포를 형성하기 위한 표면장력은 기체마다 다를 것으로 예상된다. 즉,

$$4\pi {r_g}^2 \sigma_m \quad \cong \quad 4\pi r\,(1)^2 \sigma = \frac{3}{2}\,k_B\,T \tag{3-10}$$

이제, 기포가 형성되기 위한 첫째 단계로 활성화된 기체 분자들의 모듬과정을 생각할 수 있다. 기체 분자들의 모듬(cluster)에 필요한 표면에너지는 식 (3-10)과 단위면적당 표면에너지, 즉 표면장력은 모듬의 크기에 관계없이 일정하다는 가정하에 다음과 같이 쓸 수 있다.

$$4\pi {r_n}^2 \sigma_m = \frac{3}{2}\,k_B\,T n^{\frac{2}{3}} \tag{3-11}$$

단, r_n 은 n 개의 분자로 구성된 모듬의 반경이고, 이것은 대략 $r_n \cong r_g n^{1/3}$ 로 나타낼 수 있으며, r_g 는 대체로 분자의 고유직경값의 1/2에 해당한다.

3.3.2 열역학적 면에서의 고찰

가스 압력 P_i 과 평형상태에 있는 용액 (용질 + 용매)의 열역학적 계를 생각해보자

(Fig. 1, 상태 I), 이제 그 계의 압력을 P_f(대부분의 경우 대기압)로 내리게 되면, 그 용액은 과포화상태에 도달하게 되어 가스 분자들은 (용질 내의) 불안정한 상태에 있게 될 것이다(Fig. 1, 상태 II). 이러한 과포화상태에서 용해된 가스분자들의 모듬 과정이 시작되리라는 것을 상상할 수 있고, 가스 분자들로 구성된 여러 가지 크기의 모듬들이 생겨날 것이다 (Fig. 1, 상태 III). 이러한 모듬 과정을 일으키게 하는 원동력은 계의 상태 변화에 따른 가스 분자들의 화학퍼텐셜(chemical potential)의 차이라고 생각할 수 있다. 그런데 Fig. 1에서 보는 바와 같이 상태 I 에서 상태 II로의 감압(decompression) 과정은 비록 단열과정이라 할지라도 계가 액체상태이므로 등온과정이라 가정할 수 있으므로 상태간의 화학적 퍼텐셜변화는 Gibbs-Duhem 관계에 의해서 다음과 같이 쓸 수 있다.

$$d\mu = V_g \, dp$$

단, $V_g = \frac{4}{3}\pi r^3_g$

용액이 비압축성 유체라 가정하면, 용해되어 있는 가스의 분자 체적은 변하지 않으므로 상태 I과 상태 II간의 화학퍼텐셜 차이는 다음과 같이 쓸 수 있다.

$$\mu_{\mathrm{II}} - \mu_{\mathrm{I}} = V_g\,(P_f - P_i) \tag{3-12}$$

여기서 μ_{I}, μ_{II} 는 상태 I 과 상태 II 에서의 화학퍼텐셜이다. 모듬 내에 있는 가스 분자의 화학퍼텐셜은 상태 II 에서와 같다고 가정하면, n 개의 가스 분자로 구성된 모듬에 대해서 상태 I과의 화학퍼텐셜 차이는 다음과 같이 쓸 수 있다.

$$\sum \mu_{\mathrm{II}} - n\,\mu_{\mathrm{I}} = -\,n\,V_g\,(P_i - P_f) \tag{3-13}$$

따라서 식 (3-11)과 (3-13)을 이용하면 n 개로 구성된 모듬을 형성하는데 관여하는 모든 자유에너지를 다음과 같이 기술할 수 있을 것이다.

$$F_n = -\,(P_i - P_f)\,n\,V_g + \frac{3}{2}k_B T n^{\frac{2}{3}} \tag{3-14}$$

주어진 과포화 정도에서 가장 최소한의 일로 형성할 수 있는 모듬은 $\partial F/\partial n = 0$ 가 되는 조건에서 구할 수 있다. 이것은 다음과 같이 된다.

$$(P_i - P_f)\, n_c^{\frac{1}{3}} = \frac{2}{3}\left(\frac{3k_B T/2}{V_g}\right) \tag{3-15}$$

$$= \frac{2}{3}\left(\frac{\text{한 기체 분자의 병진운동 에너지}}{V_g}\right)$$

윗식에서 모듬의 크기가 크면 클수록 기포가 되기 위한 임계크기의 모듬을 형성하는데 필요한 압력강하는 작아짐을 알 수 있지만, 모듬의 크기가 커지면 그만큼 생겨날 가능성은 적게 된다. 용액 속에 있는 가스분자 하나가 독립적으로(모듬 과정을 필요로 하지 않고) 기포가 형성되기 위한 감압량은 식 (3-15)에서,

$$P_i - P_f = \frac{k_B T}{V_g} \tag{3-16}$$

로 주어진다[9]. 이 값은 가스분자에 따라 다를 것이고, 용질이 물일 때의 값은 Table 1에 주어져 있다.

3.3.3 용액 내에서의 기포형성 모델

어떤 모듬이든 간에 식 (3-15)를 만족하는 것은 거시적인 기포가 될 때까지 모듬으로서 성장할 수 있다. 따라서 식 (3-15)는 모듬의 안정조건이라고 할 수 있다. 이러한 팽창과정이 화학평형(chemical equilibrium)에서 이루어진다고 하면 팽창한 후, 즉 기포 내에 있는 가스분자의 화학퍼텐셜을 식 (3-13)으로부터 빌려 쓰면,

$$n(\mu_g - \mu_{\mathrm{I}}) = -n V_g (P_i - P_f) \tag{3-17}$$

이 된다. 상태 Ⅰ에서 용해된 가스 분자는 가스 압력 P_i와 평형상태에 있고, 팽창한 후의 기포 내에서의 가스들은 이상기체의 법칙에 따른다고 하면(기포 내에서의 가스 압력은 P_g).

$$n(\mu_g - \mu_{\mathrm{I}}) = n k_B T \ln\left(\frac{P_g}{P_i}\right) \tag{3-18}$$

이 된다. 식 (3-17)과 (3-18)에서 다음과 같은 가스로 구성된 기포에 대한 Kelvin 식[9]을 얻을 수 있다. 즉,

$$k_B T \ln\left(\frac{P_g}{P_i}\right) = -V_g(P_i - P_f) \tag{3-19}$$

모듬이 팽창한 후에 그 부피는 이상기체의 법칙에서 구할 수 있다.

$$P_g V = n k_B T \tag{3-20}$$

위에서 언급한 기포형성 모델은 임계크기의 모듬과 기포와의 관계를 보여주고 있음을 알 수 있다. 이제 임계크기의 모듬에 대한 Helmholtz 자유에너지를 다음과 같이 정의하면[10],

$$\mathcal{F}_n = nf = \sum \mu_{\mathrm{III}} - P_n V_n \tag{3-21}$$

여기서 $V_n = n V_g$ 이고, P_n 은 임계크기의 모듬이 가지고 있는(기포라고 가정했을 때) 압력이라 할 수 있다.

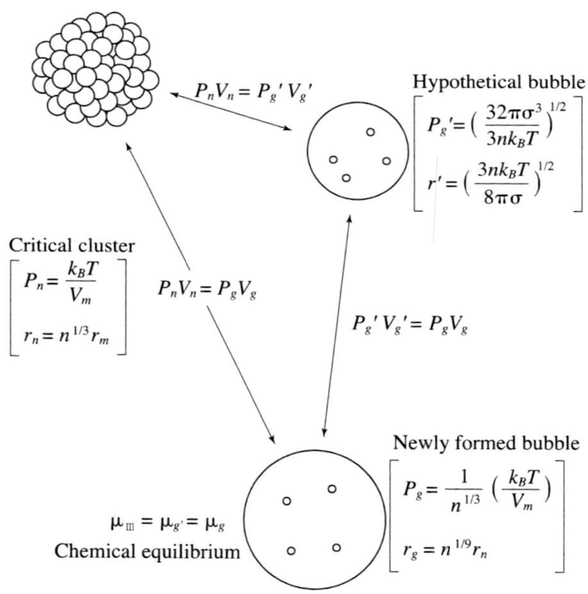

Fig. 2 $\mathcal{F}_n$ = invariant transformation between critical cluster, hypothetical bubble and newly formed bubble(expanded cluster).

임계크기의 모듬에서 기포로의 팽창 과정은 화학적인 평형상태에서 이루어질 뿐만 아니라 $nk_BT = const.$ 이므로, 식 (3-21)에서 정의한 자유에너지는 기포에 관해서도

불변임을 알 수 있다. 즉,

$$\mathcal{J}_{n,cluster} = \mathcal{J}_{n,bubble}$$

또는

$$\sum \mu_{\text{III}} - P_n V_n = n\,\mu_g - P_g V_g \qquad (3-22)$$

따라서 임계크기의 모듬에 대한 압력은 $P_n = nk_BT/V_n = k_BT/V_g$ 임을 알 수 있다. 또한 우리가 측정할 수 있는 거시적인 표면장력하에 있는 기포 (식 (3-5)와 (3-6)에서 기술된)와도 자유에너지 불변의 법칙에 의한 변환에 의해서 구할 수 있음을 알 수 있다. 이러한 임계크기의 모듬과 이 임계크기의 모듬이 팽창되어 형성된 기포, 그리고 거시적인 표면장력의 지배하에 있는 가상적인 기포의 관계가 Fig. 2에 나타나 있다. 하지만 임계크기의 모듬이 기포가 되기 위한 또 하나의 필요조건은 임계크기의 모듬이 기포가 되었을 경우 표면장력을 극복할 수 있을 만큼 큰 기포의 크기가 커야 한다는 것이다. 그렇지 못할 경우에는 임계모듬은 모듬으로서 성장을 계속할 것이다. 식 (3-22)에서 알 수 있는 바와 같이 표면장력을 극복할 만큼 많은 분자를 포함하는 모듬은 아무런 도움 없이 기포가 될 수 있다. 이 경우의 예는 제 4장에서 취급할 과열한계에 달한 액적이 기화한 후 기포로 팽창하는 경우이다.

3.3.4 기포형성에 필요한 압력 강하 계산

주어진 과포화 정도에서 임계 크기의 모듬으로 성장하기 위한 모듬의 크기 증가는 운동론적인 고찰에 의하여 얻을 수 있을 것이다. 따라서 단위부피당 그리고 단위시간당 임계 크기의 기포 또는 모듬이 생성되는 수 또한 운동론적인 고려에 의하여 얻을 수 있다.

$$J = C(N) \cdot \exp\left(-\frac{F_n}{k_B T}\right) \qquad (3-23)$$

n 개의 분자로 구성된 임계크기의 모듬을 형성하는데 필요한 최소한의 자유에너지는 식 (3-15)를 식 (3-14)에 대입함으로써 얻어진다.

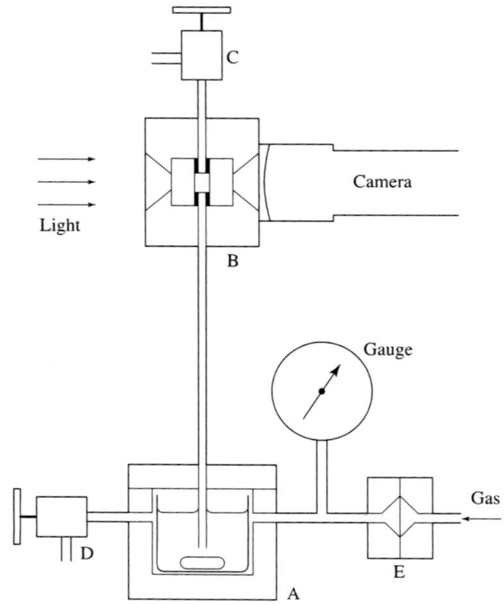

Fig. 3 Schematic diagram of the apparatus which consists of an equilibration chamber A containing a pyrex cup with a magnetic stirring bar, a cuvette chamber for observation B, valves C and D, millipore filter unit E(From E. A. Hemmingsen, 1979).

$$\frac{F_{nc}}{k_B T} = \frac{1}{2} n_c^{\frac{2}{3}} \tag{3-24}$$

식 (3-24)를 식 (3-23)에 대입하면 단위부피당 임계크기의 기포가 생성되는 율 J는 다음과 같다.

$$J = C(N) \cdot \exp\left(-\frac{1}{2} n_c^{\frac{2}{3}}\right) \tag{3-25}$$

식 (3-25)에서 $C(N)$은 엄밀하게 운동론적인 고찰에서 얻어야 하는 양이지만 여기서는 대략 주어진 초기 압력 하에서 융해된 기체분자의 수라고 하자. 그러면 식 (3-25)는 주어진 과포화 정도 $(P_i - P_f)$에서 임계크기의 모듬에 대한 크기를 결정하는 데 이용할 수 있다. 이에 $J = 10^6/\text{cm}^3\text{s}$은 대량의 기포가 발생하는 경우이고, $J = 1/\text{cm}^3\text{s}$은 기포가 용액 내에서 겨우 발생하는 경우에 해당된다고 가정하면, 식 (3-23)에서 구한 n_c를 식 (3-15)에 대입하면 주어진 온도에서 기포가 발생하는 것이 얼마만한 압력

강하에서 일어나는 것인가를 알 수 있다. 이러한 과정에서 구한 값은 물 용액 내에 용해되어 있는 각종의 기체 분자에 대해 Hemmingsen[2]의 실험과 잘 일치하고 있음을 Table 1은 보여주고 있다. 이것을 계산하는데 필요한 용액 내에 용해되어 있는 기체의 체적, V_g 는 다음과 같은 식에서 구하였다.

$$\widehat{V}_g = \frac{\sqrt{2}}{6}\,\sigma^3_{LJ} \tag{3-26}$$

물론 이 경우에 가스 분자는 3개의 병진운동을 모두 잃어버린 상태라고 생각할 수 있다. 여기서 σ_{LJ} 는 Lennard-Jones의 고유반경이며 제 2의 비리얼 상수로부터 구한 값[11]을 썼다. 참고 삼아 Hemmingsen[2]의 실험장치를 Fig. 3에 싣는다.

용액의 온도가 올라가면 용액 내의 가스가 차지할 체적이 증가할 것으로 예상된다. 식 (3-16)에서 볼 수 있는 바와 같이 용액 내 가스 분자의 체적이 증가하면 기포형성에 필요한 감압량, $(P_i - P_f)$는 감소될 것이 분명하다. 좀 더 명확하게 가스 분자의 체적 증가에 따른 감압량의 변화를 계산하기 위하여 가스 분자가 용액 속에 용해될 때의 잃어버린 자유도를 f_L이라고 하면, f_L을 다음과 같이 정의할 수 있다.

$$\frac{f_L}{3} = \frac{\widehat{V}_g}{V_g} \tag{3-27}$$

윗식에서 $\widehat{V}_g$는 병진운동의 자유도 3개를 모두 잃었을 경우의 가스 분자의 체적이다. 식 (3-27)을 사용하면 기포형성에 관여하는 모든 자유에너지에 대한 식 (3-14)는 다음과 같이 쓸 수 있다.

$$F_n = -(P_i - P_f)\,n\,V_g + \frac{f_L}{2}k_B T n^{\frac{2}{3}} \tag{3-28}$$

최소한의 일로 기포를 형성하기 위한 조건은 식 (3-28)에서 얻을 수 있다. 즉,

$$(P_i - P_f)\,n_c^{\frac{1}{3}} = \frac{f_L}{3}\frac{k_B T}{V_g} \tag{3-29}$$

식 (3-29)를 식 (3-28)에 대입하면 기포형성에 필요한 최소한의 에너지를 얻을 수 있다.

$$F_{n_c} = \frac{f_L}{6}\,k_B\,T\,n_c^{2/3} \tag{3-30}$$

식 (3-10)에서 주어진 기포형성을 위한 미시적인 표면장력 σ_m 이 온도에 따라 거시적

인 표면장력의 값과 같이 변한다고 가정하자. 즉,

$$\sigma_m = \frac{3k_B T/2}{4\pi r_g^2} \propto \left(1 - \frac{T}{T_c}\right)^{\alpha} \tag{3-31}$$

식 (3-27)과 (3-31)에서 잃어버린 자유도 f_L은 온도에 따라 다음과 같이 변함을 알 수 있다.

$$f_L \cong \frac{1}{V_g} \cong T^{-\frac{3}{2}} \left(1 - \frac{T}{T_c}\right)^{\frac{3\alpha}{2}} \tag{3-32}$$

물 용액에 질소가스가 용해되었을 경우, 식 (3-30)과 (3-32)를 이용하여 구한 용액 내에서 기포가 형성되기 위한 온도에 따른 감압량의 계산결과가 Fig. 4에 주어져 있으며 Hemmingsen [12]의 실험결과와 잘 일치함을 알 수 있다.

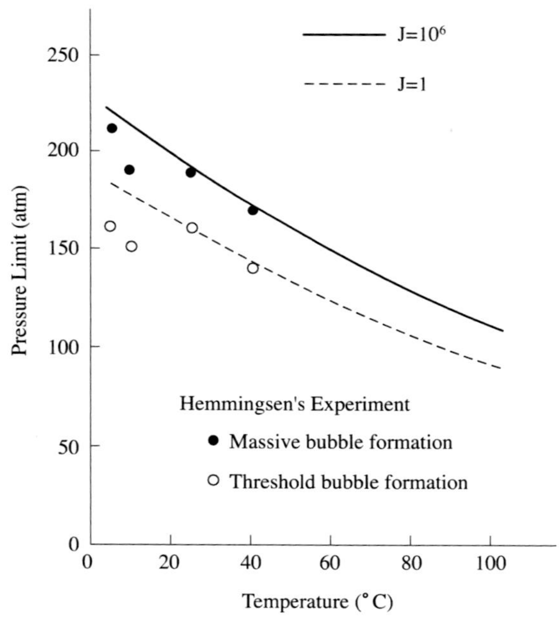

Fig. 4 The pressure limit of nitrogen in water solution as a function of temperature.

3. 4 가스-증기에 의한 기포형성

제 2장 4절에서는 증기에 의한 기포형성에 대해, 본 장 3절에서는 용액 내에서 용해된 가스 분자에 의한 기포형성 문제를 다루었다. 분자론적 모델에 의하면, 기포형성에 필요한 표면에너지는 전자의 경우는 분자간의 퍼텐셜에너지에 해당되며, 후자의 경우는 용해과정에서 잃어버린 병진운동 에너지에 해당됨을 밝힌 바 있다.

특별한 경우, 예를 들면 300℃의 물을 이 온도에 해당하는 포화 증기압인 84.7 기압보다 높은 100 기압으로 질소가스를 이용해 압축하였다가 1 기압으로 감압하는 경우 용액 내에 발생하는 기포는 수증기 분자 뿐만 아니라 질소분자도 포함되어 있을 것이 분명하다. 고전이론으로 이 문제를 다루는 것은 별로 어렵지 않다. 즉, 기포 내의 압력은 가스와 증기의 분압의 합으로 표시할 수 있고, 또한 기포 내의 가스와 증기 분자의 비는 기포형성을 위한 가스 분자에 대한 구동력 $(P_i - P_f)$와 증기 분자에 대한 구동력 $(P_v - P_f)$의 비로 나타낼 수 있다. 왜냐 하면 가스-용액 또는 증기-용액 계면에서 작용하는 표면장력은 같기 때문이다.

가스에 의한 기포형성과 증기에 의한 기포형성 과정이 전혀 다른 물리적 근거에서 비롯함을 밝힌 분자론적 모델의 경우, 가스와 증기에 의한 기포형성에 대한 통일적인 기술은 Kwak과 Oh[13]에 의하여 이루어졌다. 이들은 가스에 의한 기포형성 과정이나 증기에 의한 기포형성 과정의 경우 축척 변환(scaling transformation)을 통하여 어느 경우에나 기포형성에 필요한 표면에너지는 가스나 증기 분자의 병진운동으로 기술할 수 있음을 밝혔다. 가스에 의한 기포형성의 경우는 다음과 같은 변환을 통하여 용해과정에서 잃어버린 가스 분자의 자유도가 3이 아니더라도 기포형성에 필요한 표면에너지가 $3k_BT/2$가 되도록 할 수 있다.

$$V_g = \left(\frac{f_L}{3} \right)^{\frac{3}{2}} V_g' \tag{3-33}$$

$$n = \left(\frac{3}{f_L} \right)^{\frac{3}{2}} n' \tag{3-34}$$

위에 주어진 변환을 하면 식 (3-29)에서 가스의 기포형성을 위한 임계모듬의 안정 조건은 다음과 같이 된다.

$$(P_i - P_f)\, n_{cg}^{\frac{1}{3}} = \frac{k_B T}{V_g'} \tag{3-35}$$

이에 대응되는 임계모듬을 형성하는 최소한의 에너지는 다음과 같다.

$$\frac{F_{ng}}{k_B T} = \frac{1}{2} n_{cg}^{\frac{2}{3}} \tag{3-36}$$

또한 제 1장에서 기술한 고전 핵형성 이론에서 사용한 가스의 운동론을 가스에 의한 기포 형성에도 적용하면, 다음과 같은 단위체적당 핵형성률을 얻는다.

$$J_{ng} = Z_{fg} D_g N_g \exp\left(-\frac{1}{2} n_{cg}^{\frac{2}{3}}\right) \tag{3-37}$$

윗식에서 N_g는 단위체적당 용매에 들어 있는 용질의 분자수, D_g는 단위면적당 모듬에 부딪히는 가스 분자의 수이며, Z_{fg}는 Zeldovich 비평형계수이다. $Z_{fg} D_g$ 항은 다음과 같이 쓸 수 있다.

$$Z_{fg} D_g = \frac{N_g}{\sqrt{6\pi}} \left(\frac{k_B T}{2\pi m_g}\right)^{\frac{1}{2}} 4\pi \left(\frac{3 V_g'}{4\pi}\right)^{\frac{2}{3}} \beta_g' \cdot \exp\left(-\frac{\Delta H_{vap}}{RT} - \frac{\Delta H_f}{R T_f}\right) \tag{3-38}$$

단, $\beta_g' = \beta_g \left(\frac{f_L}{3}\right)^{\frac{3}{2}}$

| Table 2 | The pressure limit of various gases in water solution at 298K.

Gas	Molecular diameter (Å)$2^{1/6}\sigma_{LJ}$	Decompression to attain massive bubble formation($P_i - P_f$), atm		Decompression to attain massive bubble formation($P_i - P_f$), atm		Deriving force $(P_i - P_f)\, V_g'$
		Molecular Theory ($J = 10^6$)	Hemmingsen's Experiment	Molecular Theory ($J = 1$)	Hemmingsen's Experiment	
He	2.952	372	360	312	300	50.77
Ar	3.816	171	170	144	140	50.41
O_2	3.884	163	155	137	140	50.67
N_2	3.698	191	190	160	160	51.24
CH_4	4.284	121	120	102	110	50.47

식 (3-35)와 (3-37)에 의하면 물-가스 용액 내에서 기포형성에 필요한 감압량, $(P_i - P_f)$가 Table 2에 주어져 있다. 식 (3-15)와 (3-23)에 의하여 구한 감압량보다 조금은 작은 값이지만 대동소이함을 알 수 있다. 이 Table에서 볼 수 있는 바와 같이 특기할 일은 기포형성에 필요한 구동력 $(P_i - P_f)\ V_g'$ 는 거의 같음을 알 수 있다. 이 계산 과정에서 N_g 값은 Krichevsky와 Kasarnovsky 식[14]를 사용하여 구하였다.

증기 분자에 의한 기포형성인 경우에는 다음과 같은 변환을 하면,

$$V_m = \left(\frac{4\epsilon_m}{k_B T} \right)^{\frac{3}{2}} V_m' \tag{3-39}$$

$$n = \left(\frac{k_B T}{4\epsilon_m} \right)^{\frac{3}{2}} n' \tag{3-40}$$

활성화된 액체 분자에 의한 모듬의 안정조건, 식 (2-45)도 용액 속에 용해되어 있는 가스분자 모듬의 안정조건, 식 (3-35)와 같이 됨을 알 수 있다. 즉,

$$-(P_o - P_v)\, n_{cv}^{\frac{1}{3}} = \frac{k_B T}{V_m'} \tag{3-41}$$

이 안정조건에 해당되는 기포형성에 필요한 최소한의 에너지는 다음과 같이 된다.

$$\frac{F_{nv}}{k_B T} = \frac{1}{2} n_{cv}^{\frac{2}{3}} \tag{3-42}$$

식 (3-39)와 (3-40)에 주어진 변환의 의미는 간단하다. 주어진 액체분자의 체적을 분자들의 인력에너지가 분자들의 병진운동에 해당되도록 계의 부피를, 다시 말하면 분자체적을 축소 또는 팽창시키는 것이다. 이에 따라 밀도수, N이 증가하거나 감소하기 때문에 모듬을 형성하는 분자수도 증가하거나 감소하게 될 것이다.

식 (3-41)과 (3-42)를 이용하면 증기분자에 의한 기포 형성에 대한 단위체적당 핵형성률에 대한 식 (2-54)는 다음과 같이 쓸 수 있다.

$$J_{nv} = Z_{fv}\, D_v\, N_v \exp\left(-\frac{1}{2} n_{cv}^{\frac{2}{3}} \right) \tag{3-43}$$

위 식에서 Z_{fv} 나 D_v 는 식 (3-37)의 경우와 똑같은 물리적 의미를 지닌 항들이며, 다음과 같이 주어진다.

$$Z_{fv} D_v = \frac{N_v}{\sqrt{6\pi}} \left(\frac{k_B T}{2\pi m_v} \right)^{\frac{1}{2}} 4\pi \left(\frac{3 V_m{}'}{4\pi} \right)^{\frac{2}{3}} \beta_v{}' \cdot \exp\left(-\frac{\Delta H_{vap}}{RT} - \frac{\Delta H_f}{RT_f} \right) \quad (3-44)$$

단, $\beta_v{}' = \beta_v \left(\frac{4\epsilon_m}{k_B T} \right)^{\frac{3}{2}}$

식 (3-41)과 (3-43)을 사용하여, 여러 탄화수소 용액에 대한 과열한계를 구한 값이 Table 3에 주어져 있다. 물론 식 (2-45)와 (2-54)를 사용하여 구한 값과 조금도 다름이 없다. 액체의 과열한계에 관한 이론은 제 4장에 주어져 있다. Table 3에 있는 Reference 부분의 약자는 제 4장 Table 2에 있는 실험을 수행한 연구자들의 약자이다.

| Table 3 | Superheat limits of hydrocarbons(alkanes).

Liquid	Molecular Cluster Model K (T/T$_c$), $J_{nv} = 10^{22}$		Classical Theory $J_n = 10^6$	Experiment	Reference
Ethane	275	(0.9005)	269.5	269.2	PB
Propane	329.5	(0.8910)	328.5	326.2	PB
Butane	377.5	(0.8878)	378.4	376.9	PB
Pentane	421.5	(0.8695)	421.5	421.0	BHK
Hexane	456.5	(0.8997)	457.5	457.0	BHK
Heptane	488.5	(0.8987)	487.7	486.7	EKB
Octane	515.9	(0.9098)	515.9	513.0	EKB
Nonane	536.0	(0.9014)	535.0	538.5	EKB

가스 분자에 의한 기포형성과 관련된 식 (3-35), (3-36), (3-37), (3-38)과 증기분자에 의한 기포형성에 관련된 식 (3-41), (3-42), (3-43), (3-44)의 짝에서도 볼 수 있는 바와 같이 가스나 증기분자에 의한 기포형성은 똑같은 수식으로 표현할 수 있음이 증명되었다. 여기에서 Kwak과 Oh[13]는 가스운동론을 이용하여, 주어진 구동력에서 가스와 증기 분자에 의한 기포의 핵형성률을 얻는데 성공하였고, 가장 확률이 높은 임계크기의 기포를 구성하는 경우를 밝힐 수가 있었다. 또한 물의 경우 액적 폭발 실험 방법에 의하여 얻은 과열 한계가 0.9 T_c까지 이르지 못한 것은 물 속에 용해되어 있는 가스에 의한 기포형성 때문이라는 것을 밝혀 내었다.

3. 5 Fe-C-O 용액 내에서의 CO 기포형성

지르코늄, 티타늄, 탠탤늄, Fe-C 합금의 액적물이 산소-질소의 환경내에서 연소할 경우 설명하기 어려운 폭발현상이 일어나는 일은 여러 연구자들에 의하여 보고되었다[15, 16, 17]. 하지만 이 폭발현상을 설명하기 위하여 여러 가지 모델들이 제시되었으나 적절하지 못한 것으로 판명되었다. 이에 Levine[18]은 이러한 폭발현상을 기포형성(bubble nucleation)에 따른 기포 내의 증기팽창(vapor expansion)으로 설명하였다. 이러한 기구를 설명함에 있어서 Levine은 기포 표면에 화학적으로 흡착된 산소원자가 결정적인 역할을 한다고 주장하였다[19]. 또한 Levine[20]은 이 모델의 연장으로 Fe-C-O 금속용액 내에서의 기포 형성현상을 같은 기구를 통하여 설명하고자 하였다. 하지만 Levine[18]이 제시한 쌍극자를 이루는 기포 표면에 흡착된 산소원자가 금속용액 내의 산소원자와의 퍼텐셜 차이[21]에 의한 표면장력 감쇄효과는 Fe-C-O 용액의 경우 너무커 흡착된 산소원자에 따른 이 용액의 표면장력 실험치와 너무나 많은 차이가 나는 것으로 밝혀졌다.

Kaddah와 Robertson[22]은 금속용액의 액적을 부유(levitation)한 계에 CO-CO_2가스로 이계를 압축하였다가 대기압으로 감압하는 방법에 의하여 Fe-C-O 용액 내의 CO가스 기포형성에 필요한 감압량을 측정하였던 바 금속용액 내의 산소활성도에 따라 기포형성에 필요한 감압량은 10 내지 72 기압이었다. 이 실험치는 고전이론에 따른 기포형성에 필요한 감압량의 예측치 58,000 기압과는 너무나 상이한 결과이었다. 이에 Kaddah와 Robertson은 Abraham[23]의 기포 표면에 흡착된 산소원자가 이루는 쌍극자들 간의 상호작용에 의한 에너지가 표면장력에 미치는 효과를 고려하였으나 기포형성에 필요한 감압량은 29,000 기압이어서 실험치와의 차이를 줄이지는 못하였다.

이 장에서는 Fe-C-O 금속용액에 있어서 CO 가스의 기포형성 현상을 과포화상태의 용액내에서 용매의 C 원자와 O 원자가 결합하여 CO 분자를 이루고, CO 분자들 간의 모듬과정에 의하여 이루어진다고 하는 Kwak과 Oh의 모델[24]에 대해 다루기로 한다. 또한 Kwak과 Oh의 모델은 Abraham이 제안한 모듬의 표면에서 산소원자에 의한 쌍극자 간의 상호작용에 에너지가 모듬의 표면에너지에 기여하는 것이라고 보았다. 이러한 기포형성 모델에 의한 계산결과는 Kaddah와 Robertson 이 실험한 결과와 상당한 일치를 보았고, 산소활성도에 따른 기포형성에 필요한 감압량의 계산치도 실험결과와 정성적으로 일치하였다[24].

가스와 평형상태를 유지하는 Fe-C-O 금속용액 내에서는 C 원자와 O 원자가 분리되어 용해되어 있지만 과포화상태에 이르게 되면 다음과 같은 반응에 의해 C 원자와 O 원자가 CO 분자로 될 수 있다.

$$[C] + [O] = CO_g \tag{3-45}$$

윗식에서는 [ ]는 금속용액에 용해되어 있는 분자 또는 원자를 가르킨다. 이렇게 결합된 CO분자들은 모여서 모듬을 형성할 것으로 예상되는 데 이러한 모듬이 커지게 되면 용액 내에 용해되어 있는 산소원자들은 이 모듬의 표면에 화학적으로 흡착될 것이다. 이렇게 표면에 화학적으로 흡착된 산소원자는 전기적으로 -2e의 전기량을 갖는 쌍극자가 된다[18]. 또한 모듬이 커져 흡착된 쌍극자들의 수가 증가함에 따라 쌍극자 간에 상호작용이 있게 된다.

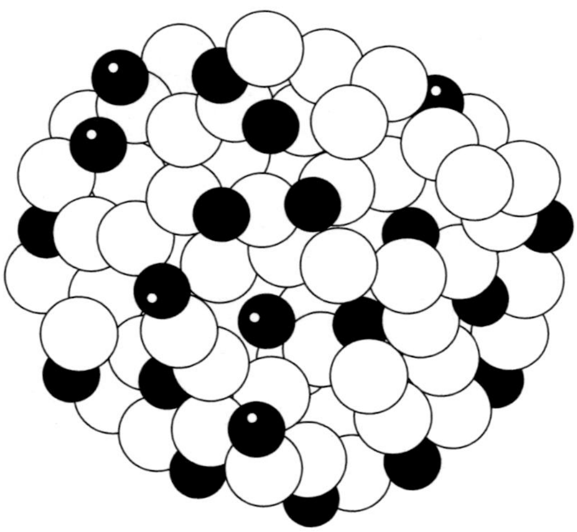

Fig. 5 A model of clustering process of CO molecules in Fe－C－O melts.

Fig. 5에서 볼 수 있듯이 모듬의 내부에는 CO 분자가, 그 표면에는 흡착된 산소원자들이 자리잡게 되는 데 모듬의 증가는 다음과 같은 과정을 통하여 이루어진다고 가정할 수 있다. 모듬의 표면 위의 산소원자가 흡착되지 않는 자리를 통하여 탄소원자가 이 표면에 충돌하여 부착되면 이 흡착된 산소원자와 반응하여 다음과 같은 탈착(

desorption) 과정을 통하여 모듬의 일원이 된다고 할 수 있다.

$$[C] \rightarrow (C)^* \rightarrow (CO)^* \tag{3-46}$$

$$[O] \rightarrow (O)^*$$

과포화상태의 Fe - C - O 금속용액 내에서 이루어지는 CO 분자들의 모듬과정에 의한임계모듬의 형성과 그 생성률은 Kwak과 Panton[4]의 물용액 내에서 가스들에 의한 기포 형성 모델을 일반화시켜 적용할 수 있다. 단지 고려할 사항은 모듬의 표면에 흡착된 산소원자들로 이루어지는 쌍극자 중에서 쌍극자 간의 상호작용에 의한 전기에너지가 어떻게 모듬의 안정에 기여하느냐는 문제이다. Abraham[23]에 의하면 이러한 쌍극자들 간의 표면농도가 클 경우에는 액적의 크기에 관계없이 쌍극자들의 전기에너지는 다음과 같이 일정하다.

$$U^s = \frac{2P_d^2 n_s}{r_o^3} \tag{3-47}$$

윗식에서 P_d 는 쌍극자 능률이며 r_o는 쌍극자간의 평균거리, n_s 는 하나의 쌍극자에 인접한 다른 쌍극자의 개수이다. 평면 위에 균일하게 분포된 산소원자의 경우 4개의 근접원자가 있다고 가정하면 쌍극자간의 평균거리 r_o 와 표면의 흡착농도 Γ 와는 $r_0^2\,\Gamma=1$의 관계가 있으므로 식 (3-47)은 다음과 같이 된다.

$$U^s = \frac{8(P_d\Gamma)^2}{\Gamma^{1/2}} \tag{3-48}$$

액적의 경우와 달리 기포의 경우는 위에 주어진 정전기 에너지가 모듬형성에 필요한 에너지를 적게 해주므로 기포형성의 전단계인 모듬형성에 관련되는 모든 자유에너지는 다음과 같이 쓸 수 있다.

$$F_n = -(P_i - P_f)nV_g + \frac{f_L}{2}k_B T n^{2/3} - U^s \tag{3-49}$$

모듬을 구성하는 분자의 수 n 에 대해 윗식을 미분을 취하면 임계모듬을 구성하는데 필요한 조건을 구할 수 있다. 즉,

$$(P_i - P_f)n_c^{1/3} = \frac{f_L}{3}\left(\frac{k_B T}{V_g}\right) \tag{3-50}$$

모듬의 안정조건, 식 (3-50)을 식 (3-49)에 대입하면 임계모듬을 구성하는데 필요한 에너지를 얻을 수 있다.

$$\frac{F_{nc}}{k_B T} = \frac{f_L}{6} n_c^{2/3} - \frac{U^s}{k_B T} \tag{3-51}$$

물론 윗식은 모듬을 구성하는 CO 분자의 수가 큰 경우에만 성립한다. 모듬의 성장은 앞서 기술했듯이 금속용액 내의 탄소 원자 모듬의 표면에 충돌, 흡착 후 산소원자와 반응함으로써 이루어지므로 단위체적당, 단위시간당 임계모듬의 생성수는 다음과 같이 쓸 수 있다.

$$J_{nc} = N\sqrt{\frac{f_L}{18\pi}}\left(\frac{k_B T}{2\pi m}\right)^{1/2} 4\pi\left(\frac{3V_g}{4\pi}\right)^{2/3} \beta(1-\theta) \tag{3-52}$$

$$\times \exp\left[-\frac{\Delta H_{vap}}{RT} - \frac{\Delta H_f}{RT_f}\right] \cdot N\exp\left[-\frac{f_L}{6} n_c^{2/3} + \frac{U^s}{k_B T}\right]$$

윗식에서 N_g 는 금속용액 내의 C 원자 또는 O 원자의 수밀도, m 은 C 원자 또는 O 원자의 질량 ΔH_{vap}와 ΔH_f 는 Fe의 잠열과 융해 엔탈피이며 T_f는 Fe의 융점온도이다. β는 모듬의 표면에 원자가 충돌하여 달라 붙는 부착상수이다.

식 (3-52)에서 θ는 모듬의 표면에 산소원자가 흡착된 비율이며 Fe - C - O 금속용액인 경우 산소원자가 용해된 중량비에 의하여 다음과 같이 정해진다[25].

$$a_o = [\%O] = k_o \frac{\theta}{1-\theta} \tag{3-53}$$

단, $k_o = 0.014 - 0.0127\theta$

Fe - C - O 금속용액 내에서 CO 분자로 구성된 기포의 생성에 필요한 감압한계를 계산하는데 필요한 자료의 수치가 Table 4에 주어져 있다.

Fig. 6에는 Fe - C - O 용액에 용해되어 있는 산소원자의 질량비에 따른 기포형성에 필요한 감압량이 Kaddah와 Robertson의 실험결과와 함께 나타나 있다. 이 표에서 볼 수 있듯이 산소원자의 질량비에 따른 감압량의 계산치는 실험치와 정성적으로 일치하고 있다. 따라서 식 (3-48)에서 알 수 있는 바와 같이 표면흡착농도는 기포형성에 필요한 감압량에 흡착농도의 3/2승에 비례함을 알 수 있다. 앞서 언급했듯이 Fe-C의

| Table 4 | Physical properties used in calculations.

Property	Symbol	Value	Units
Dipole length of O	l	1.4	Å
Lenard-Jones hard sphere diameter of CO	σ_{LJ}	3.763	Å
Saturation oxygen sufrace concentration	Γ_o	1.16×10^{-5}	mol/m^2
Melting temperature of Fe	T_f	1809	K
Temperature of liquid Fe	T	1873	K
Enthalpy of fusion of Fe	ΔH_f	3560	kcal/kg mol
Enthalpy of vaporization of Fe	ΔH_{vap}	35,800	kcal/kg mol

금속용액인 경우 산소의 흡착량에 따라 그 표면장력이 1,000 dyne/cm 까지 저하되지만[26] 이 정도의 표면장력 저하가 고전이론에 의한 기포형성에 필요한 감압량을 구하는 데 있어서 그다지 도움을 주지 못한다.

Fig. 6에서 검은 점은 기포형성을 관찰했을 경우이고 빈 원은 관찰하지 못했을 경우를 나타낸다. 이 그림에서 볼 수 있는 바와 같이 실험결과가 어떤 경우에는 일관된 값을 주지 않을 때도 있다. 예를 들면 P_{CO_2}/P_{CO} 의 값이 0.0458일 경우 과포화 압력이 45.10 기압일 때와 13.82일 때는 기포형성을 관찰하지 못하였지만 그 중간 값에서는 관찰되었다. 하지만 산소활동도 P_{CO_2}/P_{CO}값이 0.023보다 클 경우 과포화 압력이 60 기압보다 클 경우는 항상 기포형성이 일어남을 보이고 있다. 산소 활동도 값이 0.02일 경우 기포형성에 필요한 과포화 압력은 급격히 상승하여 79 기압 정도 된다. 이와 같이 산소활동도가 Fe-C-O 용액 내에서 CO 가스의 기포형성에 중요한 역할을 함을 알 수 있다. 하지만 산소활동도가 커서 θ 값이 1에 가까워지면, 즉 모듬의 표면이 산소원자로 완전히 덮히게 되면 탄소원자가 부착될 확률이 없기 때문에 기포형성도 일어나지 않는다.

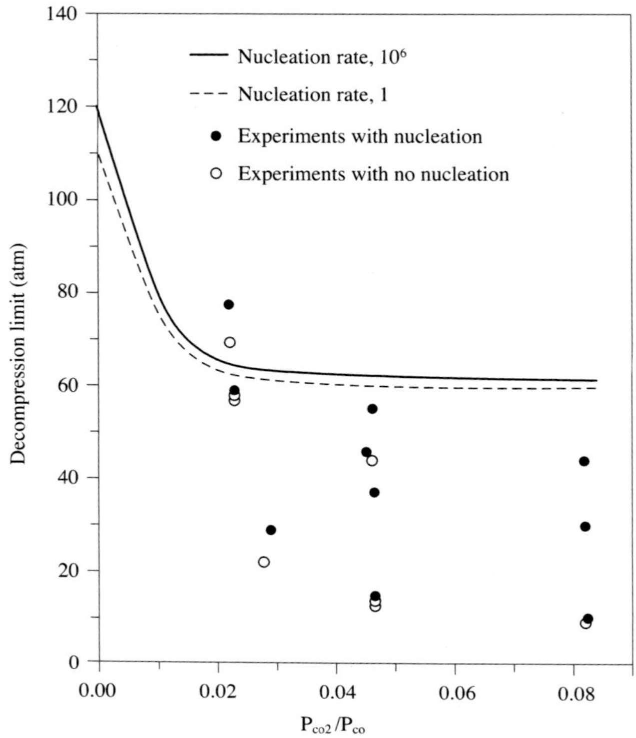

Fig 6 Decomperssion limits for nucleation of CO bubbles in Fe–C–O melts at 1873 K with $f_L = 1.0$.

3. 6 고전 이론과 분자론적 모델과의 연관

Kwak-Panton의 기포형성 이론은 액체 내에서의 가스 기포가 형성되는 첫 단계로서 급격한 감압에 이어서 개개의 분자들이 서로 모여 임계크기의 모듬을 이루는 과정이며, 이러한 모듬과정에 필요한 자유에너지는 식 (3-28)에 주어진 바와 같이 감압에 의한 화학적 퍼텐셜의 변화에 따른 에너지와 가스 분자가 용해되면서 잃어버리는 운동에너지의 합으로 나타내진다고 설명한다. 이 이론으로부터 구해지는 임계모듬이 갖는 물리적인 의미는 다음과 같이 설명할 수 있다. 즉, 어떤 모듬이든지 주어진 구동력 $P_i - P_f$에 대해 식 (3-15)를 만족하면 그 모듬은 소멸되지 않고 하나의 분자의 집단으로서 존재할 수 있다. 따라서 식 (3-29)는 모듬이 소멸되지 않는 조건, 즉 모듬의 안정조건이라고 할 수 있다. 이렇게 소멸의 위험에서 벗어난 임계크기의 모듬들은 가스 분자들의 충돌에 의해 성장을 계속하여 급기야는 기포로 된다는 개념인 것이다. 여기에서 위에 설명한 모듬으로부터 거시적인 의미의 기포로 변환되어 성장되는 과정을 이론적으로 해석하는 문제가 남게 된다. 먼저 위에서 언급된 가스 분자들로 구성된 모듬과 같은 수의 분자로 구성된 기포의 차이점은 다음과 같이 설명할 수 있을 것이다.

모듬이라 함은 가스 분자들과 용매 분자들이 서로 섞여서 있는 가운데 형성된 가스 분자들의 덩어리로서 가스-액체의 뚜렷한 경계면(interface)이 있어서 그 내부의 가스 분자들은 기체 상태로서 존재하고 있는 기포와는 크게 구별된다고 생각할 수 있다. 이러한 차이점을 고려할 때 모듬으로부터 같은 수의 분자로 구성된 기포로의 변환 단계가 필요함을 알 수 있는데, 이 변환에 필요한 충분한 분자의 갯수를 모듬에서 기포로 전환된 기포가 화학적, 역학적인 평형상태를 이루기에 충분한 가스 분자의 갯수라고 생각할 수 있다. 왜냐하면 표면장력을 이기기 위하여는 역학적인 평형상태가, 확산 과정에 의한 분자들의 소실을 막기 위하여는 화학적인 평형상태가 각각 요구되기 때문이다.

이제 기포로의 전환에 필요한 분자의 갯수를 구해 보자. 우선 임의의 수의 가스 분자들만으로 구성된 크기 r인 기포를 생각해 보자. 만약 그 기포가 용액의 표면장력에 의해 역학적 평형(mechanical equilibrium)상태에 있고, 내부의 가스가 이상 기체라고 가정하면 다음과 같은 식이 성립한다.

$$P_g \frac{4}{3} \pi R^3 = nk_B T \tag{3-54}$$

$$P_g - P_\infty = \frac{2\sigma}{R} \tag{3-55}$$

$$\text{단, } \sigma = \sigma_o \Big/ \left[1 - \frac{2\Gamma v_N}{R} \right] \tag{3-56}$$

여기서 Γ는 기포 표면에 흡착된 가스의 표면밀도이며, v_N는 용매의 분자 체적이다. P_g와 P_∞는 각각 가스와 주위 액체의 압력이고, σ_o는 액체의 표면장력으로서 주어진 온도에 의해 결정되는 양이다. 식 (3-56)는 r이 매우 작은 경우 고려해야 하는 표면장력의 보정식으로[27] r에 의해 임의로 결정되는 표면장력 σ를 정의한다. 이러한 기포가 거시적인 기포로 성장하는 과정은 기포면에서의 용해된 가스 분자의 농도구배에 의한 분자 확산에 의해 좌우된다고 설명하는 Fick의 법칙에 따른다고 할 수 있다.

이 법칙을 적용시키려면 기포 경계면에서의 포화농도가 적절히 정의되어야 하는데 이 포화농도는 다시 Henry의 법칙에 의해 기포 내부의 압력에 의해 결정된다고 가정하면 다음과 같은 식이 성립할 수 있다.

$$c_w = \frac{m_g N_l}{\rho} \frac{P_g}{K_H} \tag{3-57}$$

여기서 K_H는 Henry 상수로서 용질과 용매에 따라 실험적으로 주어지는 상수이며 가스 압력 P_g 에 상응하는 단위를 갖는다. 감압전의 초기 압력을 P_i 로 놓으면 과포화 한계 c_∞ 는 다시 Henry 법칙에 의해 다음과 같이 쓸 수 있다.

$$c_\infty = \frac{m_g N_l}{\rho} \frac{P_i}{K_H} \tag{3-58}$$

한편, 과포화상태에서의 분자 확산에 의한 기포의 성장은 구동력 $c_\infty - c_{sat}$ 에 의해 좌우된다고 볼 수 있는데 이 때 기포가 성장하기 위해서는 $c_\infty - c_{sat} > 0$이 성립해야 함을 알 수 있다. 이 조건은 다시 식 (3-57), (3-58)에 의해 $P_i > P_g$로 쓸 수 있는데 이를 만족하는 P_g 를 사용하여 식 (3-54), (3-55), (3-56)으로부터 n_{chem} 을 구해보면 임계모듬을 구성하는 가스 분자의 수 (대체적으로 500~600)보다 훨씬 큰 값인 것을 알 수 있다. 따라서 주위와 화학평형 조건 $c_\infty = c_{sat}$, 즉 $P_i = P_g$가 정의되는데 어떠한 모듬이든지 이 평형상태를 넘어선 후에야 비로서 기포로 변환되어 거시적으로 성장할 수 있음을 앞의 가정으로부터 예측할 수 있다.

모듬은 용액 내에서 하나의 안정된 계(system)로 존재할 때는 주위의 가스 분자들의 충돌 그리고 접착에 의해 계속 성장한다고 생각할 수 있는데, 이러한 성장 과정은 이미 전 장에서 언급된 분자간의 충돌을 식 (2-49)를 사용하여 다음과 같이 쓸 수 있다.

$$D_g = \frac{dn}{dt} = \frac{\beta}{4} \overline{V} \overline{n} A_n \tag{3-59}$$

$$= \frac{\beta}{4} \overline{V} \overline{n}\, 4\pi r^2{}_n$$

$$r_n = n^{1/3} r_g \tag{3-60}$$

여기서 r_g는 V_g로부터 구해지는 용해 가스분자의 유효반경이다. 그러면 식 (3-59)와 (3-60)으로부터

$$\frac{dn}{dt} = D_g = \beta_g \overline{V} \overline{N_g} r_g^{\frac{2}{3}} n^{\frac{2}{3}} \tag{3-61}$$

이 성립하는데, β, $\overline{V}$, $\overline{n}$ 은 시간에 대해 일정한 값이므로 t 에 관해 적분하면 다음과 같다.

$$n_{chem} = \left[\frac{\beta_g}{3} \pi \overline{V} \overline{N_g} r_g^{\frac{2}{3}} t \right]^3 \tag{3-62}$$

여기서 첨자 chem은 화학평형 상태에 있는 임계모듬의 분자수를 나타낸다. 그러므로 주어진 감압량에 의해 결정되는 임계모듬으로부터 화학적 평형상태를 만족하는 모듬으로 성장하는데 소요되는 시간 지연을 계산할 수 있으며 그 결과는 모든 용액에 대해 ms 영역에 있으므로 간단히 무시될 수 있다.

3. 7 폴리머 용액내에서의 기포형성

기체나[28, 29]휘발성 물질이[30]용해된 폴리머를 이용하여 폼을 형성하거나[31], 미세 기포(micro cellular)를 포함한 플라스틱을 생성하는데[32, 33] 있어서 기포 생성 및 생성된 기포의 성장에 관한 연구는 매우 중요하다. 특히 $0.1\mu m$에서 $10\mu m$의 크기를 가지고 약 10^9에서 $10^{15} cell/cm^3$의 수밀도를 가지고 있는 미세 기포로[34]구성된 폼 $(\mu - cell)$이나 플라스틱은 기계적 강도를 그대로 유지하면서 뛰어난 열적, 전기적인 단열 효과를 낼 수 있는 제품을 생산하는데 이용될 수 있기 때문에 많은 연구의 대상이 되고 있다.

제품 내에 적당한 크기의 기포를 일정한 분포로 생성해야 원재료의 기계적 강도를 유지시킬 수 있기 때문에 폴리머 용액내의 균질 핵생성(homogeneous nucleation)에

따른 기포 생성율을 예측하는 것은 의미있는 연구이다. 일반적인 경우 고전적인 핵 생성 이론을 사용하여 기포 생성율을 예측해 왔으나 탄성체나 폴리머 용액의 경우 기포 생성율 예측에 있어서 고전이론이 적당하지 않다는 것은 많은 연구를 통하여 알 수 있었다[35, 36]. 이 경우에도 앞서 설명한 분자 상호작용에 기초를 둔 가스에 의한 기포 생성 이론을 적용하여 폴리머/가스 용액과 폴리머/휘발성 물질에서의 기포 생성에 필요한 감압량 또는 주어진 감압량에서 핵형성 율을 예측할 수 있다. 이 연구에서 교차 결합된(cross-linked) 탄성체 내에서 임계 기포가 성장하기 위해서는 탄성력을 극복할 수 있는 에너지가 필요할 뿐더러[37] 탄성체 내에 기포가 생성될 경우 기포가 생성됨에 따른 탄성체의 변형 에너지(strain energy)를 고려해야 한다[38]. Figure 7에서 보는 바와 같이 생성된 임계 크기의 기포는 응집력을 받게 된다 [39]. 즉 임계 기포의 반경이 폴리머 메트릭스의 반경보다 작기 때문에 Fig. 7c에서 보는 바와 같이 임계 기포는 폴리머로부터 반경 방향의 압착력을 받게 된다. 이때 기포가 받는 변형 에너지는 다음과 같이 표현될 수 있다[39].

$$U_s = \frac{2}{3} G \Delta^2 V_0 \tag{3-63}$$

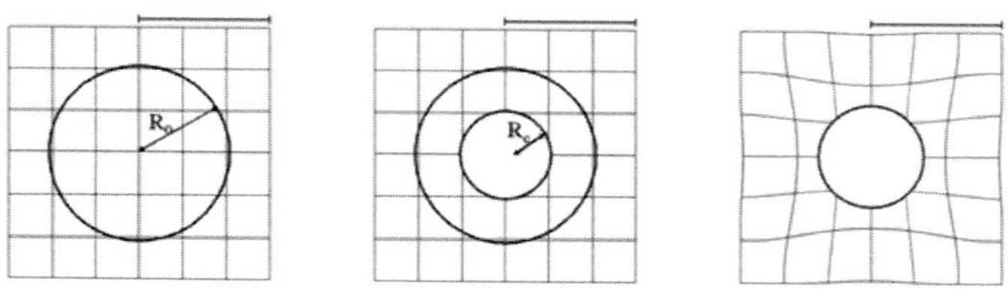

(a) (b) (c)

Fig. 7 Development of the coherency strains due to a misfitting critical bubble in polymer matrix(From reference 39).

여기서 $V_0 (= 4\pi R_0^3 / 3)$는 탄성체 혹은 폴리머 메트릭스의 원래 부피를 나타내며 Δ는 임계 기포와 탄성체 메트릭스 부피 차로 인한 값으로 다음과 같은 식을 사용할 수 있다.

$$\Delta^2 = \left[1 - \left(\frac{R_c}{R_0} \right)^2 \right] \tag{3-64}$$

식 (3-15)에서 확인할 수 있는 바와 같이 임계 모듬을 구성하고 있는 분자 수는 감압의 정도 즉 $P_i - P_f$에 의하여 결정된다. 하지만 폴리머 메트릭스는 임계 기포가 생성됨에 따라 변형된다. 따라서 임계 모듬의 생성 조건인 식(3-29)는 변하지 않지만 이에 상응하는 자유에너지는 다음과 같이 달라진다[24].

$$\frac{F'_{n_c}}{k_B T} = \frac{f_L}{6} n_c^{2/3} + \frac{U_s}{k_B T} \tag{3-65}$$

따라서 n_c-mer 모듬의 핵생성율은 다음과 같이 쓸 수 있다.

$$J_{n_c} = \frac{N_g}{\sqrt{6\pi}} \left(\frac{k_B T}{2\pi m_g} \right)^{1/2} 4\pi \left(\frac{3V_g}{4\pi} \right)^{2/3} \beta_g \left(\frac{f_L}{3} \right)^{3/2} \exp\left[-\frac{\Delta H_{vap}}{R_g T} - \frac{E_d}{R_g T} \right] N_g \exp\left[-\frac{f_L}{6} n_c^{2/3} - \frac{U_s}{k_B T} \right] \tag{3-66}$$

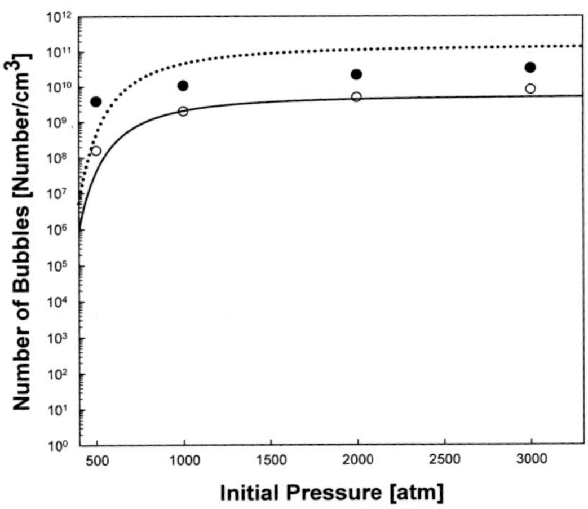

Fig. 8 The number of bubbles formed as a function of initial saturation pressure in natural rubber: experimental values (○) [29] and calculated results (—) at $T = 25$ ℃; experimental values (●) and calculated results (-----)at $T = 100$℃.

폴리머 내에 용해된 가스의 부피는 탄성체의 부피가 커짐에 따라 증가한다고 가정할 수 있다. 따라서 탄성체 내의 가스 분자 부피는 25℃를 기준으로 탄성체의 부피 팽창율에 따라 구할 수 있다. 또한 온도 의존성이 있는 표면장력에 관한 값을 알게 되면, 역학적 평형식으로부터 임계 기포 반경 R_c을 계산해 낼 수 있다. 탄성체내에 반경 R_0를 갖는 임의의 공간에 임계 크기의 기포가 생성되어 그 기포가 성장하기 위해 극복해야 할 탄성 변형 에너지는 식(3-63)으로 계산할 수 있고 최종적으로 식(3-66)을 이용하여 핵생성율을 계산해 낼 수 있다. 이와는 역으로 단위 부피당 핵생성율이 주어질 경우 이에 해당하는 갑압량 식 (3-29)로부터 $P_i - P_f$도 예측할 수 있다.

아르곤(Ar) 가스가 포화된 탄성체에서의 기포 생성은 Stewart에 의하여 연구되었다 [29]. Figure 8은 25℃와 100℃의 온도에서 초기 압력 P_i의 변화에 따른 천연 고무(natural rubber) 내에 생성된 아르곤 가스 기포 수를 나타내고 있다. 단위 부피당 기포수를 계산하기 위해 최후 압력 P_f와 유효 핵생성 시간을 각각 100 기압, 1 ㎳으로 가정하였다. 초기 포화 압력의 변화에 따른, 계산된 기포 핵생성 개수는 실험에서 관찰한 값과 잘 일치하는 것을 볼 수 있다. 반면 100℃에서 형성되는 기포의 수가 증가하는 것은 계산에 의해 예측된 값보다 크다는 것을 알 수 있다.

초임계 조건에서 CO_2 가스가 액체상태에서의 밀도와 가스 상태에서의 확산속도를 갖는 성질 때문에 CO_2가스는 무정형 폴리머에 매우 많은 양이 흡수된다. PMMA(poly-methyl methacrylate)에 과포화된 초임계 CO_2가스 혼합물에서의 기포 핵생성에 대해 고려해 보자. 흡수된 CO_2가스의 양, 온도의 함수인 표면장력, 그리고 핵생성률을 얻기 위해 필요한 압력 등은 Goel과 Beckman가 사용한 수정된 Mean-Field-Lattice-Gas 모델을 이용하여 구할 수 있다[33]. 이 계산에서 PMMA / CO_2 용액의 표면장력은 초기 압력에 관계없이 16 dynes/cm 으로 가정하여 계산하였다. Figure 9는 초기 압력에 따라 PMMA/CO_2 용액 내어서 생성된 기포 수를 분자 모듬 이론을 사용하여 계산한 값과 실험 값을 나타내고 있다. 이 그림을 보면 계산된 값과 실험값이 잘 일치하는 것을 볼 수 있다. 이 계산에서 사용한 R_0와 유효 핵 생성 시간은 각각 3.2 ㎚와 1 ㎳로 하였고 최종 압력은 실험 결과와 같이 3.5 MPa로 하였다. Figure 9에서 볼 수 있는 바와 같이 고전 이론에 의한 계산 결과는 초기 포화 압력이 18 MPa 이하에서는 전혀 기포 형성이 일어나지 못함을 예측하고 있지만 실험 결과는 10 MPa에서도 기포 형성이 상당히 일어남을 보여주고 있다. 한편 분자 모듬 모델은 10 MPa에서도 체적당 1개의 기포가 생성될 수 있음을 예측하고 있다.

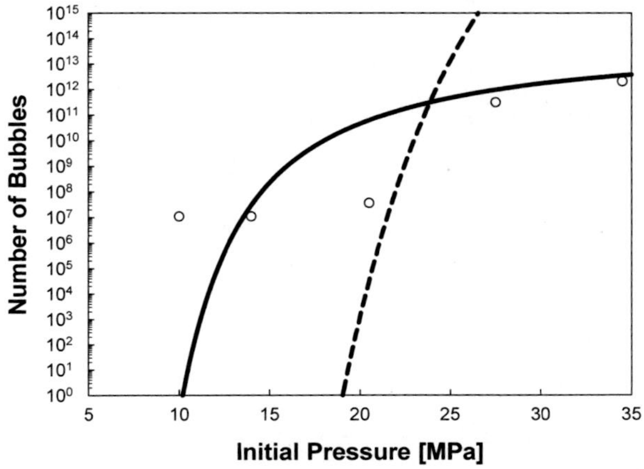

Fig. 9 The number of bubbles formed as a function of initial gas pressure in PMMA–supercritical CO_2 solution at $T=40$℃: experimental values (○) [33] and predicted results by classical theory (----) and molecular cluster model (—).

높은 압력의 가스와 포화된 탄성체나 폴리머를 빠르게 감압을 시켰을 때 가스는 과포화 되어 기포가 생성된다. 이때 탄성체나 폴리머 내에 생성된 기포의 수는 감압량의 크기에 상당히 의존함을 알 수 있고, 이것이 핵생성 이론의 요체이다. 또한 교차결합된 탄성체의 경우에는 임계 크기의 기포 형성에 따른 탄성체의 변형 에너지가 중요한 역할을 하고 있음을 알 수 있고 이를 분자 모듬 이론에 적용시켜 탄성체나 폴리머에 과포화 된 가스에 의한 기포 생성율을 예측할 수 있다. 기존의 고전적인 핵형성 이론으로는 탄성체나 폴리머에서의 기포 형성에 대해 정확한 예측을 할 수 없었으나 이 수정된 분자 모듬 이론을 사용하여 감압량에 따른 핵형성율을 예측한 결과 실험치와 유사한 값을 얻을 수 있음을 알 수 있다.

3. 8 전단력이 작용하는 유체 장에서의 기포형성

전단력이 작용하는 유체 내에서 상변화 현상, 특히 기포의 형성이나 결정의 성장 등의 핵형성 현상은 흥미로운 과제이다[40]. Reguera 와 Rubi [41]는 이론적으로 전단력이 작용하는 유체 내에서는 분자들의 확산운동이 증가하여 핵형성 율을 증가 시킬 수 있다고 보고한 바 있다. 특히 점성이 큰 폴리머 용액의 경우 전단력이 결정형성 과정에 획기적으로 기여하는 것이 확인되었다. 즉 정체된 유체에서 보다 전단속도기 14/s인 경우 isoactic polypropylene의 결정 형성율이 10배나 증가하였다[42].

기포형성 및 성장의 경우에는 컴퓨터 시뮬레이션 결과 전단력이 기포성장에는 영향을 미치지만 기포형성에는 별다른 영향을 주지 못하는 것으로 알려 져 있다 [43]. Favelukis등[44]은 Couette 유동장치 내에서 전단 속도를 2.0/s에서 14.0/s으로 증가 시켰을 경우 기다란 모양의 기포의 크기가 증가함을 관찰하였다.

3장에서 의논한 바와 같이 물을 어떤 특정가스로 가압하게 되면 그 압력에 따라 물 내에 가스가 용해하게 된다. 고압에서 평형상태에 있는 가스+물의 용액을 1기압으로 감압하게 되면 감압 량이 어떤 한계 값을 넘으면 폭발적인 핵형성이 일어나게 된다. 하지만 그 감압 량이 특정가스의 한계 값 보다 작을 경우에는 기포형성은 일어나지 않는다. 메탄 가스의 경우 물 용액 내에서 기포형성을 위하여는 감압 량이 120 기압 정도 된다[45]. 따라서 감압 량이 68기압일 때는 물 용액 내에서는 기포가 형성되지 않는다.

Gibbs의 고전 기포형성 이론에 의하면 식 (2-21)에서 확인할 수 있는 바와 같이 기포형성에 필요한 최소한 일은 표면장력의 3승에 비례한다. 표면장력을 낮출 경우 3승에 비례하여 기포형성에 필요한 최소일은 작아 지게 되고 이에 따라 핵형성 율은 기하급수로 커지게 될 것이 예상된다. 하지만 실험결과는 이러한 예상과는 달랐다. 순수한 물과 물에 계면활성제인 sodium-dodecil-benzene sulfonate를 조금 첨가(1.5 $\times 10^{-4}$g-mole/liter)한 용액을 메탄가스의 압력 68기압에 포화시켰다가 1기압으로 감압하였을 경우의 실험결과가 Fig. 10에 나와 있다. 순수 물인 경우인 Fig. 10 (a) 보다 계면활성제를 첨가한 Fig. 10의 (b)경우가 감압 후 유리 표면에서 생성된 기포수가 적음을 알 수 있다. 계면활성제의 농도가 1.1×10^{-3}인 경우에는 물의 표면장력을 1/3로 작게 함에도 불구하고 Fig. 10의 경우와 똑 같은 조건에서 하나의 기포도 생성되지 않았다. 이것은 기포형성의 전단계인 모듬(cluster)에 표면활성제의 분자가 부착되어 모듬이 성장하는 것을 방해하는 것으로 생각된다. 이와 같이 표면장력이 기포의 핵생성에 과정에 관계없는 것은 부압 하에서 증기에 의한 기포형성의 경우도 마찬가지 임을 확인할 수 있다. 즉 Briggs[46]의 모세관 회전실험을 통한 물의 인장내력 측정에서 0℃

부근에서 물의 표면장력이 4℃의 경우 보다 큼에도 불구하고 측정한 인장 내력의 값은 0℃ 부근에서 측정한 값이 4℃의 경우 보다 훨씬 작았다.

물 + 가스 용액의 감압실험을 Couette 유동 장치 내에서 수행한 결과[47]가 Fig. 11에 주어져 있다. 이 실험은 직경이 7.94 mm 인 알루미늄 실린더를 직경이 13.5 mm 인 유리 시험관내에 장착해 알루미늄 실린더를 회전시킴으로 서 Couette 유동을 생성시키었다. 전단속도는 20/s~100/s 범위이며 이 속도에 대응되는 Taylor 수는 37120 에서 92800이었으며 Fig. 11에 보여 준 실험결과는 전단속도가 25/s인 경우의 것인 바 수많은 작은 기포들이 알루미늄 실린더 주위를 회전하고 있음을 볼 수 있다. 이와 같이 Couette유동 하에서 기포생성이 활발한 것은 Fig. 12에 보여진 분자동력학 시뮬레이션 결과[48]에서도 볼 수 있는 바와 같이 전단력이 작용하게 되면 속도 구배의 수직 방향으로 액체의 분자 배열들이 엇갈린 배열로 됨을 알 수 있다. 이렇게 엇갈린 배열이 될 경우에는 용해된 분자와 물 분자 간의 상호작용이 적어져 용해된 가스분자의 분자 체적이 커지게 되고 상대적으로 기포의 핵형성율이 커지기 때문이다. 사실 메탄 가스의 경우 물속에 용해되어있는 가스의 분자 체적이 20% 커지게 되면 기포를 형성하기 위한 감압량은 120 기압에서 70기압으로 낮아진다 [47].

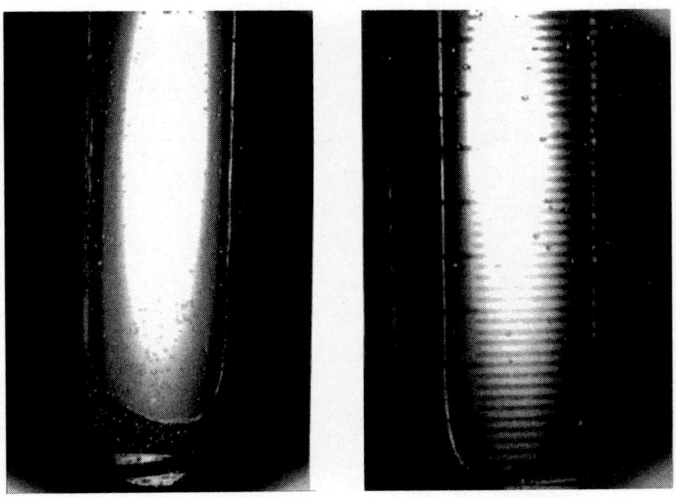

(a) (b)

Fig. 10 Initial bubble formation stage for pure water at t= 2.40 s after decompression and for water mixed with a surfactant at t= 3.60 s after decompression.

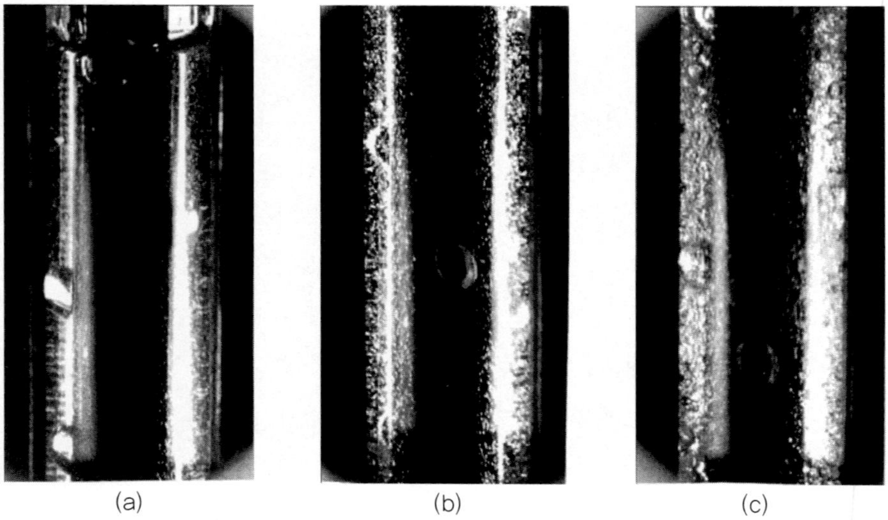

Fig. 11 Bubble nucleation and growing stage under shear rate of 25/s at time (a) 2.16 s (b) 3.16 s and (c) 4.66 s after decompression.

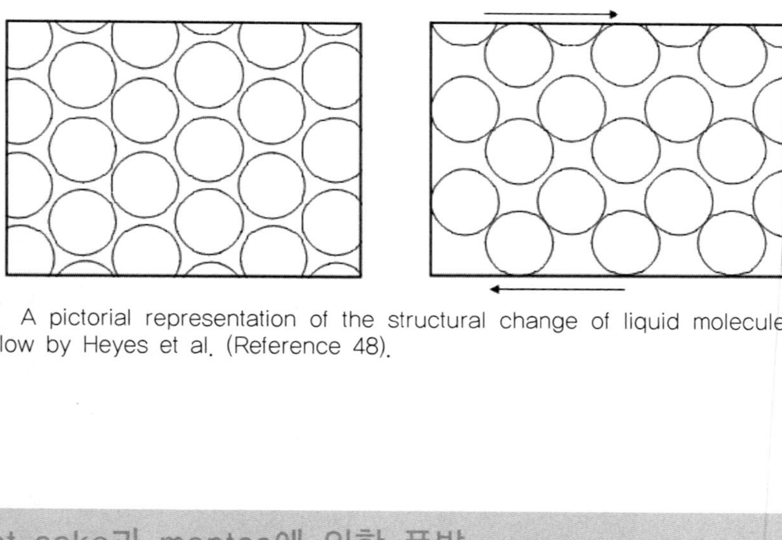

Fig. 12 A pictorial representation of the structural change of liquid molecules under shear flow by Heyes et al. (Reference 48).

3. 9 Diet coke과 mentos에 의한 폭발

최근 미국의 한 연구자가 펩시콜라 병에 멘토(박하사탕의 일종)를 넣을 경우 왜 폭발적으로 물과 CO_2가스가 나오는지에 대한 질의를 해 오면서 이에 관련된 몇 편의 비디오와 논문을 보내왔다. 이와 같은 현상은 물속에 용해 되어 있던 CO_2가스가 멘토에 의해 매우 빠른 시간 내에 기포가 형성 될 경우에 일어날 수 있다. 1리터의 펩시콜라 병 내에는 8.3g 즉 0.189몰의 CO_2 가스가 용해되어 있다. 이 가스가 물 용액 내에서 차지하고 있는 부피와 이 가스가 이 부피를 유지하면서 가스가 되었을 경우에 퍼텐셜 에너지는 Table 1로부터 구할 수 있으며 각각 $7.6\times10^{-6}m^3$과 461.3J이다. 이 퍼텐셜 에너지가 아무 손실 없이 질량 1kg인 물의 운동에너지로 변하면 21.5m/s의 속도를 가지게 되며 23.5m의 물기둥을 만들 수 있다. 이 때의 핵형성율은 $10^{18}/cm^3s$으로 과열한계에서 액적이 기화할 때의 핵생성율인 $10^{22}/cm^3s$과 비견할 만하다(제 4장 3절 참조). 물론 실험 결과는 물기둥의 높이는 5.4m 정도인데 이와 같은 결과는 물속에 용해되어 있던 CO_2가스가 일시적으로 나오지 않아서이다.

References

1. E. A. Hemmingsen, “Supersturation of gases in water : Absence of cavitation on decompression from high pressure." Science, Vol. 167, pp. 1493-1494, 1970.

2. E. A. Hemmingsen, "Spontaneous formation of bubbles in gas-supersaturation water." Nature, Vol. 267, pp. 141-142, 1977.

3. W. A. Gerth, and E. A. Hemmingsen, "Gas supersaturation thresholds for spontaneous cavitation in water with gas equilibration pressures up to 570atm." Z. Naturforsch, Vol. 319, pp. 1711-1716, 1976.

4. H. Kwak and R. L. Panton, "Gas bubble formation in nonequilibrium water-gas solutions." J. Chem. Phys., Vol. 78, pp. 5795-5799, 1983.

5. J. C. Fisher, "The fracture of liquids." J. Appl. Phys., Vol. 19, pp. 1062-1067, 1948.

6. J. C. Owicki and H. A. Scheraga, "Monte Carlo calculations in the isothermal-isobaric ensemble. 2. dilute aqueous solution of methane." J. Amer. Chem. Soc., Vol. 99, pp. 7413-7418, 1977.

7. D. D. Eley, "On the solubility of gases, Part I, the inert gases in water." Trans. Faraday Soc., Vol. 35, pp. 1281-1293, 1939.

8. J. O. Hirschfelder, C. F. Curtis and R. B. Bird, Molecular Theory of Gases and Liquids, Wiley, New York, 1954.

9. H. Kwak, Ph. D. Dissertation, The University of Texas at Austin, 1981.

10. R. Kikuchi, "The translation-rotation paradox in the nucleation theory." J. Stat. Phys., Vol. 1, pp. 351-375, 1969.

11. H. Kwak, "Homogeneous bubble nucleation." in Some Unanswered Questions in Fluid Mechanics, ed by L. M. Trefethen and R. L. Panton, Appl. Mech. Rev., Vol. 43, pp. 164-165, 1991.

12. E. A. Hemmingsen, "Cavitation in gas-supersaturated solution." J. Appl. Phys., Vol. 46, pp. 213-218, 1975.

13. H. Y. Kwak and S. D. Oh, "Gas-vapor bubble nucleation-a unified approach," J. Colloid Interf. Sci. Vol. 278, pp. 436-446, 2004.

14. I. R. Krichevsky and J. S. Kasaronovsky, "Thermodynamic calculations of solubiliies of nitrogen and hydrogen in water at high pressures," J. Am. Chem. Soc., Vol. 57, pp. 2168-2171, 1935.

15. L.S Nelson "Combustion of metal droplets ignited by flash heating." in Eleventh Symposium on Combustion, pp. 409-416, 1966.

16. L. A., Baker, N. A. Warner, and A. E. Jenkins, "Decarburization of a levitated iron droplet in oxygen." Trans Metallurgical Soc., AIME, Vol. 239, pp 857-864, 1967.

17. R. T. Meyer and L. S. Nelson, "The role of nitrogen in the formation of micro-bubbles during the explosive combustion of zirconium droplets in N_2/O_2 mixtures." High Temp. Sci., Vol. 2, pp. 35-37, 1970.

18. H. S. Levine, "Formation of vapor nuclei in high temperature metals." J. Phys. Chem., Vol. 76, pp 2609-2614, 1972.

19. H. S. Levine, "Surface structure concepts in the theory of homogeneous bubble nucleation." Metallurgical Trans., Vol. 5, pp 953-955, 1974.

20. H. S. Levine, "Homogeneous nucleation of CO bubbles in Fe-C-O melts." Metallurgical Trans., Vol. 4, pp. 777-782. 1973.

21. L. H. Swisher and E. T. Turkdogan, "Decarbarisation of iron-carbon melts in CO_2−CO atmospheres, Kinetics of gas-metal surface reactions," Trans Mettallarigical Soc. of AIME, vol. 239, pp. 602-610, 1967.

22. N. H. El Kaddah, and D. G. C. Robertson, "Homogeneous nucleation of carbon monoxide bubbles in iron drops." J. Colloid and Interface Sci., Vol. 60, pp 349-360, 1997.

23. F. F. Abraham, Homogeneous nucleation theory, Academic Press, New York, 1974.

24. H.Kwak and S.Oh, "A model of homogeneous bubble nucleation of CO bubbles in Fe-C-O melts," J.Colloid and Interface Sci., Vol. 198, pp. 113-118, 1998.

25. L. H. Swisher and E. T. Turkdogan, "Decarburization of iron-carbon metals in CO_2−CO atmospheres ; Kinetics of gas-metal surface reactions." Trans. Metallurgical Soc., AIME, Vol. 239, pp.602-610, 1967.

26. C.H.P. Lupis, Chemical Thermodynamics of Materials, North-Holland, 1983

27. K. Defay and I. Prigogine, Surface Tension and Absorption, John Wiley and Sons, New York, 1966.

28. A.N. Gent and D.A. Tompkins, "Nucleation and Growth of Gas Bubbles in Elastomers," J.Appl. Phys., Vol. 40, pp. 2520-2525, 1969.

29. C.W. Stewart, "Nucleation and growth of bubbles in elastomers," J. Polym. Sci., Pt. A-2, Vol. 8, No. 6, pp. 937-955, 1970.

30. J.H. Han. and C.D. Han, "Bubble nucleation in polymeric liquids. I. Bubble nucleation in concentrated polymer solutions," J. Polym. Sci. Pt. B, Vol. 28, No. 5, pp. 711-741, 1990.

31. C.D. Han and H.J. Yoo, "Studies of Structural Foam Processing. Ⅳ. Bubble Growth During Mold Filling," Polym. Eng. Sci., Vol. 21, No. 9, pp. 518-533, 1981.

32. J.S. Colton and N.P. Suh, “The nucleation of microcellular thermoplastic foam with additives: Part II: Experimental results and discussion,” Polym. Eng. Sci., Vol. 27, pp. 493-499, 1987.
33. S.K. Goel and E.J. Beckman, “Generation of Microcellular Polymeric Foams Using Supercritical Carbon Dioxide. I: Effect of Pressure and Temperature on Nucleation,” Polym. Eng. Sci., Vol. 34, No. 14, pp. 1137-1147, 1994.
34. D.F. Baldwin, C.B. Park and N.P. Suh, “An extrusion system for the processing of microcellular polymer sheets: Shaping and cell growth control,” Polym. Eng Sci., Vol. 36, pp. 1425-1435, 1996.
35. J.H. Han and C.D. Han, ” Bubble nucleation in polymeric liquids. II. theoretical considerations,” J. Polym. Sci. Pt. B, Vol. 28, No. 5, pp. 743-761, 1990.
36. J.G. Lee and R.W. Flumerfelt, “A Refined Approach to Bubble Nucleation and Polymer Foaming Process: Dissolved Gas and Cluster Size Effects,” J. Colloid. Interface Sci., Vol. 184, No. 2, pp. 335-348, 1996.
37. A.N. Gent and D.A. Tompkins, “Surface energy effects for small holes or particles in elastomers,” J. Polym Sci. Pt.A-2, Vol. 7, No. 9, pp. 1483-1487, 1969.
38. C.N.R. Rao and K.J. Rao, Phase Transitions in Solids, McGraw-Hill Inc., 1978.
39. D.A. Porter and K.E. Easterling, Phase Transformations in Metals and Alloys, Van Nostrand Reinbold Co. New York, 1981.
40. R. Blaak, S. Auer, D. Frenkel, H. Lowen, "Crystal nucleation of colloidal suspensions under shear," Phys.Rev.Lett.,Vol.93,Paper No.068303,2004.
41. D. Reguera, J. M. Rubi, "Homogeneous nucleation in inhomogeneous media II: Nucleation in a shear flow," J. Chem. Phys.Vol. 119, Paper No. 9888, 2003.
42. D. Yuya, T. Kikuchi, T. Inoue, Y. Iwai, A. Kawaguchi, "Shear-enhanced nucleation of isoactic polypropylene in limited space," J. Macromolecular Sci. Part B. Phys. Vol. 45, pp. 85-103, 2006.
43. R.S. Qin, "Bubble formation in lattice Boltzmann immisible shear flow," J. Phys. Vol.126, Paper No. 114506,2007.
44. M. Favelukis, Z. Tadmor, R. Semiat, "Bubble growth in a viscous liquid in a simple shear flow," AIChE J. Vol. 45, pp. 691-695, 1999.
45. W.A. Gerth, E.A. Hemmingsen, "Gas supersaturation thresholds for spontaneous cavitation in water with gas equilibrium pressure up to 570 atm," Zurnal. Narturforsch., Vol. 31a, pp. 1711-1716, 1976.
46. L.J. Briggs, "Limiting negative pressure of water," J. Appl. Phys. Vol. 21, pp. 721-722, 1950.

47. H. Kwak, K. Kang, "Gaseous bubble nucleation under shear flow," Int. J. Heat Mass Transfer, Vol. 52, pp. 4929-4937, 2009.

48. D.M. Heyes, J.J. Kim, C.J. Montrose, T.A. Litovitz, "Time dependent nonlinear shear stress effects in simple liquids: A molecular dynamics study," J. Chem. Phys.Vol. 73, pp. 3987-3996, 1980.

49. T.S. Coffey, "Diet coker and mentos: What is really behind this physical reactions?," Am. J. Phys. Vol. 76, pp. 551-557, 2008

Chapter 4

액체의 과열한계

4. 1 서 론

제 2장과 3장에서는 부압하에서 증기에 의한 기포 형성과 용액-가스 내에서 가스에 의한 기포 형성을 다루었다. 본 장에서는 액체의 온도를 높일 경우 액체 내에서의 기포 형성에 대하여 다루려고 한다. 액체의 과열한계란 주어진 외부 압력 하에서 액체가 그 내부에서 기포를 발생하지 않고 액체로서 있을 수 있는 최대한의 온도를 말한다[1]. 액체가 과열 한계까지 혹은 그 이상의 상태로 갑자기 발전할 수 있다는 것은 얼마든지 가능한 일이다. 예를 들면 원자로에서 고에너지의 입자가 냉각수로서 사용되는 물이나 소디움 용액에 조사(irradiation)됨으로써 부분적으로 갑자기 액체의 온도가 높아진다거나[2] 압축된 액체를 담은 탱크가 파열로 인해 그 액체의 압력이 대기압으로 떨어질 때[3] 또는 액체의 일부분에 레이저로 조사할 경우[4, 5] 액체는 과열한계까지 혹은 그 이상의 상태로 진전될 수 있다. 이렇게 액체가 과열한계에 도달하게 될 때 액체는 증기폭발의 가능성을 갖고 있다. 이러한 증기 폭발은 비단 이러한 경우 뿐만 아니라, 높은 온도의 금속 용액(알루미늄, 철, 소디움) 등이 찬물과 접촉했을 때도 가능한 것이다[6]. 이러한 증기폭발의 실험은 거시적으로도 행하여졌지만 여기에서는 액적(대략 1mm 직경) 폭발 실험을 통한 과열한계 측정과 과열 한계에 달한 액적의 기화현상에 대하여 논의하고자 한다.

전형적인 액적폭발 실험 장치는 Fig. 1에 주어진 것과 같다. 이 실험을 그림을 통해서도 알 수 있는 바와 같이, 실험용액(test liquid)의 액적을 비등점이 실험액체보다 높고 실험액체와 섞이지 않는 환경액체(host liquid)가 들어있는 시험관 내에 주입시킨다. 이렇게 함으로써 시험관 표면의 영향을 받지 않고, 실험 액체의 기화현상을 실험할 수 있는 바, 이에 대한 착상은 처음으로 Trefethen[7]에 의하여 제안되었다.

이제 실험액체의 액적이 떠오름에 따라 그 온도가 상승되도록 시험관 외부에 열을 가하는 것이다. 액적이 과열 한계에 도달하게 되면 그 액적이 기화되면서 발산하는 압력파를 측정한다든지, 또는 관찰을 통하여 현상을 이해할 수 있고 또 폭발하는 점에서의 온도를 측정하여 과열한계를 구할 수 있다. Wakeshima와 Takata [8]에 의하여 처음으로 시도된 이 액적폭발 실험은 액체의 과열한계를 측정하는데 가장 신빙성 있는 실험으로 간주되고 있다[1]. Shepherd와 Sturtevant[9]는 이와 같은 실험을 이용, 과열한계에서 액적이 기화되는 과정을 사진 촬영을 통하여 관찰하였고, 액적의 기화에 따른 압력파의 발생을 측정하였다.

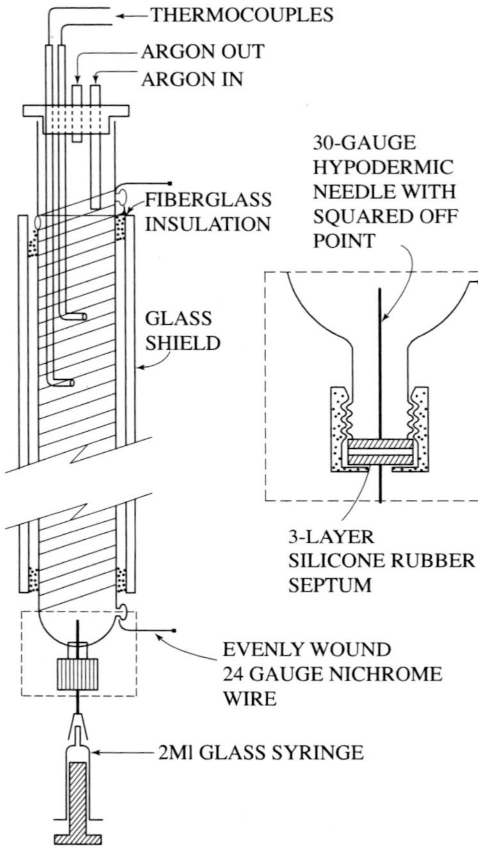

Fig. 1 Schematic of apparatus for measuring the superheat limit of liquids

Fig. 2에는 Shepherd와 Sturtevant가 사용한 실험 장치를 수정하여 제작한 액적폭발 장치가[10] 주어져 있고, Fig. 3에는 과열한계에 달한 액적이 기화하는 과정을 촬영한 것이 나타나 있다[9]. 이 관찰에서 Shepherd와 Sturtevant는 1 mm 직경의 butane 액적이 완전히 기화되는 데는 약 50~60 μsec 의 시간이 필요함을 알았다. Fig. 4 에는 액적이 기화한 후 팽챙과 수축을 거듭하여 급기야는 분열되는 모습[10]이 나와 있다.

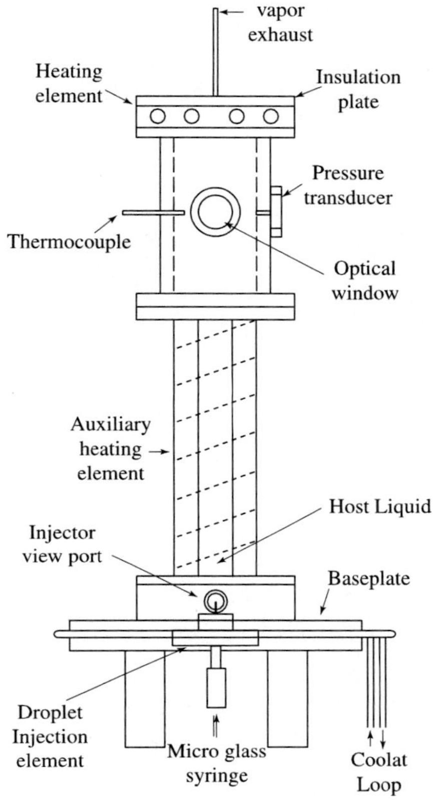

Fig. 2 Bubble column and test section of liquid drop explosion experiments.

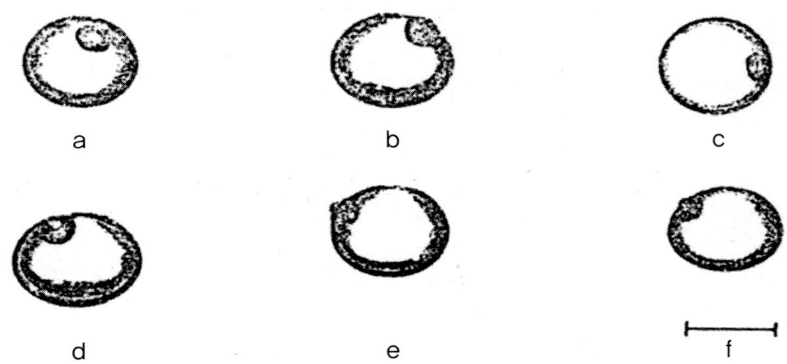

Fig. 3(a) Evaporation of liquid in drops at the earliest times (9–12 μsec) Scale indicates 1 mm.

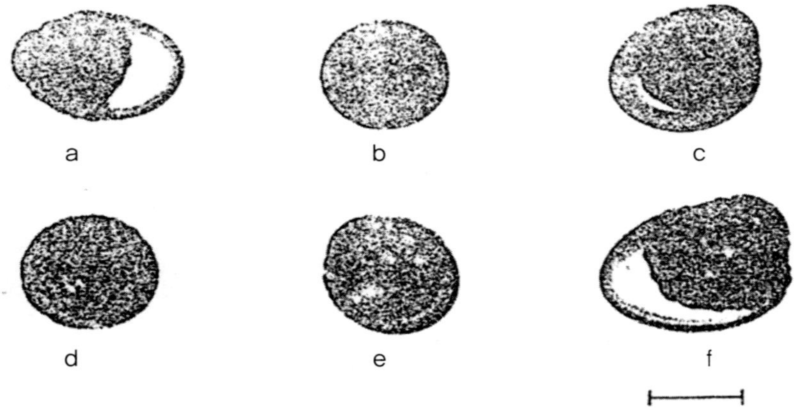

Fig. 3(b) Growing vapor bubbles, showing developing jet structure and roughenned evaporation surface(55–56 μsec) Scale indicates 1 mm(From Shepherd and Sturtevant 1982).

4. 2 분자론적 모델에 의한 액체의 과열한계 예측

부압하에서 증기에 의한 기포형성의 분자론적 모델은 제 2장 4절에서 자세히 다루었다. 액체의 온도가 높아지게 되면, 액체의 포화증기압 P_v가 환경압력보다 커지게 되므로 양압력하에서의 기포형성 문제로 바뀌게 된다. 하지만 주어진 온도에서의 증기압을 기준으로 하면 양압하에서의 기포형성도 항상 부압하에서의 기포형성 문제로 취급할 수 있게 된다. 즉, 기포형성에 필요한 인장내력(tensile strength), $-\tau$를 식 (2-9)에서와 같이 정리하면 된다[11].

$$-\tau = P_v - P_o \tag{4-1}$$

식 (4-1)을 이용하여 액체의 인장내력을 다시 쓰면,

$$-\tau = \left(\frac{Z\epsilon_m / 3}{V_m} \right) \Big/ n_c^{1/3} \tag{4-2}$$

이 된다. 온도가 증가함에 따라 액체의 밀도도 변하게 되며, 이에 따라 분자 간의 유효직경 d_m, 분자의 유효체적 V_m, 액체 분자 간의 상호 작용 변수 ϵ_m, 그리고 밀도

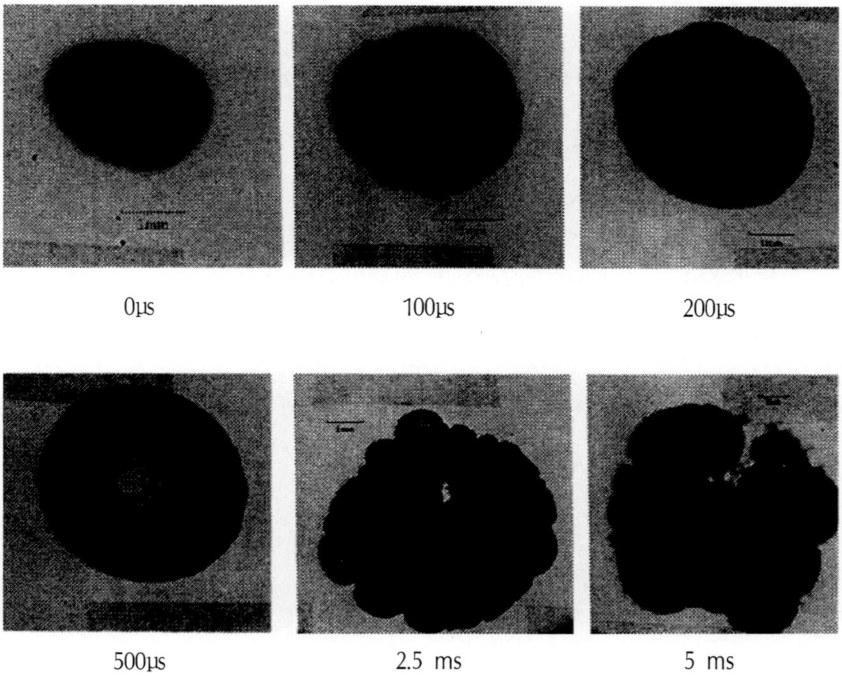

Fig. 4 Bubble behavior of a cyclohexane droplet after evaporation at its superheat limit in glycerine(From Park, et al. 2002). All figures are not same scale.

수 N도 쉽사리 구할 수 있다. 또한 온도에 따른 임계크기의 모듬을 이루는 분자수 n을 결정하는데 필요한 N, V_m, ϵ_m, 이외에 증발열 ΔH_{vap}도 온도의 함수이므로 이것을 고려하여 식 (2-54)를 이용, 임계크기의 모듬을 구성하는 분자수 n_c를 구하면 온도에 따른 액체의 인장 내력을 구할 수 있다. 2장의 Fig. 6 에는 물의 경우 온도에 따른 액체의 인장내력이 Briggs[12]와 Apfel[13]의 실험결과와 함께 주어져 있다. 그림에서 볼 수 있는 바와 같이 분자론적 모델에 의해 계산된 인장내력의 값은 실험결과와 잘 일치하고 있음을 알 수 있다.

핵형성률 $J_{nc} = 10^6 / \mathrm{cm^3 s}$ 으로 구한 물의 과열한계 280℃는 Afpel[13]에 의하여 실험적으로 얻은 279.5℃와 잘 일치는 하지만, 액적폭발 실험을 통하여 대부분의 탄화수소물이나 유기용액의 경우에 얻은 액체의 과열한계 0.9 T_c보다는 상당히 낮은 온도이다. 과연 액적이 과열한계에서 폭발할 경우, 핵형성률은 얼마로 해야 하는가? Reid[14]는 이 값을 10^{12} nuclei$/\mathrm{cm^3 s}$ 이상이 되어야 한다고 예측하고 있다. 또한

Lienhard와 Karimi [15]는 액체의 스피노달 (spinodal) 점에 해당되는 균질핵형성일 경우에 필요한 자유에너지는 액체 분자간의 퍼텐셜에너지로 나타날 수 있다고 보았으며, 이 퍼텐셜에너지의 척도인 임계온도로 다음과 같이 표현하였다.

$$\frac{F_{nc}}{k_B T_c} = 11.5 \tag{4-3}$$

액적폭발 실험에 의하면 액체의 과열한계 T_s는 $0.9\,T_c$이므로 식 (4-3)은 다음과 같이 쓸 수 있다.

$$\frac{F_{nc}}{k_B T_s} = 13.0 \tag{4-4}$$

또는

$$j = \frac{J_{nc}}{N D_{nc} Z_f} = \exp\left(- \frac{F_{nc}}{k_B T} \right) \cong 10^{-6} \tag{4-5}$$

탄화수소 용액이나 유기용액의 경우 전형적인 밀도수의 값은 $N = 10^{21}$ molecules/cm^3, $D_{nc} Z_f = 10^7/\text{s}$ 이므로 액체의 과열한계에 해당되는 핵형성률은 식 (4-5)에 의하면 대략 다음과 같다.

$$J_{nc} = j N D_{nc} Z_f = 10^{22} \text{nuclei}/\text{cm}^3\text{s} \tag{4-6}$$

다음 절에서 논하겠지만, 좀 더 적합한 핵형성률은 과열한계에 달한 액적의 기화현상을 설명할 수 있어야 한다[16].

Table 1에는 과열한계를 계산하는데 필요한 탄화수소 용액의 성질이 주어져 있고, Table 2에는 핵형성률을 10^{22} nuclei/cm^3s 으로 하고 분자론적 모델에 의하여 구한 액체의 과열한계 값이 기포생성률을 10^6 bubbles/cm^3s 으로 한 고전이론에 의하여 구한 과열한계값과 함께 주어져 있다. Table 2의 Reference 항의 두 문자는 실험을 수행한 연구자들을 표시한다.

분자론적 모델에 의해 계산된 과열한계는 Porteus와 Blander[17], Blander 등[18], Kenrick 등[19], Eberhart 등[20], Petrick Yeboch와 Reid[21]의 실험결과와 잘 일치하고 있다. 물론 고전이론도 액체의 과열한계는 잘 예측해주고 있지만 과열한계에서 액체의 기화현상은 설명해주고 있지 못함은 다음 절에서 논하기로 한다. 탄화수소 용액인 경우에 온도에 따른 밀도나 증발열 ΔH_{vap}는 자료가 없기 때문에 밀도를 구하기 위하여는 Gunn-Yamada 방법을[22], 증발열을 구하기 위하여는 Carruth-Kobayashi 방법을 [23] 사용하였다. 또한 액체의 포화증기압 P_v를 구하는 데는 Frost-Kalkwarf-Thodos 방법을[24] 사용하였다. 이 계산에서 모듬에 분자가 들어 붙는 율, β는 1로 가정하였다.

| Table 1 | Physical properties of hydrocarbons.

Liquid	van der Waals' diameter d_w (Å)	Polarizability α (Å^3)	Ionization potential(eV)	Density (g/cm^3)
Ethane	4.5086	4.47(lb)	11.5	0.5090 (213.15K)
Propane	5.0635	6.29(lb)	11.1	0.5005
Butane	5.2889	8.12(lb)	10.63	0.5788
Pentane	5.5370	9.95(lb)	10.35	0.6262
Hexane	5.7791	11.78(lb)	10.18	0.6603
Heptane	5.9991	13.61(lb)	9.90	0.6838
Octane	6.2107	15.44(lb)	10.24	0.7025
Nonane	6.4093	17.3813	10.21(lb)	0.7177
Decane	6.5977	19.1(lb)	10.19(lb)	0.7299
Isobutane	5.3564	8.14(lb)	10.57	0.5572
2,3-Dimethyl butane	5.7681	11.8207	10.0(lb)	0.6616
Cyclopropane	4.5559	5.64(lb)	10.09	0.6769
Cyclopentane	5.1749	9.1682	10.53	0.7457
Cyclohexane	5.4204	10.87(lb)	11.0(lb)	0.7786
Benzene	5.0784	10.32(lb)	9.24(lb)	0.8787
1,3-Dimethyl benzene	5.6567	14.18(lb)	8.58	0.8642

Note: (a) The ionization potential data, except those denoted lb(Landolt-Bornstein) and the density data at given temperature were obtained from the CRC Handbook of Chemistry and Physics, CRC Press Inc., 1979. The density data without temperature given are values at 20℃

(b) The polarizabilities are taken from Landolt-Bornstein, Zahlenwerte und funktion, 6th ed., Springer, 1951, and denoted lb in table. The other polarizability data are calculated from the Lorentz-Lorenz formula

| Table 2 | Superheat limits of hydrocarbons.

Liquid	Molecular theory K(T_s/T_c)		Classical theory ($J=10^6$)	Experiment	Reference (authors'initials)
	$J_{nc}=1$	$J_{nc}=10^{22}$			
Ethane	261.5 (0.8563)	275 (0.9005)	269.5	269.2	PB
Propane	311.0 (0.8410)	329.5 (0.8910)	328.5	326.2	PB
Butane	358.5 (0.8431)	377.5 (0.8878)	378.4	376.9	PB
Pentane	396.0 (0.8433)	421.0 (0.8965)	421.5	421.0	BHK
Hexane	430.0 (0.8475)	456.5 (0.8997)	457.5	457.0	BHK
Heptane	460.0 (0.8515)	485.5 (0.8987)	487.7	486.7	EKB
Octane	485.0 (0.8527)	517.5 (0.9098)	515.9	513.0	EKB
Nonane	507.5 (0.8535)	536.0 (0.9014)	535.0	538.5	EKB
Decane*	513.5 (0.8314)	557.5 (0.9027)	556.0	558.3	EKB
Isobutane	343.5 (0.8417)	363.0 (0.8895)	360.8	361.0	PB
2,3-Dimethyl butane	419.5 (0.8392)	439.0 (0.8782)	449.1	446.4	EKB
Cyclopropane	338.0 (0.8497)	356.5 (0.8962)		350.7	PB
Cyclopentane	432.5 (0.8454)	453.5 (0.8864)	446.4	456.7	EKB
Cyclohexane	468.0 (0.8457)	491.0 (0.8872)	489.5	492.8	EKB
Benzene	482.5 (0.8584)	507.0 (0.9020)	501.0	504.0	PR
1,3-Dimethyl benzene	522.5 (0.8468)	550.5 (0.8922)		(508.4)	KGW

* Superheat limits calculated by 6–9 potential type

4. 3 과열한계에서의 액체의 기화 현상

이제 과열한계에서의 액체의 기화현상을 관찰해 보자. Fig. 3에서 보는 바와 같이 액체 내에서 기화현상이 액적의 중심에서부터 시작되는 것이 아니라, 액적의 모퉁이 한 곳에서 시작한다 하더라도 Fig. 5에서와 같이 액적의 기화현상이 그 중심으로부터 시작한다고 가정해보자. 임의의 시간 t에서 기화된 액적의 반경이 R 이었는데 dt 동안에 기화된 액적의 반경이 R에서 $(R + dR)$ 만큼 증가되었다고 하자. 그러면 dt 동안에 $4\pi R^2 dR$ 만큼 기화된 부분의 부피가 증가한 것이 될 것이다. 따라서 dt 동안에 기화된 액체의 총 분자수는 이 부피에 수밀도 N를 곱하면 되므로 다음과 같다.

$$4\pi R_d{}^2 dR_d N \tag{4-7}$$

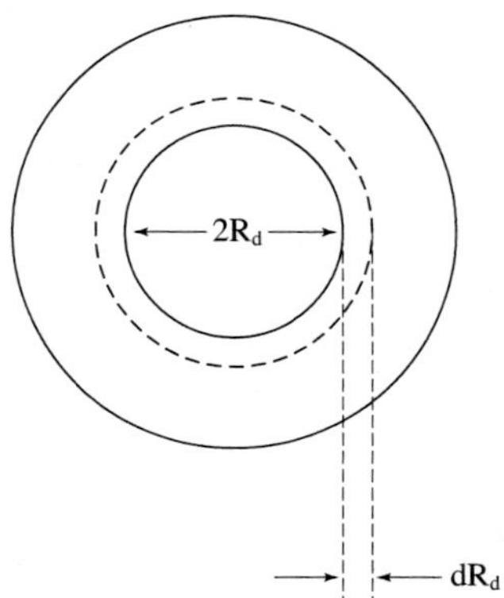

Fig. 5 Evaporation process of a liquid drop at its superheat limit.

또한 단위체적당 기화되는 율은 $J_{nc} \cdot n_c$[25]이므로 dt 시간동안에 체적 $4\pi R_d{}^2 \cdot 1\,\text{cm}$ 에서 기화되는 분자수는 다음과 같이 쓸 수 있다.

$$(J_{nc} \cdot 1\text{cm})n_c \cdot 4\pi R_d{}^2 dt = J_s n_c \cdot 4\pi R_d{}^2 dt \tag{4-8}$$

단, J_s는 단위면적당 핵형성율이라고 생각할 수 있다.
결국, 식 (4-7)과 (4-8)은 같은 내용, 즉 dt 동안에 기화된 총 분자수를 나타내는 식이므로, 이 두 식으로 부터 액적 내에서 기화되는 부분의 크기의 증가, 즉 기화속도를 얻을 수 있다.

$$\frac{dR_d}{dt} = J_s n_c / N \tag{4-9}$$

식 (2-35)를 이용하면 식 (4-9)은 다음과 같이 표현된다.

$$\frac{dR_d}{dt} = 1.350\, V_m J_s n_c = v_l J_s n_c \tag{4-10}$$

단, v_l = $1/N$ 이다.

정상적인 상태에서는 J_s 와 이것의 값에 따라 결정되는 임계크기의 모듬을 구성하는 분자수 n_c 은 일정하므로, 식 (4-10)으로부터 기화속도 또한 일정임을 알 수 있는데, 이것은 Shepherd와 Sturtevant의 실험적 사실과 일치하는 것이다. 즉, butane 액적이 과열한계에서 증발할 때 그 기화속도는 1.43×10^3 cm/s 로 액적 내의 기화되는 부분에 해당되는 구(球)의 체적이 선형적으로 증가함을 관찰하였고[9], McCann 등[26]도 butane 액적의 기화속도가 1.39×10^3 cm/s가 됨을 측정하였다. 이와 같이 측정된 기화속도 값 dR_d/dt를 이용하면, 식 (4-10)에서 과열한계에 해당되는 핵형성률을 계산할 수 있으며 또 핵형성률에 해당되는 과열한계를 예측할 수 있다. 즉, Table 3 에서 볼 수 있는 바와 같이 액체의 과열한계나 이때의 핵형성률은 서로 독립된 변수가 아니라, 동시에 측정할 수 있고 서로 연관된 물리량임을 알 수 있다.

| Table 3 | Number of molecules of critical cluster, n_c, the superheat limit, T_s, evaporation speed at the superheat limit, u, and the complete evaporation time of a 1-mm-dia droplet, t_c, for various values of the nucleation rate.

J_{nc}	$10^{21.5}$	$10^{21.75}$	10^{22}	$10^{22.25}$	$10^{22.5}$
n_c	733	707	681	650	620
T_s(K)	377.0	377.5	378.0	378.5	379.0
u(cm/s)	488	839	1440	2449	4157
t_c(μ s)	100	60	35	20	12

이와 같이 실험에서 측정된 과열한계에 도달한 액적의 기화속도를 사용하여도 과열한계에서의 핵형성률은 앞 절에서 예측한 바와 같이 10^{22} nuclei/cm^{3}s 정도가 됨을 알 수 있다.

초기조건, $t=0$ 에서 $R_d=0$임을 이용하면 과열한계에 도달한 액적 내의 기화되는 체적에 해당되는 구의 반경의 시간에 따른 증가는 다음과 같이 된다.

$$R_d = v_l J_s n_c t \qquad (4-11)$$

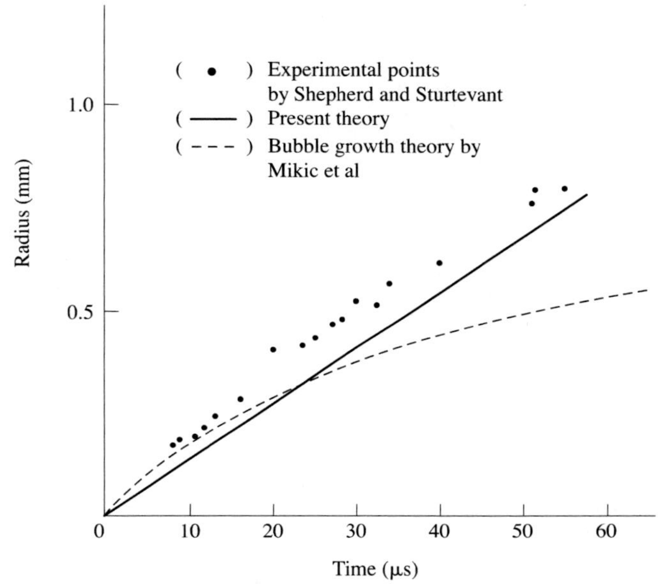

Fig. 6 Radius of evaporating droplet as a function of time.

Butane의 경우, 과열한계 377.5 K에서 $J_s = 10^{22}$ nuclei/cm^{2}s 를 사용하여 윗식에서 구한 시간에 따른 R_d의 값과 실험결과가 Fig. 6에 주어져 있다. 이 그림에서도 볼 수 있듯이 액체 내에서 기화되는 반경의 증가가 $t^{1/2}$에 비례한다는 통상적인 이론[27]으로는 설명되지 못함을 알 수 있다.

식 (4-11)은 액적이 완전히 기화될 때까지 성립한다. 완전히 기화되는 액적은 기포로서 활동하게 되며, 기포 내의 압력이 대기압보다 훨씬 크므로 급격히 팽창 · 수축하는 운동을 하게 된다. 이에 대한 이론적인 해석은 Kwak, Oh 와 Park[28]에 의하여 행하여 졌다.

일련의 실험과 이론에서 알 수 있는 바는 과열한계에 도달한 액적 내의 임계 모듬은 미소기포로 변화하지 않는다. 다만, 임계모듬을 구성하는 분자수 만큼 기화하여 액적이 완전히 기화한 다음 기포로서 활동한다. 또한 과열한계에 도달한 액적 내에서 단위시간당 기화되는 질량은 다음과 같이 표현할 수 있다.

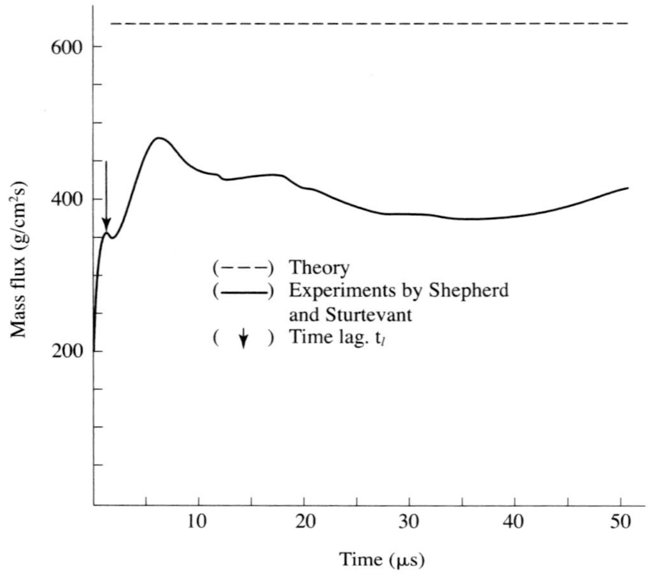

Fig. 7 Evaporating mass flux of a butane droplet at its superheat limit.

$$G = \rho_m \frac{dR_d}{dt} = mJ_s n_c \tag{4-12}$$

Butane의 경우 과열한계에서 이 값은 대략 579 g/cm^{2}가 된다. 물론 이 값은 Fig. 7에서 볼 수 있듯이 실험치보다는 큰 값이지만 정상적인 상태에서의 핵형성 이론을 설명할 수 있음을 알 수 있다. Fig. 7에서 정상상태에 이르기 전의 과도상태 기간은 식 (2-55)에 주어진 지연시간에 해당되는 값인 바, 이 식에서 구한 $t_1 \simeq 2$ μsec으로서 실험과 일치함을 알 수 있다. 사실 식 (4-10)에 주어진 기화속도 dR_d/dt는 모듬이 임계크기를 지나서 거시적인 성장(macroscopic growth)에 대한 Lifshitz-Pitaevskii 식[29]과 같은 표현임을 부기한다. 또한 식 (2-54)를 이용하면 과열한계에 달한 액적 내에서 기화되는 질량 유속을 다음과 같이 쓸 수 있다.

$$G = \beta\rho_m \sqrt{\frac{k_B T}{2\pi m}}\, exp\left[-\frac{\Delta H_{vap}}{RT} - \frac{\Delta H_f}{RT_f}\right]\Phi \tag{4-13}$$

단, $\Phi = n_c 4\pi r_m^{\ 2}\left[\frac{Z\epsilon_m}{18\pi k_B T}\right]^{1/2} N\exp\left[-\frac{Z}{6}\left(\frac{\epsilon_m}{k_B T}\right) n_c^{\ 2/3}\right]$

윗식에서 Φ 는 $4\pi r_m^{\ 2}\cdot 1$ cm 내의 체적 내에서 기화되는 분자수이다. 식 (4-13)은 분자론적 기포형성 모델에서 구한 G와 절대기화율 $\rho_m\sqrt{k_B T/2\pi m}$ [30]과 어떻게 연관되는가를 보여주고 있다.

이제 고전이론의 관점에서 핵형성률을 고려해 보자. 액체의 과열한계를 측정하는데 있어서 신빙성 있는 액적 폭발 실험에서 체적 V인 액적이 액적의 밀도보다 큰 환경액체 내에서 가열되면서 부상할 때 액적의 온도증가가 $\frac{dT}{dt}$ 라고 하자. 또한 과열한계에 달한 액적 내에서 τ 시간 내에 N_c개의 임계크기의 기포가 생성되었다고 하면 N_c와 핵형성률 J, 액적의 온도증가 $\dot{T}$ 간에는 다음과 같은 관계가 성립한다[31].

$$N_c = V\int_0^{\tau} J\,dt \tag{4-14}$$

$$= V\int_{T_1}^{T_2} J/\dot{T}\,dT$$

실험에 의하면(Table 3 참조) 액적의 기화는 액체의 과열한계를 중심으로 좁은 온도범위에서 일어나므로 과열한계를 중심으로 핵형성에 대한 자유에너지를 전개하면 다음과 같은 관계식을 얻는다.

$$J(T-T_s) = C\exp\left(-\frac{\Delta G_{\min}}{k_B T}\right) \tag{4-15}$$

$$= C\exp\left(-\frac{\Delta G_{\min}}{k_B T_s}\right)\cdot\exp(-\alpha[T-T_s])$$

식 (4-15)를 식 (4-14)에 대입하면 다음과 같은 관계식을 얻는다.

$$J \cong \alpha\dot{T}N_c/V \tag{4-16}$$

단, $\alpha \equiv \frac{d}{dT}\left(\frac{\Delta G_{\min}}{k_B T}\right)$

액적폭발의 경우 액적의 온도증가율을 50 K/s, 액적의 직경을 1 mm라 하면 핵형성률은 10^8 nuclei/cm^{3}s 정도가 된다. 하지만 앞서 논의한 바와 같이 그리고 Fig. 3이나

4에서 확인할 수 있는 바와 같이 과열한계에 도달한 액적 내에서 기포의 형성을 발견하지 못했고 대신 액체의 기화현상만이 관찰되었다.

4. 4 상태방정식을 이용한 액체의 과열한계 예측

Van der Waals 상태방정식을 이용하여 액체의 인장내력을 구하는 것에 대하여 제 2장 3절에서 기술하였다. 제 2장의 Fig. 3에서도 볼 수 있는 바와 같이 스피노달 선은 P - V 선도에서 $(\partial P/\partial V)_T = 0$를 만족하는 점을 연결하면 된다. van der Waals 상태방정식에서 구한 포락선(envelope)은 다음 식으로 주어진다.

$$P = \frac{a}{V^2} - \frac{2ab}{V^3} \tag{4-17}$$

주어진 압력 P와 부피 V에서 van der Waals 상태방정식과 식 (2-8), 식 (4-17)를 만족하는 온도를 구하면 그 온도가 바로 과열한계에 해당된다. 반복 과정에 의하여 이를 구하면[31], 과열한계는 근사적으로 다음과 같이 주어진다.

$$T_s = T_c \left[\frac{27}{32} + \frac{5}{32} \left(\frac{T_b}{T_c} \right)^{5.16} \right] \tag{4-18}$$

스피노달 점에 의한 과열 한계는 열역학 제 2법칙에 의하여 액체로서 존재할 수 있는 열역학적 한계(thermodynamic limit)이므로 실험에서 측정한 과열한계보다는 높은 값을 가져야 한다. 이 사실은 Table 4에 주어진 데이터에서 확인할 수 있다.
물론 다른 상태방정식을 사용하면, 그 상태방정식에서 구한 과열한계 값은 달라진다. 다음의 Peng-Robinson (PR) 상태방정식을 쓰면,

$$P = \frac{RT}{V-b} - \frac{a}{V^2 + 2bV - b^2} \tag{4-19}$$

이 되고, 이에 해당되는 "spinodal"선은 다음과 같이 주어진다.

$$\frac{RT}{V-b} - \frac{2a(V+b)}{(V^2 + 2bV - b^2)^2} = 0 \tag{4-20}$$

| Table 4 | Thermodynamic superheat limit of some pure liquids at atmospheric pressure.

Substance	T_{s1}(K)	T_{s2}(K)	$T_{s,max}$(K)
n-pentane	405	431	426
n-heptane	468	499	494
n-octane	494	525	514
methanol	442	477	466
ethanol	447	482	472
water	552	596	575

T_{s1}(K) : Calculated thermodynamic limit of superheat at 0.101MPa using the van der Waals epuation of state
T_{s2}(K) : Calculated thermodynamic limit of superheat at 0.101MPa using the Peng-Robinson equation of state
$T_{s,max}$(K) : Highest measured superheat limit at 0.101MPa

전술한 바와 같이 식 (4-19)과 (4-20)에서 P와 V를 제거함으로써 주어진 압력과 체적에서 액체의 과열한계를 구할 수 있다. 위의 Table 4에서는 여러 가지 액체에 대하여 van der Waals 상태방정식을 이용하여 구한 과열한계, PR 상태방정식을 이용하여 구한 과열한계와[32] 더불어 액적폭발 실험을 통하여 얻은 가장 큰 과열한계의 값이 각각 주어져 있다.

앞 절에서도 논의한 바와 같이 과열한계에 도달한 액체가 기화되는 경우, 체적의 증가가 수반되지 못하면 증기폭발로 이어질 가능성이 높기 때문에 LNG를 저장하는 탱크나 운반하는 탱크의 압력이 내려갈 경우 증기폭발의 가능성이 매우 높아 지게 된다. 1985 년 미국 Reynolds 알루미늄 공장에서 한 인부가 물웅덩이에 부음으로써 일어났던 증기폭발은 그 폭발에 의한 파편이 25 마일까지 미쳤다고 기록되어 있다[36]. 대부분의 LNG 공정이나 화학 공정이 혼합용액이기 때문에 혼합용액의 과열한계를 예측하는 것은 매우 중요하다. 액체의 과열 한계에 대한 예측은 증기폭발과의 관련에서도 중요할 뿐만 아니라 요즈음 IC 공정의 발달로 마이크로 단위 크기의 캐비티가 존재하지 않는 균일한 히터를 제작할 수 있기 때문에 이와 같은 마이크로 히터 위에서의 기포형성 문제와도 직결된다.

그리고 마이크로 히터 위에서 기포 형성은 현재 "버블젯 프린터"에 응용되고 있을 뿐만 아니라 밀폐된 공간에 있는 유체의 상변화에 따른 팽창을 이용한 마이크로 액추에이터[33, 34]는 적은 동력으로도 큰 힘과 변위를 얻을 수 있을 뿐만 아니라 원하는

대로 기포의 크기를 제어할 수 있기 때문에 MEMS(Micro Electro-Mechanical Systems)의 액추에이터 설계에 아주 유용하리라 여겨지고 있다[34].

4. 5 혼합용액의 과열한계

순수용액의 과열한계를 예측하는 방법에서 확인할 수 있는 바와 같이 주어진 온도에서 액체의 밀도와 증기압을 정확히 예측할 수 있으면 과열한계 또한 예측 가능한 상태량임을 알 수 있다. 따라서 본절에서는 탄화수소 혼합물의 경우 비교적 정확히 포화증기압을 예측할 수 있었던 PR 상태방정식[32]을 이용하여 혼합용액에 대한 과열한계를 예측해보고자 한다.

Kwak-Panton의 분자론적 기포형성 모델을 이용하여 액체의 과열한계를 정확히 예측하려면 온도에 따른 액체의 포화증기압과 분자체적을 정확하게 예측하는 것이 무엇보다도 중요하다. 그럴 경우 식 (4-2)에 주어진 온도에 따른 액체의 인장내력을 정확히 구할 수 있고, 따라서 단위부피당 핵형성률을 가정할 경우 임계 크기의 모듬 내에 있는 분자수 n_c 도 구할 수 있다. 본 연구에서는 탄화수소 혼합물의 경우 비교적 정확히 포화증기압을 예측할 수 있는 것으로 보고된 PR 상태방정식[32]을 이용하여 혼합물의 주어진 온도에서의 포화증기압과 분자체적을 구하여 혼합물의 과열한계를 예측하였다. PR 상태방정식을 이용하여 혼합용액의 포화증기압과 포화액체의 분자체적을 구하는 방법은 다음과 같다.

순수냉매나 혼합냉매에 있어서 기체의 fugacity에 대한 중요성은 잘 알려져 있다. 혼합냉매의 경우 i 성분에 대한 증기의 fugacity, f_i^V는 다음과 같은 식에서 구할 수 있다[35].

$$f_i^V = y_i P_e \exp\left[\frac{1}{\overline{R}T}\int_\infty^V \left(\frac{\overline{R}T}{V} - \left(\frac{\delta P}{\delta n_i}\right)_{T,\ V,\ n_i \neq n_j}\right) dV - \overline{R}T \ln Z^V\right] \qquad (4-21)$$

여기서 P_e는 주어진 온도에서 포화증기압, y_i는 i 성분 증기의 몰비, $\overline{R}$ 는 일반기체상수, V는 체적, Z^V는 증기의 압축성 인자(compressibility factor)이다. 액체상태의 fugacity f_i^L은 식 (4-21)에서 y_i 대신에 액체 i 성분의 몰비 x_i를 사용하고 기체의 압축성 인자 대신에 액체의 압축성 인자 Z^L을 사용하면 구할 수 있다. 식 (4-21)의 fugacity를 구하기 위하여 필요한 항 $\left(\frac{\partial P}{\partial n_i}\right)_{T,\ V,\ n_i \neq n_j}$ 은 식 (4-19)에 있는 PR 상태방정식을 사용하여 구할 수 있다. PR 상태방정식을 이용하여 식 (4-21)의 적분을 수행하면 다음과 같이 된다.

$$f_i^V = y_i P_e \left[\frac{b_i}{b}(Z^V - 1) - \ln(Z^V - B) - \frac{A}{2\sqrt{2}B}\left(\frac{2\sum_{j=1}^{n} a_{ij} y_j}{a} - \frac{b_i}{b} \right) \cdot \ln\left(\frac{Z^V + 2.414B}{Z^V - 0.141B} \right) \right] \tag{4-22}$$

식 (4-19) 및 식 (4-22)에서 혼합물의 a, b 값 및 식 (4-22)에서 혼합물의 A, B 값은 PR 상태방정식의 경우 다음과 같이 구할 수 있다.

$$a = \sum y_i y_j a_{ij} \tag{4-23a}$$

$$a_{ij} = (a_j a_j)^{1/2}(1 - d_{ij}) \tag{4-23b}$$

$$b = \sum y_i b_i \tag{4-23c}$$

$$A = aP_e / \overline{R}^2 T^2 \tag{4-23d}$$

$$B = bP_e / \overline{R} T \tag{4-23e}$$

단 식 (4-23b)의 d_{ij}는 i성분과 j성분의 상호작용을 나타내는 변수로 $d_{ij} = 0$로 취하였다. 또한 식 (4-22)의 a_{ij}와 b_i는 PR 상태방정식의 경우 다음과 같이 주어진다.

$$a_i(T) = a_i(T_{ci})\alpha_i \tag{4-24a}$$

$$a_{ij}(T_{ci}) = 0.45724 \frac{\overline{R}^2 T_{ci}^2}{P_{ci}} \tag{4-24b}$$

$$b_i(T_{ci}) = 0.07780 \frac{\overline{R} T_{ci}}{P_{ci}} \tag{4-24c}$$

$$\alpha_i = \left[1 + m_i\left\{1 - \left(1 - T_{ri}^{0.5}\right)\right\}\right]^{1/2} \tag{4-24d}$$

$$m_i = 0.37464 + 1.54226\omega_i - 0.26992\omega_i^2 \tag{4-24e}$$

식 (4-24a)~(4-24c)에서 T_{ci}는 i성분의 임계온도, 식 (4-24b)~(4-24c)에서 P_{ci}는 i성분의 임계압력이며 식 (4-24d)에서 T_{ri}는 주어진 온도를 i성분의 임계온도로 나눈 값, 즉 환산온도이며 식 (4-24e)에서 ω_i는 i성분 물질의 Pitzer accentric factor이다.

액체나 증기의 fugacity를 구하는데 필요한 포화액체나 포화기체의 압축성인자, Z^L,Z^V는 비이상기체의 상태식 $P_e V = \bar{Z}\bar{R}T$를 PR 상태방정식에 대입하여 구한 다음 3차 방정식의 근을 구함으로써 얻을 수 있다. 즉,

$$Z^3 - (1-B)Z^2 + (A - 3B^2 - 2B)Z - (AB - B^2 - B^3) = 0 \tag{4-25}$$

| Table 5 | Superheat limit of hydrocarbon binary mixtures.

Mixture	Volume fraction (mole fraction)	Superheat limit (K)			
		Kwak-Panton model $J_{n_e} = 10^{22}$	Classical theory $J = 10^4$	Experiment	
				(Cho, Park)	(Holden -Katz)
Hexane in Pentane	0.2(0.181)	425.1	427.7	424.6	424.9
	0.4(0.371)	431.4	434.8	432.4	432.5
	0.6(0.570)	438.2	441.8	441.6	439.4
	0.8(0.780)	445.4	449.1	445.4	446.5
Cyclohexane in Hexane	0.2(0.232)	459.7	462.3	459.2	459.5
	0.4(0.446)	466.7	469.0	467.7	466.2
	0.6(0.644)	474.4	476.2	475.2	473.3
	0.8(0.829)	481.9	484.3	483.3	481.4
Hexane in Benzene	0.2(0.146)	487.5	484.3	488.2*	477.0
	0.4(0.312)	478.5	473.9	477.2*	466.5
	0.6(0.505)	469.3	466.9	468.2*	461.8
	0.8(0.732)	460.9	461.2	461.2*	456.7
Cyclohexane in Benzene	0.2(0.171)	497.7	496.3	493.0	492.9
	0.4(0.354)	495.1	493.6	490.0	490.1
	0.6(0.552)	493.0	492.3	492.0	489.6
	0.8(0.770)	491.2	492.3	491.0	489.5

* Measured by Park[10]

주어진 온도와 압력에서 이 식으로부터 3개의 근을 구할 수 있는 바 가장 작은 근이 순수물질 또는 혼합물질의 포화액체에 대한 압축성 인자이고 가장 큰 근은 포화증기

에 대한 압축성 인자이다. 이제 액체상태의 각 성분의 몰비와 온도가 주어지면 다음 식과 같이 각 성분의 증기의 fugacity와 액체의 fugacity가 같다는 조건으로 포화증기압 P_e를 구할 수 있다.

$$f_i^V(y_i,\ P_e,\ Z^V\cdots) = f_i^L(x_i, P_e, Z^L\cdots) \tag{4-26}$$

또한 $P_e\overline{V_l} = Z^L\overline{R}T$에서 포화액체의 몰당 체적을 구할 수 있다. 위에서 기술한 바와 같이 혼합용액에 대한 임계점에서의 상태량을 계산하지 않아도 혼합용액의 과열한계를 구할 수 있음을 알 수 있다. 또한 Kwak-Panton 기포형성 모델을 적용할 경우 필요한 혼압용액에 대한 accentric factor, 분자량, 임계비체적, 인력상수 등은 Lee-Kesler 혼합법칙을 따라 구하면 된다.

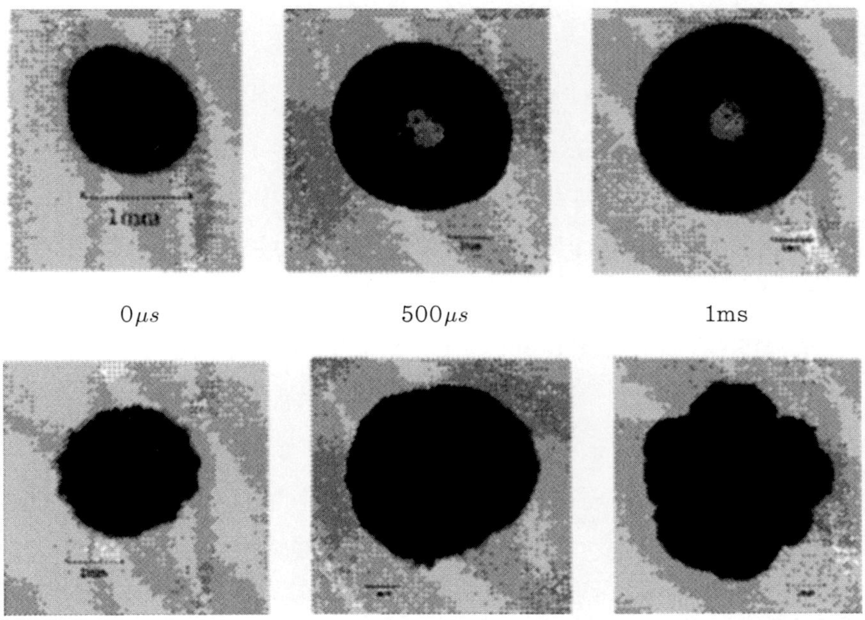

Fig. 8 Bubble behavior of a droplet of mixture of benzene(80% in volume) + hexane(20% in volume)at its superheat limit in glycerine. All figures are not same scale.

혼합용액의 상태량은 PR 상태방정식을 이용하여 구하고 이를 이용해 Kwak-Panton 분자론적 기포형성 모델에 의한 여러 가지 혼합용액에 대한 계산결과가 Table 5에 나와 있다. 이 Table에는 액적폭발 방법에 의한 Holden-Katz의 실험결과[36]와 중앙대학교 상변화실험실에서 수행한 실험결과도 함께 나와 있다[10, 37]. hexane- pentane과 cyclohexane-hexane의 경우는 혼합용액의 몰비에 상관없이 Kwak-Panton 모델에 의해 계산된 과열한계 값이 Holden-Katz의 실험결과나 우리의 실험결과와 아주 잘 일치하는 것을 볼 수 있다. 이에 반해 고전이론으로 예측하는 과열한계 값은 예외없이 2~5℃ 큼을 알 수 있다. Fig. 8에는 benzene이 부피비로 80% hexane이 20%인 혼합용액의 액적이 과열한계에서 증발한 뒤 기포로서 거동하는 것이 나타나 있다. Fig. 4에 보여준 순수용액의 경우와 별다른 차이가 없음을 알 수 있다.

4. 6 마이크로히터 위에서의 기포형성

액체의 과열한계에 대한 예측은 증기폭발 현상과의 관련에서도 중요하지만 최근 IC 공정의 발달로 마이크로 단위 크기의 캐비티가 존재하지 않은 균일한 표면의 히터 제작이 가능하기 때문에 마이크로 히터 위에서의 기포형성 문제와도 직결되고 있다. 왜냐 하면 캐비티가 없는 균일한 표면에서의 기포형성은 히터의 온도가 과열한계에 다다르게 되고, 과열한계에 도달한 히터에 생성된 액막의 두께가 어느 두께 이상이 되면 히터 위에서 기포가 형성된다고 생각할 수 있기 때문이다.

이러한 마이크로 히터에서의 기포형성은 현재 버블젯 프린터에 응용되고 있을 뿐만 아니라[33, 34], 밀폐된 공간에 있는 유체의 상변화에 따른 팽창을 이용한 마이크로 액추에이터는 적은 동력으로도 큰 힘과 변위를 얻을 수 있고 기포의 크기를 원하는대로 제어할 수 있다는 뛰어난 제어성 때문에 MEMS의 액추에이터 설계에도 아주 유용하리라고 여겨져 관심의 대상이 되고 있다[33, 34].

이에 대한 연구로 최근에 Lin 과 Pisano는[33] 폴리실리콘으로 제작된 마이크로 라인 히터를 갖고 실험한 결과, 히터 위에서의 가장 높은 온도가 액체(fluorocarbons)의 임계온도에 도달해야 히터 위에서 기포가 형성됨을 관찰하였다. 또한 Asai 등은[38, 39] 버블젯 프린터에서 약 543K에 근접하도록 히터를 가열시켰을 때 잉크가 끓기 시작함을 밝혔다. 이러한 연구 결과는 금속표면에서 핵비등에 필요한 과열도(wall superheat)는 아냉각비등(subcooled boiling)에서도 30℃ 미만이라는 기존의 사실과는 판이하게 다르다. 이는 캐비티가 없는 히터 표면이 원자단위로 본다하더라도 매우 균일하기 때문인 것으로 판단된다. 따라서 이 절에서는 Kwak 등이[11, 16] 제안한 분자론적 기포형성 모델을 이용하여 fluorinerts와 메탄올이 작동 유체인 경우 캐비티가 없는 마이크로 라인 히터 표면에서의 기포형성 기구를 밝혀 보고자 하였다[40].

이제 Fig. 9에 보여진 바와 같은 산화실리콘(SiO_2)층에 제작된 폴리실리콘 마이크로 라인 히터에 전류가 흐르게 되면 히터의 온도는 매우 빠르게 증가하여, 12～15 μs 후에는 정상상태에 도달하게 된다. 따라서 히터에 근접한 액체의 온도 또한 증가하게 된다[40]. 만약 여기서 임계모듬 직경 크기의 두께를 갖는 액체층의 온도가 과열한계에 도달하게 되면, 그 층에는 임계모듬들이 형성될 것이다. 그러나 이와 같이 얇은 과열 액체층은 히터 위에서 기포형성이 이루어지기에 충분한 조건이 되지 않는다.

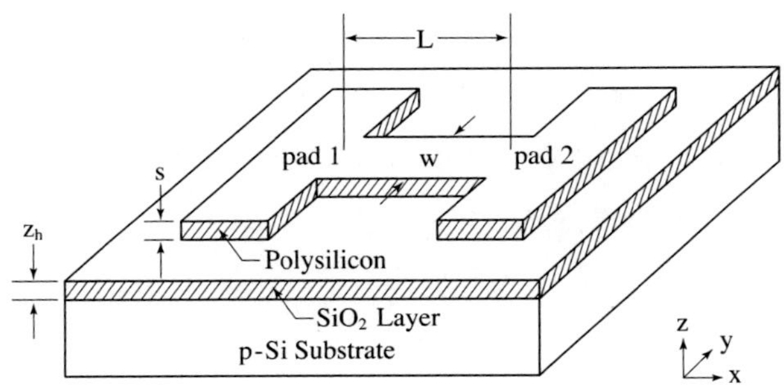

(a)

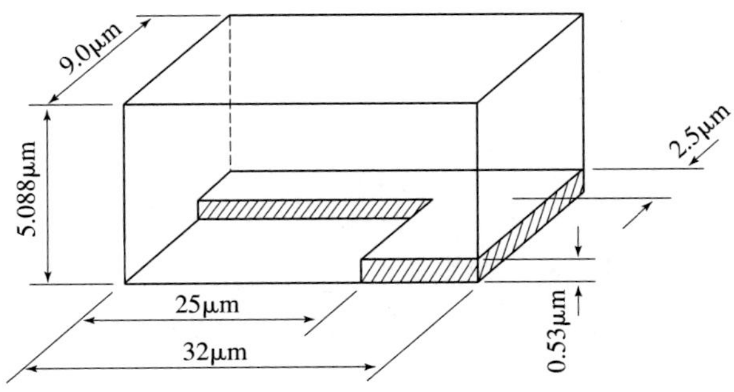

(b)

Fig. 9 Typical diagram for micro line heater (a) from Lin and Pisano and computational domain(b).

따라서 과열한계에서 증발된 증기의 압력, $P_n(=Z_{\epsilon\, m}/3V_m)$이 높다 하더라도 주변액체의 환경압력에 대해서 팽창할 수 있는 과열한계에 도달한 충분한 액체가 필요하다. 즉, 증발된 액체의 퍼텐셜에너지, $\pi d_o^{\,3} P_n/6$ 이 최종적으로 주위압력의 상태까지 되도록 팽창하는 데 필요한 일로 소비되었다고 가정하면 히터 위에서 기포형성에 필요한 과열액체의 최소 체적에 해당하는 직경 d_0를 다음과 같이 구할 수 있다.

$$d_o = 3\left(\frac{P_n}{P_\infty}\right)^{2/3}\left(\frac{2\sigma}{P_n}\right) \tag{4-27}$$

여기서 3 대신에 적절한 계수를 취하면, 윗식은 어떤 형상을 갖는 기포형성에도 적용할 수 있으며, 표면장력의 값은 환경액체의 온도에서 계산하면 될 것이다.

한편, 위의 식에서 구해진 직경은 기포 형성에 대한 과열 액체층의 최소 두께로 간주할 수 있는데, fluorinerts와 메탄올에 대해 구한 직경의 값은 0.20 ~ 0.30μm 이다. 여기서 시간에 따른 과열 액체층의 두께는 마이크로 라인 히터의 경우 다음과 같은 수치해석을 통하여 구할 수 있다.

Fig. 9의 (a)에 보여진 바와 같은 히터의 미소요소에 대하여 에너지 보존법칙을 적용하면, 히터에 대한 열확산방정식을 다음과 같이 구할 수 있다[34, 41].

$$\frac{\partial^2 T}{\partial x^2} = \frac{1}{\alpha_p}\frac{\partial T}{\partial t} + \epsilon\,(T - T_r) \tag{4-28}$$

여기서,

$$\alpha_p = \frac{k_p}{C_p\,\rho_p}$$

$$\epsilon = \frac{k_s}{k_p}\frac{1}{z_h s} + \frac{h}{k_p}\left(\frac{1}{z_h} + \frac{2}{w}\right) - \frac{J_i^{\,2}\rho_o\xi}{k_p}$$

$$T_r = T_\infty + \frac{J_i^{\,2}\rho_o}{k_p\,\xi}$$

단 α_p는 폴리실리콘의 열확산계수, k_p 와 k_s 는 각각 폴리실리콘과 산화실리콘의 열전온도, J_i는 히터에 흐르는 전류밀도, ρ_o는 폴리실리콘의 비저항이며, ξ 는 온도에 따른 비저항 계수이다.

윗식을 푸는 데 사용한 초기조건과 경계조건은 다음과 같다.

초기조건 : $T(x,\ t\ =\ 0)\ =\ T_\infty$

경계조건 : $T(x\ =\ 0,\ t)\ =\ T_\infty$

$T(x\ =\ L,\ t)\ =\ T_\infty$

위의 경계조건으로 식 (4-28)를 풀어 정상상태에 달한 히터의 온도분포를 구하면 다음과 같다.

$$T(x) = T_r - \frac{J_i^2 \rho_0}{k_p \epsilon} \frac{\cosh[\sqrt{\epsilon}\,(x - L/2)]}{\cosh[\sqrt{\epsilon}\,(L/2)]} \tag{4-29}$$

히터의 저항은 온도의 함수이므로 히터에 전류를 흘릴 경우 저항은 다음과 같은 식에 의해 계산할 수 있다.

$$R = \int_0^R dR(T) \tag{4-30}$$

$$= \frac{\rho_o L}{w z_h}\left[1 + \zeta(\overline{T} - T_\infty)\right]$$

식 (4-30)에서 $\overline{T}$는 이 때의 히터의 평균온도이며 다음에 주어진 식에 의해 구할 수 있다.

$$\overline{T} = \frac{1}{L}\int_0^L T dx = T_r - (T_r - T_\infty)\frac{\tanh\left(\frac{\sqrt{\epsilon}L}{2}\right)}{\frac{\sqrt{\epsilon}L}{2}} \tag{4-31}$$

또한 마이크로 라인히터를 통하는 전압은 $V\ =\ IR$ 식을 이용하여 구할 수 있다. 따라서 히터에 전류 I를 흘릴 경우 전류밀도 $J_i \equiv I/wz_h$ 를 알기 때문에 정상상태에서의 온도분포를 구할 수 있고, 또 식 (4-30)을 이용하여 히터의 저항을 구할 수 있기 때문에 히터의 전류-저항 특성곡선을 구할 수 있다. 또한 히터의 전류-저항 특성곡선을 실험으로 구할 수 있기 때문에 이론치를 히터의 물리적 변수를 적당히 취하여 실험치에 맞게 곡선을 맞춤시키면 주어진 전류에서 히터의 온도분포를 상당히 정확하게 측정할 수 있다[42].

Fig. 10에는 마이크로 히터의 폭이 각각 3 μm와 5 μm일 때 실험으로 구한 히터의 전류-저항에 대한 특성곡선과 히터의 비저항치 ρ_o와 비저항계수 ζ를 적당히 취해 이

론적으로 구한 전류-저항 특성곡선이 주어져 있다. 이 경우에 사용한 액체는 FC-72이고 히터에 전류를 보낸 후 기포형성 여부를 확인하기 위해 약 10 초 동안 기다렸다. 액체가 달라지면 히터의 비저항치와 비저항계수 또한 조금 달라지게 됨을 알 수 있었고, 알코올 계통의 액체를 사용했을 경우에는 폴리실리콘 히터는 전혀 쓸 수 없게 되었다. Fig. 11에는 Fig. 10에 주어진 히터의 경우 기포가 형성되었을 때의 히터의 온도분포가 나와 있다.

Table 6에는 FC-72와 FC-77, FC-40을 작동유체로 사용했을 경우 마이크로 히터의 폭이 3 μm와 5 μm일 때의 실험으로 측정한 기포형성 온도와 분자론적 기포형성 모델을 이용하여 구한 작동유체의 과열한계와 Berthelot 상태방정식을 이용해 구한 과열한계값이 각각 나와 있다. 이 Table에서도 볼 수 있는 바와 같이 히터의 폭이 5 μm일 때의 기포형성 온도는 예외 없이 히터의 폭이 3 μm일 때의 그것보다 30~40℃정도 낮음을 알 수 있다.

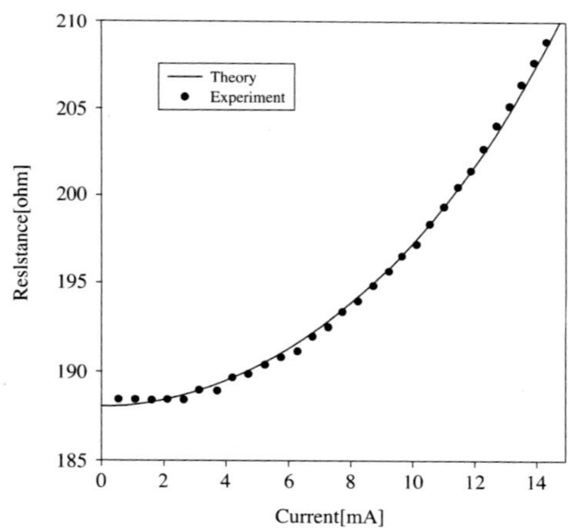

Fig. 10. a

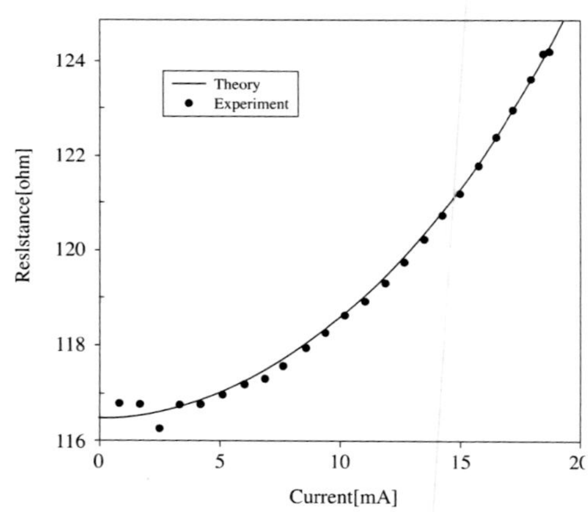

Fig. 10. b

Fig. 10. a Caluated(–) and experimental(•)*I–R* characteristics for the polysilicon heater of 50×3×0.523 μm^3in FC-72. The theoretical characteristics was obtained with ρ_o= 5.90×10^{-4} Ω-cm and ξ =0.75×10^{-3}/℃.

Fig. 10. b Calculated(–)and experimental(•) *I–R* characteristics for the polysilicon heater of 50×5×0.523 μm^3 in FC-72. The theoretical characteristics was obtained with ρ_o=6.09×10^{-4} Ω-cm and ξ =0.80×10^{-3}/℃.

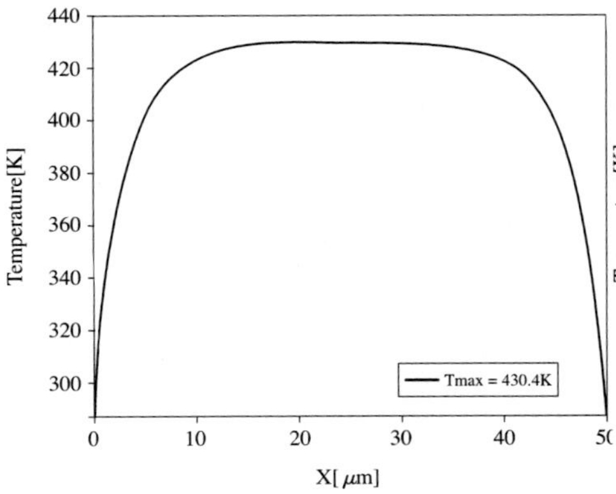

Fig. 11. a

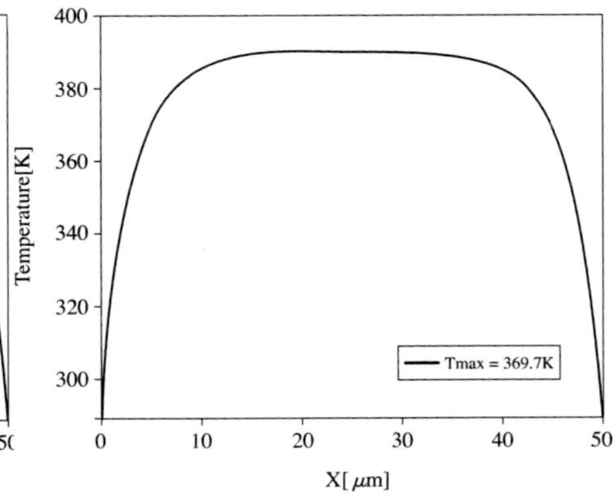

Fig. 11. b

Fig. 11. a Steady state temperature distribution along the 3μ m–width line heater at the current of 13.45 mA.

Fig. 11. b Steady state temperature distribution along the 5μ m–width line heater at the current of 18.34 mA.

| Table 6 | Measured nucleation temperature depending on heater width in various fluorinerts and the liquid superheat limits were estimated theoretically(The superheat limit for FC–40 was calculated with a nucleation rate of 10^{21}/cm^{3}s).

Liquids	Heater width (μ m)	Measured Nucleation Temperature(K)	Superheat Limit(K)	Adjusted resistivity**ρ_o(Ω –cm)/ and temperature coefficient, ξ (/℃)
FC–72	3	430.4	421.0 (414.6*)	$5.90\times10^{-4}/0.75\times10^{-3}$
	5	389.7		$6.09\times10^{-4}/0.80\times10^{-3}$
FC–77	3	467.8	473.2 (458.7*)	$5.90\times10^{-4}/0.78\times10^{-3}$
	5	424.5		$6.11\times10^{-4}/0.79\times10^{-3}$
FC–40	3	515.7	515.8 (499.2*)	$5.91\times10^{-4}/0.80\times10^{-3}$
	5	464.2		$6.09\times10^{-4}/0.84\times10^{-3}$

* Calculated form the Berthelot equation of state.

** Listed values of resistivity and temperature coefficient for polysilicon are 7.5×10^{-4} Ω–cm and 1.2×10^{-3}/℃ respectively[Lin and Pisano, 1991]

또한 변수분리법을 이용해 구한 비정상상태에서의 히터의 온도는 식 (4-32)와 같으며, 이 식에서 $t=0$일 때가 식 (4-29)에 주어진 정상상태에서의 해를 나타낸다[41].

$$T(t) = T_\infty + \frac{4J_i^2 \rho_o}{k_p \epsilon} e^{-\alpha_p \epsilon t} \sum_{n=0}^{\infty} \left[\frac{1}{(2n+1)\pi} \right] \cdot \frac{1}{1 + \left[\frac{(2n+1)\pi}{\sqrt{\epsilon}\, L} \right]^2} \cdot \sin\left[\frac{(2n+1)\pi x}{L} \right] e^{-\alpha_p t \left[\frac{(2n+1)}{L} \right]^2} \tag{4-32}$$

한편 마이크로 라인히터와 접촉하고 있는 액체의 온도분포는 다음의 3-D 열확산 방정식을 풂음으로써 구할 수 있다[42].

$$\frac{\partial T}{\partial t} = \alpha_f \left(\frac{\partial^2 T}{\partial x^2} + \frac{\partial^2 T}{\partial y^2} + \frac{\partial^2 T}{\partial z^2} \right) \tag{4-33}$$

위의 식을 풀기 위해 채택한 시간에 따른 경계조건은 식 (4-32)에 주어진 히터의 표면 온도이다. 식 (4-33)을 풀기 위한 다른 경계조건인 실리콘층의 표면과 히터 위의 마지막 격자점에서의 온도는 환경온도로 하였다. 이 계산에서 액체의 열확산계수는 상수로 가정했으며, 식 (4-33)을 수치적으로 풀기 위해 fully implicit scheme을 사용했다[43].

계산에 사용된 마이크로 라인 히터는 히터의 폭이 비교적 큰 $50 \times 5 \times 0.53\ \mu m^3$ 크기의 히터를 사용하였는데, 이는 정상상태에서 도달할 수 있는 최대온도가 들어가는 전류의 크기에 민감하게 변하지 않기 때문이다. 수치계산을 위해 사용한 격자간격은 Δx는 2 μm, Δy 는 1 μm, Δz 는 0.212 μm이고, 격자수는 x 방향으로 18, y방향으로 10, z 방향으로 26을 취하였다. 또한 Fig. 9b에서 보여진 바와 같이 실리콘층 위의 마이크로 라인 히터의 1/4을 수치계산 영역으로 잡았으며, 수치계산의 시간간격은 0.01 μs으로 하였다.

Table 7에는 FC-72의 경우에 분자론적 기포형성 모델에 근거한 임계 모듬을 이루는 분자수, 핵생성률 등을 식 (2-45)와 (2-54)를 사용해 구한 값과 고전 기포형성 이론, 즉 식 (2-20) 와 (2-33)을 이용해 구한 임계 기포를 이루는 분자수, 임계 기포의 반경, 임계 기포 생성률 등이 나타나 있다. Table 7에서 보는 바와 같이 임계 기포의 반경은 액체의 온도가 임계온도에 접근할 때 감소함을 알 수 있다. 이때 임계 기포에는 분자가 거의 없기 때문에 반경이 100 nm 정도의 아주 작은 기포에서의 표면장력은 거시적으로 측정된 고전적인 값으로가 아니라 분자 상호작용에 의한 값으로 고려되어야 함을 알 수 있다.

| Table 7 | Temperature-dependence of bubble nucleation behavior from the classical bubble nucleation theory and the molecular cluster model for FC-72.

	Classical nucleation theory			Molecular cluster model	
Temperature(K)	n_b	$r_c(\mu m)$	$J(/cm^3 s)$	n_c	$J_{nc}(/cm^3 s)$
405.0	178.6	0.613	4.26×10^{-1}	1698.7	1.02×10^{11}
410.0	81.4	0.4573	3.99×10^{17}	971.4	2.36×10^{15}
415.0	35.1	0.3351	1.99×10^{26}	548.8	2.20×10^{18}
420.0	14.1	0.2403	1.84×10^{30}	306.9	2.26×10^{20}
425.0	5.0	0.1657	8.99×10^{31}	164.3	5.89×10^{21}
430.0	1.5	0.1084	3.63×10^{32}	83.2	5.78×10^{22}
435.0	0.4	0.0652	4.86×10^{32}	38.5	2.94×10^{23}
440.0	0.06	0.0338	4.02×10^{32}	15.1	9.78×10^{23}
445.0	0.003	0.0125	2.44×10^{32}	4.1	2.54×10^{24}
450.0	0.0	0.0009	5.95×10^{31}	0.2	6.49×10^{24}

따라서 고전 기포형성 이론은 임계점 근처에서는 맞지 않음을 알 수 있으나 분자론적 기포형성 모델은 임계점 근처에 근접하더라도 증발과정을 측정하는데 중요한 물성치가 되는 증발률을 $J_{nc}\cdot n_c$ [25]를 얻는데 문제가 없다.

Fig. 12는 히터의 중앙 바로 위에 위치한 관측점에서(한 격자 간격 위, 즉 Δz = 0.212μm) 시간에 따른 액체(FC-72)의 온도를 나타내고 있다. 관측점을 이점에서 잡은 이유는 기포형성을 위한 과열액체층의 두께가 0.20 ~ 0.30 μm이기 때문이다. 그림에서 점선은 급속가열의 경우를, 즉 히터가 초기에 식 (4-29)와 같이 정상상태에서의 온도 분포를 가지고 있다고 할 경우, 실선은 히터가 정상상태 온도에 도달할 때까지 식 (4-32)의 경계조건을 사용하여 구한 계산결과를 각각 나타낸 것이다. 또한 그림에서 시간 간격을 $(t-10)$ μs 으로 한 것은 히터가 작동된 후 처음 10 μs 동안 액체의 온도가 많이 증가하지 않기 때문이다.

그림에서 알 수 있는 바와 같이 10 μs 후에는 두 선 사이에 차이가 없음을 알 수 있다. 급속가열의 경우에서는 50 μs 후에 관측점에서의 액체온도가 정상상태에 도달했음을 알 수 있다. 계산 결과에 의하면 작동유체가 메탄올일 때는 약 17 μs 후 관측점에서의 온도가 정상상태에 도달하는데, 이는 메탄올의 열확산계수가 fluorinert 보다 약 3배 정도 크기 때문인 것으로 판단된다.

한편 히터 위에서 열경계층의 온도분포가 선형적이라고 가정하면, 과열액체층의 두께 z_s는 다음과 같이 주어진다.

$$\frac{z_s(t)}{\delta} = \frac{T_h - T_s}{T_h - T_m(z=\delta)} \tag{4-34}$$

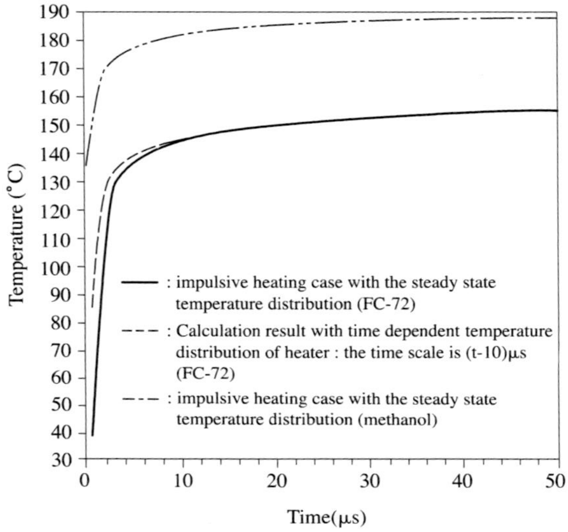

Fig. 12 Time dependence of liquid(FC–72) temperature at the monitoring point.

여기서 δ는 기포형성에 필요한 과열액체층의 최소 두께이다. 본 연구에서는 δ를 히터 중앙의 한 격자 위에 위치한 관측점으로 취하였다. 즉, δ = 0.212 μm로 가정하였다.

FC-72 속에 담겨진 히터에 대하여 식 (4-34)에서 구해진 과열액체층 두께 z_s와 시간과의 관계가 Fig. 13에 주어져 있다. 그림에서 선 (b)는 관측점에서 액체의 정상상태 온도가 과열한계와 같아지는 경우(marginal case)로 이 때 히터의 가장 뜨거운 점에서의 온도는 160.1℃이며, 이는 기포형성에 대한 히터의 최소 온도라고 할 수 있다. 왜냐 하면 히터의 온도가 이 값보다 크다면, 히터에서의 기포형성은 더 빨리 이루어질 수 있기 때문이다. 즉, 히터의 온도가 163.4℃인 경우(선(a))는 히터가 정상상태에 도달한 20μs 후에 기포가 발생함을 알 수 있다. 또 히터의 온도가 156.9℃인 경우(선(c))에서는 기포가 형성되지 못함을 알 수 있는데, 이는 시간이 아무리 경과하더라도 관측점에서의 액체온도가 과열한계에 도달하지 못하기 때문이다. 따라서 히터에서의 가장 뜨거운 점에서 온도의 감소는 과열액체층의 두께, z_s를 감소시키는 원인이 되기 때문에 히터에 있어서 기포형성을 위한 기준으로 과열액체층의 두께를 택하는 것이 타당한 것임을 알 수 있다.

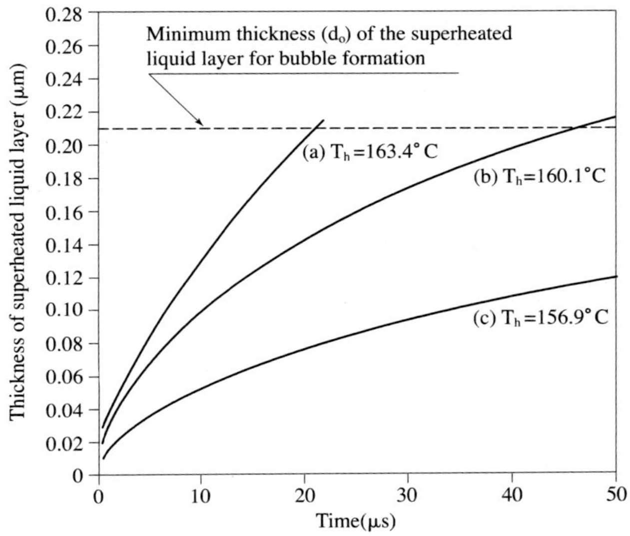

Fig. 13 Time dependence of thickness of the superheated layer depending on the temperature at the hottest point of the heater immersed in FC-72.

Fig. 14는 FC-72 속에 잠겨진 히터의 가장 뜨거운 점에서의 온도가 160.1℃인 경우에 시간에 따른 과열액체층의 체적이 증가함을(검은 부분) 나타낸 것이다. 여기서 히터의 온도분포가 과열액체 구역의 체적이나 히터위에 형성되는 기포의 크기를 결정하고 있음을 알 수 있다. 그리고 과열구역 위의 실선은 액체의 비등점 온도인 56℃를 나타내는 등온선이다.

만약 과열액체층의 두께가 충분히 크다면 그 층에서의 액체는 급격하게 증발되어 기포가 되는데, 예로 식 (4-10)에서 구한 FC-72의 증발속도는 약 7.30 m/s이며 두께가 0.212 μm 인 과열 액체층의 완전한 증발시간은 약 0.03 μs로 이는 액체에서 열확산의 특성시간보다 매우 짧은 것이다. 따라서, 마이크로 라인 히터 위에서의 기포형성을 위한 시간지연은 히터의 온도나 [식 (4-28)] 액체에 대한 열확산방정식에 나타나 있는 특성시간 [식 (4-33)]으로 좌우됨을 알 수 있다.

또 기포형성 과정 동안 뜨거운 액체의 어떤 부분은 증발하여 기포 내의 증기가 되지만 나머지 부분은 주위의 액체와의 계면에서 에너지 밸런스의 의하여 응축 및 증발을 하여 기포가 성장 또는 수축을 하게 된다. 따라서 기포의 크기는 이와 같이 계면에서의 응축률과 기포 아래의 미소액체층(micro liquid layer)에서의 증발률로 결정되리라 믿는다[44].

여러 작동유체에 담겨진 히터의 가장 뜨거운 점에서의 온도를 결정하는 액체의 과열한계, 기포형성을 위한 히터의 가장 뜨거운 점에서의 계산된 온도값 그리고 이에 대한 실험결과[33, 45]가 Table 8에 주어져 있다. Table 8에 주어진 마이크로 히터 위에서 기포형성을 위한 온도는 Table 6에 주어진 실험결과와는 달리 전압펄스를 주었을 때의 결과이다. Fig. 15에는 폭이 5 μm의 마이크로 라인 히터에 3V 전압을 100 μs 보냈을 때 히터 위에서 기포가 형성된 후 성장하고 수축하는 모양이 나와 있다.

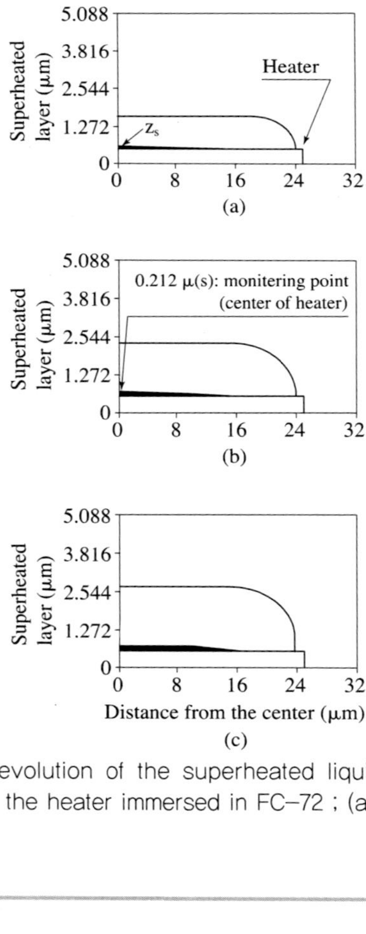

Fig. 14 Time-dependent evolution of the superheated liquid volume for the impulsive heating case with the heater immersed in FC-72 ; (a) 10 μs (b) 30 μs (c) 50 μs.

| Table 8 | The temperature at the hottest point of the heater for bubble formation (from Asai*,1991); the other experimental results were taken from Lin and Pisano (1991).

Liquid	T_s(℃) (T_s/T_c)	T_h(℃) (Calculation)	T_h(℃) (Experiment)	T_h(calculation)$-T_s$
FC-72	153.5 (0.946)	160.1	165.8	6.6
FC-75	210.0 (0.966)	220.0	215.0†	10.0
FC-43	280.0 (0.975)	292.0	292.1†	12.0
Methanol	184.0 (0.892)	190.0	195.0*	6.0

† Data obtained by private communication with Lin(1992).

* A. Asai, 1991, ASME/JSME Thermal Engineering Proceedings, Vol. 2, pp 269-274.

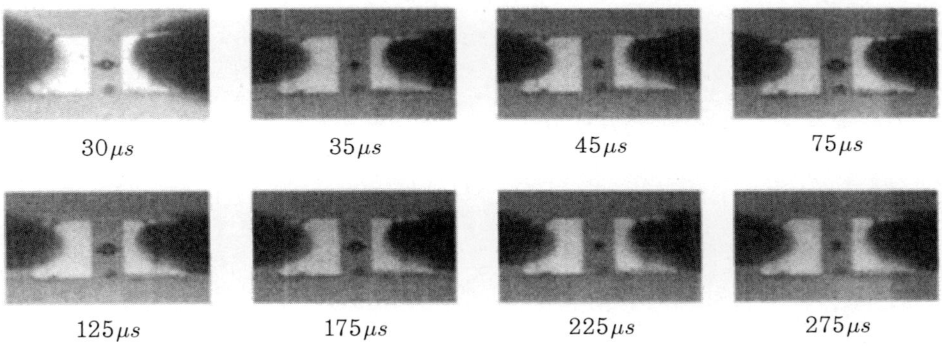

Fig. 15 Bubble growth on a micro line heater when a voltage of 3 V with 100 μ s is applied.

Fig. 15에서도 볼 수 있는 바와 같이 처음 30 μs에는 히터 위의 과열된 액체층이 커진 후 구형 기포가 되면서 그 크기가 줄어듦을 명확히 볼 수 있고 또 히터에 공급되는 전압펄스가 중단되면서 기포의 크기가 줄어듦을 확실히 볼 수 있다. Fig. 16에는 Fig. 15에 주어진 50×5×0.523 μm^3의 마이크로 선형 히터에 3V의 전압을 200 μs 부가할 경우 시간에 따른 히터의 평균온도변화에 대한 계산값과 실험값이 나와 있다. 이 경우 기포형성 온도는 430K 정도 된다. 또한 Fig. 17에서 볼 수 있는 바와 같이 전압의 크기가 커지면 히터 위에서 형성되는 기포의 크기 또한 커짐을 알 수 있다. 따라서 기포의 크기와 성장 및 수축시간은 히터에 보내지는 전압의 크기와 시간을 제어하여 얻을

수 있음을 알 수 있다.

여기서 액체의 과열한계는 핵생성률 $J_{nc} = 10^{22}$ clusters/cm^{3}s를 사용하여 구하였으며, Table 8에 나타나 있는 바와 같이 기포형성을 위한 히터의 온도는 계산값과 이론값이 잘 맞고 있음을 알 수 있다. 또 Table 7에서 보는 바와 같이 fluorinerts에 대한 과열 한계 T_s / T_c는 메탄올이나 다른 탄화수소화합물보다 큰 값임을 알 수 있는데 이는 fluorinerts에 대한 임계압력이 작은 데에 기인하다고 볼 수 있다. 한편 FC-72에서 기포형성을 위한 히터에서 가장 뜨거운 점에서의 온도는 약 164.6℃로 실험결과와 잘 일치하고 있음을 알 수 있다.

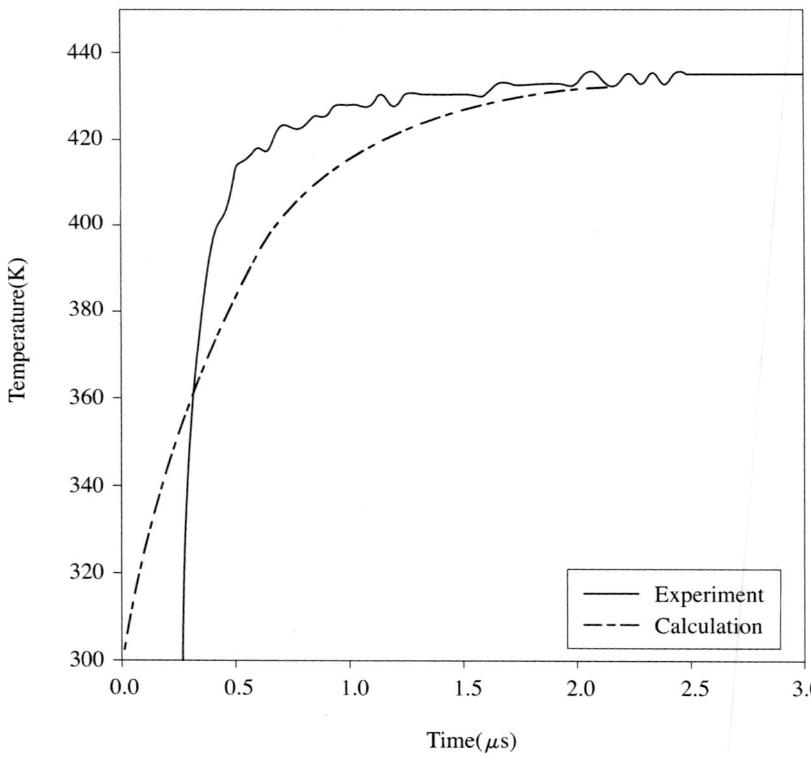

Fig. 16 Time dependent temperature of the polysilicon heater when voltage of 3.0 V with 200μs is applied.

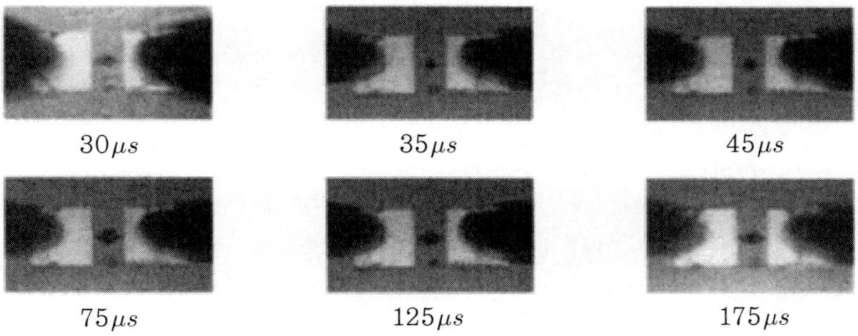

Fig. 17 Bubble growth on a micro line heater when a voltage of 4 V with 100 μs is applied.

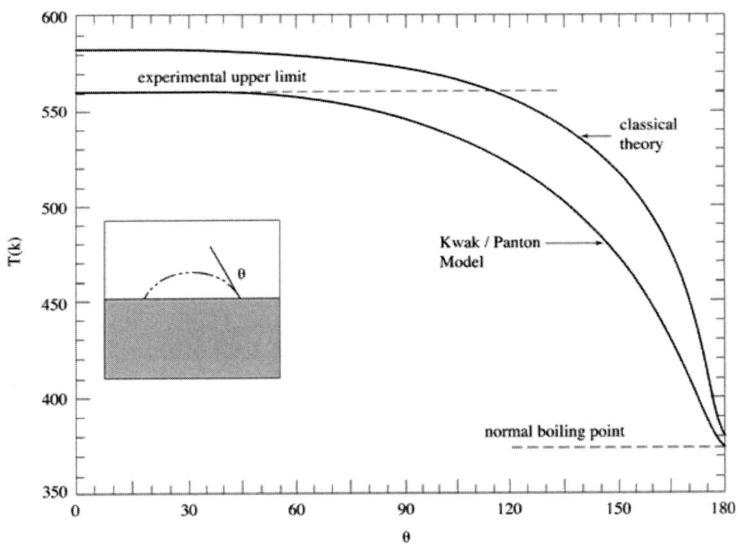

Fig. 18 Predicted nucleation temperature with contact angle for water assuming $J_s = 10^{19}/\mathrm{m}^2\mathrm{s}$ (From Avedisian et al, 1999).

Table 8에서 볼 수 있는 바와 같이 마이크로 라인 히터 위에서 기포형성에 필요한 온도가 액체의 과열한계보다 더 높은 이유는 마이크로 히터 위에서의 액체의 온도 분포가 급격하기 때문이라고 사료된다. 마이크로 표면 위에서의 기포형성을 비균질 핵형성이라고 간주하면 기포형성에 필요한 에너지에 다음과 같은 접촉각에 관계되는 함수를 곱하면 된다.

$$\Phi = \frac{1}{4}[1+\cos(\theta)]^2[2-\cos(\theta)] \qquad (4-35)$$

Fig. 18 에는 접촉각에 따른 작동액체가 물일 경우, 마이크로 히터 위에서 기포형성에 필요한 온도가 고전 이론[17]과 Kwak-Panton 이론[11]을 각각 적용해 계산한 결과와 실험결과[46]와 함께 나와 있다. 이 그림에서도 볼 수 있는 바와 같이 접촉각이 30°이하이면 균질핵생성이라고 간주할 수 있고, 또 실험결과와 일치함을 알 수 있다. 또한 Kwak-Panton 이론은 액체의 과열한계 뿐만 아니라 비등점에서의 비등현상까지도 예측할 수 있음을 Fig. 18은 말해주고 있다. Fig. 19에는 작용유체가 각각 FC-72, FC-77, FC-40인 경우에 접촉각에 따라 기포형성에 필요한 온도가 나타나 있다. 접촉각을 110°라고 가정하면 Table 6에 나와 있는 실험결과(5 μm 폭의 경우)와 상당히 잘 일치하고 있음을 알 수 있다.

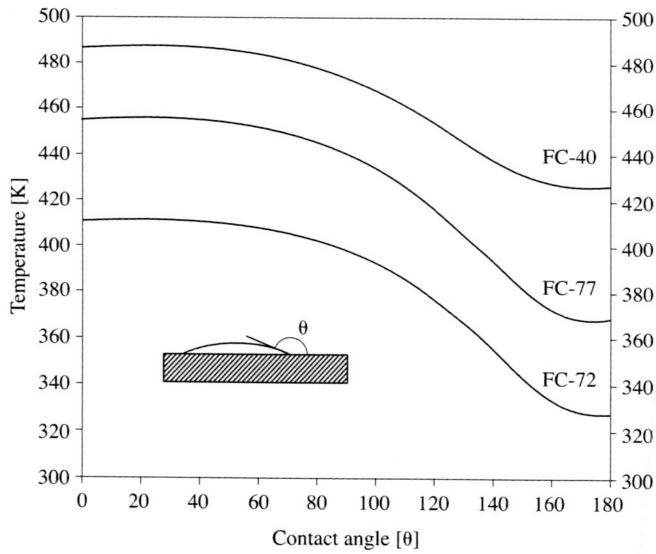

Fig. 19 Predicted nucleation temperature with contact angle for FC-72, FC-77 and FC-40 with the nucleation rate values of 10^{13}, 10^{12} and $10^{11}/cm^2s$ respectively.

References

1. V. R. Skripov, Metastable Liquids, John Wiley & Sons, 1974
2. D. Lieberman, "Radiation-induced cavitation." Phys. Fluids, Vol. 2, pp. 466-468, 1959.
3. R. C. Reid, "Possible mechanism for pressurized-liquid tank explosions or BLEVE's." Science, Vol. 203, pp. 1263-1265, 1979.
4. M. P. Felix and A. T. Ellis, "Laser-induced liquid breakdown - a step-by-step account." Appl. Phys. Lett., Vol. 19, pp. 484-486, 1971.
5. H. Y. Kwak and J. H. Kim, "A model of laser-induced cavitation." in Fluid Engineering: Korea-U. S. Progress, ed, by J. H. Kim, et al., pp. 281-295, Hemisphere Publishing Co., 1991.
6. L. C. Witte, J. E. Cox and J. E. Bouvier, "The vapor explosion." J. of Metals, Feb., pp. 39-44, 1970.
7. L. Trefethen, "Nucleation at a liquid-liquid interface." J. Appl. Phys., Vol. 28, pp. 923-924, 1957.
8. H. Wakeshima, and K. Takada, "On the limit of superheat." J. Phys.Soc. Jpn., Vol. 13, pp. 1398-1403, 1958.
9. J. E. Shepherd and B. Sturtevannt, "Rapid evaporation at the superheat limit." J. Fluid Mech., Vol. 121, pp. 379-402, 1982.
10. 박홍철, “액체의 과열한계에 대한 실험과 그 응용”, 중앙대학교 석사학위 논문 2002.
11. H. Y. Kwak and R. L. Panton, "Tensile strength of simple liquids predicted by a model of molecular interactions." J. Phys. D. Appl. Phys., Vol. 18, pp. 647-659, 1985.
12. L. J. Briggs, "Limiting negative pressure of water." J. Appl. Phys., Vol. 21, pp. 721-722, 1950.
13. R. E. Apfel, "Water superheated to 279.5℃ at atmospheric pressure." Nature Phys. Sci., Vol. 238, pp. 63-64, 1972.
14. R. C. Reid, "Superheated liquids." Amer. Sci., Vol. 64, pp. 146-156, 1976.
15. J. H. Lienhard and A. Karimi, “Homogeneous nucleation and the spinodal line." ASME J. Heat Trans., Vol. 103, pp. 61-64, 1981.
16. H. Y. Kwak and S. Lee, "Homogeneous bubble nucleation predicted by a molecular interaction model." J. Heat Trans., Vol. 113, pp. 714-721, 1991.
17. W. Porteus and M. Blander, "Limits of superheat and explosive boiling of light hydrocarbons, hydrocarbons, and hydrocarbon mixtures." AIChE. J., Vol. 21, pp. 560-566, 1975.
18. M. Blander, D. Hegstenberg and J. L. Katz, "Bubble nucleation in n-pentane, n-hexane,

n-pentane+hexadecane mixture, and water." J. Phys. Chem., Vol. 75, pp. 3613-3619, 1971.

19. F. B. Kenrick, C. S. Gilbert and K. L. Wismer, "The superheated liquids." J. Phys. Chem., Vol. 28, pp. 1297-1307, 1924.

20. J. G. Eberhart, W. Kremser and M. Blander, "Metastability limits of superheated liquids Bubble nucleation temperatures of hydrocarbons and their mixtures." J. Colloid Interface Sci., Vol. 50, pp. 369-378, 1975.

21. J. R. Patrick-Yeboch and R. C. Reid, "Superheat-limit temperature of polar liquids." Ind. Eng. Chem. Fundam., Vol. 20, pp. 315-317, 1981.

22. R. D. Guun and T. Yamada, "A corresponding states correlation of saturated liquid volumes." AIChE J., Vol. 17, pp. 1341-1345, 1971.

23. R. L. Reid, J. M. Prausnitz and T. K. Sherwood, The Properties of Gases and Liquids, McGraw-Hill, 1977.

24. A. A. Frost and D. R. Kalkwarf, "A semi-empirical equation for the vapor pressure of liquids on a function of temperature." J. Chem. Phys., Vol. 21, pp. 264-267, 1953.

25. J. Frenkel, Kinetic Theory of Liquids, Oxford University Press, 1946.

26. H. McCann, J. L. Clarke and A. P. Masters, "An experimental study of vapour growth at the superheat limit temperature." Int. J. Heat and Mass Transfer, Vol. 32, pp. 1077-1093, 1989.

27. G. Birkhoff, R. S. Margulies and W. A. Horning, "Spherical bubble growth," Phys. of Fluids, Vol. 1, pp. 201-204, 1958.

28. H. Kwak, S. Oh, and C. Park, "Bubble dynamics on the evolving bubble formed from the droplet at the superheat limit," Int. J. Heat and Mass Transfer, Vol. 38, pp. 1709-1718, 1995

29. E. M. Lifshitz and L. P. Pitaevskii, Physical Kinetics, Pergamon Press, 1981.

30. R. W. Schrage, A Theoretical Study of Interface Mass Transfer, Columbia University Press, 1953.

31. C. T. Avedisian, "The homogeneous nucleation limits of liquids," J. Phys. Chem. Ref. Data, Vol. 14, pp. 695-729, 1985.

32. D. Yu. Peng and D. B. Robinson, "A new two-constant equation of state." Ind. Eng. Chem. Fundam., Vol. 15, pp. 59-64, 1976.

33. L. Lin and A. P. Pisano, "Bubble formation on a micro line heater." in Micromechanical Sensors, Actuators and Systems, ASME DSC-Vol. 32, pp. 147-163, 1991.

34. J. Ji, L. J. Channey, M. Kaviany, P. L. Bergstorm and K. D. White, "Micromechanical based on thermally-driven phase-change." in Digest IEEE International Conference on Solid State Sensors and Actuators, pp. 1037-1040, 1991.

35. M. Model, and R. C. Reid, Thermodynamics and its Applicaions, Prentice Hall Inc., New Jersey, 1983.

36. B. S. Holden, and J. L. Katz, "The homogeneous nucleation of bubbles in superheated binary liquid mixtures." AIChE J., Vol. 24, pp. 260-267, 1978.

37. 조성갑, "유기혼합용액의 과열한계에 관한 연구," 중앙대학교 박사학위 논문, 1985.

38. A. Asai, T. Hara, and I. Endo, "One-dimensional model of bubble growth and liquid flow in bubble jet printers." Jpn. J. Appl. Phys., Vol. 26, pp. 1794-1801, 1987.

39. A. Asai, "Application of the nucleation theory to the design of bubble jet printers." Jpn. J. Appl. Phys., Vol. 28, pp.909-915, 1989.

40. S. Oh, S. Seung and H. Kwak, "A model of bubble nucleation on a micro line heater, "ASME, J. Heat Transfer, vol. 121, pp. 220-225, 1999.

41. C. H. Mastrangelo, Thermal Applications of Microbridge, Ph. D. Thesis, U.C. Berkely, 1990.

42. J. Lee, H. Park, H. Kwak and J. Jeon, "Bubble nucleation on micro line heaters, "in Proceedings of 2001 ASME International Mechanical Engineering Congress and Exposition, 2001.

43. P. J. Roache, Computational Fluid Dynamics, Hermosa Publishers, Albuquerque, 1976.

44. Y. Y. Hsu, and R. W. Graham, Transport Processes in Boiling and Two-Phase Systems, Hemisphere Publishing Corporation, 1976.

45. A. Asai, "Bubble dynamics in boiling under high heat flux pulse heating." ASME J. Heat Transfer, Vol. 113, pp. 973-979, 1991.

46. C. T. Avedisian, W. S. Osborne, F. D. McLeod, and C. M. Curley, "Measuring bubble nucleation temperature on the surface of a rapidly heated thermal ink-jet heater immersed in a pool of water." Proc. R. Soc. Lond. A, Vol. 455, pp. 3875-3899, 1999.

Chapter 5

금속표면 캐비티(cavity)에서의 기포형성

5. 1 서 론

제 2장에서 논의 한 바 있는 액체 내에서 증기에 의해 형성되는 기포나 원자 스케일의 캐비티도 존재하지 않는 매끈한 표면 위에서 형성되는 증기 기포는 과열도가 상당히 클 경우에 일어난다. 이러한 기포형성은 "균질 핵생성"이라 지칭한다. 반면 기계공학 또는 화학공학에서 흔히 다루는 보일러 설계나 증발기 설계에 적용되는 비등현상[1]은 금속표면의 캐비티에서 기포가 생성, 성장하고 이탈하는 과정을 말하며, 이 경우 기포형성에 필요한 과열도는 몇 도에 지나지 않는다[2]. 기포성장 과정에서 잠열을 빼앗기 때문에 금속 표면에 전달되는 10^5 W/m^{2}에 달하는 열유속도 냉각시킬 수 있기 때문에 비등현상은 집적도가 높아짐에 따라 작동시 큰 열유속을 제어해야 하는 전자장치의 냉각[3]에 이용되기도 한다. 이와 같은 비등현상이나 비등열전달[4]에 대해서는 많은 연구가 이루어졌다. 하지만 본 장에서는 계면에서의 응축 및 기화현상과 금속 캐비티에서의 기포핵의 생성과 성장에 관해서만 다루기로 한다.

5. 2 Laplace 방정식

고전 기포형성의 근간을 이루고 있는 것은 두말할 것도 없이 역학적인 평형상태의 기포를 기술하는 Laplace 방정식이다[2]. Fig. 1에 보여진 바와 같이 역학적인 평형상태에 있는 구형 기포의 일부분인 구형 캡을 생각해 보자. 기포 내부의 기체(또는 증기)의 압력과 환경압력의 차이에 의한 반경방향의 힘은 구형캡의 단면적을 이루는 원둘레를 따라 작용하는 표면장력에 의한 힘과 평형을 이루게 된다. 구체적으로 이와 같은 평형상태를 고찰해 보자. Fig. 1에서 볼 수 있는 바와 같이 구형캡 위의 표면적 δA에 작용하는 반경 방향의 힘은 $(P_e - P_o)\delta A$로 주어진다. 이 힘의 OZ 방향의 성분은 $(P_e - P_o)\delta A\cos\theta$로 되어 구형캡의 평면에 투영시킨 값이 된다. 따라서 전체 구형캡의 면적에 작용하는 힘의 OZ 방향의 성분은 다음과 같이 된다.

$$(P_e - P_o)\pi\rho^2 \tag{5-1}$$

또한 구형캡의 평면에 투영된 원둘레 요소 δl에 작용하는 표면장력에 의한 힘은 $-\sigma\cos\theta' dl$ 로 되어 원둘레를 따라 작용하는 힘의 합은 다음과 같이 주어진다.

$$-\sigma\cos\theta' \int_0^{2\pi\rho} dl = -\frac{2\sigma}{r} \cdot \pi\rho^2 \tag{5-2}$$

Newton의 제 2법칙에 따라 역학적인 평형상태는 어떤 요소에 작용하는 힘의 총합이 0이 되어야 하므로 역학적인 평형상태의 기포는 다음 식을 만족하여야 한다.

$$P_e - P_o = \frac{2\sigma}{r} \tag{5-3}$$

식 (5-3)은 Laplace 방정식으로 알려져 있으며, 구형 뿐만 아니라 곡률반경이 다른 구면체에 대하여도 적용할 수 있다.

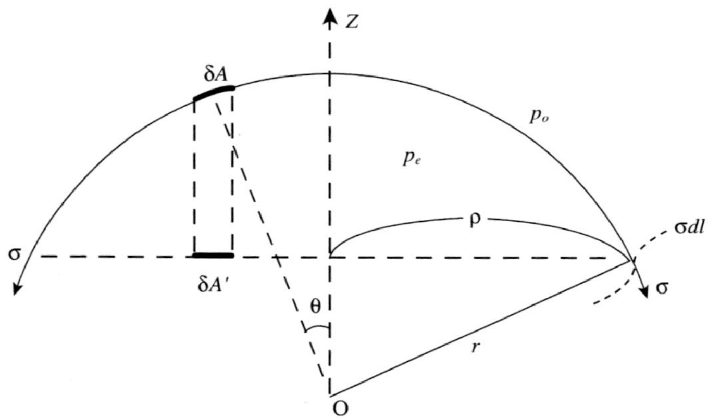

Fig. 1 Spherical cap of a bubble in a condition of mechanical equilibrium.

5. 3 Laplace-Kelvin 식

온도가 T_o이고 환경압력이 P_o인 액체 내에 있는 반경, r의 기포를 생각해 보자. 기포 내 온도 또한 T_o이며, 압력은 P_e라고 할 때, 이 기포의 형성에 관련되는 Gibbs 자유에너지는 다음과 같이 쓸 수 있다.

$$G = m_l g_l(T_o,\ P_o) + m_v g_v(T_o,\ P_e) + 4\pi r^2 \sigma \tag{5-4}$$

시스템 내의 질량은 일정하므로 식 (5-4)는 다음과 같이 쓸 수 있다.

$$G = m g_l + \frac{4}{3}\pi r^3 \rho_v (g_v - g_l) + 4\pi r^2 \sigma \tag{5-5}$$

단, m은 시스템의 질량이다.
기포 액체계의 평형조건은 $dG = 0$ 이므로 다음 식을 만족해야 한다.

$$g_l - g_v = \frac{2\sigma}{\rho_v r} \tag{5-6}$$

또한 기포 내 증기와 환경액체와는 서로 화학적인 평형상태에 있으므로 다음 조건을 만족한다.

$$g_l(T_o,\ P_o) = g_v(T_o,\ P_e) \tag{5-7}$$

식 (5-6)은 증기에 대하여도 비압축성이라는 조건에서 구한 식이므로 액체 및 증기에 대한 Gibbs 자유에너지는 $(P_e - P_o) << P_o$인 경우 다음과 같이 주어진다.

$$g_l(T_o,\ P_o) = g_\infty - \frac{P_\infty - P_o}{\rho_l} \tag{5-8}$$

$$g_v(T_o,\ P_e) = g_\infty - \frac{P_\infty - P_o}{\rho_v} \tag{5-9}$$

단 g_∞는 곡률반경이 ∞인 기-액 계면의 Gibbs 자유에너지이며, 이때 두 상의 자유에너지는 같아진다. 식 (5-8)과 (5-9)를 식 (5-6)에 대입하면 다음의 Laplace-Kelvin 식을 얻는다.

$$\frac{\rho_l - \rho_v}{\rho_l}(P_\infty - P_o) = \frac{2\sigma}{r} \tag{5-10}$$

식 (5-10)에 주어진 Laplace-Kelvin 식은 역학적인 평형을 나타내는 Laplace 식에 대한 보정식은 아니며 2장의 식 (2-24)와 동등함을 쉽게 알 수 있다.

온도에 대한 포화압력을 나타내는 것은 잘 알려진 바와 같이 Clausius-Clapeyron 식으로 나타 낼 수 있다.

$$\left.\frac{dP}{dT}\right)_{sat} = \frac{h_{lv}\,\rho_l\,\rho_v}{T(\rho_l - \rho_v)} \tag{5-11}$$

식 (5-11)을 두 포화상태, 즉 $(P_o,\ T_{sat})$ 와 $(P_\infty,\ T_o)$에 값에 적분을 취하면 다음의 식을 얻는다.

$$\begin{aligned} P_\infty - P_o &= \frac{h_{lv}\rho_l\rho_v}{\rho_l - \rho_v}\ \ln\frac{T_o}{T_{sat}} \\ &= \frac{h_{lv}\rho_l\rho_v}{\rho_l - \rho_v}\ \ln\left(1 + \frac{T_o - T_{sat}}{T_{sat}}\right) \end{aligned} \tag{5-12}$$

식 (5-12)에서 P_∞는 온도 T_o에 해당하는 포화압력이다. 과열도, $(T_o - T_{sat})$가 T_{sat} 보다 훨씬 작을 경우 식 (5-10)과 (5-12)로부터 다음과 같은 기포형성에 필요한 과열도에 대한 관계식을 얻을 수 있다.

$$T_o - T_{sat} = \frac{T_{sat}}{\rho_v h_{lv}}\left(\frac{2\sigma}{r}\right) \tag{5-13}$$

식 (5-13)을 이용해 1 기압 100℃의 물 내에서 반경 10μm의 기포를 형성하기 위한 과열도를 계산해 보면 3.3℃를 얻는다. 즉 액체의 온도가 103.3℃가 되면 기포형성이 됨을 의미한다. 하지만 식 (5-13)은 균질핵생성의 경우에는 적용할 수 없고, 금속 표면 위의 캐비티에서 기포 핵생성의 경우에는 기포형성에 필요한 과열도를 비교적 잘 예측해주고 있다.

5. 4 표면 위에서의 비균질 기포형성

어떤 표면 위에 액체방울을 떨어뜨렸을 때, 표면 위의 액체모양은 고체-증기, 액체-증기 및 고체-액체간의 계면에 작용하는 표면장력에 의해 결정된다[5].

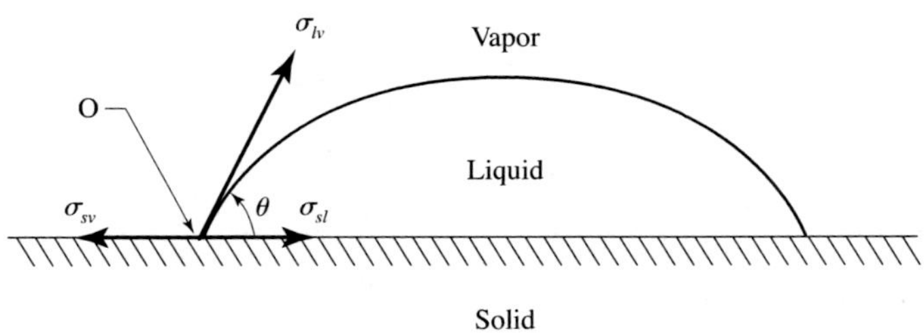

Fig. 2 Interfacial tensions acting on a contact line.

고체 표면의 액체에 대한 친화성을 젖음 특성이라고 하며 이 젖음 특성은 전술한 여러 표면장력에 의해 결정되는 접촉각 θ로 나타내진다. Fig. 2에서 볼 수 있는 바와 같이 축대칭으로 고체표면에 퍼진 액적의 경우, 고체, 액체, 증기상이 공유하는 선, 즉 접촉선(contact line)이 있다. 역학적인 평형상태에 있는 고체표면 위의 액적은 점 O에서 계면간에 작용하는 힘의 평형조건은 다음과 같이 주어진다.

$$\sigma_{sv} = \sigma_{sl} + \sigma_{lv}\cos\theta \tag{5-14}$$

윗식을 다시 쓰면 잘 알려진 다음과 같은 Young의 방정식이 된다.

$$\sigma_{lv}\cos\theta = \sigma_{sv} - \sigma_{sl} \tag{5-15}$$

온도가 일정한 상태에서 액적의 체적을 일정히 유지하면서 계면의 위치가 바뀌는 운동을 생각하면, 이 계의 Helmholtz 자유에너지의 변분은 다음과 같이 주어진다.

$$dF = \sigma_{lv}dA_{lv} + \sigma_{sl}dA_{sl} + \sigma_{sv}dA_{sv} \tag{5-16}$$

이 경우 고체-액체 간의 넓이의 증가는 고체-증기 계면의 넓이의 감소를 가져오므로, 즉 $dA_{sv} = -dA_{sl}$ 이므로 식 (5-16)은 다음과 같이 된다.

$$dF = \sigma_{lv}dA_{lv} + (\sigma_{sl} - \sigma_{sv})dA_{sl} \tag{5-17}$$

또한 $dA_{lv} = dA_{sl}\cos\theta$ 이므로 윗식은 다음과 같이 된다.

$$dF = (\sigma_{lv}\cos\theta + \sigma_{sl} - \sigma_{sv})\, dA_{sl} \tag{5-18}$$

따라서 식 (5-18)의 평형조건($dF=0$)에서 Young식을 구할 수 있다.

이제 공동(cavity)이 없는 표면 위에 Fig. 3에서 볼 수 있는 바와 같이 기포가 형성된 경우를 생각해보자.

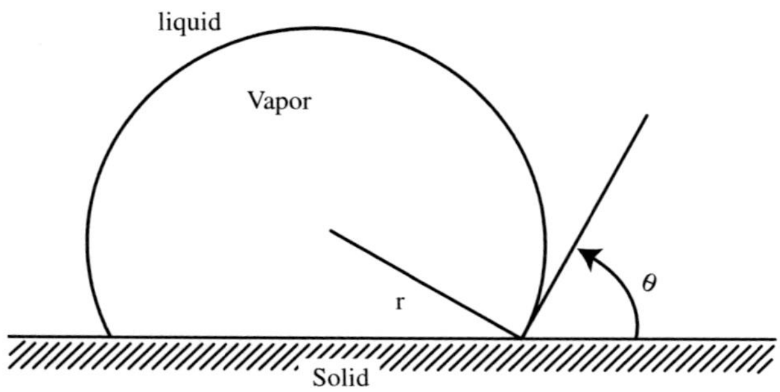

Fig. 3 Bubble formation on a solid surface without cavity.

처음, 고체 표면은 완전히 액체로 젖어 있었으므로 증기분자로 변한 액체분자에 대한 유용성 함수는 다음과 같이 쓸 수 있다.

$$F_o = mg_\infty(T_\infty, P_\infty) + (A_{sl})_i\, \sigma_{sl} \tag{5-19}$$

기포가 형성된 경우, 처음의 액체분자는 증기분자가 되었으므로 액체, 증기 및 기포 내 증기와 계면을 이루는 분자에 대한 유용성 함수는 각각 다음과 같이 된다.

$$F_l = (m - m_v)\, g_\infty(T_\infty,\ P_\infty) \tag{5-20}$$

$$F_v = m_v\left[g_v(T_\infty,\ P_\infty) + (P_\infty - P_v)\, v_v\right] \tag{5-21}$$

$$F_i = \sigma_{lv}A_{lv} + \sigma_{sv}A_{sv} + (A_{sl})_f\,\sigma_{sl} \tag{5-22}$$

계면에 대한 관계식, $(A_{sl})_i - (A_{sl})_f \;=\; A_{sv}$ 와 Young 식을 이용하면 기포가 형성되기 전후의 유용성 함수의 변화는 다음과 같이 주어진다.

$$\delta F = m_v\left[g_v(T_\infty, P_v) - g_\infty(T_\infty, P_\infty)\right] \tag{5-23}$$

$$+ (P_\infty - P_v)\, V_v + 4\pi r^2 \sigma_{lv} \cdot \Phi$$

단, $\Phi \;=\; \dfrac{1}{2}(1+\cos\theta) + \dfrac{1}{4}\cos\theta\,(1-\cos^2\theta)$

식 (5-23)을 유도하는데 있어서 다음의 표면적에 관한 식을 이용하였다.

$$A_{lv} = 2\pi r^2 (1+\cos\theta)$$

$$A_{sv} = \pi r^2 (1-\cos^2\theta)$$

식 (5-23)은 표면의 도움없이 기포형성이 이루어지는 경우의 식 (2-26)과 비교할 때 σ 대신에 $\sigma_{lv}\Phi$ 로 대체하면 되므로 기포형성에 필요한 최대한의 에너지는 다음과 같이 주어진다.

$$(\Delta F)_{\min} = \frac{4}{3}\pi r_e^{\,2}\sigma\Phi \tag{5-24}$$

식 (5-23)과 (5-24)에 포함되어 있는 Φ는 θ가 0에서 180°까지 변하는 동안 1에서 0까지 단조롭게 감소하는 함수이다. 표면 위에서의 기포형성에 대한 핵형성률은 표면 위에서 형성되는 핵의 갯수가 임의 체적 내에서 형성될 때보다 $N^{1/3}$ 만큼 줄어드므로 다음과 같이 기술할 수 있다[6]. θ의 값이 0일 경우에는 고체, 액체 및 기체가 1점에서 만나므로 균질핵생성의 경우가 된다.

$$J = C_n N^{-\frac{1}{3}} \Big/ \Phi^{\frac{1}{2}} \exp\left[-\frac{(\Delta F)_{\min}}{k_B T}\right] \tag{5-25}$$

Avedisian 등[7]은 식 (5-25)를 이용하고 $(\Delta F)_{\min}$ 값으로 고전이론에 의한 값인 식 (2-21)과 분자론적 모델에 의한 값인 식 (2-53)을 이용하여 접촉각에 따른 기포형성에 필요한 온도를 구하여 버블젯 프린터에서 사용되고 있는 마이크로히터 위에서의 기포형성온도의 측정값과 비교하였다(제 4장 Fig. 18 참조).

5. 5 계면에서의 증발 및 응축현상

아래와 같은 계면에서 증발 및 응축현상[8]이 일어나는 것에 대해 토론해 보자. 계면 부근에서는 증기 분자들의 운동이 Maxwell 분포를 갖는다고 하면, 계면에 충돌하는 증기 분자들의 질량유속은 가스운동론에 의해 다음과 같이 기술된다.

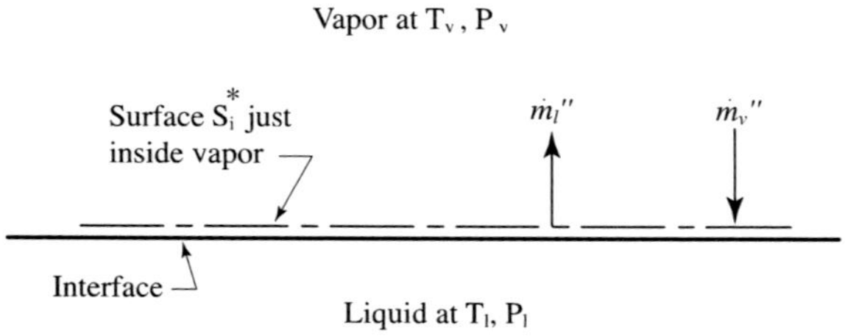

Fig. 4 Mass flows at a liquid–vapor interface.

$$\Phi = \left(\frac{1}{2\pi m k_B T}\right)^{\frac{1}{2}} P \tag{5-26}$$

$$= \left(\frac{M}{2\pi \overline{\overline{R}}\ T}\right)^{\frac{1}{2}} \frac{P}{m}$$

비록 계면에서 증발 및 응축현상이 일어나지 않는다하더라도 계면에 충돌하여 액체분자가 되는 확률이나 계면의 액체분자가 증발하는 확률은 같다. 계면에서의 증발 및 응축현상은 Fig. 4에서 볼 수 있는 바와 같이 계면에서 액체분자가 증기분자가 되는 질량유속$\dot{m}_l''$과 증기분자가 계면에 충돌하여 액체분자가 되는 질량유속$\dot{m}_v''$의 차이에 의하여 결정된다. 즉

$$\dot{m}_{net}'' = \dot{m}_v'' - \dot{m}_l'' \tag{5-27}$$

물론 $\dot{m}_v''$는 증기의 온도, T_v와 증기의 분압, P_v에 의해 결정되고, $\dot{m}_l''$는 액체의 온도, T_l과 이에 해당되는 증기압, P_l에 의해 결정된다.

이제 계면에서 응축 또는 증발이 일어나 이러한 상변화에 의한 거시적인 흐름이 계면에 수직 방향으로 존재한다고 하자. 이러한 거시적인 흐름의 속도를 $w = w_0$라고 하면 ($w_0 > 0$일 경우는 응축현상에 해당되고 $w_0 < 0$일 경우는 증발현상에 해당됨) 이러한 거시적인 흐름과 같은 방향의 분자들의 질량유속 Φ_{w^+}는 다음과 같이 주어진다.

$$\Phi_{w^+} = \Gamma(a)\left(\frac{M}{2\pi \overline{\overline{R}}\ T}\right)^{\frac{1}{2}} \frac{P}{m} \tag{5-28}$$

또한 거시적인 흐름에 반대되는 방향의 분자들의 질량유속은 다음과 같이 주어진다.

$$\Phi_{w^-} = \Gamma(-a)\left(\frac{M}{2\pi\overline{R}\,T}\right)^{\frac{1}{2}}\frac{P}{m} \tag{5-29}$$

단,
$$a = \frac{w_0}{(2\overline{R}\,T/M)^{\frac{1}{2}}} \tag{5-30}$$

식 (5-30)에서 알 수 있는 바와 같이 a는 분자들의 가장 확률이 높은 속도에 대한 거시적인 흐름의 속도비이다. 따라서 a 값은 일반적인 경우 상당히 작을 것으로 예상된다. 따라서 거시적인 흐름의 분자들의 운동에 대한 영향을 나타내는 Γ 값은 다음과 같이 기술된다.

$$\Gamma(a) = \exp(a^2) + a\pi^{\frac{1}{2}}[1 + erf(a)] \tag{5-31}$$

$$\Gamma(-a) = \exp(-a^2) - a\pi^{\frac{1}{2}}[1 - erf(a)] \tag{5-32}$$

하지만 액체쪽의 계면에서 나오는 분자들의 질량유속의 경우에는 거시적인 흐름의 영향이 없으므로 식 (5-26)을 그대로 사용하면 된다. 또한 계면에 충돌하는 모든 분자들 중 α에 해당되는 분자들만 응축 또는 증발에 가담한다고 생각하면 응축과 증발의 경우 증기의 질량유속은 다음과 같이 주어진다.

$$\dot{m}_{v_c}'' = m\alpha\Phi_{w+} \quad (\text{응축의경우}) \tag{5-33}$$

$$= m\alpha\Phi_{w-} \quad (\text{증발의경우}) \tag{5-34}$$

한편 액체분자가 계면으로 이탈되는 질량유속은 다음과 같이 주어진다.

$$m_l = m\alpha\Phi \tag{5-35}$$

따라서 계면에서의 실제 질량유속은 다음과 같이 주어진다.

$$\dot{m}_l'' = \dot{m}_{v_c}'' - \dot{m}_{l_c}'' \tag{5-36}$$

$$= \left(\frac{M}{2\pi\overline{R}}\right)^{\frac{1}{2}}\left(\frac{\Gamma\alpha P_v}{T_v^{\frac{1}{2}}} - \frac{\alpha P_l}{T_l^{\frac{1}{2}}}\right)$$

이 질량유속에 해당되는 열유속은 질량유속에 잠열을 곱함으로써 얻을 수 있다. 즉

$$\dot{q}_i'' = \alpha h_{lv} \left(\frac{m}{2\pi \overline{R}} \right)^{\frac{1}{2}} \left(\frac{\Gamma P_v}{T_v^{\frac{1}{2}}} - \frac{P_l}{T_l^{\frac{1}{2}}} \right) \tag{5-37}$$

계면에서 일어나는 상변화 속도는 식 (5-37)에 주어진 열유속에 의해 결정되므로 상변화에 의한 거시적인 흐름의 속도는 다음과 같이 주어진다.

$$w_0 = \frac{\dot{q}_i''}{\rho_v h_{lv}} \tag{5-38}$$

식 (5-38)을 식 (5-30)에 대입하면 a는 다음과 같이 주어짐을 알 수 있다.

$$a = \frac{\dot{q}_i''}{\rho_v h_{lv}} \Bigg/ \left(\frac{2\overline{R}\, T_v}{M} \right)^{\frac{1}{2}} \tag{5-39}$$

대체적으로 a는 상당히 적은 양이므로 $\Gamma(a)$는 다음과 같이 근사적으로 쓸 수 있다.

$$\Gamma = 1 + a\pi^{\frac{1}{2}} \tag{5-40}$$

식 (5-40)를 식 (5-37)에 대입한 후 $P_v = \rho_v \overline{R}\, T$를 사용하면 열유속은 다음과 같이 쓸 수 있다.

$$\dot{q}_i'' = \frac{2\alpha}{2-\alpha} h_{lv} \left(\frac{M}{2\pi \overline{R}} \right)^{\frac{1}{2}} \left(\frac{P_v}{T_v^{\frac{1}{2}}} - \frac{P_l}{T_l^{\frac{1}{2}}} \right) \tag{5-41}$$

이에 대응되는 계면에서의 질량유속은 다음과 같이 주어진다.

$$\dot{m}_i'' = \frac{2\alpha}{2-\alpha} \left(\frac{M}{2\pi \overline{R}} \right)^{\frac{1}{2}} \left(\frac{P_v}{T_v^{\frac{1}{2}}} - \frac{P_l}{T_l^{\frac{1}{2}}} \right) \tag{5-42}$$

식 (5-41)과 식 (5-42)에 주어진 열유속과 질량유속은 상변화에 의한 최대 열유속과 그에 해당되는 질량유속이다.

5. 6 금속 표면의 캐비티에서의 기포형성

비등 열전달을 다룰 때 흔히 "핵비등(nucleate boiling)"이라 함은 금속 표면의 캐비티에서 기포형성이 되어 성장하고 이탈하는 현상을 말한다. 물론 이 현상은 전형적인 "비균질핵형성"의 일종이다.

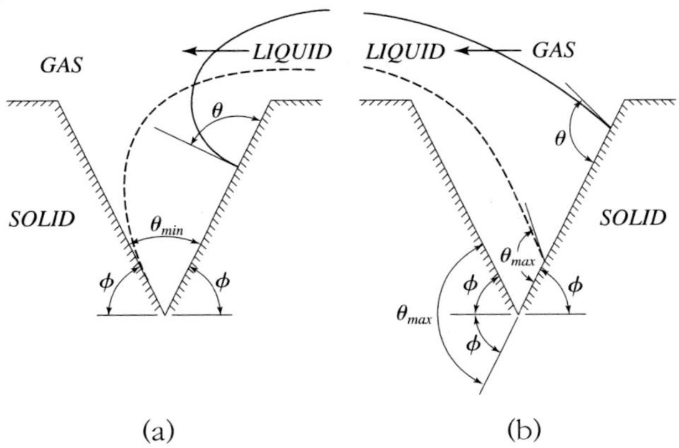

Fig. 5 Schematic representation of liquid entrapment in a cavity due to motion of the liquid front.

Fig. 5에서 보는 바와 같이 원뿔 모양의 캐비티가 있는 금속 표면에 물이 차게 될 때 전형적인 두 가지 형태가 나타난다. 만약 표면이 친수성(hydrophilic)인 경우에는 캐비티 표면과 액체가 이루는 각, 즉 접촉각이 작아서 캐비티 내에 완전히 물이 찰 것으로 예상된다. 반면 소수성(hydrophobic)일 경우에는 접촉각이 커져서 캐비티 내에는 전혀 물이 들어가지 않을 것으로 예상된다. 이와 같이 접촉각이 커서 캐비티에 물이 차지 않을 경우 기체 또는 증기가 캐비티에 남아 캐비티가 기포핵 생성의 장소를 제공해주게 된다. 금속표면의 온도가 상승하게 되면 캐비티에 잔류해 있는 기체에 의해 기포핵이 형성되고 이를 모체로 하여 기포핵 계면의 액체가 기화하여 기포핵 내의 증기가 되면 기포핵은 성장할 것이다.

Fig. 6(a)는 원추형 캐비티에서 기포핵이 성장하는 여러 단계를 보여주고 있다. 기포핵의 반경이 r_o 인 초기 단계에서는 시간이 지남에 따라 기포핵의 부피와 반경이 동시에 커지며 성장할 것이다. 하지만 기포핵의 계면이 캐비티 입구로 나오게 되면서

(반경이 r인 경우) 기포핵의 반경이 커지면서 부피는 감소하는 상태가 된다. Fig. 6(b)는 접촉각에 따라 기포핵의 곡률반경과 부피와의 관계를 보여주고 있다. 점선은 기포핵의 반경이 캐비티의 반경에 해당하는 경우를 나타낸다.

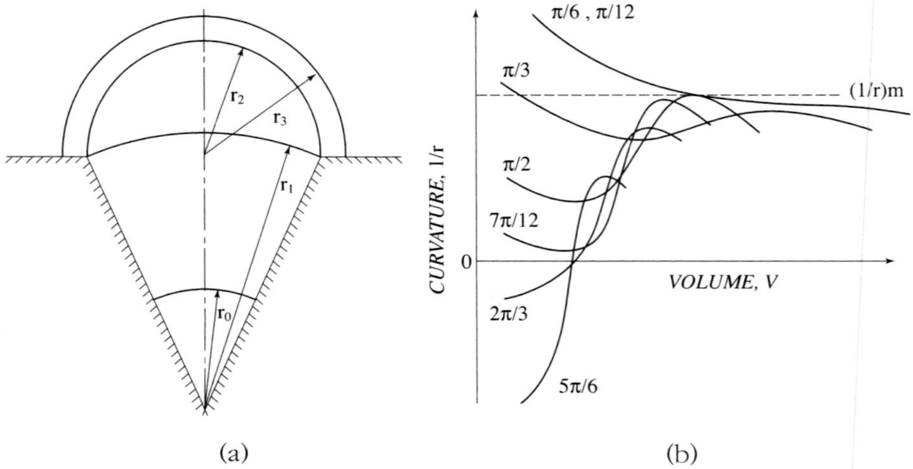

Fig. 6 Curvature of a liquid-vapor interface emerging from a conical cavity[From Reference 2]

식 (5-13)에서도 볼 수 있는 바와 같이 기포핵의 곡률반경은 기포형성에 필요한 과열도와 직접적인 관계가 있다. 즉 여러 가지의 접촉각에서 캐비티에서의 기포형성에 필요한 기포가 캐비티의 입구를 덮는데 필요한 최소 조건은 바로 기포핵의 반경이 캐비티의 반경과 같을 때이며, 따라서 캐비티에서 기포형성에 필요한 조건은 다음과 같이 쓸 수 있다.

기포핵의 반경이 캐비티의 입구 반경보다 작을 경우에 기포형성을 위한 조건은 Lorenz등[9]에 의해 다음과 같이 주어졌다.

$$T_l - T_{sat} \geq \frac{2T_{sat}\sigma}{\rho_l h_{lv} R} \quad (\text{단}, r \geq R) \tag{5-43}$$

$$T_l - T_{sat} \geq \frac{2\sigma T_s}{\rho_v h_{lv} R f(\theta, 2\beta)} \quad (\text{단}, r < R) \tag{5-44}$$

단 $f(\theta, 2\beta) \equiv r/R$ 이며 2β는 캐비티의 원뿔각이며 $f(\theta, 2\beta)$의 값은 접촉각 θ와 원

뿔각 2β에 의해 Fig. 7에서 구할 수 있다. 표면이 구리이고 용액이 물일 경우에는 접촉각이 60~70°이므로 원뿔각이 40°미만이면 f값이 1에 가까워진다.

금속표면 위의 캐비티에서 기포형성이 이루어질 수 있는 과열도를 계산하는 식 (5-43)과 (5-44)는 액체의 온도가 균일한 경우에 사용할 수 있는 식이다. 금속 표면 위 액체가 과냉각 상태에 있는 경우에는 금속표면 위의 액체에 대한 온도분포를 반드시 고려해 주어야 캐비티에서 기포형성에 필요한 과열도를 계산할 수 있다. 이에 대한 문제는 Griffith 와 Wallis[10]에 의하여 제기되었고 Hsu[11]에 의해 해결되었다.

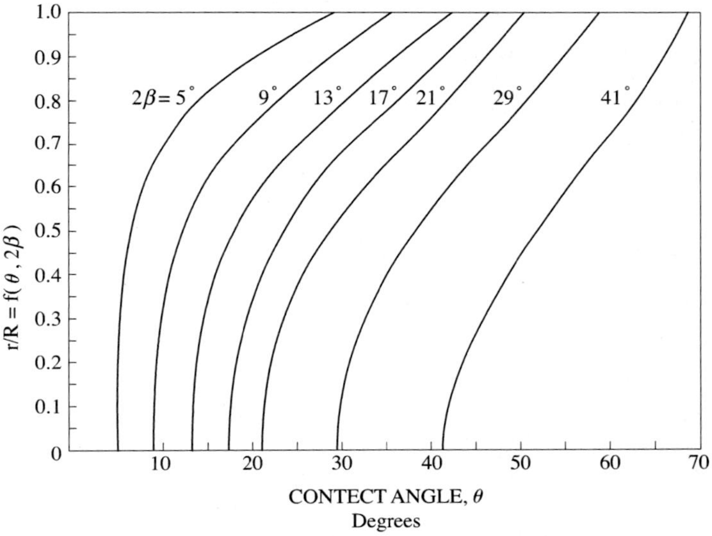

Fig. 7 Variation of the initial radius of the vapor embryo with the cavity cone angle and contact angle as predicted by the model of Lorenz et al(from Reference 9).

: : : : : : : : : : : : References : : : : : : : : : : : :

1. R. Cole, Boiling Nucleation, Adv. Heat Transfer, Vol. 10, pp. 85-167, 1974.

2. S. Van Stralen. and R. Cole, Boiling Phenomena, Vol.1, Hemisphere Publ. Co, 1979.

3. R. E. Simon, "Direct liquid immersion cooling, past, present and future," IBM Technical Report, No. TR00.3465, Poughkeepise, N. Y, 1987.

4. W. M. Rohsenow, "A method of correlating heat transfer data for surface boiling of liquids." Trans, ASME, Vol. 74, pp. 969-976, 1952.

5. V. P. Carey, Liquid-Vapor Phase-Change Phenomena, Hemisphere Publishing Co., Washington, 1992.

6. C. T. Avedisian, "Modeling homogeneous bubble nucleation in liquids." in Modeling of Engineering Heat Transfer Phenomena, Chap. 11, London : Computational Mechanics, 1998.

7. C. T. Avedisian, W. S. Osborne, F. D. McLeod, and C. M. Curley, "Measuring bubble nucleation temperature on the surface of a rapidly heated thermal ink-jet heater immersed in a pool of water." Proc. R. Soc. Lond. A, Vol. 455, pp. 3875-3899, 1999.

8. R. W. Schrage, A Theoretical Study of Interface Mass Transfer, Columbia University Press, 1953.

9. I. J. Lorenz, B. B. Mikic and W. M. Rohsenow, "The effect of surface conditions on boiling characteristics." Proceedings of the Fifth International Heat Transfer Conference, Vol. IV, pp. 35-39, 1974.

10. P. Griffith and J. D. Wallis, " The role of sufrace condition in nucleate boiling, " Chem. Eng. Prog. Symp. Ser., Vol. 561, pp. 49-63, 1960.

11. Y. Y. Hsu, " On the size range of active nucleation cavities on a boiling surface." J. Heat Transfer, Vol. 84, pp. 207-213, 1962.

Chapter 6
기포의 성장과 운동

6.1 서 론

액체 내에서 기포의 운동은 Rayleigh의 역사적인 논문[1]이 발표된 이래 이것을 모태로 하여 수많은 논문이 발표되었고 이해의 폭을 넓히게 되었다. Rayleigh의 기포방정식은 기포벽 주위의 액체에 대한 운동방정식이기 때문에 기포 내 가스나 증기의 거동에 대한 이해 없이는 기포의 운동을 정확히 기술할 수 없다. 이에 Prosperetti등[2]은 이를 파악, 기포내 가스에 대한 질량, 운동량 및 에너지 보존식들을 수치적으로 풀어 이 문제를 해결하고자 시도하였다. 하지만 이들 보존식들이 전형적인 비선형 방정식이기 때문에 비선형성이 강하게 나타나는 범위에서 수치적인 해로는 그 때에 나타나는 현상을 파악할 수 없다. 구대칭하에서 기포 내 가스에 대한 보존식들, 즉 이상기체 시스템에 대한 Navier-Stokes 방정식의 해석적 해를 얻는 데는 그 방정식이 출현한 후 150년을 기다려야 했다[3].

6.2 Rayleigh 방정식

전술한 바와 같이 Rayleigh 방정식은 기포벽 주위의 액체에 대한 운동방정식이다. 기포 밖 액체에 대한 질량 보존식과 운동량 보존식은 다음과 같이 주어진다.

질량 보존식

$$\frac{\partial \rho}{\partial t} + \vec{u}\cdot\nabla\rho + \rho\nabla\cdot\vec{u} = 0 \tag{6-1}$$

운동량 보존식

$$\frac{\partial u}{\partial t} + \vec{u}\cdot\nabla u = -\frac{1}{\rho}\nabla p \tag{6-2}$$

액체가 비압축성이라고 가정하고 기포의 운동이 구대칭으로 이루어진다고 하면 질량 보존식은 구좌표계에서 다음과 같이 쓸 수 있다.

$$\frac{1}{r^2}\frac{\partial}{\partial r}(r^2 u) = 0 \tag{6-3}$$

기포와 액체의 경계층인 계면에서 액체 분자의 기화나 응축이 없다고 하면 액체 내에서 속도분포는 기포벽의 속도 $\dot{R}_b$에 따라 다음과 같이 주어진다.

$$u = \frac{R_b^{\,2}}{r^2}\dot{R}_b \tag{6-4}$$

식 (6-4)에 주어진 속도 분포를 운동량 보존식 (6-2)에 대입하면 다음과 같이 된다.

$$\frac{1}{r^2}(2R_b\dot{R}_b^{\,2} + R_b^{\,2}\ddot{R}_b) - 2\frac{R_b^{\,4}\dot{R}_b^2}{r^5} = -\frac{1}{\rho_\infty}\frac{\partial P}{\partial r} \tag{6-5}$$

식 (6-5)를 기포벽 $r = R_b$로부터 무한대까지 적분을 취하면 Rayleigh 식을 얻을 수 있다. 즉

$$R_b\ddot{R}_b + \frac{3}{2}\dot{R}_b^{\,2} = \frac{1}{\rho_\infty}(P_B - P_\infty) \tag{6-6}$$

단, P_B는 기포벽 바깥쪽 액체의 압력이며 기포 내 가스의 압력 P_b와는 다음과 같이 연관된다.

$$P_B = P_b - \frac{2\sigma}{R_b} - \frac{4\mu\dot{R}_b}{R_b} \tag{6-7}$$

일반적인 경우 표면장력이나 점성력은 기포 내 압력 P_b에 비해 무시된다. 기포의 운동에 의한 액체의 압력분포는 다음의 일반적인 Bernoulli 식을 이용하여 구할 수 있다[4].

$$\frac{\partial\phi}{\partial t} + \frac{1}{2}u^2 + \frac{P}{\rho_\infty} = const \tag{6-8}$$

즉,

$$\frac{P - P_\infty}{\rho_\infty} = -\frac{\partial\phi}{\partial t} - \frac{1}{2}u^2 \tag{6-9}$$

$$= \frac{2R_b\dot{R}_b^{\,2} + R_b^2\ddot{R}_b}{r} - \frac{1}{2}\frac{R_b^4\dot{R}_b^{\,2}}{r^4}$$

윗식에서 속도 퍼텐셜 ϕ 는 정의, $u = -\nabla\phi$ 에 의해 식 (6-4)를 이용하여 적분함으로써 $\phi = -R_b{}^2\dot{R}_b/r$ 임을 알 수 있다.

Rayleigh 식은 역학적인 에너지의 보존식에서도 얻을 수 있다. 이제 기포의 반경이 0에서 R_b 까지 성장하는데 필요한 퍼텐셜에너지는 다음과 같이 쓸 수 있다.

$$PE = 4\pi\int_0^{R_b}(P_b - P_\infty)r^2\,dr \tag{6-10}$$

한편 기포의 운동에 의해 액체 내에 축척된 운동에너지는 다음과 같다.

$$KE = \frac{\rho_\infty}{2}\int_{R_b}^{\infty}u^2 4\pi r^2\,dr \tag{6-11}$$

$$= 2\pi\rho_\infty \dot{R}_b^2 R_b^3$$

식 (6-10)에 주어진 퍼텐셜에너지가 식 (6-11)에 주어진 운동에너지로 변하였으므로 결국 두 식은 같아 다음 관계식을 얻을 수 있다.

$$2\pi\rho_\infty \dot{R}_b^2 R_b^3 = 4\pi\int_0^{R_b}(P_b - P_\infty)r^2\,dr \tag{6-12}$$

윗식을 시간에 대해서 미분을 취하면 식 (6-6)에 주어진 Rayleigh 식을 얻을 수 있다.

6. 3 기포성장에 관한 고전이론

6.3.1 Rayleigh 식의 해

Rayleigh 식은 비선형 방정식이기 때문에 물리적 변수, 즉 반경이나 내부 압력의 변화에 따라 다양한 해를 갖는다. 비교적 간단한 경우는 수중 폭발과 같이 초기에는 기포 내 가스의 압력이 크지만 기포 내 압력과 환경압력의 차이에 의해 기포가 팽창하여 최대반경을 가질 때에 기포 내 압력은 대기압보다 훨씬 작을 것이 예상된다. 이 경우 Rayleigh 식은 기포 내 압력을 무시하면 다음과 같이 쓸 수 있다.

$$\frac{1}{2R_b^2\dot{R}_b}\frac{d}{dt}(R_b^3\dot{R}_b^2) = -\frac{P_\infty}{\rho_\infty} \tag{6-13}$$

식 (6-13)의 우측은 일정한 양이기 때문에 기포벽의 속도 $\dot{R}_b$는 다음과 같이 그 최대 반경 R_m에 좌우됨을 알 수 있다.

$$\dot{R}_b^2 = \frac{2}{3}\frac{P_\infty}{\rho_\infty}\left[\left(\frac{R_m}{R_b}\right)^3 - 1\right] \tag{6-14}$$

식 (6-14)에서 최대반경 R_m에서 임의의 반경 R_b까지 수축하는 데 걸리는 시간은 다음과 같이 구할 수 있다[5].

$$|t - t_m| = \left(\frac{3\rho_\infty}{2p_\infty}\right)^{\frac{1}{2}} \int_{R_b}^{R_m} \frac{dR_b}{\left[\left(\frac{R_m}{R_b}\right)^3 - 1\right]} \tag{6-15}$$

$$\cong 0.91\,R_o\sqrt{\frac{\rho_\infty}{P_\infty}}$$

식 (6-15)를 통하여 최대반경이 주어질 경우 최대반경에서 수축할 때까지의 시간을 어느 정도 정확히 예측할 수는 있다. 하지만 기포가 수축하면 기포 내 가스의 압력이나 온도가 환경압력이나 온도보다 대단히 커지기 때문에 이 식만 가지고는 수축시 기포의 거동에 따른 다른 현상을 이해할 수는 없다.

기포 내 가스를 이상기체라 가정하고 또 기포벽을 통한 열전달을 무시하면 기포 내 가스의 압력과 기포 반경과의 관계는 $P_b R_b^{3\gamma}$ =일정.(단, γ는 비열비) 이란 관계식으로 표현할 수 있기 때문에 이 경우 Rayleigh 식은 다음과 같이 된다.

$$R_b\ddot{R}_b + \frac{3}{2}\dot{R}_b^2 = \frac{1}{\rho_\infty}\left[P_o\left(\frac{R_o}{R_b}\right)^{3\gamma} - \frac{2\sigma}{R_b} - P_\infty\right] \tag{6-16}$$

식 (6-16)이 그 유명한 Noltingk와 Neppiras[6]의 식이며 그 후 Poritsky[7]는 식 (6-16)에 점성항을 첨가하여 현재 Rayleigh-Plesset (RP) 식이라 불리우는 기포 거동에 대한 다음과 같은 식을 얻게 되었다.

$$R_b\ddot{R}_b + \frac{3}{2}\dot{R}_b^2 = \frac{1}{\rho_\infty}\left[P_o\left(\frac{R_o}{R_b}\right)^{3\gamma} - \frac{2\sigma}{R_b} - \frac{4\mu\dot{R}_b}{R_b} - P_\infty\right] \tag{6-17}$$

식 (6-17)은 초기 반경 R_o와 이때의 기포 내 압력 P_o가 주어지면 Runge-Kutta 수치해석 방법을 이용하면 정확히 기포의 거동을 해석할 수 있다. 하지만 기포의 거동을 PR^{3n} = 일정. 이란 폴리트로픽적으로 기술하는 경우 열전달에 의한 기포 시스템의 열적감쇄 현상[8] 등을 기술할 수 없다.

6.3.2 열전달에 의한 기포의 성장

기포의 성장은 역학적으로 기포 내 압력과 환경압력과의 차이에 의하여 팽창한 후 다시 수축하는 거동에 대해서는 Rayleigh 식에 의하여 기술할 수 있다. 기포의 성장은 역학적인 평형상태를 유지하면서 계면에서 열전달에 의해 기포 내 증기의 응축 또는 기포벽 주위의 액체의 기화에 의하여 이루어질 수 있다. 이러한 경우에 대하여 고려해 보자.

기포벽 주위의 액체경계층에서의 열전달은 Fourier 법칙에 의거, 다음과 같이 기술할 수 있다.

$$q = -k_l \frac{\partial T}{\partial r}\Big|_{r=R_b} \tag{6-18}$$

액체경계층에서의 온도분포가 선형적이라고 하면 식 (6-18)은 다음과 같이 쓸 수 있다.

$$q = k_l \frac{\Delta\theta_o}{\delta} \tag{6-19}$$

단, δ는 경계층 두께이며 $\Delta\theta_o = T_\infty - T_s$는 과열온도이다. T_s는 주어진 기압하에서 액체의 포화온도이며 T_∞는 환경온도이다. 이와 같이 전달된 열은 계면에서 액체의 기화 또는 증기를 응축시키는 데 사용되었다고 하면 계면에서의 응축 또는 기화열을 이용하여 계면에서의 열유속은 다음과 같이 기술된다.

$$q = \frac{\rho_v h_{lv}}{4\pi R_b^2}\frac{d}{dt}\left(\frac{4}{3}\pi R_b^3\right) \tag{6-20}$$

$$= \rho_v h_{lv} \dot{R}_b$$

따라서 계면에서의 기체의 응축 또는 액체의 기화에 의한 기포의 반경의 변화는 식 (6-19)와 (6-20)에 의해 다음과 같이 주어진다.

$$\dot{R}_b = \frac{\alpha_l \rho_l c_l \Delta\theta_o}{\rho_v h_{lv} \delta} \tag{6-21}$$

경계층의 두께가 $\sqrt{\alpha_l t}$ 에 비례한다고 하면 시간에 따른 기포 반경을 다음과 같이 얻을 수 있다.

$$\begin{aligned} R_b &= 2\,J_a(\alpha_l t)^{\frac{1}{2}} \\ &= c_1 \Delta\theta_o t^{\frac{1}{2}} \end{aligned} \tag{6-22}$$

식 (6-22)의 해는 전형적인 상변화에 의한 기포 반경의 증가를 나타내는 식이며 역학적인 비평형에 의한 변화와는 구별해야 한다. 식 (6-22)에서 Jacop 수 $J_a = \rho_l c_l \Delta\theta_o / \rho_v h_{lv}$이다.

기포 내 가스의 압력이 무시하지 못할 정도로 큰 경우 Rayleigh 방정식은 표면장력과 점성항을 무시하면 다음과 같이 쓸 수 있다.

$$\frac{1}{2R_b^{\,2}\dot{R}_b}\frac{d}{dt}(R_b^{\,3}\dot{R}_b^{\,2}) = \frac{\Delta P}{\rho_\infty} \tag{6-23}$$

단 $\Delta P = P_b - P_\infty$

ΔP가 일정하다고 가정하면 윗식의 해는 다음과 같이 주어진다.

$$\dot{R}_b(t) = \left\{\frac{2\Delta P}{3\rho_\infty}\left[1-\left(\frac{R_o}{R_b}\right)^3\right]\right\}^{\frac{1}{2}} \tag{6-24}$$

시간이 지남에 따라 기포의 반경이 초기 반경 R_o보다 훨씬 커져서 식 (6-24)의 오른쪽 $(R_o/R_b)^3$ 항을 무시하면 시간에 따른 기포 반경의 증가는 다음 식으로 표현된다.

$$R_b(t) = \left(\frac{2\Delta P}{3\rho_\infty}\right)^{\frac{1}{2}} t \tag{6-25}$$

식 (6-25)에 주어진 해는 잘 알려진 기포 내 압력이 환경압력에 비해 대단히 클 경우 관성에 의한 기포의 증가를 나타내는 바, 기포 반경의 시간에 다른 선형적 증가를 나타내고 있다.

기포 내 가스가 증기일 때 Clapeyron 관계식을 이용하면 윗식은 다음 식으로 표현할 수 있다.

$$\dot{R}_b(t) = \left[\frac{2\rho_v h_{lv}(T_R - T_s)}{3\rho_\infty T_s}\right]^{\frac{1}{2}} t \tag{6-26}$$

단 T_R은 기포벽 바로 밖 액체의 온도이다.

6.3.3 열경계층의 해석

열전달에 의한 계면에서의 증기의 응축 또는 액체의 기화에 대한 연구의 핵심적인 문제는 어떻게 열전달이 이루어지는 열경계층의 두께를 합리적으로 구하느냐는 것이다. 이것은 경계층에 대한 질량, 운동량 및 에너지 보존식을 푸는 문제로 귀착된다. Scriven[9]은 다음의 에너지 식을 풀어 이 문제를 해결하고자 하였다.

$$\frac{\partial T}{\partial t} + u(R_b)\frac{R_b^2}{r^2}\frac{\partial T}{\partial r} = \alpha_l\left[\frac{\partial^2 T}{\partial r^2} + \frac{2}{r}\frac{\partial T}{\partial r}\right] \tag{6-27}$$

경계조건 : $T(\infty, t) = T_0$

$T(R_b, t) = T$

초기조건 : $T(r, 0) = T_0$

단, $u(R_b)$는 기포벽에서의 기화 또는 응축에 관계되는 속도이다.

계면에서의 질량 보존은 계면에서의 응축 및 기화현상을 포함하여 다음과 같이 기술할 수 있다.

$$\frac{d}{dt}\left(\frac{4}{3}\pi R_b^3 \rho_v\right) = 4\pi R_b^2 \rho_l\left[\dot{R}_b - u(R_b)\right] \tag{6-28}$$

기포 내 증기의 밀도가 일정하다고 하면 기포벽에서의 액체의 기화/응축에 따른 속도 $u(R_b)$는 다음과 같이 구해진다.

$$u(R_b) = \left(1 - \frac{\rho_v}{\rho_l}\right)\dot{R}_b \tag{6-29}$$

기화에 의한 질량전달이 없는 경우에 액체의 속도는 기포벽의 속도와 같아진다.

Scriven은 다음과 같은 상사변수(similarity variable) s를 도입함으로써 식 (6-27)의 에너지 식을 풀고자 하였다.

$$T(r,t) = T(s) \tag{6-30}$$

$$단, r = 2s(\alpha_l t)^{\frac{1}{2}} \tag{6-31}$$

기포벽에서 즉 $r = R_b$, $s \cong \beta$ 인 경우에는

$$R_b = 2\beta(\alpha_l t)^{\frac{1}{2}} \tag{6-32}$$

이 되며 식 (6-31)에 있는 상사변수를 이용하면 식 (6-27)의 에너지 식은 다음과 같이 된다.

$$\frac{d^2T}{ds^2} = 2\left(-s - s^{-1} + \epsilon\beta^3 s^{-2}\right)\frac{dT}{ds} \tag{6-33}$$

윗식을 풀면 다음과 같은 해를 얻는다.

$$T(s) = T_0 - A_1\int_s^{\infty} Z_s^{-2}\exp\left(-Z_s^2 - 2\epsilon\beta^3 Z_s^{-1}\right)dZ_s \tag{6-34}$$

계면에서 열전도에 의한 열유속을 고려하면 A_1은 다음과 같이 된다.

$$A_1 = 2\frac{\rho_v h_{lv}}{\rho_l c_l}\beta^3\exp(\beta^2 + 2\epsilon\beta^2) \tag{6-35}$$

단, 기포의 반경 $R_b = \beta(r/s)$로 주어지며 $\epsilon = (1-\rho_v/\rho_l)$이다.
에너지방정식의 해인 식 (6-34)을 경계조건 $\left(k_l\left(\frac{\partial T}{\partial r}\right)_{r=R_b} = \rho_v h_{lv} \dot{R}_b\right)$을 적용하여 $T(s) - T_o = \Delta\theta_o$에서 다음의 식을 얻는다.

$$\begin{aligned} J_a &= 2\beta^3\exp(\beta^2 + 2\epsilon\beta^2)\int_\beta^{\infty} Z_s^{-2}\exp(-z_s^2 - 2\epsilon\beta^3 Z_s^{-1})dZ_s \\ &\equiv \Phi(\epsilon, \beta) \end{aligned} \tag{6-36}$$

식 (6-36)을 이용하면 Scriven의 에너지방정식에 대한 근사해는 다음과 같이 주어진다. β값이 무한대가 되면 $\Phi(\epsilon, \infty) = \frac{\rho_l}{\rho_v}$ 이 되어 $\Delta\theta_o = h_{lv}/c_l$ 이 된다. 이것은 액체가 순식간에 증기로 변화함을 뜻한다.

과열도 $\Delta\theta_o$가 작은 경우에는 $\Phi(\epsilon, 0) = 2\beta^2$ 이 되어

$$R_b \cong (2J_a)^{\frac{1}{2}}(\alpha_l t)^{\frac{1}{2}} \qquad (6-37)$$

$$= C(\Delta\theta_o)^{\frac{1}{2}} t^{\frac{1}{2}}$$

이 되고 과열도 $\Delta\theta_o$가 클 경우에는 $\Phi(\epsilon, \beta) = \left(\frac{\pi}{3}\right)^{\frac{1}{2}}\beta$ 가 되어

$$R_b \cong \left(\frac{12}{\pi}\right)^{\frac{1}{2}} J_a(\alpha_l t)^{\frac{1}{2}} \qquad (6-38)$$

$$= C_1(\Delta\theta_o) t^{\frac{1}{2}}$$

이 된다. 물의 경우 과열도가 0.25K 보다 클 경우에는 식 (6-38)에 주어진 근사치가 실험치와 더 잘 맞는다고 보고되었다[10].

경계층에서의 에너지 보존식이나 다른 보존식을 푸는 문제는 von Káráman이 제창한 적분 방법을 이용하는 것이 편리할 때가 많다. 이에 대한 논의는 다음 절에서 하기로 한다.

6. 4 과포화 용액 내에서의 기포의 성장

이제 용액 내에 용해되어 있는 가스들의 확산에 의한 기포성장에 대하여 고려해 보자. 모듬으로부터 미시적인 기포로의 전환이 일단 일어난 후의 기포 성장은 경계층을 통하여 분자들의 확산에 의해 이루어지는데, 이에 관하여 Epstein과 Plesset[11]은 농도에 관한 경계층의 두께가 반경보다 훨씬 작다는 가정하에 농도에 관한 확산방정식을 풀은 바 있다.

본 절에서는 Rosner와 Epstein의 모델[12]이 기포가 큰 경우에 타당성이 있다고 보고 미시적인 영역에서도 성립할 수 있는 좀 더 일반화된 전개를 함으로써 문제 해결을 시도하였다.

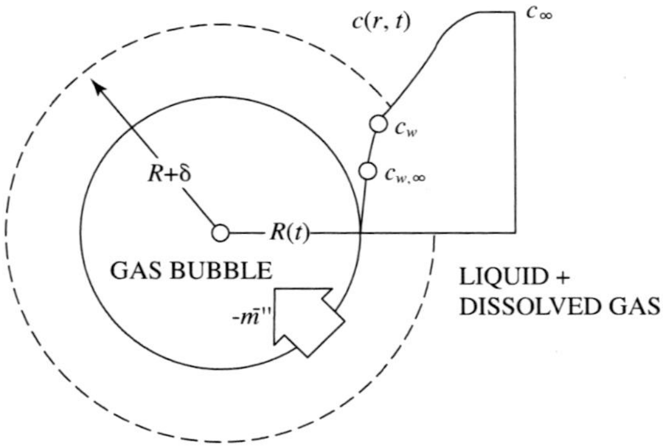

Fig. 1 Physio-chemical model of spherical bubble growth in a supersaturated liquid configuration.

Fig. 1에 이 현상의 물리적 그리고 수학적 모델에 기초를 둔 계의 그림이 주어져 있다. 가스 액체의 표면 경계층을 통한 질량유속은 다음과 같이 표현할 수 있다.

$$4\pi R^2 \dot{m}'' = -\frac{d}{dt}\left(\frac{4}{3}\pi\rho_g R^3\right) \tag{6-39}$$

여기서 $\dot{m}''$는 단위면적당 접촉면에서의 질량 유입률을 나타낸다. — 표시는 Fig. 1과 같은 좌표계 설정에 따른 결과이다. 또한 기포 내의 가스압력 P_g는 다음과 같이 주어진다.

$$P_g(t) = P_\infty + \frac{2\sigma_o}{R(t)\left(1 - \dfrac{a}{R}\right)} \tag{6-40}$$

단, $a = 2\Gamma v_l$이며, Γ는 Gibbs의 흡착계수, v_l은 액체의 비체적이다.

또한 이에 따른 기포 내의 가스 밀도는 이상기체식을 이용하면 다음과 같이 쓸 수 있다.

$$\rho_g(t) = \frac{P_g}{R_g T} = \frac{1}{R_g T}\left[P_\infty + \frac{2\sigma_o}{R\left(1 - \dfrac{2\Gamma v_N}{R}\right)}\right] \tag{6-41}$$

윗식을 이용하여 식 (6-39)을 다시 쓰면 다음과 같이 된다.

$$-\dot{m}'' = \left[\rho_\infty + \frac{2\sigma_o}{R_g T}\frac{(2R - 6\Gamma v_N)}{3(R - 2\Gamma v_N)^2}\right]\frac{dR}{dt} \tag{6-42}$$

또한 Fick의 법칙에 의하여 질량유속을 기포의 경계면에서의 농도구배로 표현할 수 있다.

$$-\dot{m}'' = \frac{D\rho}{1-c_w}\left(\frac{\partial c}{\partial r}\right)_{r=R} \tag{6-43}$$

여기서 c는 용매에 의한 용해 농도의 질량비로서 무차원 변수이다. 그리고 D는 확산 계수, ρ는 액체의 밀도이며, c_w는 기포 표면에서의 용해농도이며, 포화농도 c_{sat}와 같다고 가정한다.

기포의 경계면에서 용해농도의 증감에 따라 방정식의 해를 구하게 되는데 그것을 나타내는 확산방정식은 다음과 같이 표현된다.

$$\rho\frac{\partial c}{\partial t} + \rho v\frac{\partial c}{\partial r} = \rho\frac{D}{r^2}\frac{\partial}{\partial r}\left(r^2\frac{\partial c}{\partial r}\right) \ ; \qquad r \geq R(t) \tag{6-44}$$

여기서 가스의 농도 c는 $c(r, 0) = c(\infty, t) = c_\infty$의 경계조건 및 초기조건을 만족한다. 유체 내에서의 속도, $v(r, t)$는 질량 보존 법칙에 의해 기포 경계면에서의 속도, $v(R)$은 다음과 같이 표현할 수 있다.

$$vr^2 = v(R)R^2; \qquad r \geq R(t)$$

$r = R(t)$에서의 기포 표면에 대한 전체 계의 질량 보존은 다음과 같이 쓰여진다.

$$\dot{m}'' = \rho[v(R) - \dot{R}] \tag{6-45}$$

여기서 $\dot{R}$는 운동량방정식으로부터 구해지는 것으로 기포 표면의 관성에 의한 속도이다. 이것은 기포가 역학적인 평형상태에서 성장할 경우에 무시된다. 본 해석에서 기본적으로 구하고자 하는 것은 식 (6-43)으로 주어지는 경계조건을 갖는 기포 계의 경계면에서의 용해농도비율 c를 기포 반지름과 연관지어 시간의 함수를 나타내고자 하는 것이다. 이러한 기포 성장의 초기조건이라 할 수 있는 $R(0)$는 바로 전술된 핵 생성이론으로부터 산정되는 것으로 전 장에서 설명된 물리적인 모델에 의해 그 값이 주어지는 것이다. 본 절에서는 Rosner와 Epstein[12]에 의한 전개를 참조하였다. 이 방법을 적용하는 첫 단계로서 기포 경계면에서 농도비의 변화를 시간의 함수로만 표현하기 위해 임의의 함수 $\delta(t)$를 정의하는데 본 논문에 주어진 계에서 $\delta(t)$가 갖는 물리적인 의미는 바로 용해 농도변화가 일어나는 경계층 두께(boundary layer thickness)가 된다. 이러한 작업은 나중에 보여지듯이 변수 r, t로 구성된 편미분방정식 계를 시간만의 함수로 이루어지는 상미분방정식 계로 변환시키게 한다. 식 (6-44)을 $c_\infty - c$에 관해 다시 쓰고 식 (6-39)를 이용하면

$$r^2 \frac{\partial}{\partial t}(c_\infty - c) = -\left(\dot{R} + \frac{\dot{m}''}{\rho}\right) R^2 \frac{\partial}{\partial r}(c_\infty - c) + D \frac{\partial}{\partial r}\left[r^2 \frac{\partial}{\partial r}(c_\infty - c)\right] \tag{6-46}$$

이 된다. 여기서 $r = R$에서부터 $r = R + \delta$까지 적분하고 식 (6-45)에 의해 주어진 경계 조건을 사용하면 식 (6-46)는 다음과 같이 유도된다.

$$\frac{d}{dt}\int_R^{R+\delta} r^2 (c_\infty - c)\, dr = (1 - c_\infty)\frac{d}{dt}\left(\frac{\rho_g}{\rho}\frac{R^3}{3}\right) \tag{6-47}$$

여기서 ρ_g는 이상기체법칙에 따라서 $R(t)$와 관련되기 때문에 식 (6-47)의 오른쪽 항은 시간만의 함수이다. 식 (6-47)을 t에 관하여 적분하면 다음과 같다.

$$\int_R^{R+\delta} r^2 \frac{c_\infty - c}{c_\infty - c_w} dr = \frac{1 - c_\infty}{c_\infty - c_w}\frac{\rho_g R^3 - \rho_{g,o} R_o^3}{3\rho} \tag{6-48}$$

여기서 첨자 o는 초기 조건을 나타낸다. 농도비(농도분포)는 경계층 두께 δ 안에서 다음과 같이 변한다고 가정한다.

$$\frac{c_\infty - c}{c_\infty - c_w} = \begin{cases} P_r(\xi) \text{ if } R \le r \le R + \delta \\ 0 \text{ if } r \ge R + \delta \end{cases} \tag{6-49}$$

윗식에서 $\xi = (r - R)/\delta$이다. 이러한 형태의 농도비 변화를 가정하고 식 (6-48)을 다시 쓰면 다음과 같다.

$$\int_R^{R+\delta} r^2 \left(\frac{c_\infty - c}{c_\infty - c_w}\right) dr = \left(\frac{1 - c_\infty}{c_\infty - c_w}\right)\frac{\rho_g R^3 - \rho_{g,o} R_o^3}{3\rho} \tag{6-50}$$

그러므로 본 계의 경계층 두께의 경계 조건을 만족하도록 무차원화된 용해 농도구배 $P_r(\xi)$를 적절히 선택하면 $\delta(t)$와 $R(t)$ 사이의 식이 주어질 것이다. 이제 $P_r(\xi)$를 다음과 같은 식으로 표현하기로 하자.

$$P_r(\xi) = (1 - \xi)^2 \tag{6-51}$$

이러한 형태의 농도구배 함수는 경계조건 $P_r(0) = 1$, $P_r(1) = 0$, 그리고 $(dR_r/d\xi)_{\xi=1}$

= 0의 조건을 모두 만족함을 알 수 있다. 이 식을 이용하면 식 (6-50)은 다음과 같이 표현된다.

$$\left[\frac{1}{10}\left(\frac{\delta}{R}\right)^3+\frac{1}{2}\left(\frac{\delta}{R}\right)^2+\left(\frac{\delta}{R}\right)\right]=\left(\frac{1-c_w}{c_\infty-c_w}\right)\cdot \left[\frac{\left(\rho_\infty+\dfrac{2\sigma_o}{R_g T(R-a)}\right)R^3-\left(\rho_\infty+\dfrac{2\sigma_o}{R_g T(R_o-a)}\right)R_o^3}{\rho R^3}\right] \tag{6-52}$$

식 (6-49)로부터 식 (6-43)에 의해 주어진 질량유속은 다음과 같이 쓸 수 있다. 즉

$$\dot{m}''=\left(\frac{c_\infty-c_w}{1-c_w}\right)\frac{D\rho}{\delta}\left(\frac{dP_r}{d\xi}\right)_{\xi=0} \tag{6-53}$$

$$=-\frac{2D\rho}{\delta}\left(\frac{c_\infty-c_w}{1-c_w}\right)$$

그런데 질량유속은 또한 식 (6-42)에 의해 주어지므로 식 (6-42)와 (6-53)으로부터 $\dot{m}''$을 소거하면 $\dot{R}(t)$ 를 $\delta(t)$ 의 함수로 나타낼 수 있다. 즉,

$$\frac{dR}{dt}=\frac{2D\rho\left(\dfrac{c_\infty-c_w}{1-c_w}\right)}{R\left[\rho_\infty+\dfrac{2\sigma_o(2R-3a)}{3R_g T(R-a)^2}\right]\left(\dfrac{\delta}{R}\right)} \tag{6-54}$$

여기서 $c_w(t)$ 는 $R(t)$ 에 관한 함수이다. 식 (6-53)과 (6-54)을 무차원 변수 $\epsilon=R/R_o$, $A=a/R_o$, $x=t/t_r$, $\tilde{z}=2\sigma//\rho_\infty R_o R_g T=2\sigma_o/R_o P_\infty$, $F=C_\infty/C_{w,\infty}$을 도입하면 각각 식 (6-55)와 식 (6-56)으로 표현된다.

단, $t_r=\dfrac{R_o}{2D}\dfrac{\rho_\infty}{\rho}$, $c_{w,\infty}=\dfrac{m_g N_l}{\rho}\dfrac{P_\infty}{K_H}$

$$\left[\frac{1}{10}\left(\frac{\delta}{R}\right)^3+\frac{1}{2}\left(\frac{\delta}{R}\right)+\frac{\delta}{R}\right]= \tag{6-55}$$

$$\frac{1-Fc_{w,\infty}}{c_{w,\infty}\dfrac{\rho}{\rho_\infty}\left(F-1-\dfrac{\bar{z}}{\epsilon-A}\right)}\cdot\left[\frac{\left(1+\dfrac{\bar{z}}{\epsilon A}\right)-\left(1+\dfrac{\bar{z}}{\epsilon-A}\right)}{\epsilon^3}\right]$$

그리고

$$\frac{d\epsilon}{dx} = \frac{c_{w,\infty}}{\left(\dfrac{\delta}{R}\right)}\left[\frac{F-1-\dfrac{\bar{z}}{\epsilon-A}}{(1-c_{w,\infty})\left(1+\dfrac{\bar{z}}{\epsilon-A}\right)}\right]\left[\frac{1}{1+\dfrac{z}{3}\dfrac{2\epsilon-3A}{(\epsilon-A)^3}\epsilon}\right] \tag{6-56}$$

매 시간 간격마다의 경계층 두께비 δ/R 은 전술한 바와 같이 식 (6-55)로부터 유도되는 3차 대수방정식의 해가 되므로 초기치를 가정하여 쉽게 구할 수 있다. 그 결과는 주어진 시간에서 식 (6-56)에 도입되어 수치 해석에 의해 적분할 경우 시간에 따른 기포의 반경을 구할 수 있다. 이러한 과정의 반복으로 주어진 초기치 $R(0)$ 로부터 임의의 시간 t가 지난 후의 $R(t)$ 까지의 변화 과정을 Runge-Kutta 수치방법으로 계산하면 된다.

기포가 확산과정에 의하여 성장하는 경우 가장 중요한 변수는 농도경계층의 두께라고 할 수 있다. Table 1에 benzene-nitrogen계의 경우 시간에 따라 성장하는 기포의 반경과, 경계층 두께 δ/R이 주어져 있다. 기포의 반경 R이 증가함에 따라 경계층의 두께가 증가함은 예측할 수 있는 바이지만 반경 R이 상당히 작은 경우 예를 들면, 1 μm인 경우에 Epstein과 Plesset[11]의 결과에 따르면 농도의 경계층 두께도 이와 같이 작은 값을 가져 확산에 의한 기포 성장이 초기에도 대단히 빠름을 볼 수 있다. 하지만 이것은, 물리적으로 볼 때 일어날 수 있는 일은 아니다. 이러한 Epstein과 Plesset의 결과와는 달리 Table. 1은 기포의 반경이 작은 경우에 그 농도경계층 두께는 일정한 값에 접근함을 알 수 있다. 즉, 경계층 두께 δ가 기포 반경 R에 비례함을 알 수 있다. 따라서 본 절에서 다룬 확산에 의한 기포 성장 모델은 미시적인 기포 성장 해석에서 Epstein과 Plesset의 결점을 보완할 수 있다.

한편 Rosner와 Epstein은 농도에 대한 경계층 두께가 기포의 반경에 비해 상당히 작다는 가정 아래 기포의 성장을 거시적으로 해석하였지만 Table. 1에서 볼 수 있는 바와 같이 이와같은 가정은 거시적인 크기의 기포에서나 타당함을 알 수 있다.

Fig. 2는 benzene-nitrogen 계, Fig. 3은 carbon tetrachloride-nitrogen 계, Fig. 4는 water-nitrogen계의 경우에 대한 계산 결과를 보여준다. 이들 세 개의 그림에서 비슷한 성장 과정이 나타남을 볼 수 있다. 기포의 성장은 빠른 속도로 가속화된 다음 천천히 포물선 성장 형태를 취한다[13]. 이것은 용해농도의 경계층 두께가 용해 과정에서 지

| Table 1 | Bubble radius and boundary layer thickness as a function of time ; a list of calculation for benzene–nitrogen solution

Time (s)	Bubble radius (cm)	Boundary layer thickness(cm)	δ/R
0.195×10^{-5}	0.171×10^{-5}	0.788×10^{-5}	4.610
1.135×10^{-4}	0.173×10^{-5}	0.786×10^{-5}	4.546
0.212×10^{-4}	0.272×10^{-5}	0.975×10^{-5}	3.583
0.322×10^{-4}	0.210×10^{-4}	0.204×10^{-4}	0.790
0.438×10^{-4}	0.698×10^{-4}	0.364×10^{-4}	0.521
0.734×10^{-4}	0.135×10^{-3}	0.566×10^{-4}	0.419
0.110×10^{-3}	0.209×10^{-3}	0.794×10^{-4}	0.380
0.250×10^{-3}	0.400×10^{-3}	0.138×10^{-3}	0.345
0.845×10^{-3}	0.853×10^{-3}	0.276×10^{-3}	0.324
0.164×10^{-2}	0.124×10^{-2}	0.401×10^{-3}	0.323
0.744×10^{-2}	0.276×10^{-2}	0.861×10^{-2}	0.312
0.280×10^{-1}	0.545×10^{-2}	0.168×10^{-2}	0.309
0.217	0.154×10^{-1}	0.473×10^{-2}	0.307
0.434	0.207×10^{-1}	0.666×10^{-2}	0.307

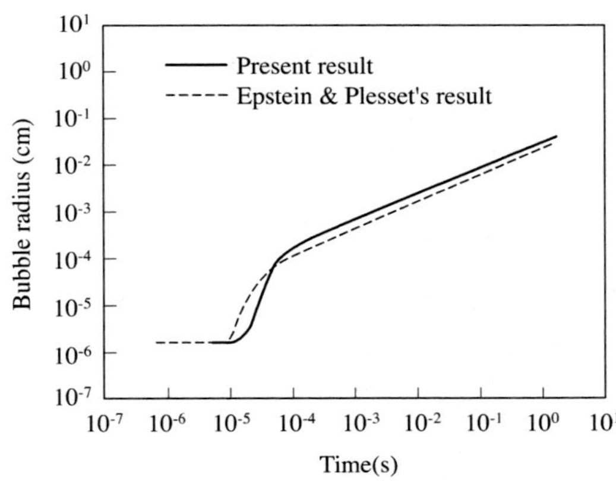

Fig. 2 A comparison between calculation results by present model and Plesset's solution for bubble growth in benzene–nitrogen solution ; $R_o = 0.171\times10^{-5}$cm, $n_{chem} = 18268$

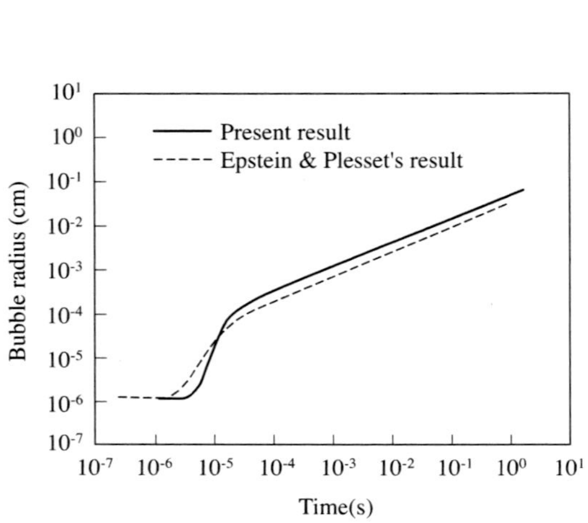

Fig. 3 A comparison between calculation results by present model and Plesset's solution for bubble growth in carbon tetrachloride–nitrogen solution ; $R_o = 0.106 \times 10^{-5}$ cm, $n_{chem} = 6535$.

배적인 매개 변수의 하나임을 명백히 알 수 있다. 얇은 경계층의 가정을 이용한 Epstein과 Plesset의 고전적 연구가 있는데 이들의 해석에서 특별한 가정이 없이 확산방정식을 풀은 결과는 농도경계층 두께가 기포의 반경에 비례하는 것으로 되어 있다. Fig. 2, 3, 4에서 보여지는 것과 같이 본 해석의 결과는 초기에 빠르고 그리고 다음 성장은 Epstein과 Plesset의 결과에 비하여 느려지는 경향으로 바뀌는데 이 두 해석에서의 경계층 두께에 대응되는 변화가 서로 상반됨을 알 수 있다. 특히 water-nitrogen 계에서와 같이 표면장력이 큰 용액에서는 표면장력도 기포 성장에 중요한 변수가 됨을 알 수 있다.

Fig. 5 에는 benzene-nitrogen 계에서 경계층 두께의 변화가 나타나 있는데 이는 Fig. 2에 보여진 기포성장의 결과와 일치하는 것으로 경계층 두께의 변화가 기포 성장에 지배적인 역할을 하고 있음을 보여주고 있다.

지금껏 임의로 핵형성률, J_{n_c} 를 1 또는 10^6 bubbles/cm^3s으로 가정하여 기포형성에 필요한 감압 한계를 계산하였다. 하지만 이 단위체적당 핵형성률은 액체의 과열한계를 측정하는 문제에 있어서 임의의 값이 아니라 과열한계에 다다른 액적이 기화하는 율을 나타내는 물리적인 양임을 밝혀낸 바 있다[14]. 가스에 의한 용액 내에서의 기포형성 문제에서도 이 핵형성률은 결코 임의의 값이 아니다. 이제 하나의 임계모듬이 커져서 거시적인 기포가 되었다고 할 때 이 핵형성률에 따라 거시적인 기포가 차지하는 체적이 결정되어[15] 실험 결과와 비교하면 적당한 핵형성률의 값이 결정되어 질

수 있다.

Fig. 6은 여러 가지 핵형성률의 값에 따라 시간에 따른 기포가 차지하는 체적의 변화를 보여주고 있다. 이 계산 결과에 따르면 Hemmingsen[16]이나 Hong[17]에 의한 사진 결과와 비교해 보면 $J_{n_c} = 10^6$ bubbles/cm^{3}s은 너무 큰 값임을 알 수 있다. 참고로 Fig. 7에 Hong의 사진 결과를 게재한다. Hong의 그림에서도 알 수 있는 바와 같이 초기 압력에 따라 용액 내에서 기포가 차지하고 있는 부피가 현저히 다름을 알 수 있다. 즉, 기포형성에 필요한 구동력 $(P_i - P_f)$에 따라 핵생성률, J_{n_c} 도 달라짐을 알 수 있다.

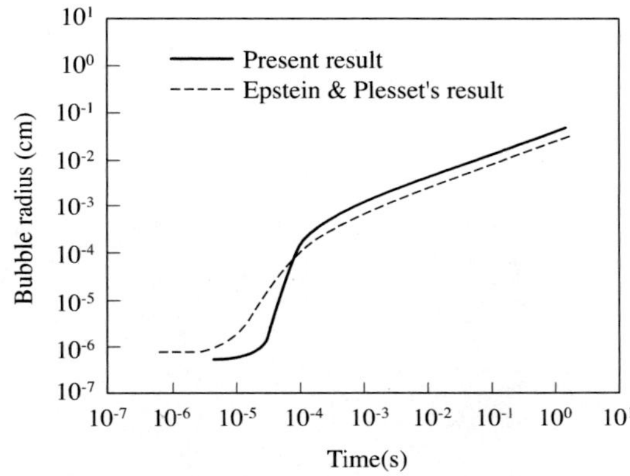

Fig. 4 A comparison between calculation results by present model and Plesset's solution for bubble growth in water–nitrogen solution ; $R_o = 0.781 \times 10^{-6}$ cm, $n_{chem} = 9{,}521$.

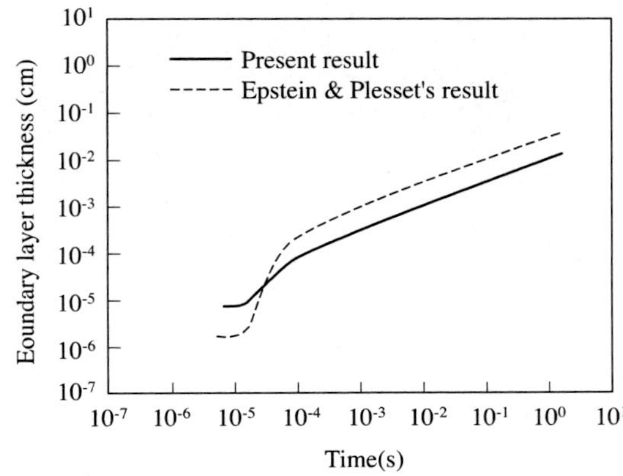

Fig. 5 Boundary layer thickness δ as a function of time t in benzene–nitrogen solution.

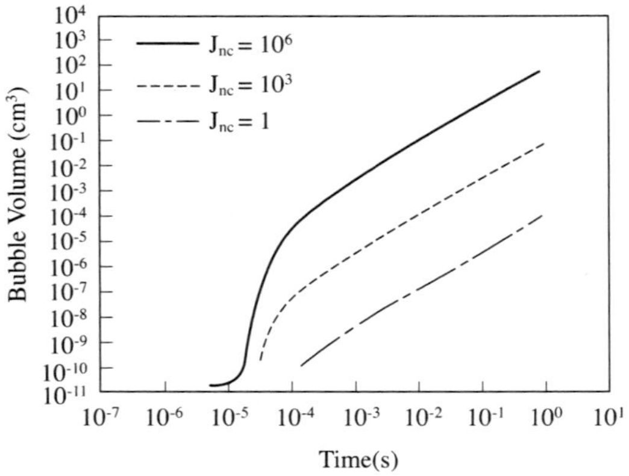

Fig. 6 The volume occupied by gas bubble per unit volume depending on the nucleation rate in the benzene–nirtogen solution.

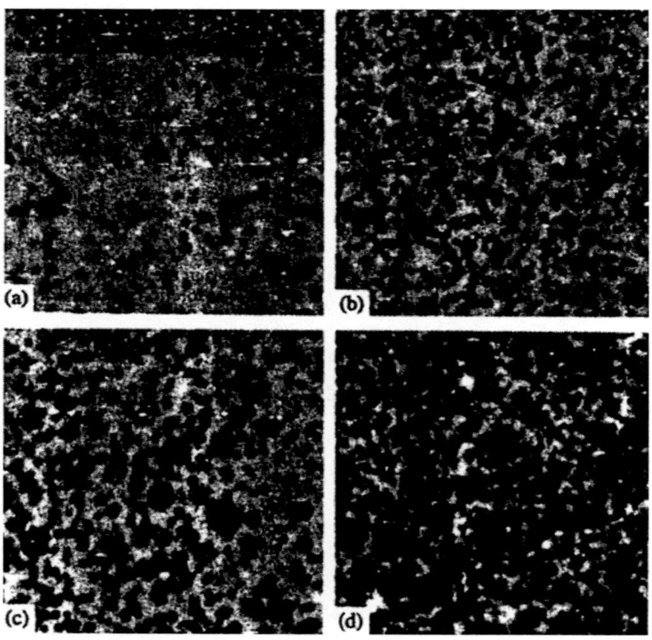

Fig. 7 The apperance of gas bubble during the late stages of decompression of benzene supersaturated with nirtogen with various initial pressures : (a) P_i = 15 atm ; (b) 23 atm ; (c) 35 atm ; (d) 40 atm[From reference 17]. Photos were taken at 0.8 s after the decompression. Each frame represents an area of 2.36×2.36 mm^2.

최근에는 용액 내에서 가스에 의한 기포형성 현상의 응용으로 초경계 상태의 이산화탄소나 질소를 수지와 혼합한 후 감압함으로써 미세한 기포(5~50 μm)가 있는 플라스틱을 제조함으로써 제품의 경량화와 제조비의 절감을 이룩할 수 있는 사출성형 기술이 주목받고 있다[18].

6. 5 폴리머 용액 내에서의 초미세 폼(microcellular form)의 형성

기체나[19, 20] 휘발성 물질이[21]용해된 폴리머를 이용하여 폼을 형성하거나[22] 초미세 폼(microcellular foam)를 포함한 플라스틱을 생성하는데[23, 24] 임계 크기의 기포생성 및 생성된 임계기포의 성장에 관한 연구는 기술적으로 매우 중요하다. 미세기포로 구성된 폼이나 플라스틱은 기계적 강도를 그대로 유지하면서 원재료 절감뿐만 아니라 뛰어난 열적, 전기적인 단열효과를 낼 수 있어 상업적으로 이용될 수 있는 상품, 예를 들면 운동화의 밑창이라든가 자동차 부품을 제조할 수 있기 때문에 많은 연구의 대상이 되고 있다. 탄성체나 가스가 용해된 고분자 내에서 임계크기의 기포가 생성되기 전단계인 임계모듬의 형성에 대한 연구[25]는 3장에서 다룬바 있다.

점탄성 액체내에서 경계층 이론을 근거로 한 정확한 수학적 전개는 Han과 Yoo[22]에 의해 처음으로 시도되었다. 6 장4절에서 다룬 바와 같이 임계 기포의 성장은 농도 경계층을 통하여 이루어 진다고 가정할 수 있다. 하지만 폴리머 용액 내에서의 가스 기포의 성장은 3장 7절에서도 다룬 바와 같이 기포 내 압력은 전단력을 반드시 고려해야 한다. 따라서 기포내의 시간에 따른 가스 압력 $P_g(t)$는 관성에 의한 항을 무시한 운동량 방정식으로부터 구할 수 있다. 즉, 구면 좌표에서의 운동량 r성분은 다음 식과 같이 단순화 할 수 있다[26].

$$-\frac{\partial P}{\partial r}+\frac{\partial \tau_{rr}}{\partial r}+\frac{2(\tau_{rr}-\tau_{\theta\theta})}{r}=0 \tag{6-57}$$

기포 경계면 에서의 힘의 균형은 다음과 같이 주어진다.

$$-P(R)+\tau_{rr}(R)=-P_g+\frac{2\sigma}{R} \tag{6-58}$$

식 (6-57)를 $r=R$로부터 $r=S$까지 적분하고 식 (6-58)을 이용하면 다음과 같이 된다.

$$P_g = P_f + \frac{2\sigma}{R} - 2\int_R^S \frac{(\tau_{rr} - \tau_{\theta\theta})}{r} dr \qquad (6-59)$$

여기서 S는 고분자 용액에서의 기포 중앙으로부터 그 주위에서 변화된 매트릭스의 반경이다. 점탄성 거동을 기술할 수 있는 Dewitt 모델[21, 26, 27]을 이용하면 응력성분 τ_{rr}에 대한 해석적인 해를 다음과 같이 구할 수 있다[21].

$$\tau_{rr}(r,t) = -\frac{4\eta_0}{\lambda}\int_0^t e^{(s-t)/\lambda}\left(\frac{R^2\dot{R}}{r^3}\right)ds + \tau_{rr,0}e^{-t/\lambda} \qquad (6-60)$$

식 (6-58)과 식 (6-60)를 식(6-59)에 대입하고, $\tau_{rr} = 2\tau_{\theta\theta}$ 등식을 이용하면 기포내 가스의 압력을 다음과 같이 구할 수 있다.

$$P_g = P_f + \frac{2\sigma}{R} - 3\tau_{rr,0}e^{-t/\lambda}\ln\left(\frac{S}{R}\right) + 4\frac{\eta}{\lambda}\int_0^t e^{(s-t)/\lambda}R^2(s)\dot{R}(s)\left(\frac{1}{S^3} - \frac{1}{R^3}\right)ds \qquad (6-61)$$

윗식에서 $\tau_{rr,\ 0}$는 초기 기포 벽면에서 응력값이다. 위 방정식으로 점탄성 폴리머 용액에서 형성되어 성장하는 기포 내부의 시간에 따른 가스 압력을 계산할 수 있다.

가스 농도의 변화가 일어나는 경계층 두께에 대한 시간 변화 식은 Rosner와 Epstein[12]이 가정한 바와 같이 경계층 두께 δ안에서 농도분포를 주어진 경계조건을 만족하는 이차 함수라고 가정해 경계층 내에서 식 (6-44)에 주어진 확산방정식에 대해 적분을 수행하면 다음과 같이 구할 수 있다.

$$\left[\frac{1}{10}\left(\frac{\delta}{R}\right)^3 + \frac{1}{2}\left(\frac{\delta}{R}\right)^2 + \left(\frac{\delta}{R}\right)\right]R^3 = -\frac{1-C_\infty}{C_w - C_\infty}\frac{R^3\rho_g - R_0^3\rho_{g,0}}{\rho} \qquad (6-62)$$

그런데 식 (6-53)에 주어진 질량 유속은 식 (6-39)로부터 다음과 같이 쓸 수 있다.

$$4\pi R^2\dot{m}'' = -4\pi\rho_g R^2\frac{dR}{dt} - \frac{4}{3}\pi R^3\frac{d\rho_g}{dt} \qquad (6-63)$$

식 (6-63)과 (6-53)으로부터 $\dot{m}''$을 소거하면 시간에 따른 기포 반경을 나타내는 식을 다음과 같이 구할 수 있다.

$$\frac{dR}{dt}=\frac{2D}{\delta}\left[\frac{C_\infty - C_w}{1-C_w}\right]\frac{\rho}{\rho_g}-\frac{R}{\rho_g}\frac{d\rho_g}{dt} \tag{6-64}$$

기포 성장에 의하여 영향 받는 폴리머층의 두께는 $S=R+\delta_m$ 이라고 가정하였으며, 또한 δ_m 을 $0.32\mu m$ 로 일정하다고 가정하였다. 식 (6-61)을 시간에 대하여 미분하면 시간에 따른 기포내 가스 압력에 대한 식을 다음과 같이 얻을 수 있다.

$$\begin{aligned}\frac{dP_g}{dt}=&-\left(P_g-P_f-\frac{2\sigma}{R}\right)/\lambda\\&-\left\{\frac{2\sigma}{R}-3\tau_{rr,0}\frac{\delta_m}{R}\frac{1}{(1+\delta_m/R)}e^{-t/\lambda}-12\frac{\eta_0}{\lambda}\frac{\delta_m}{R}\frac{\left[1+\left(\frac{\delta}{R}\right)+\frac{1}{3}\left(\frac{\delta}{R}\right)^2\right]}{\left[1+3\left(\frac{\delta}{R}\right)+3\left(\frac{\delta}{R}\right)^2+\left(\frac{\delta}{R}\right)^3\right]}\right\}\frac{\dot{R}}{R}\end{aligned} \tag{6-65}$$

식 (6-62), (6-64) 그리고 (6-65)가 시간에 따른 기포의 반경을 계산하는 지배 방정식이다. 이식들을 무차원화 하기 위하여 기포 반경과 농도 경계층 두께는 초기 반경 R_c를 기준으로, 전단력과 기포내 가스 압력은 환경 압력 P_∞를 기준으로 하였다. 또한, 기포 성장에 관한 시간 척도는 운동량 전달에 관한 특성시간인 η/P_f보다는 확산에 대한 특성시간을 나타내는 R_c^2/D를 기준으로 하였다.

적당한 무차원 변수를 사용하여 위의 3개의 지배방정식을 다시 쓰면 다음과 같다.

$$\left[\frac{1}{10}\left(\frac{\overline{\delta}}{\varepsilon}\right)^3+\frac{1}{2}\left(\frac{\overline{\delta}}{\varepsilon}\right)^2+\left(\frac{\overline{\delta}}{\varepsilon}\right)\right]=\frac{1-Fc_{w,\infty}}{c_{w,\infty}\overline{\rho}(F-\overline{P}_g)}\frac{\overline{\rho}_g\varepsilon^3-1}{\varepsilon^3} \tag{6-62$'$}$$

$$\frac{d\varepsilon}{d\overline{x}}=\frac{1}{\overline{\delta}(\overline{\rho}_g/\overline{\rho})}\frac{F-\overline{P}_g}{1/c_{w,\infty}-\overline{P}_g}-\frac{1}{3}\frac{\varepsilon}{\overline{\rho}_g}\frac{d\overline{\rho}_g}{d\overline{x}} \tag{6-64$'$}$$

그리고

$$\frac{d\overline{P}_g}{d\overline{x}} = -\left(\overline{P}_g - 1 - \frac{z}{\varepsilon}\right) t_r / \lambda$$
$$-\left\{\frac{z}{\varepsilon} - 3\overline{\tau}_{rr,0}\frac{\overline{\delta}_m}{\varepsilon}\frac{1}{\left(1+\overline{\delta}_m/\varepsilon\right)}e^{-\overline{x}t_r/\lambda} - 12\overline{v}\frac{\overline{\delta}_m}{\varepsilon}\frac{\left[1+\left(\frac{\overline{\delta}}{\varepsilon}\right)+\frac{1}{3}\left(\frac{\overline{\delta}}{\varepsilon}\right)^2\right]}{\left[1+3\left(\frac{\overline{\delta}}{\varepsilon}\right)+3\left(\frac{\overline{\delta}}{\varepsilon}\right)^2+\left(\frac{\overline{\delta}}{\varepsilon}\right)^3\right]}\right\}\frac{1}{\varepsilon}\frac{d\varepsilon}{d\overline{x}} \tag{6-65'}$$

수치해석으로 3개의 지배 방정식을 계산하는 방법은 다음과 같다. 첫째 주어진 시간에서 경계층 두께 $\overline{\delta}/\varepsilon$은 Newton 방법을 사용하여 식 (6-62′)로부터 계산하고 다음은 주어진 반경 R에서 $\overline{\delta}/\varepsilon$의 계산 결과를 식 (6-65′)에 대입하여 기포 내부의 압력 $\overline{P}_g$를 구할 수 있다. 또한 적당한 상태방정식을 이용하여 $\overline{\rho}_g$를 구한 후 식 (6-64′)를 이용하여 다음 시간 스텝에서의 $\varepsilon(t)$를 제 4차 Runge-Kutta 방법으로 계산할 수 있다. 생성된 기포의 성장에 따른 용액 내에서의 가스 농도의 감소는 용해된 가스의 질량 보존식으로부터 다음식으로 구할 수 있다[25].

$$C_\infty(t) = C_\infty(t=0) - J_{nc}\tau\frac{4}{3}\pi R_g{}^3\frac{\rho_g}{\rho_L} \tag{6-66}$$

방정식 (6-65′)에서 보는 바와 같이 점탄성 폴리머 용액에서 기포내부의 시간에 따른 가스 압력은 무차원 표면 장력 $\overline{Z}$, 질량 전달의 특성시간에 대한 완화시간의 비 λ/t_r, 그리고 완화시간에 대한 운동량 특성 시간의 비 η/P_f에 의해서 영향을 받음을 알 수 있다. 기포 반경의 성장률은 초기 포화 압력 P_i 와 기포내부의 가스압력 사이의 압력 차이인 $F-\overline{P}_g$에 의해 결정된다. 이런 물리적 변수들에 따른 기포 성장에 대한 자세한 연구가 Arefmanesh와 Advani[27]에 의해서 행해졌다. 이 계산에서는 기포의 확산에 의한 성장에 영향을 미치는 모든 물리적 변수들이 Mean-Field-Lattice-Gas (MFLG) 모델[24]에 의해 합리적으로 제시된 PMMA 용액 속의 CO_2가스의 기포 성장의 경우를 고려하였다. 이 계산에 사용된 변수들의 전형적인 값은 $\lambda = 3.44\times10^{-2}\ s$, $\eta_0 = 3.44\times10^3$ dyne · s, $D = 4.14\times10^{-3}\ cm^2/s$이다. 이 계산에서 초기 응력 $\tau_{rr,\,0}$은 고려하지 않았다.

초기 포화 압력에 따른 임계 기포를 구성하는 분자수는 Figure 8에 주어져 있다.

예측한 바와 같이 임계 기포내의 분자수는 초기 포화 압력이 증가함에 따라 감소한다. Figure 9에는 초기 포화 압력에 따른 PMMA 용액에서의 CO_2기포의 시간에 따른 기포 반경을 나타내었다. 기포의 성장은 초기 포화 압력이 클수록 빨리 정상상태에 다다르고, 최종 기포의 크기가 작음을 알 수 있다. 이것은 초기 포화 압력이 클수록 핵 생성수가 많아 식 (6-66)에 주어진 질량보존에 기인하여 용해된 가스 분자들이 더 빨리 고갈되기 때문이라고 사료된다. Figure 10에는 완화시간이 $\lambda = 0.034\ s$를 가진 점탄성 폴리머 용액에서 기포의 성장은 빠르게 이루어지고 평형상태에 빨리 다다름을 알 수 있다. 그런데 이 완화 시간은 PMMA-초임계 CO_2용액에서의 완화 시간이다. 완화 시간이 0.034 s 보다 100배 큰 경우에 기포 성장률은 비슷하게 나왔지만 1/100로 줄어든 경우 즉 뉴우턴 유체인 경우에는 Arefmanesh와 Adivani [27]에 의해서 확인된 바와 같이 기포 성장은 더디게 이루어짐을 알 수 있다. Figure 11 는 초기 포화 압력에 따라 최종 셀 크기에 대한 측정치와 계산치가 나와 있다. 초기 압력이 높을 경우 즉 27.5MPa 이상의 압력에서는 최종 폼 반경이 거의 일정함을 알 수 있으며 이는 실험치와 상당히 일치한다. 초기 포화 압력이 20MPa 이하에서는 계산결과와 실험치가 상당히 차이가 나는 이유는 이 기압 아래에서는 기포 생성율을 잘 예측할 수 없기 때문이다[24]. Figure 12은 초기 포화 압력이 27.5 MPa 일 때 온도에 따른 최종 폼의 크기를 나타내고 있다. 계산 결과 온도가 증가하면 폼의 크기가 작아지지만 반대로 실험 치에서는 증가하는 것을 알 수 있다. 이것은 온도가 증가하면 생성된 기포가 많을 경우 서로 합체를 이루어 최종 폼 크기가 커진다고 생각 할 수 있다.

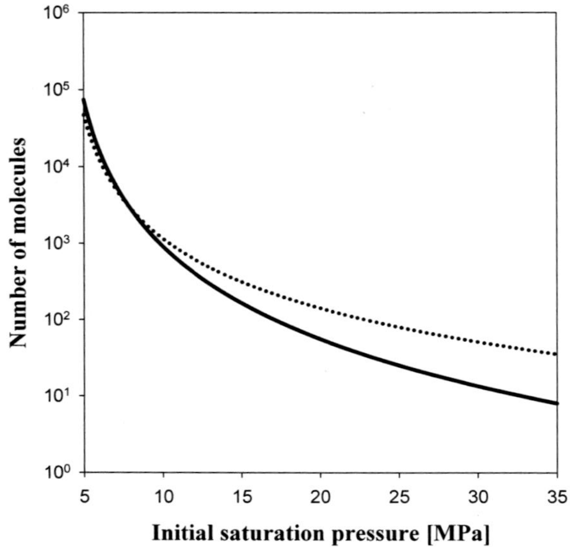

Fig. 8 The number of molecules as a function of initial gas pressure in PMMA-supercritical CO_2 solution at $T=40$℃: The solid line is the number of molecules in the critical cluster and the dotted line is the number of molecules in the critical size gas bubble.

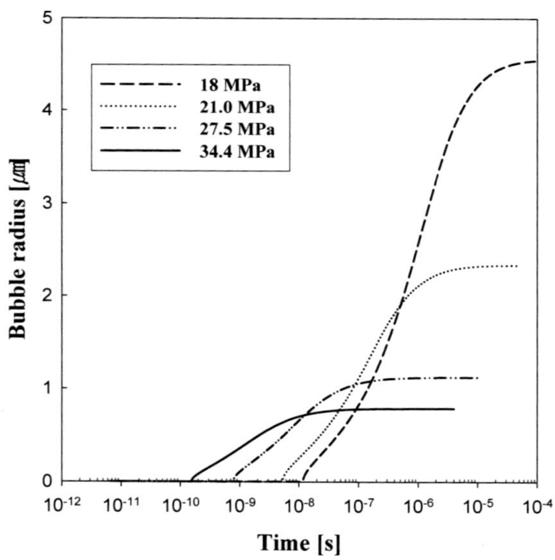

Fig. 9 Bubble growth in PMMA-supercritical CO_2 solution at $T=40$℃ with various initial saturation pressure.

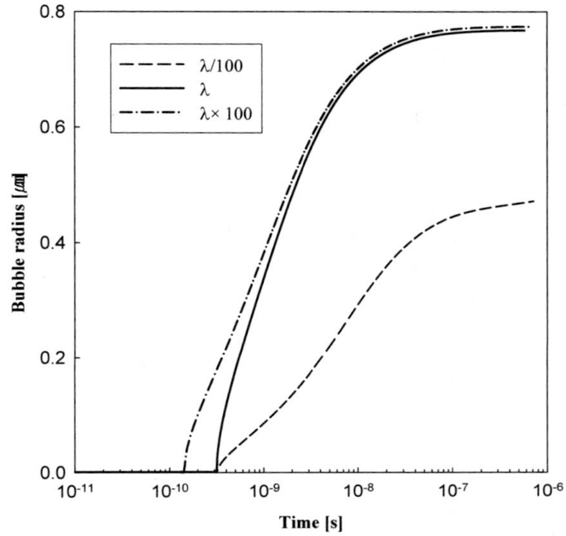

Fig. 10 Effect of medium elasticity on bubble growth.

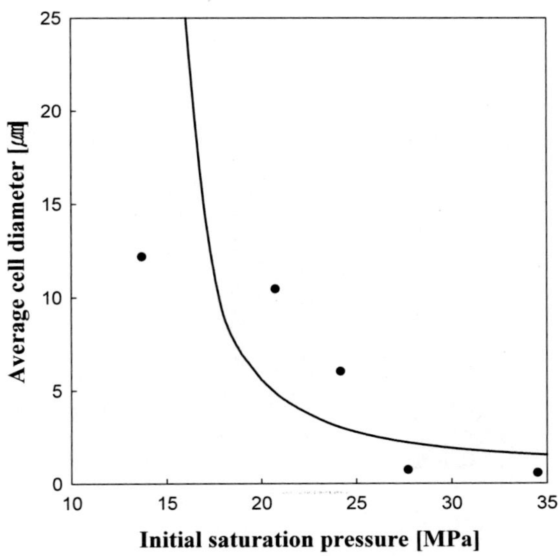

Fig. 11 Experimental data and calculation results of equilibrium cell radius depending on initial saturation pressure in PMMA–supercritical CO_2 solution at $T=40$℃.

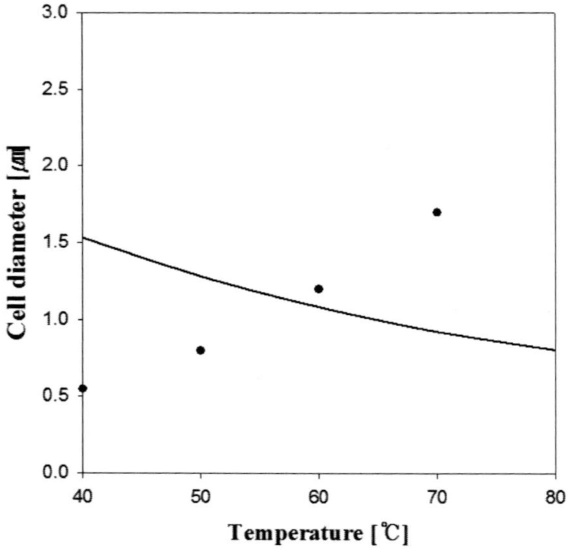

Fig. 12 Experimental data and calculation results of equilibrium cell radius depending on temperature in PMMA–supercritical CO_2 solution.

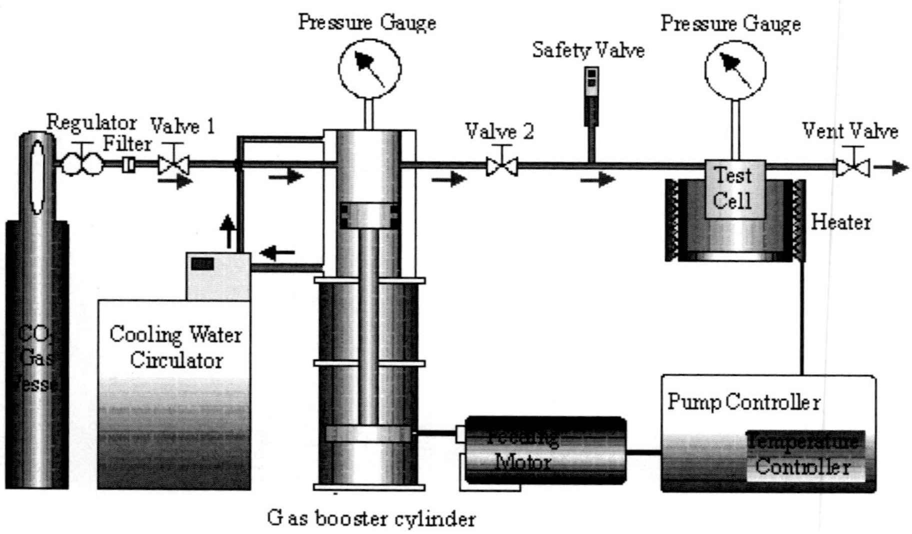

Fig. 13 Schematic diagram of productive system for the microcellular foams with the supercritical gas.

Figure 13은 μ-cell을 제조하는 실험장치이다[28]. 높이 50 mm, 안쪽 두께 10 mm의 스테인레스 실험 용기 안에 2~3개의 고분자 시편을 위치시킨 후 1,2번 밸브를 열고 외부 가스통과 연결된 압력밸브를 조정하여 압력 부스터와 실험용기에 CO_2가스를 공급한다. 이때 5회 이상 배기 밸브를 열고 닫는 과정을 수행하여 실험 용기와 압력 부스터에 잔류해 있는 공기를 완전히 제거한다.잔류 공기를 완전히 제거한 후 압력 밸브를 열어 압력 부스터와 실험용기의 압력을 최대로 높인 후 압력 부스터의 외부에 2~3℃ 의 냉각수를 공급하여 압력 부스터 내에 CO_2가스를 응축시킨다. 1시간 동안 CO_2가스를 응축시킨 후 1번 밸브를 잠그고 냉각수의 공급도 중단한다. 이후 가압 모터를 가동시켜 실험용기의 압력을 증가시킨다. 원하는 압력에 도달하게 되면 2번 밸브를 잠그고 일정한 압력과 온도를 유지시면서 48시간 동안 CO_2가스와 PMMA간에 평형 상태를 유지한다. 48시간이 지난 후 가스 배출 밸브를 열어 고압의 이산화탄소를 대기압으로 감압시키면 된다. 이때 감압 시 실험 용기 내 압력은 40~50기압까지는 순간적으로 떨어지지만 이후 용기 내 압력은 서서히 감소하여 10~20초 후에야 1기압으로 떨어지는 것을 확인할 수 있었다.

이 실험에서는 분자량 120 000 의 독일 Degussa Hulls 사에서 제조한 Plexiglas 8N을 사용하였다. Plexigas 8N은 사출 및 압출 성형 시 고분자의 유동성을 증가시키고 성형 공정 후 고분자의 표면을 매끄럽게 유지하는데 사용하는 zinc stearate가 함유된 PMMA로 유리 전이 온도는 순수한 PMMA 보다 다소 높은 117℃ 이다. 첨가제가 함유된PMMA 혼합물은 두께 1 mm의 평판으로 압출 후 폴리머 가공용 전용 바이트를 사용하여 직경 6 mm × 두께 1 mm 의 시편을 제작하여 사용하였다. 초기 포화압력은 15~30 MPa, 온도는 20~40℃에서 초미세폼 생성 실험을 하였으며 초미세폼이 형성된 시편은 절단 시 발생하는 폼의 변형을 최소화하기 위하여 액체 질소로 냉동한 후 단면을 절단하였다. 절단한 시편 단면은 백금으로 100~200 Å 두께로 코팅한 후 SEM (JEOL JSM-6100, Japan) 영상을 얻었다. SEM 사진으로부터 생성된 폼의 크기 및 폼 밀도를 측정할 수 있다[29].

Figure 14는 순수한 PMMA와 첨가제가 함유된 PMMA내에서 초기 포화압력에 따라 생성된 폼의 수밀도가 주어져 있다. Goel과 Beackman[24]이 실험한 순수한 PMMA의 경우 25 MPa 이상에서는 cm^3당 약 10^{12}개가 생성 되는 것을 알 수 있으며 25 MPa 이하에서는 급격히 생성율이 떨어지는 것을 알 수 있다. 하지만 첨가제가 함유한 PMMA의 경우에는 초기 포화 압력 변화에 따른 생성율의 변화가 작다는 것을 알 수 있다. 분자 모듬 이론을 사용하여 생성된 기포 밀도를 예측한 결과 실험치와 잘 일치하는 것을 볼 수 있으며 고전 이론의 경우에는 모든 압력에 대하여 예측이 불가능하다는 것을 알 수 있다. Figure 15에는 초기 포화압력에 따라 순수한 PMMA와 첨가제가 함유된 PMMA내에서 생성된 폼의 평균직경이 나와 있다. 이 그림에서 볼 수 있듯이 순수한 PMMA에서는 약 1~10 μm의 매우 작은 기포가 생성된 것을 알 수 있다. 하지만 첨가제가 첨가된 PMAA의 경우 초기포화 압력이 15 MPa에서는 폼의 직경이 32 μm, 20 MPa이상에서는 폼의 직경이 약 15~17 μm로 증가된 것을 알 수 있다. 포화 온도가 20℃의 경우 Fig. 16에서 볼 수 있듯이 균일하게 기포가 생성된 것을 알 수 있다. 또한 초기 포화 압력이 증가하면 생성된 기포의 크기는 감소하고 핵 생성율은 증가하는 것을 볼 수 있다.

Figure 17은 초기 포화 압력이 30 MPa에서 온도에 따른 생성된 기포의 SEM 사진이 나와 있다. 온도가 증가함에 따라 형성된 기포의 크기가 증가하는 것을 볼 수 있으며 또한 40℃ 이상에서는 비균질 핵형성에 의하여 직경이 150 μm보다 큰 기포도 발생하는 것을 알 수 있다.

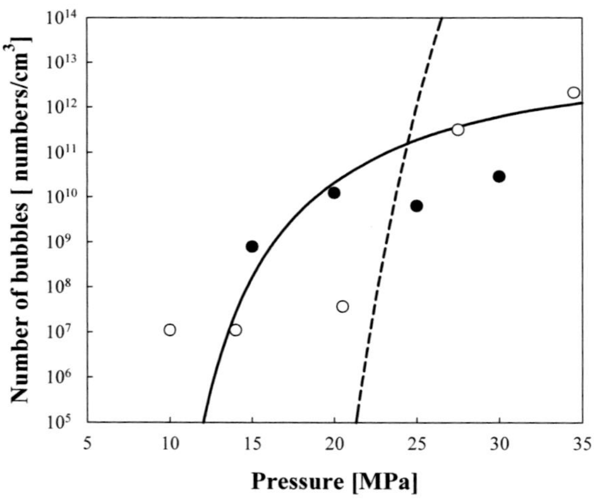

Fig. 14 The number density of foams as a function of initial gas pressure in PMMA/ CO_2 solution at T=40℃(empty circles) and in the PMMA compound/CO_2 solution at T=20℃ (full circles): The solid line and dotted line are the number density of foams calculated by the molecular cluster model and the classical theory, respectively.

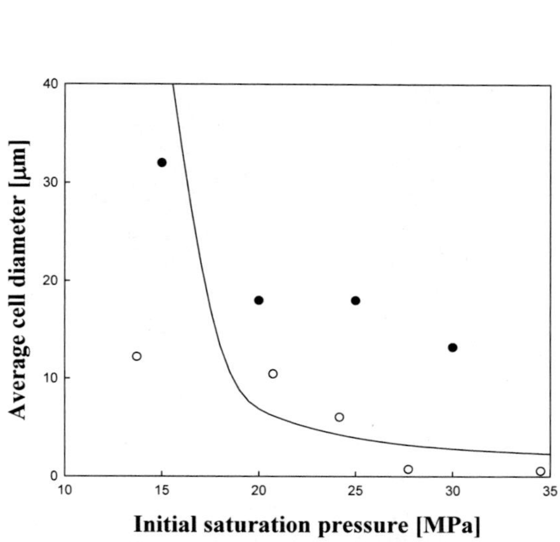

Fig. 15 The average diameter of foam as a function of initial gas pressure in PMMA/ CO_2 solution at T=40℃ (empty circles) and the PMMA compound/ CO_2 solution at T=20℃ (full circles).

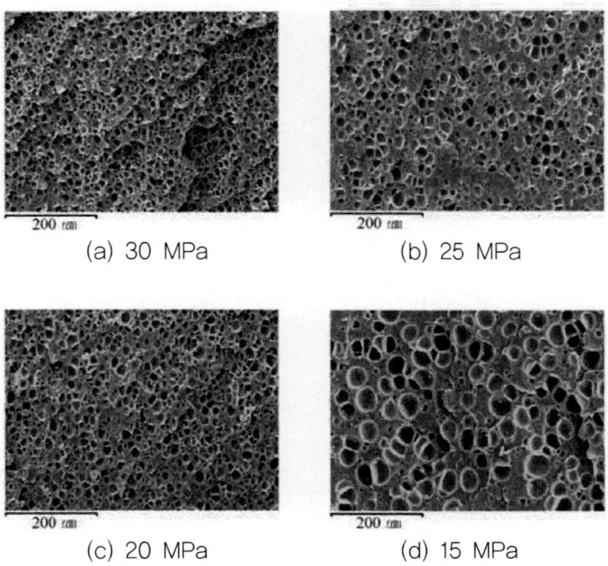

Fig. 16 Scanning electron micrographs of the cellular structures in the PMMA compound at T=20℃ with various initial saturation pressures.

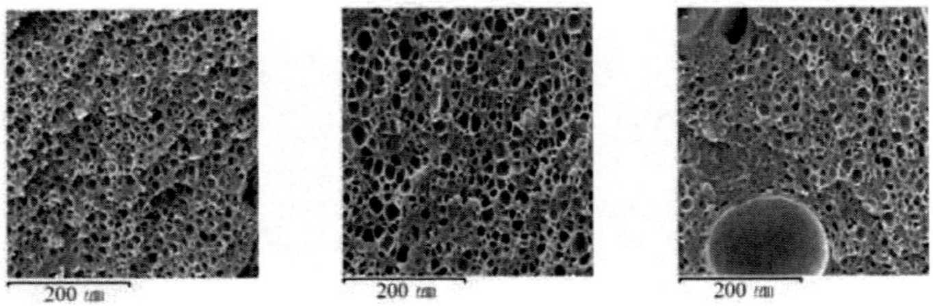

(a) T=20℃　　(b) T=30℃　　(c) T=40℃

Fig. 17 Effect of temperature on the foam structure with the initial saturation pressure of P=30 MPa.

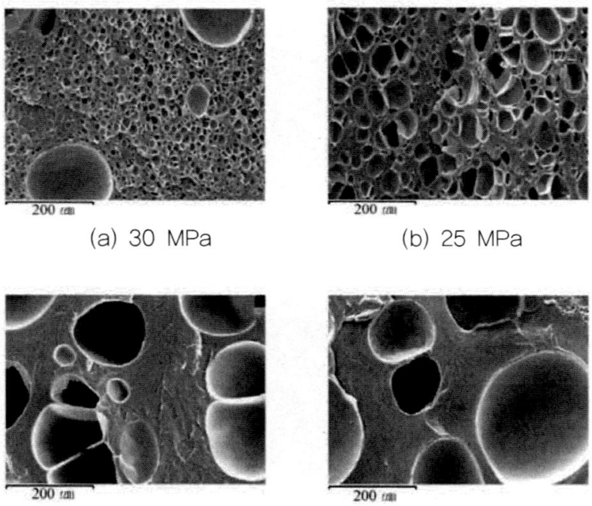

(a) 30 MPa　　(b) 25 MPa

(c) 20 MPa　　(d) 15 MPa

Fig. 18 Effect of initial pressure on the foam structure at T=40℃.

6. 6 기포 내 가스의 해석적 해

기포 내 가스의 거동을 이해하는 것은 기포의 시간에 따른 변화를 이해하는데 중요하다고 이미 언급한 바 있다. 본 절에서는 이에 대해 자세히 다루기로 한다.
평형상태에 있는 기포에 대한 전체 에너지 보존 법칙은, 기포 내의 가스 내부에너지

항, 기포가 외부에 대하여 한 일 항 및 열전달 항에 대한 관계식으로 다음과 같이 표현할 수 있다.

$$\frac{dU}{dt} + P_b \frac{dV_b}{dt} + \frac{dQ}{dt} = 0 \tag{6-67}$$

여기서, U는 가스의 내부에너지를, V_b는 기포의 체적을, Q는 기포벽을 통하여 외부로 전달되는 열량을 각각 나타낸다. 이 때, 기포 내 가스의 온도가 균일하다고 가정하면 가스의 내부에너지 U는 다음과 같이 표시할 수 있다.

$$U = m_b C_{v,b} T_b \tag{6-68}$$

또한, 기포 내의 가스가 이상기체 법칙을 따른다고 하면 $P_b V_b = m_b R_{g,b} T_b$와 $C_{p,b}/C_{v,b} = \gamma$이므로 식 (6-68)은 다음과 같이 된다. 여기에서 m_b는 가스의 질량, $C_{p,b}$는 등압비열, $C_{v,b}$는 등적비열, $R_{g,b}$는 가스상수를 각각 나타낸다.

$$U = \frac{P_b V}{\gamma - 1} \tag{6-69}$$

위 식은 기포 내 가스가 완전히 열적인 평형상태일 경우에만 사용할 수 있다. 즉 기포 내 온도가 균일하다는 것을 의미한다.

기포의 열경계층을 통한 전도에 의한 열전달률은 Fourier 법칙을 기포벽 온도 T_{bl}로부터 액체의 온도가 T_∞가 되는 경계층에서의 온도분포를 알면 얻을 수 있다. 즉

$$\frac{dQ}{dt} = -k_l 4\pi R_b^2 \left(\frac{\partial T}{\partial r}\right)_{r=R_b} \tag{6-70}$$

여기에서, k_l은 액체의 열전달계수이다. 그런데, 기포 내의 가스로부터 전도 열전달에 의해 열경계층을 통하여 기포를 둘러싸고 있는 액체로 전달되는 열량은 대류 열전달에 의해 액체로 전달되는 열량과 같다고 볼 수 있다. 따라서,

$$-k_l 4\pi R_b^2 \left(\frac{\partial T}{\partial r}\right)_{r=R_b} = h_l 4\pi R_b^2 (T_{bl} - T_\infty) \tag{6-71}$$

여기에서 h_l은 대류 열전달계수이며 다음과 같이 쓸 수 있다.

$$h_l \equiv -\frac{k_l}{(T_{bl} - T_\infty)} \left(\frac{\partial T}{\partial r}\right)_{r=R_b} = \frac{2k_l}{\delta} \tag{6-72}$$

따라서 식 (6-71)와 (6-72)으로부터 열경계층 내에서의 온도 기울기는 다음과 같이 주어진다.

$$\left(\frac{\partial T}{\partial r}\right)_{r=R_b} = -\frac{2(T_{bl}-T_\infty)}{\delta} \tag{6-73}$$

따라서 식 (6-73)을 식 (6-70)에 대입하면, 다음과 같이 열전달률을 얻을 수 있다.

$$\frac{dQ}{dt} = \frac{8\pi R_b^2 k_l (T_{bl}-T_\infty)}{\delta} \tag{6-74}$$

이제 식 (6-69)와 (6-74)를 식 (6-67)에 대입하여 정돈하면 기포 내 가스의 시간에 따른 압력 변화에 관한 식을 구할 수 있다.

$$\frac{dP_b}{dt} = -\frac{3\gamma P_b}{R_b}\frac{dR_b}{dt} - \frac{6(\gamma-1)k_l(T_{bl}-T_\infty)}{R_b\,\delta} \tag{6-75}$$

이와는 달리, Prosperetti 등[2, 30]은, 기포 내 압력이 균일하다고 가정, 점성항을 무시한 다음과 같은 에너지방정식을 이용 기포거동을 이해하려 하였다.

$$\rho_g \frac{Dh_g}{Dt} = -\nabla\cdot\vec{q} + \frac{dP_g}{dt} \tag{6-76}$$

엔탈피의 변화는 열역학 상태량과의 관계식에 의하여 다음과 같이 표현된다.

$$dh_g = \left[v - T\left(\frac{\partial v}{\partial T}\right)_P\right]dP_g + C_p dT \tag{6-77}$$

윗식을 이용하여 식 (6-76)을 다시 쓰면 다음과 같이 된다.

$$\rho_g C_p \frac{DT}{Dt} = -\nabla\cdot\vec{q} - \frac{T}{\rho_g}\left(\frac{\partial \rho_g}{\partial T}\right)_p \frac{dP_g}{dt} \tag{6-78}$$

연속방정식에 $C_p T$를 곱하여 윗식과 합하면 다음과 같은 식이 된다.

$$\frac{D}{Dt}(\rho_g C_p T) + \frac{T}{\rho_g}\left(\frac{\partial \rho_g}{\partial T}\right)_p \frac{dP_g}{dt} + \rho_g C_p T \nabla\cdot\vec{u}_g = \nabla\cdot(k_g \nabla T) \tag{6-79}$$

가스의 비열이 일정한 값을 갖는다고 가정하고 또 가스가 이상기체 방정식을 만족한다고 하면 다음과 같은 관계식이 성립한다.

$$\rho_g C_p T = \frac{\gamma P_g}{\gamma - 1} \tag{6-80}$$

$$\frac{T}{\rho_g}\left(\frac{\partial \rho_g}{\partial T}\right)_p = -1 \tag{6-81}$$

윗 관계식을 이용하면 식 (6-79)는 다음과 같이 된다.

$$\frac{1}{\gamma P_g}\frac{dP_g}{dt} + \nabla \cdot \left\{\vec{u}_g - \left[\frac{(\gamma-1)}{\gamma P_g}\right] k_g \nabla T\right\} = 0 \tag{6-82}$$

윗식을 기포 내 영역에 대하여 적분하면 기포 내 가스의 속도를 구할 수 있다. 즉,

$$u_g = \frac{1}{\gamma P_g}\left[(\gamma-1)k_g\frac{\partial T}{\partial r} - \frac{1}{3}r\frac{dP_g}{dt}\right] \tag{6-83}$$

또한 가스의 속도는 기포벽에서는 $\dot{R}_b$이 되므로 기포 내 가스의 시간에 따른 압력 변화를 다음과 같이 얻을 수 있다.

$$\frac{dP_g}{dt} = \frac{3}{R_b}\left[(\gamma-1)k_g\left(\frac{\partial T}{\partial r}\right)_{R_b} - \gamma P_g \dot{R}_b\right] \tag{6-84}$$

식 (6-75)를 식 (6-84)와 비교하여 보면, 식 (6-75)에서는 경계층의 고려에 의해 기포내의 가스에 미치는 액체의 영향이 나타나 있는 반면에 식 (6-84)에서는 우변 첫 번째 항에서 볼 수 있는 바와 같이 가스의 전도 열전달량만이 기포 내 가스의 압력의 변화에 영향을 미친다고 함으로써 기포를 둘러싸고 있는 액체가 가스에 미치는 영향을 전혀 고려하고 있지 않음을 알 수 있다. 또한, 기포벽에서의 경계 조건으로서 기포벽 ($r = R_b$)에서의 온도가 일정($T = T_\infty$)하다는 가정을 세웠으나 이 가정은 경계 조건과 지배방정식 사이에 모순이 발생함을 알 수 있다.

기포 내 가스의 온도가 균일하지 않아 온도 구배가 존재한다고 하면, 즉 열적인 평형상태에 있지 않으면 식 (6-69)는 사용하지 못한다. 이와 같은 비평형상태의 경우에는, 기포 내부 가스의 온도 분포는 가스에 관한 연속방정식 및 질량 보존식을 해석적으로 풀음으로써 구할 수 있다. 이제 이 문제에 대하여 논의해 보기로 하자. 기포벽을 통한 질량전달이 없다고 할 때 기포 내부의 가스에 관한 질량 보존식은 다음과 같이 쓸 수 있다.

$$\frac{D}{Dt}(\rho_g V_b) = 0 \tag{6-85}$$

또한 기포 내 가스는 다음과 같은 연속방정식을 만족한다.

$$\frac{D\rho_g}{Dt} + \rho_g \nabla \cdot \overrightarrow{u_g} = 0 \tag{6-86}$$

식 (6-85) 및 (6-86)으로부터 기포 내부의 가스 속도와 가스의 밀도분포는 다음과 같이 기포 중심으로부터의 거리 r의 함수임을 알 수 있다[3]. 즉,

$$u_g = \frac{\dot{R}_b}{R_b} r \tag{6-87}$$

$$\rho_g = \rho_o(t) + \frac{ar^2}{R_b^5} = \rho_o + \rho_r \tag{6-88}$$

여기에서, $\rho_o(t)$는 기포 중심에서의 가스 밀도이고, $\rho_r(r, t)$는 기포 반경 방향에 따라 변화하는 밀도이고, a는 상수이다. 이 식은 기포 내의 가스 밀도를 기포 중심에서의 밀도와 반경 방향에 따라 변화하는 밀도의 대수합으로 나타낼 수 있다는 것을 의미한다. 그러나, 기포 내 가스 밀도는 기포의 진동 주기가 완화시간(relaxation time)보다 훨씬 더 클 경우 공간적으로 균일하다고 할 수 있다. 이 완화 시간은 기포벽 운동으로 인한 희박화(rarefaction)가 기포를 가로질러 전파되는데 필요한 시간, 즉 $\tau_b = R_b / c_g$ 이다[31].

원점에서의 특이점을 소거시키는 해로 기포 중심에서의 밀도를 다음과 같이 유일하게 결정할 수 있다. 즉,

$$\frac{d}{dt}(\rho_o R_b^3) = 0 \tag{6-89}$$

윗식은 밀도가 균일할 경우 기포 내 가스에 대한 질량 보존 법칙도 될 수 있다.

기포 내 가스에 대한 운동량방정식은 점성력 항이 식 (6-87)에 의해 소거되므로(구대칭인 경우) 다음과 같이 쓸 수 있다.

$$\rho_g \frac{D\overrightarrow{u_g}}{Dt} = -\nabla P_b \tag{6-90}$$

기포 내부의 압력은 식 (6-87)과 식 (6-88)에서의 속도 및 밀도분포를 이용하여 다음과 같이 구할 수 있다.

$$P_b = -\frac{1}{2}\left(\rho_o + \frac{1}{2}\rho_r\right)\frac{\ddot{R}_b}{R_b}r^2 + P_o(t) \tag{6-91}$$

식 (6-87), (6-88) 및 (6-91)의 속도, 밀도 및 압력분포는 가스에 대한 운동에너지 방정식도 또한 만족한다. 식 (6-91)의 우변의 첫째 항은 기포벽의 가속도가 대단히 크지 않은 경우에는(제7장 5절 참조) 두 번째 항 $P_o(t)$ 에 비하여 상당히 작은 양이므로 무시할 수 있다. 그러므로 기포 내 압력은 공간적으로 균일하다고 간주할 수 있다. 이 조건은 기포 진동의 특성 시간이 병진 운동의 완화 시간인 약 -10^{-9}~$10^{-10}s$ 보다 더 길 경우에만 적용될 수 있다. 왜냐 하면 기포 내 압력은 혼합 평균밀도를 무시할 수 있는 경우에는 항상 분자의 병진운동과 관계가 있기 때문이다[32].

기포 내부의 가스에 대한 에너지 보존식은 기포 내 가스를 이상기체로 간주하고 $de = C_{v,b}dT$ 와 $dh = C_{p,b}dT$ 의 관계식을 이용하여 기술하면 다음과 같다[32].

$$\begin{aligned}\rho_g\frac{De}{Dt} &= \rho_g C_{v,b}\frac{DT_b}{Dt} \\ &= -P_b\nabla\cdot\overrightarrow{u_g} - \nabla\cdot\vec{q} + \Phi_v\end{aligned} \tag{6-92}$$

여기에서 Φ_v는 단위체적당 점성 소산율이다. 또한 엔탈피의 정의를 이용하면 에너지 방정식은 다음과 같이 표현할 수 있다.

$$\begin{aligned}\rho_g\frac{Dh}{Dt} &= \rho_g C_{p,b}\frac{DT_b}{Dt} \\ &= \frac{dP_b}{dt} - \nabla\cdot\vec{q} + \Phi_v\end{aligned} \tag{6-93}$$

위의 식 (6-92)와 (6-93)으로부터 DT_b/Dt 를 소거하면 다음과 같은 시간에 대한 기포 내부의 압력 변화에 관한 식을 구할 수 있다.

$$\frac{dP_b}{dt} = -\gamma P_b\nabla\cdot\overrightarrow{u_g} - (\gamma-1)\nabla\cdot\vec{q} + (\gamma-1)\Phi_v \tag{6-94}$$

이 식은 점성에 의한 소산율을 무시할 경우 다음과 같은 식을 만족하며 식 (6-75)와 근본적으로 동일한 식이라고 볼 수 있다. 소산율은 구대칭으로 기포가 거동할 경우 소거된다.

식 (6-75)와 (6-94)를 비교함으로써 다음 식이 얻어진다.

$$\nabla \cdot \vec{q} = \frac{6k_l(T_{bl} - T_\infty)}{\delta R_b} = -\frac{\dfrac{dP_b}{dt} + \dfrac{3\gamma P_b}{R_b}\dfrac{dR_b}{dt}}{(\gamma - 1)} \tag{6-95}$$

다만, 식 (6-75)는 기포 내의 가스에 대한 전체 에너지방정식으로부터 유도되었고, 식 (6-94)는 기포 내 가스의 온도가 열적인 평형상태에 있지 않을 경우 가스의 연속방정식, 운동량방정식 및 에너지방정식으로부터 유도된 점이 다르다. 식 (6-95)는 기포 내부의 어느 지점에서 뿐만 아니라 기포벽에서도 성립한다. 식 (6-87)의 속도분포와 단위체적당 열 전달률에 의해서 식 (6-95)는 명백히 시간만의 함수임을 알 수 있다. 식 (6-95)로부터 기포내의 열확산은 기포의 거동에 의해 결정됨을 알 수 있으며 이것은 "이상기체 시스템"의 전형적인 결과이다.

기포 내 중심의 온도가 10,000 K 정도의 고온에 이르면 중심에서의 온도는 기포벽에서의 가스의 온도와 크게 차이나게 된다. 이와 같은 경우 기포 내부의 열전달을 계산하기 위하여는 온도에 따른 가스의 열전도도의 변화를 고려하여야 한다. 가스의 열전도도 k_g 의 온도에 대한 종속성을 고려하여 다음과 같이 온도의 1차 함수로 변화한다고 가정할 수 있다[2].

$$k_g = AT_b + B \tag{6-96}$$

여기에서 A 와 B 는 상수이다. 기포 내 가스의 온도분포는 Fourier 법칙을 적용, 식 (6-95)를 풀면 다음과 같이 구할 수 있다.

$$T_b(r) = -\frac{B}{A} + \frac{B}{A}\sqrt{1 + \left(\frac{A}{B}\right)^2 T_{bo}{}^2 + 2\frac{A}{B}T_{b0} - 2\frac{R_b}{\delta}\frac{k_1}{B}\left(\frac{r}{R_b}\right)^2 \frac{A}{B}(T_{bl} - T_\infty)} \tag{6-97}$$

또한 기포 벽면에서의 온도는 다음과 같이 주어진다.

$$T_{bl} = \frac{-\left(B + \dfrac{R_b}{\delta}k_l\right) + \sqrt{\left(B + \dfrac{R_b}{\delta}k_l\right)^2 + 2A\left[\dfrac{R_b}{\delta}k_l T_\infty + \dfrac{A}{2}T_{bo}{}^2 + BT_{bo}\right]}}{A} \tag{6-98}$$

이제 식 (6-98)을 A가 0일 때, 즉 가스의 열전도도가 상수일 때를 구해 보면 다음과 같다.

$$\lim_{A\to 0} T_{bl} = \frac{2\dfrac{R_b}{\delta}k_l T_\infty + 2BT_{bo}}{2\left(B+\dfrac{R_b}{\delta}k_l\right)} = \frac{\dfrac{R_b}{\delta}\dfrac{k_l}{B}T_\infty + T_{bo}}{1+\dfrac{R_b}{\delta}\dfrac{k_l}{B}} \tag{6-99}$$

식 (6-99)를 다시 쓰면 다음과 같다.

$$T_{bl} = \frac{T_\infty + \dfrac{B}{k_l}\dfrac{\delta}{R_b}T_{bo}}{1+\dfrac{B}{k_l}\dfrac{\delta}{R_b}} \tag{6-100}$$

윗식에서 알 수 있는 바와 같이 기포벽에서의 온도는 기포 내 가스와 액체의 열전도도와 환경온도 및 기포 중심에서의 가스의 온도에 의해 결정됨을 알 수 있다. 또한 기포 내 가스의 열 전도도가 온도의 함수가 아닐 경우 기포 내 온도분포는 r의 2차 함수가 된다. 즉,

$$T_b = (T_{bo} - T_\infty)\left[1 - \frac{\left(\dfrac{r}{R_b}\right)^2}{1+\dfrac{B}{k_l}\dfrac{\delta}{R_b}}\right] + T_\infty \tag{6-101}$$

기포 중심에서는 이상기체 상태방정식이 성립하는 것이 명백하므로, 점성 소산이 없는 경우의 에너지방정식 (6-93)은 식 (6-95)에 의해 다음과 같이 된다.

$$\rho_o C_{p,o}\frac{dT_{bo}}{dt} = \frac{\gamma}{\gamma-1}\frac{dP_b}{dt} + \frac{3\gamma P_b}{\gamma-1}\frac{\dot{R}_b}{R_b} \tag{6-102}$$

이상기체 방정식을 사용하여 식 (6-102)를 정리하면 다음과 같다.

$$\frac{d}{dt}\left[\ln\left(\frac{P_b R_b^3}{T_{b_0}}\right)\right] = 0 \tag{6-103}$$

따라서 기포 중심에서는 아래의 조건이 만족되어야 한다.

$$\frac{P_b R_b^3}{T_{b_0}} = const. \tag{6-104}$$

식 (6-104)는 기포 중심에서의 질량 보존식의 또 다른 표현으로 식 (6-89)를 $P_b = \rho_o R_g T_{bo}$의 관계식을 이용하여 변형시키면 동일한 식이 된다. 식 (6-104)를 시간

에 대해서 미분하면 T_{bo} 에 대한 다음과 같은 식을 얻을 수 있다.

$$\frac{dT_{bo}}{dt} = T_{bo}\left[\frac{1}{P_{bo}}\frac{dP_b}{dt} + \frac{3}{R_b}\frac{dR_b}{dt}\right] \tag{6-105}$$

식 (6-105)에 식 (6-75)를 대입하면 기포 중심에서의 시간에 따른 가스의 온도 변화식을 얻을 수 있다. 즉,

$$\frac{dT_{bo}}{dt} = -\frac{3(\gamma-1)T_{bo}}{R_b}\frac{dR_b}{dt} - \frac{6(\gamma-1)k_l T_{bo}(T_{bl}-T_\infty)}{\delta R_b P_b} \tag{6-106}$$

시간의 변화에 따른 경계층 두께, δ의 식은, 경계층에서의 액체의 에너지방정식을 경계층의 경계조건을 적용하여 $r = R_b$에서의 온도 $T = T_{bl}$로부터 $r = R_b + \delta$에서의 온도 $T = T_\infty$까지 적분함으로써 구할 수 있다. 즉,

$$\int_{R_b}^{R_b+\delta} r^2\frac{\partial T}{\partial t}dr + \int_{R_b}^{R_b+\delta} u_r r^2\frac{\partial T}{\partial r}dr = \int_{R_b}^{R_b+\delta}\alpha_l\frac{\partial}{\partial r}\left(r^2\frac{\partial T}{\partial r}\right)dr \tag{6-107}$$

경계조건과 2차식의 온도분포를 가정하면 시간에 대한 경계층 두께에 대한 식을 얻을 수 있다.

$$\begin{aligned}\left[1+\frac{\delta}{R_b}+\frac{3}{10}\left(\frac{\delta}{R_b}\right)^2\right]\frac{d\delta}{dt} &= \frac{6\alpha}{\delta} - \left[\left(\frac{2\delta}{R_b}\right)+\frac{5}{10}\left(\frac{\delta}{R_b}\right)^2\right]\frac{dR_b}{dt} \\ &\quad - \delta\left[1+\frac{\delta}{2R_b}+\frac{1}{10}\left(\frac{\delta}{R_b}\right)^2\right]\frac{1}{T_{bl}-T_\infty}\frac{dT_{bl}}{dt}\end{aligned} \tag{6-108}$$

이상과 같이, 기포의 거동을 해석하기 위한 상태량인 P_b, T_{bl}, T_{b0}, δ를 구하기 위해서 자가당착이 없는 모델을 제안하고 이를 수식화하여 식 (6-75), (6-98), (6-106), (6-108), 등 4개의 지배방정식을 유도하였다. 식 (6-97)에서 기포 내의 가스 분자에 대한 온도 분포를 구하였지만 이는 기포 내의 가스 분자에 대한 온도 구배가 있다는 가정에서 구한 것이다. 하지만 기포 내의 가스 분자의 회전운동이 평형을 이루고 있을 때는 기포 내 증기 분자의 온도 구배는 없다고 할 수 있다[32]. 즉, 이 경우에는 기포 내 가스 분자 전체가 식 (6-69)에 주어진 바와 같이 완전한 평형상태에 있다고 생각할 수 있다. 그렇지 못한 경우에는 평형상태의 온도 T^*와 가스의 운동에너지에 의한 온도 T와의 차이는 다음과 같은 식으로 표현할 수 있다[31].

$$T^* - T = \frac{\mu_B}{\rho_g R_g} \nabla \cdot \overrightarrow{u_g} \tag{6-109}$$

위의 식에서 알 수 있는 바와 같이 단원자 분자의 경우는 벌크 점도(bulk visosity) μ_B가 항상 '0'이기 때문에 어떠한 경우라도 기포 내의 가스나 증기에 대해서 이상기체 방정식을 쓸 수 있음을 알 수 있다. 하지만 이원자 분자 이상의 경우에는 식 (6-86)에서 알 수 있는 바와 같이 기포 벽의 속도가 상당히 큰 경우, 즉 기포의 압축이나 팽창과정이 회전 운동에 관한 완화시간보다 빨리 진행될 경우에 분자의 회전운동이 평형상태에 도달하지 않음을 알 수 있다. 만약 기포 거동의 특성시간이 분자의 회전운동에 관한 완화 시간에 비해 충분히 길다고 하면 기포 내의 증기에 대한 온도 구배는 무시할 수 있다. 이러한 제한조건을 균일온도 분포 한계(uniform temperature limit)라 할 수 있고, 기포 내의 가스 온도는 가스의 열전도 계수를 무한대로 취하면 얻을 수 있다. 즉, $T_b = T_{bl} = T_{b0}(t)$가 되며, 이로써 가스의 균일온도 분포라는 가정과 함께 기포의 거동을 해석할 수 있는 이론적인 근거가 마련되어졌다.

식 (6-101)을 이용하여 식 (6-70)을 다시 쓰면, 다음과 같이 된다.

$$\dot{Q} = -\frac{8\pi R_b^2 k_g (T_{bo} - T_\infty)}{R_b} \bigg/ \left(1 + \frac{k_g}{k_l}\frac{\delta}{R_b}\right) \tag{6-110}$$

위의 식에서 $k_g \delta / k_l R_b$ 의 값이 유한하면, 기포 내의 온도분포가 존재하게 되는데 이러한 경우를 불균일온도 분포 한계(non-uniform temperature limit)라고 할 수 있다. 특히 $k_g \delta / k_l R_b$의 값이 매우 작은 경우의 열전달률은 기포 내 가스의 온도 구배에서 결정되며, 식 (6-111)과 같다[2].

$$\dot{Q} = -\frac{8\pi R_b^2 k_g (T_{bo} - T_\infty)}{R_b} \tag{6-111}$$

반대로 $k_g \delta / (k_l R_b)$의 값이 '1'에 비하여 클 때의 열전달률은 액체의 열전도도에 의하여 결정된다. 즉

$$\dot{Q} = -\frac{8\pi R_b^2 k_l (T_{bo} - T_\infty)}{\delta} \tag{6-112}$$

6. 7 열적 감쇄현상

평면에서 1차원적으로 진동하는 조화진동자의 경우 마찰에 의해 그 진폭이 시간에 따라 감소하는 현상은 너무나 잘 알려져 있다. 하지만 기포가 액체 내에서 진동할 경우 액체의 점성항을 무시할 수 있는 상황인데도 그 진폭이 감소하는 이유는 무엇일까? 이에 대한 명쾌한 해답은 Moody[33]에 의해 깨끗이 주어졌다. 즉 Moody는 증기가 주기적으로 차가운 물에 주입될 경우 기포의 감쇄진동이 일어나는 "ringout" 현상을 다음과 같이 설명하였다. 기포가 수축팽창을 계속하는 경우 기포 내 가스의 온도는 환경온도보다 클 때도 있고 작을 때도 있어 항상 기포 내 가스는 환경인 액체와 열교환을 한다. 이렇듯 액체와 열교환을 하면 엔트로피 생성[34]이 발생하여 시스템의 에너지 손실이 일어나 감쇄 현상이 일어난다. Moody는 식 (6-67)에 주어진 기포에 대한 에너지 보존식에서 열전달률이 식 (6-113)과 같이 주어진다고 가정할 경우 Fig. 19에서 보는 바와 같이 감쇄진동하는 것을 보여주었다.

$$h = 2P_\infty \sqrt{\frac{P_\infty}{\rho_\infty}} \Big/ 3(\gamma-1)\,T_\infty \tag{6-113}$$

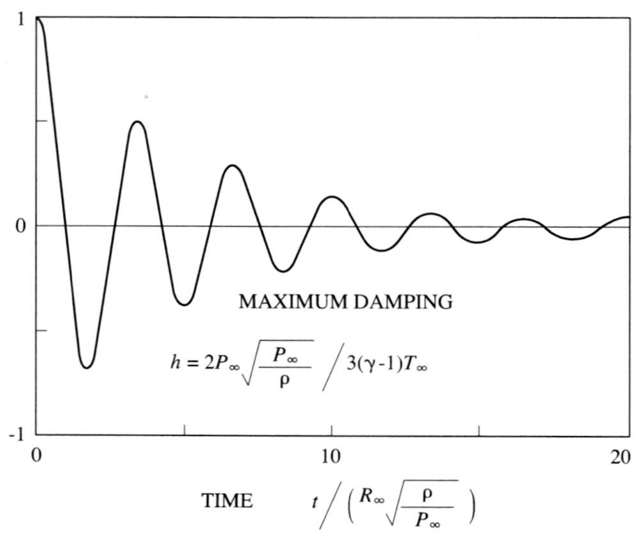

Fig. 19 Gas bubble oscillation (From Moody, 1991)

하지만 Moody가 예를 든 경우에는 열적감쇄 현상 뿐만 아니라 계면에서의 응축이 심하게 일어나 기포의 크기가 시간에 따라 줄어들 것이 예상된다.

액체 내의 기포가 외력에 의하지 않고 진동하는 경우는 드물지만 그 중 한 예는 host 액체 내에서 부유된 다른 종류의 액적이 과열한계에 달해 기화된 후 기포가 되어 진동하는 경우일 것이다[34]. 본 장에서는 온도가 105℃인 에틸렌글리콜(ethylene glycol)유체 내에서 진동하는 butane 증기로 된 기포의 거동을 해석해 보고자 한다.

진동하는 기포-액체계에서의 엔트로피 생성은 기포의 진동으로 생기는 기포 내의 증기에 대한 엔트로피 변화량과 주위 액체와의 열교환에 의한 것으로 다음과 같다[35].

$$S_g = \frac{DS_b}{Dt} - \frac{1}{T_\infty}\frac{dQ}{dt} \tag{6-114}$$

위의 식을 균일온도 분포인 경우에 다시 정리하면 식 (6-115)와 같다.

$$\begin{aligned} S_g &= m_b C_p \frac{1}{T_{bo}}\frac{dT_{bo}}{dt} - m_b R_g \frac{1}{P_b}\frac{dP_b}{dt} + \frac{2k_l}{\delta}\left(\frac{T_{bo}}{T_\infty} - 1\right) 4\pi R_b^{\,2} \\ &= 8\pi R_b^{\,2} k_l \frac{(T_{bo} - T_\infty)}{\delta}\left(-\frac{1}{T_{bo}} + \frac{1}{T_\infty}\right) \end{aligned} \tag{6-115}$$

포화액체 상태로 완전히 기화된 액적은 대단히 많은 임계모듬의 집합체로 생각할 수 있으며, 이 때 액적의 내부 압력은 Kwak과 Panton[36]이 제안한 분자론적 기포형성 모델을 이용하면 얻을 수 있다. 이 모델은 분자간의 상호작용에 입각하여 전개하였는 바 기포의 형성 과정이 임계크기의 기포를 전제로 하는 것이 아니라, 임계크기의 모듬의 생성에 의해 시작된다고 보는 것이다[14]. 즉, 이 모델을 이용하면 증발된 상태에서 포화액체 상태에서의 유효분자 체적 V_m을 유지할 경우 증기의 내부 압력 P_n은 식 (6-116)과 같으며, 이 값은 일반적으로 대단히 크다(예를 들면 부탄의 경우, 과열한계에서의 P_n값은 약 138 bar이다).

$$P_n = (P_\infty - P_v) n_c^{\,1/3} = \frac{Z\epsilon_m}{3} \Big/ V_m \tag{6-116}$$

위의 식에서 P_∞는 환경압력, P_v는 증기압, n_c는 임계모듬을 구성하는 분자수, Z는 주위 분자의 수, ϵ_m은 한 쌍의 분자를 주어진 액체상태에서의 임계상태로 분리시키는데 필요한 에너지이다(제 2장 4절 참조).

한편, 앞서 지적한 바와 같이 완전히 기화된 액적의 내부 압력은 매우 크기 때문에 이 때의 액적은 순간적으로 팽창할 것으로 예상되며, 이 과정의 초기단계에서 기포는 선형적으로 팽창하게 된다.

우선 과열한계에 달한 액적의 기화가 제 4장 3절에서 논의한 바와 같이 선형적으로 이루어진다고 하면 액적 내 기화되는 반경은 다음과 같이 증가할 것이다.

$$R = V_s t \tag{6-117}$$

과열한계에 달한 액적 내의 기화속도 V_s는 식 (4-10)에 주어져 있다. 액적 내의 기화되는 체적의 증가율은 다음과 같이 주어진다.

$$\dot{V} = 4\pi R^2 \dot{R} \tag{6-118}$$

이렇듯 매질 내의 한 점에서 식 (6-118)에 주어진 바와 같이 체적의 팽창이 이루어지면, 이에 의해 주위 매질의 밀도와 압력은 섭동이 일어나게 되고 이 섭동은 음속으로 전파될 것이 예상된다. 따라서 과열한계에 달한 액적의 기화는 하나의 음향원으로 작용하게 된다. 음향원이 매질 내 $\vec{r_s}$ 점에 위치할 경우 음향원에 의해 야기되는 섭동 방정식은 다음과 같이 주어진다.

질량보존식 :

$$\frac{\partial \rho'}{\partial t} + \rho_0 \nabla \cdot \vec{v'} = \rho_0 \dot{V}(t)\, \delta(\vec{r} - \vec{r_s}) \tag{6-119}$$

운동량방정식:

$$\rho_0 \frac{\partial \vec{v'}}{\partial t} = -\nabla P' \tag{6-120}$$

또한 매질 내 섭동된 밀도 ρ'와 압력 P'는 다음과 같은 상태방정식을 만족한다.

$$P' = c_s^2 \rho' \tag{6-121}$$

단, 식 (6-119)와 (6-120)에서 ρ_0는 섭동되기 전의 매질의 밀도이며 식 (6-121)에서 c_s는 매질에서 음파의 속도이다. 식 (6-119)를 시간에 대해서 미분한 뒤 식 (6-120)과 (6-121)을 이용하면 다음과 같은 음향원에 의해 섭동된 압력이 전파되는 파동방정식을 얻는다.

$$\frac{1}{c_s^2}\frac{\partial^2 P'}{\partial t^2} - \nabla^2 P' = \rho_0 \ddot{V}(t)\delta(\vec{r} - \vec{r_s}) \tag{6-122}$$

무한공간 내에서 음향원이 한 점 $\vec{r_s}$에 있을 경우 파동방정식(6-122)의 해는 잘 알려져 있으며[37] 다음과 같이 주어진다.

$$P' = \frac{1}{4\pi r_d}\rho_0 \ddot{V}\left(t - \frac{r_d}{c_s}\right) \tag{6-123}$$

윗식에서 r_d는 음향원과 관측자 사이의 거리이다. 식 (6-117)과 (6-118)을 이용하면 식 (6-123)을 다음과 같이 쓸 수 있다.

$$P' = 2\rho_0 \dot{R}^3 t \,/\, r_d \tag{6-124}$$

식 (6-124)에 해당되는 음향강도(acoustic intensity)는 다음과 같이 주어진다.

$$I = \frac{P'^2}{\rho_0 c_s} = 4\left(\frac{\dot{R}}{c_s}\right)\left(\frac{R}{r_d}\right)^2 \rho_0 \dot{R}^3 \tag{6-125}$$

과열한계에 달한 액적 내에서 기화되는 부분의 증가로 인해 매질로 전파되는 압력파는 액적이 전부 기화될 때까지는 액적과 매질의 임피던스(impedance)에 의존되기 때문에 다음과 같이 주어진다.

$$P'_t = \frac{Z_h}{Z_d + Z_h} P' \tag{6-126}$$

윗식에서 Z_d와 Z_h는 각각 액적과 환경액체의 임피던스이다. Fig. 20에는 에틸렌글리콜 내에서 과열한계에 달한 butane 액적이 기화하는 동안 나오는 압력파에 대한 식 (124)와 식 (6-126)에 의한 계산결과와 실험결과[34]가 나와 있다. Fig. 21에는 glycerine 용액 내에서 cyclohexane 액적이 기화하는 동안 나오는 압력파의 측정값이 나와 있다. Fig. 20와 Fig. 21에서 볼 수 있는 바와 같이 과열한계에 달한 액적이 기화하는 동안 나오는 압력파는 식 (6-124)에 주어진 바와 같이 시간에 따라 선형적으로 증가함을 알 수 있다. 그러나 비선형 성장이 시작되는 점 근처에서는 선형적인 성장 경향이 줄어들게 되어, 비선형 성장이 시작되는 점에서의 기포 벽의 속도는 '0'이 된다[34]. 따라서 비선형 기포의 거동을 계산하기 위한 시작점으로서 이 시간을 택하는 것은 타당하다고 판단

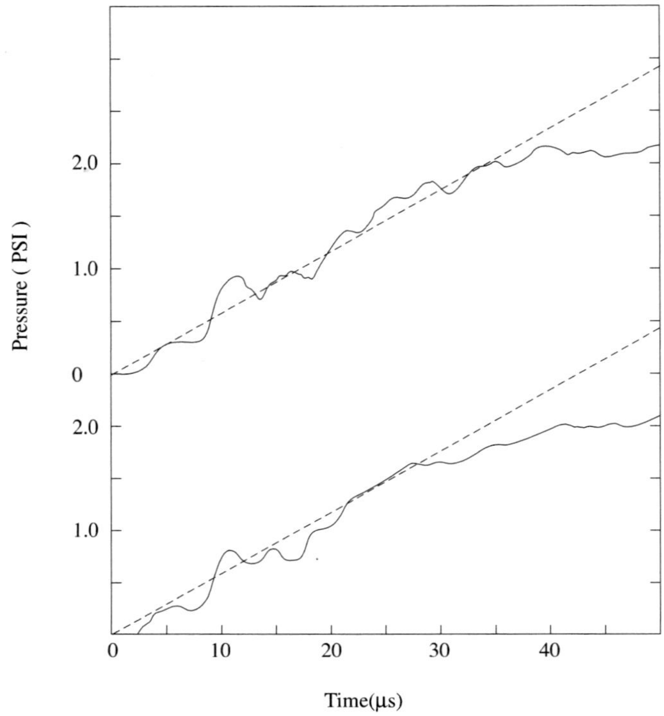

Fig. 20 The far field pressure signal during the evaporation process for 2 different explosions : (–) experiments : (----) theory.

되며, 이 점에서 기포로부터 방출되는 압력파는 식 (6-127)과 같다.

$$\dot{P}_{non} = \frac{R_{non}}{r_d}\left[P_b(R_{non}) - P_\infty\right] \tag{6-127}$$

또 위의 식에서 이 때의 기포 내의 압력은 액적의 반경 R_d와 내부압력 P_n으로 표현할 수 있으며, 식 (6-127)은 아래와 같이 쓸 수 있다.

$$\dot{P}_{non} = \frac{R_{non}}{r_d}\left[\left(\frac{R_d}{R_{non}}\right)^3 P_n - P_\infty\right] \tag{6-128}$$

결국 위의 식에서 알 수 있는 바와 같이 이 지점에서의 원거리 압력은 액적의 체적 R_o^3 과 액적의 내부 압력 P_n에 의존하며, 이 때의 원거리 압력 $\dot{P}_{non}$와 액적의 반경 R_d를 알면 기포의 비선형 거동을 해석하기 위한 초기조건인 기포 내부의 압력과 기포의 반경을 예측할 수 있다. 수치계산에 필요한 초기조건은 Shepherd와 Sturtevant[34]의 실험값에서 구할 수 있다.

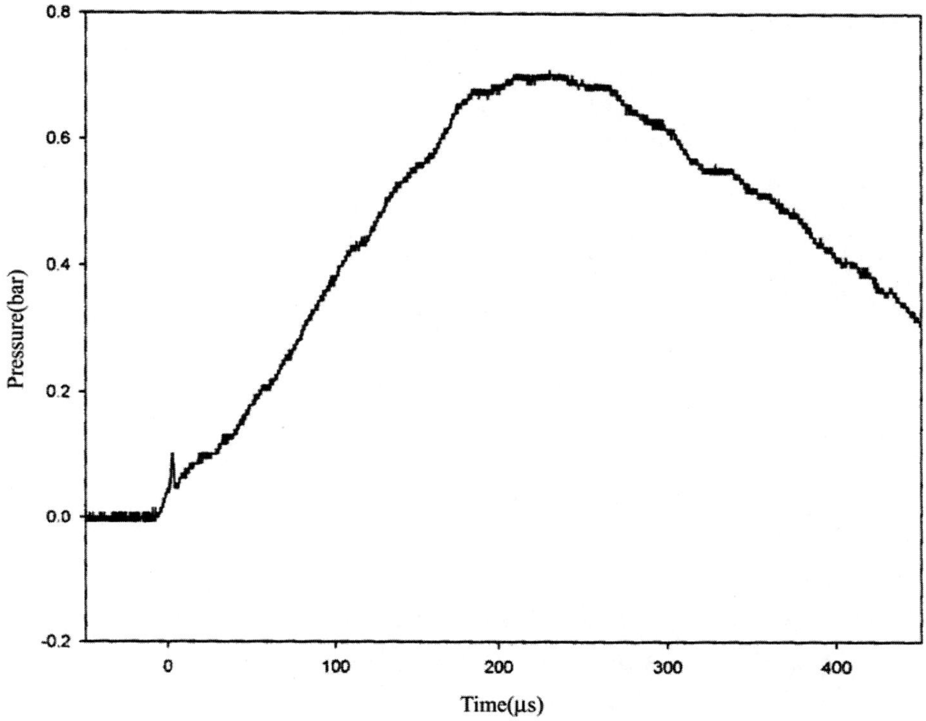

Fig. 21 Typical pressure wave signal for an evporating droplet at its superheat limit.

앞에서 유도한 지배방정식(5절)을 수치계산하기 위해서 액적의 반경과 경계층 두께는 초기 반경 R_{non}을, 온도는 주위온도 T_∞를, 속도와 압력은 무차원 속도상수 $u_0 = (P_\infty / \rho_\infty)^{1/2}$와 주위 압력 P_∞를 기준으로 하여 각각 무차원화하였다. 또 시간 t_0, 열전도계수 k_0, 열확산계수 α_0 등과 같은 물리량의 무차원계수는 지배방정식이 무차원화된 후에도 변하지 않도록 취하여 구하였다(제 7장 2절 참조).

Fig. 22은 주위압력이 1.013 bar이고, 온도가 378K인 에틸렌글리콜 유체 내에 있는 부탄 기포로부터 방출되는 압력파의 계산값을 실험값[35]과 함께 나타낸 것이다. 시작점에서 계산한 기포 반경 1.37 mm, 기포 내의 압력 6.67 bar 및 주어진 기포 온도 378 K를 초기 조건으로 하여 식 (6-116)에서 계산한 액적의 반경은 약 0.50 mm로 Shepherd와 Sturtevant[34]가 실험에 사용한 액적의 크기와 같으며, 압력파 또한 계산치와 실험치가 잘 일치함을 볼 수 있다.

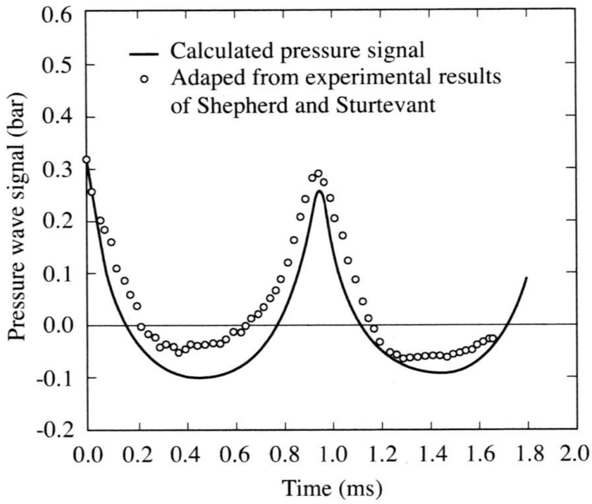

Fig. 22 Pressure wave signal from the oscillating butane bubble in ethylene glycol at 1.013 bar. The inital conditions used are $R_b = 1.37mm$, $P_b = 6.67\ bar$, and $T_b = 378K$.

또한 열과 음향방사가 혼합된 감쇄에 따른 손실률의 값은 0.053인 반면에 음향방사에 따른 손실률의 값은 0.011로 열적 감쇄가 이와 같은 크기를 갖는 기포의 진동을 좌우하는 중요한 요소로 작용함을 알 수 있다.

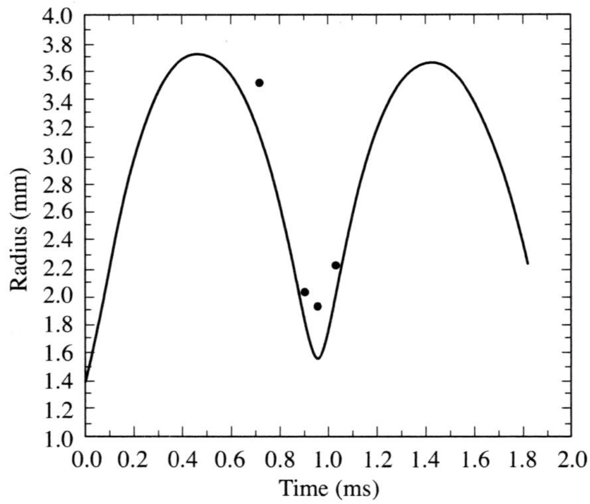

Fig. 23 Radius-time curve for the butane bubble with the same initial conditions as shown in Fig. 22. The full circles represent the values observed from the different sequences of similiar bubbles.

Fig. 23은 Fig. 22에서와 같은 초기 조건에서 시간에 따른 부탄 기포의 반경과 Shepherd와 Sturtevant[35]의 실험에서 유사한 기포를 다른 시간대에서 측정한 실험값을 비교한 것으로 어느 정도 일치하고 있음을 알 수 있다. Fig. 24은 Fig. 22과 같은 초기 조건을 이용하여 기포의 거동에 따른 증기 온도와 시간과의 관계를 나타낸 것이다.

Fig. 24에서 보는 바와 같이 기포 거동의 과정은 등온이나 단열과정이 아님을 알 수 있으며, 기포가 진동하는 동안 증기의 가장 낮은 온도를 약 86℃로 가정한 바와 같이 기포 내의 증기 응축은 일어나지 않음을 알 수 있다. Fig. 25는 기포가 진동하는 동안 시간에 따른 엔트로피 생성률을 살펴본 것인데, 여기서 그 값은 예상한 대로 항상 양의 값을 가짐을 알 수 있다. Fig. 26은 대기압이 3 기압인 glycerin 용액 내에서 에테르 기포가 진동하는 것을 보여주고 있다. 이 계산에서 사용된 초기 반경은 2.45 mm, 그 때 기포 내 증기 압력은 5.2 bar 이다. 이 경우 기포 내 증기압과 대기압의 차이가 Fig. 22에 보여진 경우와는 달리 작기 때문에 진동주기는 물론 압력파의 크기도 Fig. 22과는 상당히 다름을 알 수 있다. 이 경우에는 확실히 열적감쇄가 일어남을 알 수 있다.

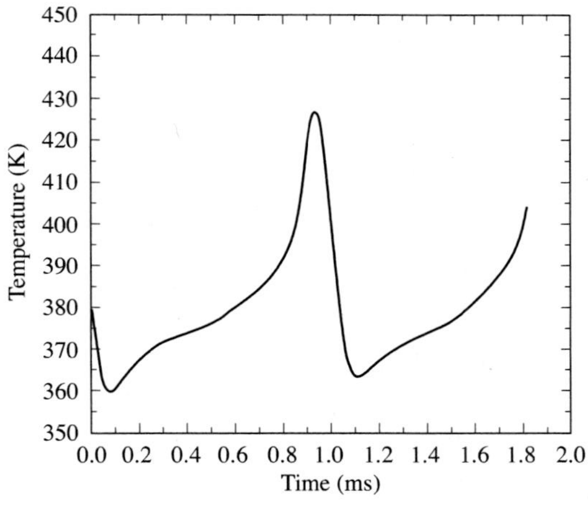

Fig. 24 Time dependence of the temperature inside bubble with the same initial conditions as used in Fig. 22.

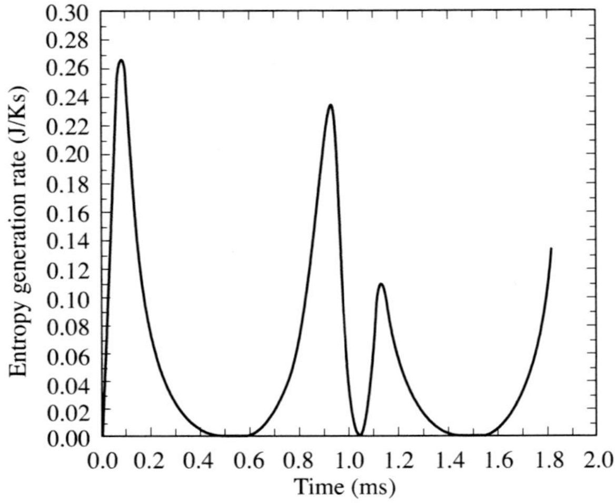

Fig. 25 Time dependence of the entropy generation rate of the oscillating butane bubble with the same initial conditions as used in Fig. 22.

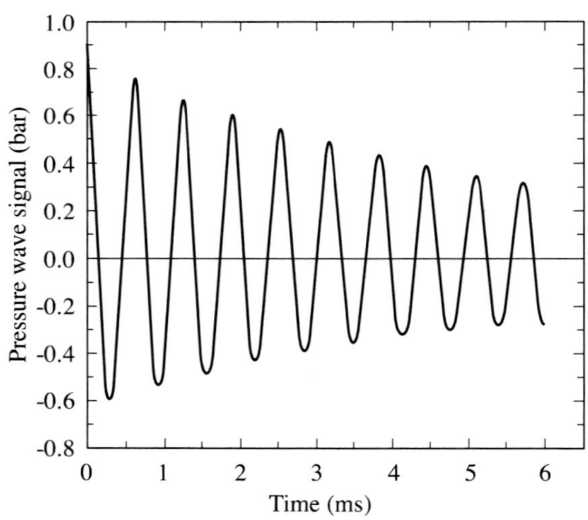

Fig. 26 Calculated pressure wave signal from the oscillating ether bubble in glycerin at 3 bar initial conditions, $R_b = 2.45$ mm, $P_b = 5.2$ bar and $T_b = 420.0$ K ($r_d = 6$ mm).

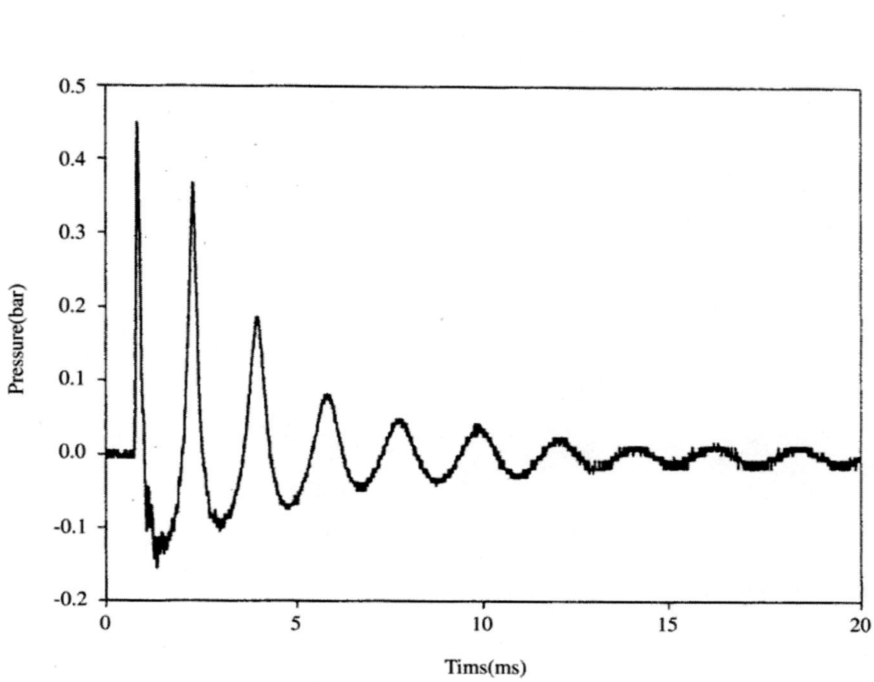

Fig. 27 Measured pressure wave signal from the oscillating cyclohexane bubble in glycerin at 1 bar [38].

Fig. 27에는 glycerin 용액 내에서 과열한계에 달한 cyclohexane 액적이 기화된 후 기포로서 팽창과 수축을 거듭하는 동안 기포 중심에서 4.5 mm 떨어진 거리에서 측정한 압력파의 변화가 나와있다[38]. 분명히 이 경우에도 열적감쇄 현상이 일어남을 알 수 있다.

6. 8 레이저에 의한 캐비테이션 현상

공동현상을 근본적으로 규명하고자 하는 일환으로 레이저에 의한 기포의 생성과 거동 및 이에 따른 여러 가지 현상에 대한 연구[39, 40, 41, 42, 43]가 과거 십여년 간 집중적으로 이루어져 왔다. 높은 에너지의 출력을 가진 레이저를 물 등 액체에 조사할 경우 초점 부근에서 액체가 급격히 가열되어 액체의 과열한계에 다다르면 액체는 급격히 기화되고 그 속도가 음속에 가까울 뿐만 아니라 기화된 액체의 압력이 대단히 커, 기포는 급격히 팽창하면서 충격파가 발생하게 된다[40]. 또한 내부 압력이 진공상태로 팽창된 기포는 환경압력에 의해 수축하게 되며, 1차 수축 후 한 두 번의 팽창, 수축을 거듭한 후 사라짐이 관찰되었다[44, 45]. 이와 같은 레이저에 의한 기포의 생성 후 거동을 지금까지는 기포벽을 통한 질량전달을 고려하지 않고 열전달만을 고려한 폴리트로픽 관계식을 이용하여 연구하였다[41, 45].

최근 기포거동에 관한 연구는 액적폭발 현상이나 소노루미네센스 현상을 규명하기 위하여 Kwak[3] 등에 의하여 철저하게 이루어졌다. 이들은 기포 내의 증기나 가스에 대한 질량 보존식, 운동량 보존식과 에너지 보존식을 해석적으로 풀어 기포벽을 통한 열전달에 기인하는 열적감쇄 현상[46]과 기포가 초음파장에서 진동할 경우 기포수축 시 기포벽의 가속에 의한 충격파 발생기구를 규명한 바 있다[47]. 하지만 이들 연구에서 기포벽을 통한 물질전달은 고려되지 않은 상태이었다.

이 장에서는 Kwak-Panton[36]의 기포형성 모델을 이용하여 레이저에 의한 액체의 기화속도와 기화된 액체의 압력을 계산하고, 이 기화된 액체의 팽창은 Gilmore 식[48]을 수치계산함으로써 급격히 팽창하는 기포에 의한 충격파를 계산하여 보았다. 또한 레이저에 의하여 증기기포가 생성된 후 그 거동을 기포벽을 통한 열전달 뿐만 아니라 계면에서 상변화에 의한 물질전달을 동시에 고려하였다.

Kwak-Panton의 기포형성 이론[36]에 의하면 액체 내에서의 기포형성은 액체분자간의 상호작용이 절단(breakdown)될 때 일어나는 것이며, 이 분자들의 상호작용을 절단하는 데 필요한 내력을 액체의 인장내력이라고 정의하였다. 또한 Kwak- Lee[14]는 환경액체 내에서 시험액적이 과열한계에 도달하여 기화되는 경우 그 기화되는 구의 반경속도, V_s를 다음과 같이 유도한 바 있다.

$$V_s = \frac{dR_d}{dt} = v_l J_s n_c \tag{6-129}$$

Fig. 28에서 볼 수 있는 바와 같이 강력한 에너지를 가진 레이저의 조사를 받은 반경 r_s의 액체가 급격히 기화하기 위하여는 그 부분의 액체의 온도가 과열한계까지 상승해야 한다. 이 경우 액체의 과열한계 또는 그 이상으로 액체의 온도를 상승시키는 데 필요한 에너지는 다음 식에 의하여 구할 수 있다.

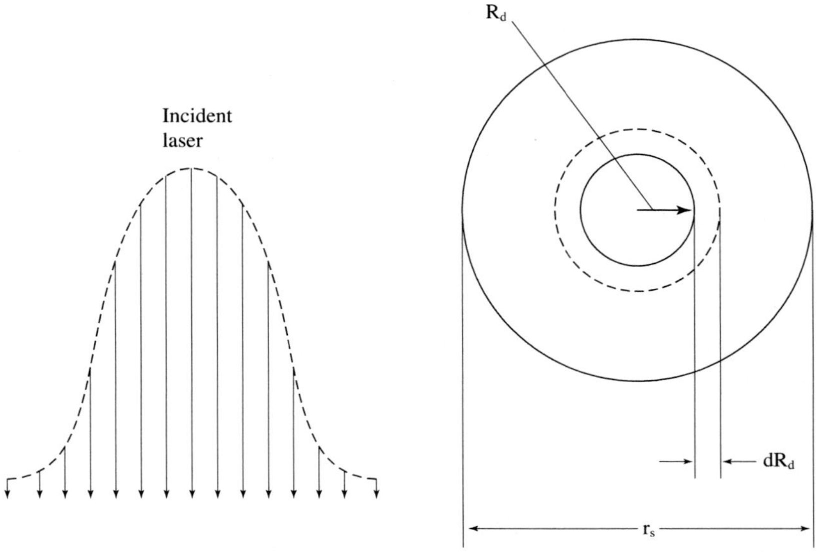

Fig. 28 A Model for liquid evaproation by laser irradiation.

$$\frac{4}{3}\pi r^3{}_s\rho_m\left[c_l(T_s - T_\infty) + c_p(T - T_s)\right] \tag{6-130}$$

윗식에서 c_l는 액체의 비열이며, c_p는 기화된 증기의 비열이다. 레이저의 에너지가 큰 경우에는 기체의 온도는 10,000 K 이상 올라감이 실험적으로 확인되었다[49]. 균일하게 가열된 액체의 반경 r_s는 잘 알려진 다음 식에 의하여 계산할 수 있다.

$$r_s = 1.22\frac{f}{D}\lambda \tag{6-131}$$

단, λ는 광원의 파장이며 f와 D는 광원을 집속하기 위한 렌즈의 직경과 초점거리이다. 전형적인 *Q-switched* 레이저의 경우 최소한의 기포 형성에 필요한 에너지는 $Q_a W t_e = 100\text{mJ}$(단, Q_a는 흡수계수이며, t_e는 레이저 펄스 간격), $\Delta T = 275$ K일 경우 균일하게 가열된 액체의 반경은 대략 0.3 mm 정도 된다.

레이저의 조사에 의하여 기화된 액체의 부분은, 그 내부의 고압 때문에, 음속에 가까운 기화속도로 급격히 팽창한다. 이러한 기포벽의 급격한 운동은 불변량, $Y = r(h + u^2/2) = R(H + U^2/2)$가 특성속도, $(c+u)$로 전파되어 나아간다고 가정하면[49] 다음과 같이 쓸 수 있다.

$$\left[\frac{\partial}{\partial t}+(c+u)\frac{\partial}{\partial r}\right]\left[r(h+\frac{u^2}{2})\right]=0 \tag{6-132}$$

윗식을 다시 쓰면

$$r\frac{Dh}{Dt}+ru\frac{Du}{Dt}+(c+u)\left(h+\frac{u^2}{2}\right)+rc\frac{\partial h}{\partial r}+rcu\frac{\partial u}{\partial r}=0 \tag{6-133}$$

식 (6-132)를 연속방정식과 운동방정식을 이용하여 전개하는데는 다음과 같은 등엔트로피 과정에서의 엔탈피 정의가 필요하다.

$$h(p)=\int_{p_\infty}^{p}\frac{dP}{\rho} \tag{6-134}$$

이 식을 사용하면 $dh=dp/\rho$와 $c^2=dp/d\rho$의 관계식을 얻을 수 있으므로 운동방정식과 연속방정식을 다시 쓰면 다음과 같이 된다.

$$\frac{Du}{Dt}=-\frac{\partial h}{\partial r} \tag{6-135}$$

$$-\frac{1}{c^2}\frac{Dh}{Dt}=\frac{\partial u}{\partial r}+\frac{2u}{r} \tag{6-136}$$

식 (6-135)와 (6-136)를 식 (6-133)에 대입하면 다음 식을 얻는다.

$$r\frac{Dh}{Dt}(1-\frac{u}{c})+ch(1+\frac{u}{c})-rc\frac{Du}{Dt}\left(1-\frac{u}{c}\right)-\frac{3}{2}cu^2\left(1-\frac{u}{3c}\right)=0 \tag{6-137}$$

윗식은 기포벽에서 다음과 같이 되며 이식을 기포의 거동을 기술하는 Gilmore [48] 식이라고 한다.

$$RU\frac{dU}{dR}(1-\frac{U}{C})+\frac{3}{2}U^2(1-\frac{U}{3C})=H(1+\frac{U}{C})+\frac{RU}{C}\frac{dH}{dR}(1-\frac{U}{C}) \tag{6-138}$$

또한 급격한 기포 벽의 압축에 의하여서도 액체의 온도는 그리 변화되지 않으므로 다음과 같은 Tait 상태방정식을 사용할 수 있다[50].

$$\frac{P+B}{P_\infty+B}=\left(\frac{\rho}{\rho_\infty}\right)^n \tag{6-139}$$

물의 경우 $B=3000$ atm, $n=7$ 로 주어진다. 상태방정식 (6-139)를 이용하면 기포벽에서의 음속 C는 다음과 같이 주어진다.

$$C = C_\infty \left(\frac{P + B}{P_\infty + B} \right)^{\frac{n-1}{2n}} \tag{6-140}$$

식 (6-138)에 주어진 Gilmore 식은 다음과 같이 다시 쓸 수 있다.

$$R \frac{dU}{dt} \left(1 - \frac{U}{C} \right) + \frac{3}{2} U^2 \left(1 - \frac{U}{3C} \right) = H \left(1 + \frac{U}{C} \right) + \frac{U}{C} \frac{dH}{dt} \left(1 - \frac{U}{C} \right) \tag{6-141}$$

식 (6-141)에서 R은 임의의 시간에 있어서의 기포의 반경이며 U, H, C 등은 기포벽면에서의 속도, 엔탈피, 음속 등이다. 식 (6-141)에 의하여 급격히 팽창하는 기포벽면의 운동에 의하여 충격파가 생길 것이 예상되는데, 특성곡선을 따라 움직이는 충격파의 전파속도, 압력변화, 위치변화 등도 식 (6-132)를 전개하여 얻을 수 있는 바, 다음과 같다.

식 (6-136)에 주어진 연속방정식을 다시 쓰면 다음과 같이 된다.

$$\frac{\partial h}{\partial t} = u \frac{Du}{Dt} - c^2 \left(\frac{\partial u}{\partial r} + \frac{2u}{r} \right) \tag{6-142}$$

식 (6-132)에 주어진 특성방정식은 다음과 같이 다시 기술할 수 있다.

$$(c+u)\left(h + \frac{u^2}{2} \right) + r \left[u \frac{Du}{Dt} - c^2 \left(\frac{\partial u}{\partial r} + 2u/r \right) \right] + rc \frac{\partial}{\partial r} \left(h + \frac{u^2}{2} \right) = 0 \tag{6-143}$$

식 (6-142)를 이용하여 식 (6-143)을 다시 쓰면 다음과 같이 된다.

$$r(c-u) \left[\frac{Du}{Dt} + c \frac{\partial u}{\partial r} \right] = (c+u) \left(h + \frac{u^2}{2} \right) - 2uc^2 \tag{6-144}$$

식 (6-142)를 이용하면 식 (6-145)~(6-147)에 주어진 충격파속도에 대한 특성식 (characteristics)을 얻을 수 있다.

충격파의 전파속도의 시간변화 :

$$\left. \frac{du}{dt} \right)_{char} = \frac{1}{c-u} \left[(c+u) \frac{Y}{r^2} - \frac{2c^2 u}{r} \right] \tag{6-145}$$

압력의 시간변화 :

$$\left. \frac{dp}{dt} \right)_{char} = \frac{\rho_\infty}{r(c-u)} \left(\frac{P+B}{P_\infty + B} \right)^{\frac{1}{n}} \left[2c^2 u^2 - \frac{c(c+u)}{r} Y \right] \tag{6-146}$$

거리의 시간변화 :

$$\left.\frac{dr}{dt}\right)_c = c + u \tag{6-147}$$

식 (6-141)을 Runge-Kutta 방법을 이용하여 수치계산을 하면 주어진 시간에 있어서 기포벽의 운동에 관한 정보를 얻을 수 있는데 이를 초기 조건으로 하여 식 (6-145), (6-146) 및 (6-147)을 풀 수 있다.

기화속도를 마하 0.5, 0.75로 했을 때 식 (6-145), (6-146) 및 (6-147)에 의거 계산한 충격파의 전파 모양이 Fig. 18, 19에 나타나 있다. 이 그림에서 볼 수 있는 바와 같이 초기 기화속도가 충격파의 강도에 영향력을 준다는 사실은 확실하다. 기화속도가 마하 0.75인 경우 충격파의 반높이나비(full width at half maximum)가 30 μm 정도 되는데 이것은 실험과 잘 일치되는 사실이다[44].

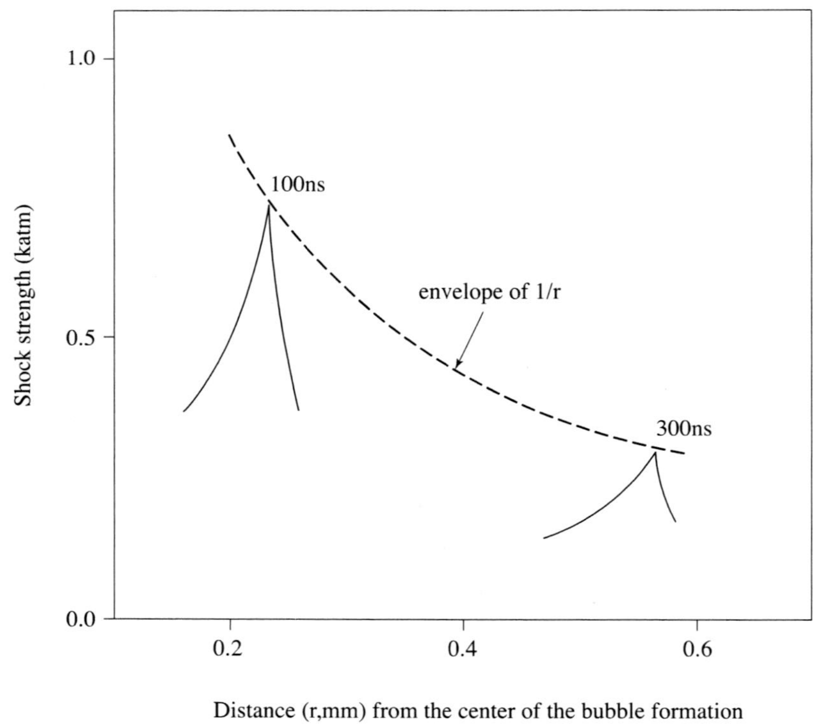

Fig 29. Spherical shock wave propagtion with $V_s = 7.40 \times 10^4$ cm/s ; initial bubble diameter is 0.05 mm ; shock strength decreases as 1/r.

기포가 급속히 팽창하면서 생성된 충격파가 기포벽을 이탈하게 되면 기포벽의 속도는 상당히 줄어든다. 이 경우 기포벽의 운동은 다음과 같은 Keller-Miksis (KM) 식에 의하여 기술할 수 있다.

$$\left(1-\frac{U_b}{C_b}\right)R_b\frac{dU_b}{dt}+\frac{3}{2}U_b^2\left(1-\frac{U_b}{3C_b}\right)$$
$$=\frac{1}{\rho_\infty}\left(1+\frac{U_b}{C_b}\right)\cdot(P_B-P_\infty) \tag{6-148}$$

위 식에서 R_b는 기포의 시간에 따른 반경, P_∞는 환경압력, ρ_∞는 환경액체의 밀도이며 P_B는 기포벽 바깥쪽 액체의 압력이며, 기포 내 증기의 압력 P_b와는 다음과 같은 관계식이 성립된다.

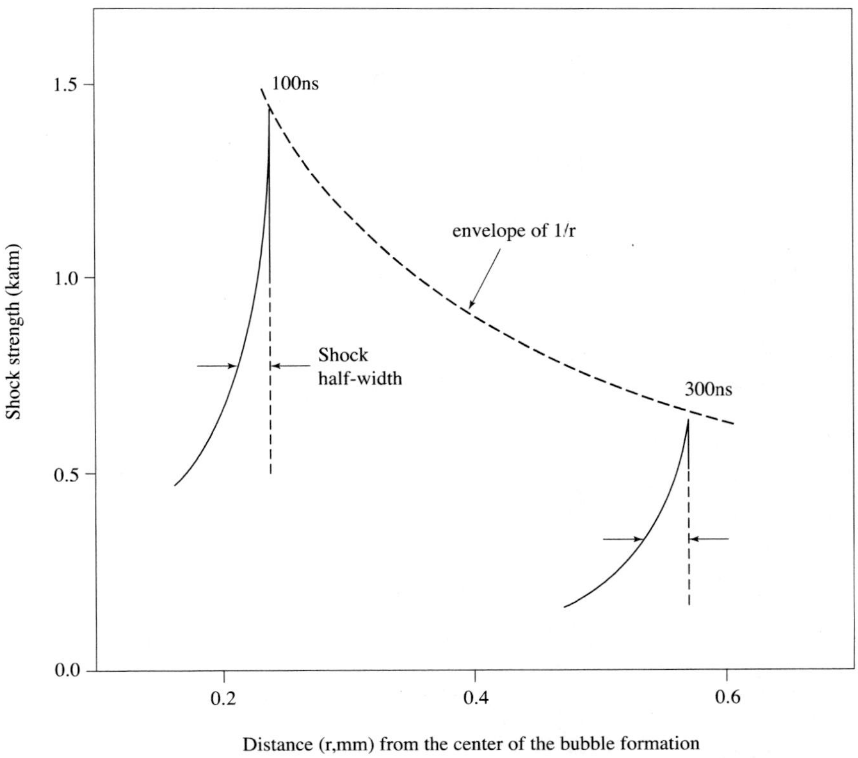

Fig. 30 Shock wave propagation with $V_s = 1.112\times10^5\ cm/s$; initial bubble diameter is 0.05 mm ; the half-width of shock wave is defined as the shcok at the half of the maximum shock strength.

$$P_B = P_b - 2\frac{\sigma}{R_b} - \frac{4\mu}{R}U_b$$

최근에 이루어진 기포거동에 대한 해석에 의하면 기포의 거동을 지배하는 고유시간이 기포 내부의 가스의 완화시간보다 상대적으로 클 경우에는 기포 내의 가스의 압력이나 온도는 균일하다는 가정이 타당함이 입증되었다[46]. 기포

내부의 증기에 대한 에너지 보존식은 다음과 같이 주어진다.

$$\dot{Q}_{cv} + \dot{m}_i h_i = \dot{m}_e h_e + \dot{W}_{cv} + \dot{U}_b \tag{6-149}$$

윗식에서 $\dot{Q}_{cv}$ 와 $\dot{W}_{cv}$ 는 기포벽을 통한 열전달과 일전달항이고 $\dot{U}_b$는 기포 내에 가스와 증기에 대한 내부에너지의 시간적 변화량이다. 기포 내부의 증기의 압력이 균일한다고 하면 윗식은 다음과 같이 쓸 수 있다.

$$m_b c_v \frac{DT_b}{Dt} + u_v \frac{dm_b}{dt} + 4\pi R^2{}_b P_b \left(\frac{dR_b}{dt}\right)_v + \dot{m}_s h_v = \dot{Q}_{cv} \tag{6-150}$$

| Table 2 | Tensile strength, $-\tau$, the temperature of liquid, T, the number of molecules of the critical cluster, n_c, and the initial vaporization speed of water v_s, for various possible values of the nucleation rates.

J_{nc}	10^{23}	10^{24}	10^{25}
T(K)	299	301	304
n_c	1029	854	296
v_s(cm/s)	4.31×10^3	3.52×10^4	2.96×10^5
$-\tau$ (atm)	83.4	88.1	92.7

위 식에서 $\dot{m}_s$는 기 · 액 계면에서 시간당 증발되거나 응축되는 증기의 양이며 $(dR_b/dt)_v$는 증기쪽에서의 기포벽의 속도이다. 또한 m_b는 기포 내 증기의 질량, T_b는 기포 내 증기의 온도이며 u_v 와 h_v 는 각각 증기의 내부에너지와 엔탈피이다.

계면에서 증발 또는 응축되는 질량 변화에 의하여 액체쪽과 기체쪽의 기포벽의 속도는 계면에서의 질량 보존식을 적용하면 다음과 같이 주어진다[51].

$$\left(\frac{dR_b}{dt}\right)_v = \left(\frac{dR_b}{dt}\right)_l + \frac{1}{4\pi R_b^2 \rho_\infty}\frac{dm_b}{dt} \tag{6-151}$$

또한 계면에서의 에너지 보존식은 다음과 같이 기포 내에 출입되는 열전달량을 규정해 준다.

$$\dot{Q}_{c.v} = k_l 4\pi R_b^2 \left(\frac{\partial T_b}{\partial r}\right)_{r=R_b} - h_{fg}\frac{dm_b}{dt} \tag{6-152}$$

식 (6-152)에서 두 번째 항은 기포벽 주위의 열경계층을 통한 전도에 의한 열교환을, 세 번째 항은 계면에서 상변화에 의한 물질전달을 나타내며, k_l는 액체의 열전도도, h_{fg}는 액체의 잠열이다. 식 (6-151)과 식 (6-152)를 식 (6-150)에 대입하면 다음 식을 얻는다.

$$m_b C_v \frac{DT_b}{Dt} + 4\pi R_b^2 P_b \frac{dR_b}{dt} - \frac{P_v}{\rho_v}\frac{dm_b}{dt}$$

$$-k_l 4\pi R_b^2 \left(\frac{\partial T}{\partial r}\right)_{r=R_b} + h_{fg}\frac{dm_b}{dt} = 0 \tag{6-150'}$$

식 (6-152)에서 열전도량을 결정하는 열경계층의 온도분포는 적당한 경계조건을 만족하는 다음과 같은 이차식으로 가정하였다[52].

$$\frac{T_b - T_\infty}{T_{bl} - T_\infty} = (1-\zeta)^2 \tag{6-153}$$

단, $\zeta = \dfrac{r - R_b}{\delta}$

이제 식 (6-150')을 이용하면 시간에 따른 기포 중심에서 증기 온도 변화에 대한 다음과 같은 식을 구할 수 있다. 즉,

$$\frac{dT_{bo}}{dt} = -\frac{3(\gamma-1)T_{bo}}{R_b}\frac{dR_b}{dt} \tag{6-154}$$

$$-(1+\eta)\frac{6k_l(\gamma-1)T_{bo}(T_{bl} - T_\infty)}{\delta R_b P_b}$$

단, $\eta = \dfrac{\dot{m}_b'' h_{fg}}{2k_l(T_{bl} - T_\infty)/\delta}$

기포 내에서 온도분포가 주어질 경우 기포벽에서의 증기온도 T_{bl}은 식 (6-98)로부터 구할 수 있다. 위 식에서 γ는 증기의 비열비이며, η는 열전도에 의한 열전달과 상변화에 수반되는 열유입간의 비교를 나타내는 변수이다. 즉 η 가 "0" 일 경우는 질량전달이 전혀 없는 경우이다.

계면에서의 증발이나 응축이 분자의 운동에 의하여 이루어진다고 본다고 가정하면 계면에서의 상변화에 의한 질량유속은 다음과 같이 주어진다[53].

$$\dot{m}_b'' = \frac{2c_e}{2-c_e}\left(\frac{1}{2\pi R}\right)^{1/2}\left[\frac{P_v(T_b)}{T_b^{1/2}} - \frac{P_l(T_\infty)}{T_\infty^{1/2}}\right] \tag{6-155}$$

위 식에서 c_e는 분자의 부착상수이며 물의 경우는 0.02~0.04 로 보고되고 있으나[53] 더 높은 값도 사용하여 보았다. 기포 중심에서 증기가 이상기체 상태방정식 $P_b = \rho_o R T_{bo}$ 를 따른다고 하면 식 (6-154)에서 다음과 같은 시간에 따른 기포 내 압력변화에 대한 식을 구할 수 있다.

$$\frac{dP_b}{dt} = -\frac{3rP_b}{R_b}\frac{dR_b}{dt} - (1+\eta')\frac{6k_l(\gamma-1)(T_{bl}-T_\infty)}{\delta R_b} \tag{6-156}$$

$$\eta' = \frac{\ddot{m}_s h'_{fg}}{2k_l(T_{bl}-T_\infty)/\delta},\quad h'_{fg} = h_{fg} - \frac{\gamma}{\gamma-1}R_v T_b$$

계면에서 상변화가 존재하는 경우에도 열경계층의 시간에 대한 변화는 다음의 기포벽 주위의 액체에 대한 에너지 보존식을 이용하여 구할 수 있다.

$$\frac{\partial T}{\partial t} + \left(\frac{dR_b}{dt}\right)_l \frac{\partial T}{\partial r} = \frac{\alpha_l}{r^2}\frac{\partial}{\partial r}\left(r^2\frac{\partial T}{\partial r}\right) \tag{6-157}$$

단 윗식에서 α_l는 액체의 열확산계수이며, 식 (6-157)을 $r = R_b$에서 $r = R_b + \delta$ 까지 적분하면 시간에 따른 열경계층 두께 δ의 변화에 대한 식을 구할 수 있다[54]. 즉

$$\left[1+\frac{\delta}{R_b}+\frac{3}{10}\left(\frac{\delta}{R_b}\right)^2\right]\frac{d\delta}{dt} \tag{6-158}$$

$$= \frac{6\alpha_l}{\delta} - \left[\frac{2\delta}{R_b}+\frac{1}{2}\left(\frac{\delta}{R_b}\right)^2\right]\frac{dR_b}{dt} + \frac{3}{4\pi R^2\rho_\infty}\frac{dm_b}{dt}$$

$$-\delta\left[1+\frac{\delta}{2R_b}+\frac{1}{10}\left(\frac{\delta}{R_b}\right)^2\right]\frac{1}{T_{bl}-T_\infty}\frac{dT_b}{dt}$$

이제 물질전달을 포함한 기포 거동의 해석에 필요한 식 (6-148), (6-154), (6-156)과 (6-158)을 얻었다. 이 식들을 이용하면, 기포벽의 속도 U_b, 기포의 반경 R_b, 기포 중심에서 증기온도 T_{bo}, 기포 내 압력 P_b, 열경계층의 두께 δ, 등을 적당한 초기조건과 Runge- Kutta 수치해석법을 사용하여 구할 수 있다.

레이저에 의해 생성된 기포가 팽창한 후 1차 수축할 경우, 경우에 따라서는 수축하는 속도가 음속에 가까워 충격파가 발생하는 경우도 관찰된 바 있지만[55], 대부분의 경우는 압력파가 발생된다. 이 경우 기포 중심으로부터의 r_d 만큼 떨어진 거리에서의 압력신호는 기포의 부피에 대한 가속도에 의해 결정되는 바, 다음과 같이 주어진다 [46].

$$P'(t) = \frac{\rho_\infty \dot{V}}{4\pi r_d} = \frac{\rho_\infty}{r_d}\left(2R_b \dot{R}_b^2 + R_b^2 \ddot{R}_b\right) \tag{6-159}$$

식 (6-6)에 주어진 Rayleigh 식을 이용하면 위 식은 다음과 같이 다시 쓸 수 있다.

$$P'(t) = \frac{R_c}{r_d}\left[P_b(R_c) - p_\infty\right] + \frac{\ddot{m}'' R_c^2}{r_d} \tag{6-160}$$

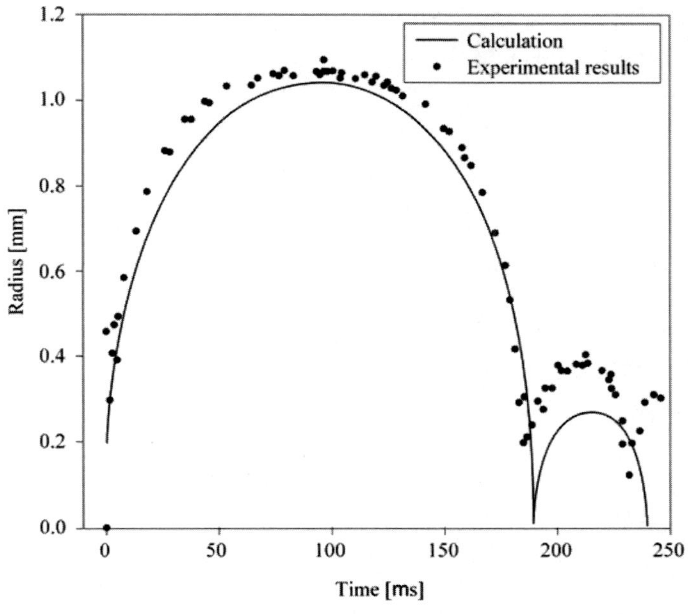

Fig. 31 Bubble radius–time curves from measurement(·)and calculation for a laser–induced bubble whose maximum radius is 1.05 mm.

식 (6-160)에서 R_c는 수축점에서의 기포의 반경이며 $P_b(R_c)$는 이때의 기포 내 가스의 압력이다. 이 식에서도 알 수 있는 바와 같이 기포의 수축시 내놓은 압력파는 수축점에서의 기포 내 증기 압력과 그 때의 기포의 반경에 의존함을 알 수 있다. 하지만 수축점에서 기포벽의 속도가 환경액체 내에서의 음속에 비해 무시 못할 경우 식 (6-6)에 주어진 Rayleigh 식 대신에 Keller-Miksis 식을 사용해야 한다.

Fig. 31에는 초기반경이 70 μm, 초기속도가 620 m/s 인 경우 레이저에 의해 생성된 기포의 시간에 따른 반경의 계산결과가 실험결과와 함께 나와 있다. c_e의 값을 0.06으로 사용한 이 그림에서 볼 수 있는 바와 같이 실험결과와 잘 일치함을 알 수 있다. 기포형성에 관한 이론[36]이 나오기 전까지는 기포 거동에 대한 해석은 기포가 최대반경일 때 기포 내의 압력을 10^{-2} 혹은 10^{-3}기압과 같이 진공상태라 가정하고 기포벽의 속도는 0이라고 가정하여 계산을 수행하였다. Fig. 32에는 초기반경이 110μm, c_e가 0.06인 경우 시간에 따른 기포반경의 변화와 계면에서 응축에 따른 질량유속의 변화가 나와 있다. 놀랍게도 질량유속은 기포가 진동하는 한 사이클 동안은 거의 일정함과 팽창과 수축을 거듭할수록 그 양은 증가함을 알 수 있다. Fig. 33에는 부착상수 c_e의 값을 0.1로 취했을 때의 시간에 대한 기포반경의 변화가 Fig. 31에 주어진 경우에 대해서 나와 있다. 이 그림에서도 볼 수 있는 바와 같이 제 1차 수축시까지는 거의 비슷한 결과이나 1차 수축 후 되튐운동은 c_e의 값이 큰 경우에는 응축이 커 급격히 줄어듦을 알 수 있다. Fig. 34에는 기포가 1차 수축할 때 기포 중심으로부터 15 mm 떨어진 거리에서 측정한 기포로부터의 압력신호의 계산결과가 측정결과와 함께 나와 있다. 이 계산은 초기속도가 30 m/s 일 때, 수 c_e값이 0.06일 때 수행한 것으로 실험결과와 잘 일치함을 볼 수 있다.

Fig. 35에는 기포의 1차 수축을 전후해서 기포 내 증기의 기포 중심에서의 온도 변화와 기포벽의 속도 변화가 나와 있다. 이 그림에서 볼 수 있는 바와 같이 기포 중심에서의 최고온도는 8000 K까지 다다름을 알 수 있다. 레이저에 의해 생성된 기포일 경우는 기포 내 가스 함유량이 0.01% 이하이기 때문에 액체에 용해되어 있는 불활성 가스에 의한 제동복사일 가능성이 없다. 기포수축시 기포벽의 최소 속도는 -575 m/s로 식 (6-148)의 음향근사식이 레이저에 의한 기포 형성의 연구에 타당함을 알 수 있다.

Fig. 36에는 기포 수축점 부근에서 기포벽에서의 가스의 온도(T_{bl}) 변화와 이때 기포

로부터 나오는 발광기구를 흑체복사라 가정할 경우의 시간에 따른 복사량이 나와 있다. 복사량은 광전관으로 측정할 정도의 값이고 광펄스의 반너비는 11.4 ns 정도로 실험결과와 잘 일치하고 있다. Fig. 24와 Fig. 25에서 알 수 있는 바와 같이 수축점에서 기포 중심에서의 온도는 7600K로 기포벽에서의 온도 7,060K와는 약 600℃의 차이가 있다. 최고온도 부근에서 매질 내 흡수계수와 기포반경의 곱, $\kappa_\lambda R$을 계산해보면 '1'보다 작아 기포로부터의 발광기구가 제동복사이어야 한다고 볼 수 있지만 실험결과[57]는 작동액체로 사용한 물이 1 기압 하에서 공기에 포화상태인 경우나, 가스를 추출한 경우 또는 Xe 가스를 포화시킨 경우에는 거의 같은 빛의 강도가 나오는 것은 작동액체에 들어있는 가스의 양이 너무 작아 흑체복사라고 보는 것이 타당하다. 따라서 기포로부터의 발광기구가 제동복사 혹은 흑체복사에 의해 이루어지느냐는 빛의 파장에 비해 기포의 반경이 작으냐 또는 크냐에 의해서 결정된다고 보아야 타당하다.

Fig. 37에는 최대반경에 따른 복사량의 반너비에 대한 계산 결과와 실험결과가 나와 있다. 비록 기울기는 다르더라도 계산 결과는 기포로부터의 복사량의 반너비가 최대반경에 비례한다는 실험결과[57]와 일치함을 알 수 있다.

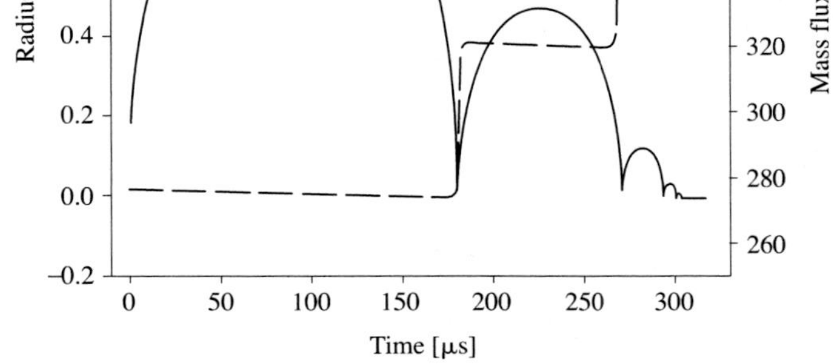

Fig. 32 Radius–time curve and mass flux related to condensation for a bubble with initial bubble wall velocity of $0.208 \times 10^5\ cm/s$ and $c_e = 0.06$.

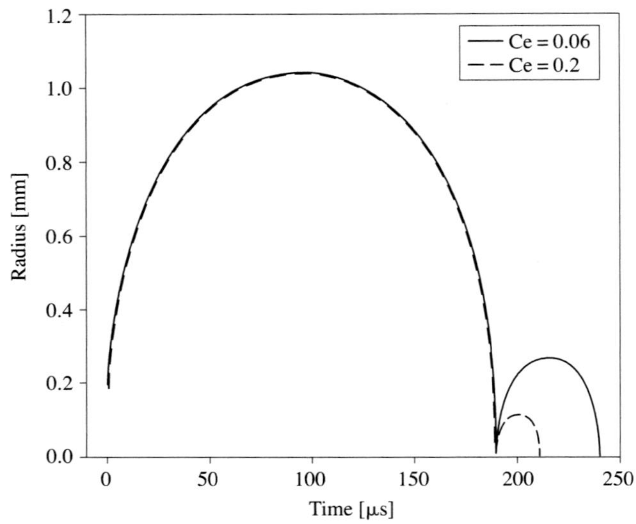

Fig. 33 Calculated radius time curve for the case shown in Fig. 31 with different value of the accomodation coefficient of $c_e = 0.1$.

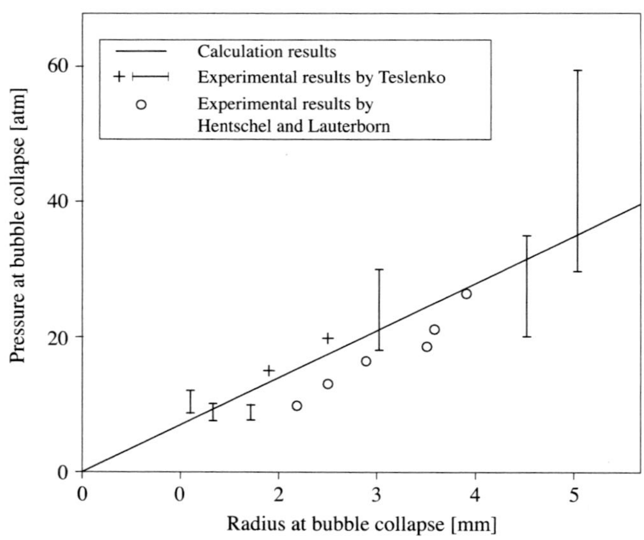

Fig. 34 Pressure signal at a distance of 15 mm from the collapsing bubble center, with $c_e = 0.06$.

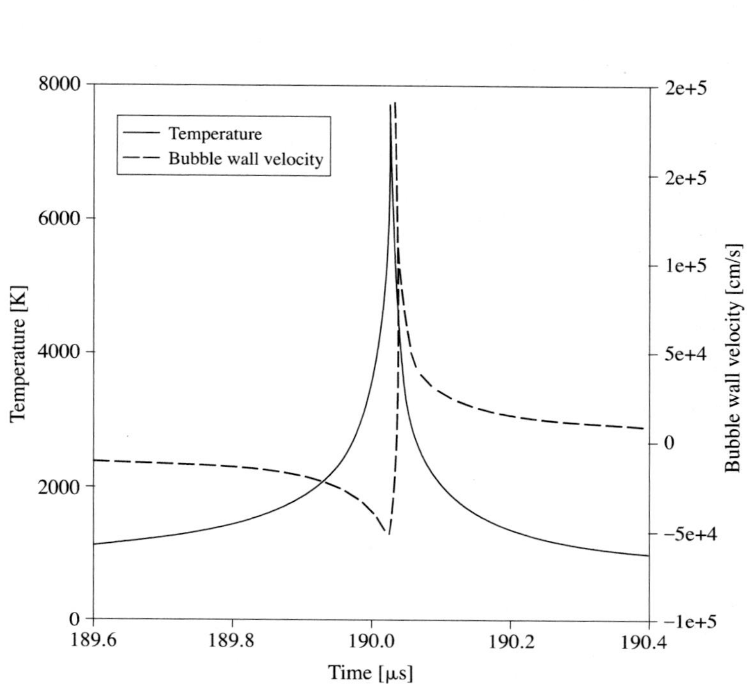

Fig. 35 Gas temperature at the center of bubble and the bubble wall velocity around the collapse point for the case shown in Fig. 31.

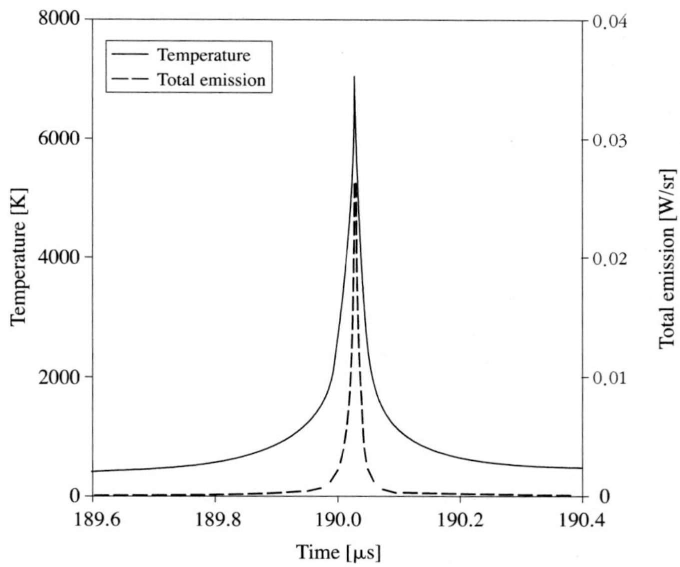

Fig. 36 Gas temperature at the bubble wall and the total emission from the collapse point for the case shown in Fig. 31.

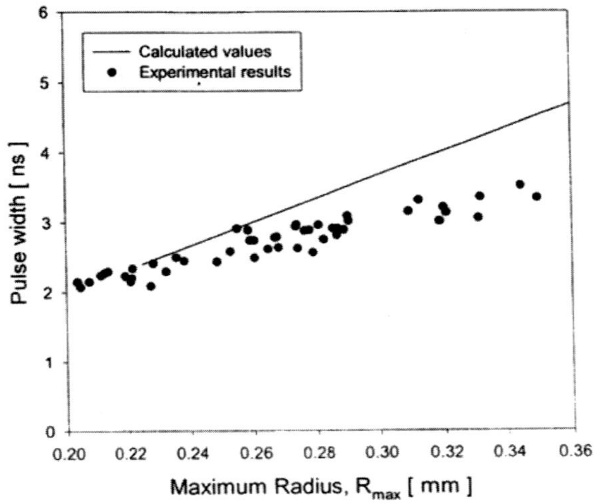

Fig. 37 Half width (FWHM) of the luminescence pulse as a function of the maximum bubble radius. The solid line indicates the calculation results while full circles denote observed results.

6. 9 나노 및 마이크로 입자 표면 위에서의 기포형성

용액 내에 마이크로 크기의 입자나 나노 크기의 입자에 레이저를 조사하였을 경우 입자가 빛을 흡수하여 온도가 오르게 되면 주위의 액체로 열확산이 되어 상변화가 일어난다. 입자의 크기에 따라 레이저에 조사된 입자 주위의 액체의 온도가 오른 영역이 임계두께 보다 클 경우에는 이 영역의 액체가 기화하여 기포로 거동하며 이 기포가 급격히 팽창하게 되면 압력파나 충격파를 수반하기도 하는 문제에 대한 연구가 많이 수행되고 있다[58].이 연구는 광학장치의 스위치에도 사용되기도 하고[59], 선택적으로 암세포를 죽인다든가[60]하는 등의 연구에 응용된다. 이와 같이 광 에너지가 나노 입자에 흡수되어 주위에 열에너지를 전달하는 문제는 여러 의학연구에 아주 중요하게 사용되고 있을 뿐 더러 나노 입자 주위에 열에너지의 확산이 나노 스케일이기 때문에 공간의 체적에 상당히 영향을 받는 상변화 현상의 연구에도 아주 중요하다[61-63]. 이에 대한 연구는 제 4장 6절에서 논의한 바 있는 마이크로 히터 위에서의 기포형성과 그 기구가 유사하다.

마이크로 크기의 기포나[47] 거시적인 기포의 거동[46]에 대해서는 많은 연구자들에 의해 잘 다루어 졌으며 현재 어느 정도는 이해되고 있다. 구 대칭인 경우 기포 내 가스나 증기의 연속방정식, 운동방정식 및 에너지 방정식을 풀어 다음과 같이 기포 내 가스의 압력변화와 기포 중심에서의 온도의 변화에 대한 식을 6장 6절에서 논의한 바 있다. 나노 크기의 기포의 경우 기포의 거동에 관한 특성 시간은 ns 이므로 기포 내 가스 분자의 병진 운동에 대한 완화시간인 10 ps 보다 길므로 기포 내 압력은 일정하다고 볼 수 있어 나노 기포의 경우에도 적용할 수 있다. 하지만 기포의 거동에 관한 특성 시간이 기포 내 분자의 회전운동에 관한 완화시간인 μs 보다 훨씬 짧으므로 기포 내에서는 온도 구배가 있을 것이 예상된다. 기포 내 온도가 200~600 K에서 변화 할 것이 예상되므로 기포 내 가스의 열전도도는 온도의 함수가 아니라 일정하다 해도 무방하기 때문에 기포 내 온도분포는 식 (6-101)과 같이 주어지며 기포 벽에서의 온도는 식(6-100)과 같이 주어진다. 반경이 mm 인 기포의 경우 식(6-148)에서 표면장력과 점성력을 나타내는 항은 무시되지만 나노 크기 기포의 경우는 이 항들이 기포거동에 상당한 영향을 준다.

마이크로 입자 표면 위에서 기포형성이 될 경우 그 초기 반경은 다음 식에 의하여 예측할 수 있다[64].

$$R_o = R_p\left[3\left(\frac{\delta_s}{R_p}\right)+3\left(\frac{\delta_s}{R_p}\right)^2+\left(\frac{\delta_s}{R_p}\right)^3\right]^{1/3} \tag{6-161}$$

식 (6-161)에서 R_o와 R_p는 각각 기포의 초기 반경과 입자의 반경이며 δ_s는 입자표면 위에 과열한계이상으로 가열된 액체 층 두께이다.

Figure 38에는 25℃의 수중에서 초기반경이 8.5 nm, 압력이 850 atm, 온도가 580 K의 수증기가 속도 1036 m/s으로 팽창할 때 시간에 따른 기포의 반경이 나와 있다. 이 그림에서 Rayleigh-Plesset은 RP 식을 이용하고 기포내 압력 변화는 polytropic 관계식 PV^{γ}=일정.을 이용하여 구한 것을 나타내고, Keller-Miksis의 경우는 기포내 압력은 식 (6-75), 기포 중심의 온도는 식 (6-106), 기포 벽에서의 온도는 식 (6-98) 또는 (6-100), 열 경계층의 두께는 식 (6-108), 시간에 따른 기포반경이나 속도는 Keller-Miksis 식 (6-148)에 의하여 풀고 기 · 액 계면에서 수증기의 응축이나 물 (액체)의 증발도 고려한 결과이다. 사각 점으로 표시된 것은 Kotaidis와 Plech[65]의 실험 결과이다.

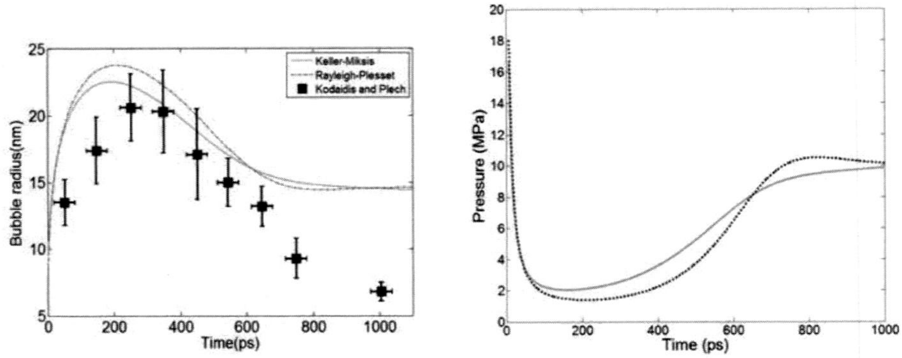

(a) (b)

Fig. 38 a Bubble radius depending on time with initial radius of 8.5 nm, pressure of 850 atm, temperature of 580 K and initial expansion velocity of 1036 m/s in water at 25℃. (b) Calculated vapor preessure inside the bubble depending on time for the case shown in Fig.38 a. The solid line is calculated by our method and the dotted line by Rayleigh–Plesset.

이 그림에서도 알 수 있는 바와 같이 두 방법이 거의 비슷한 결과를 내 주고 있지만 Rayleigh-Plesset의 경우는 수축점이 있지만 우리의 경우는 기포의 반경이 계속적으로 줄어듬을 알 수 있다. 하지만 Rayleigh-Plesset의 경우도 팽창 후 700 ps에서 표면장력과 점성력 때문에 rebounding은 하지 못하고 그대로 응축됨을 알 수 있다. 기포 벽에서의 열전달을 고려하지 않은 Rayleigh-Plesset 방법이 보다 더 팽창하게 됨을 알 수 있

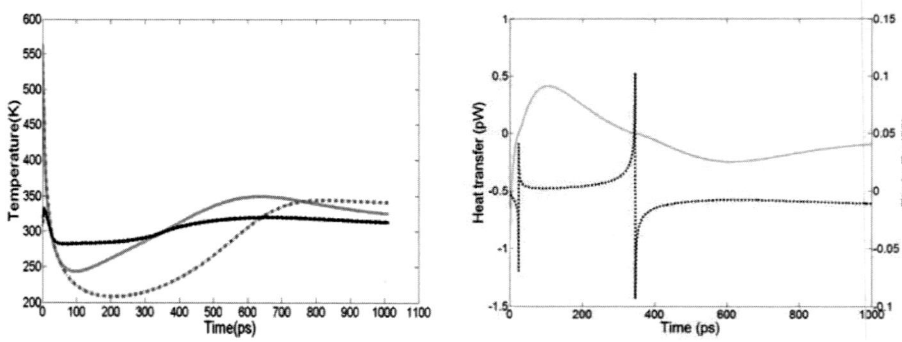

Fig. 39 (a) Temperature at the bubble center (—) and at bubble wall (----) for the case with consideration heat transfer through the bubble wall and the temperature inside the bubble for the adiabatic expansion case (-·-··).
39 (b) Time–dependent heat transfer rate (—) and eta in Eq. (32) (–––) during bubble evolution.

다. 즉 Rayleigy-Plesset의 경우는 팽창 후 210 ps 에서 기포가 최대 반경 23.8 nm에 다다르고 Keller-Miksis의 경우는 192 ps 에서 최대반경 22.5 nm에 이른다.

Figure 39 a에는 시간에 따른 온도 분포가 나와 있다. 이 그림에서 확인할 수 있는 바와 같이 열전달을 고려하지 않은 Rayleigh-Plesset 의 경우는 기포가 최대 크기가 될 때 급격히 기포 내 온도가 떨어 짐을 알 수 있다. Figure 39 b에서 확인 할 수 있는 바와 같이 열전달 율은 대략 pW이다. 기포가 팽창했을 경우 열은 유입되고 팽창 후 수축하게 되면 열은 기포 밖으로 나감을 알 수 있다. 계면에서 증발이 일어날 경우 기포 내로 질량이 유입되지만 열은 흡수된다. 한편 계면에서 응축이 일어 날 경우는 기포내의 질량은 감소되나 잠열을 내 놓게 된다. 따라서 식 (6-154)에 주어진 η의 분모는 어느 경우에나 음수이므로 기포 내로 열의 유입 또는 방출에 따라 그 부호가 결정 된다. 즉 기포로부터 열이 나갈 때는 음의 값을 갖고 열이 들어 올 때는 양의 값을 갖는다. 하지만 그림 39 b에서 볼 수 있는 바와 같이 열의 흐름의 방향이 바뀌는 점에서는 불연속이 된다.

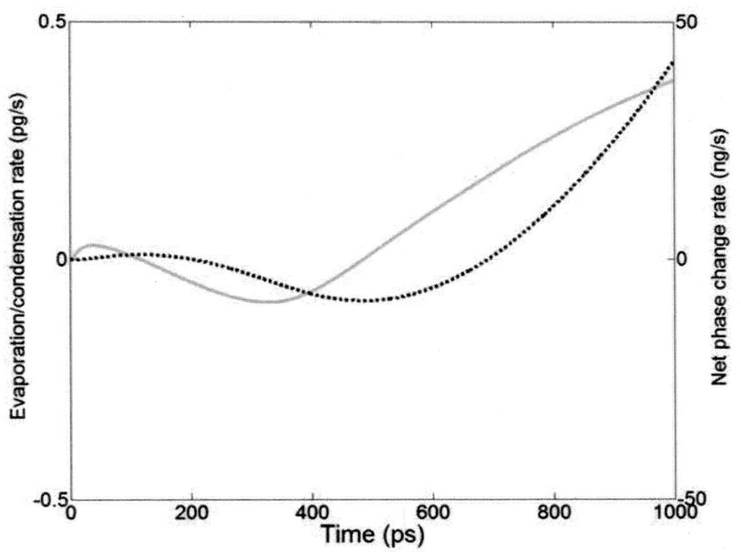

Fig. 40 Evaporation/condensation rate (——)and net phase chnge rate (-----) during bubble evolution.

Figure 40에는 계면에서 증발/응축이 일어날 때 시간에 따른 질량의 변화가 나와 있다. 양의 값을 가질 때는 증발이고 음의 값을 가질 때는 응축인 경우이다.

이제 표면장력이나, 점성력이 기포의 성장에 어떤 여향을 끼치게 되는지 생각해 보자. 식(6-6)과 (6-7)에 주어진 RP 식에서 기포의 운동에너지가 표면장력과 비견될 경우, 또는 점성력과 비견될 경우를 수식으로 표현하면 각각 식(6-162)와 (6-163)과 같이 된다.

$$3\rho_\infty \dot{R}_b^2 / 2 \approx 2\sigma / R_b \tag{6-162}$$

$$3\rho_\infty \dot{R}_b^2 / 2 \approx 4\mu \dot{R}_b / R_b \tag{6-163}$$

식 (6-162)와 (6-163)을 통하여 물 용액 내에서 초기반경 8.5 nm의 기포가 성장하기 위한 최소한의 초기 기포 속도는 각각 106.6 m/s이고 300 m/s 이다. 또한 초기 기포 속도는 다음 식에 의해 계산할 수 있다.

$$U_b \approx \sqrt{\frac{2P_b}{3\rho_\infty}} \tag{6-164}$$

초기 기포 내 압력이 820 기압일 때 식 (6-164)에 의한 초기 기포 벽의 속도는 235 m/s정도 된다.

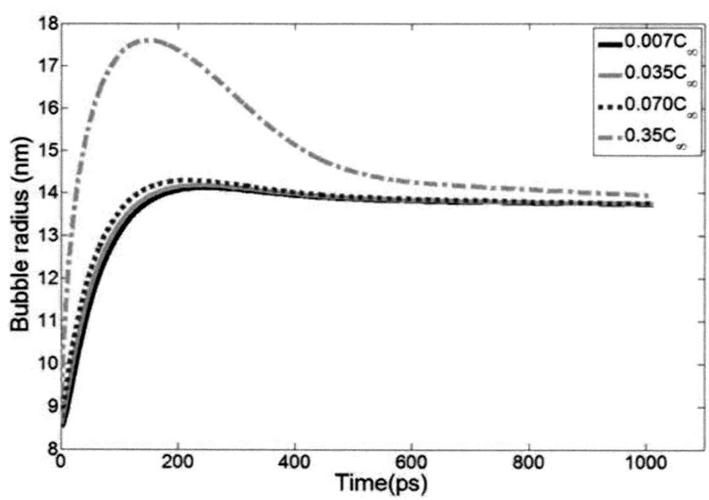

Fig. 41 Bubble radius–time curves with various initial velocities for the case shown in Fig. 38.

기포의 초기 반경이 8.5 nm, 기포 내 압력이 820 atm 일 때 기포 벽의 속도가 얼마나 되어야지 기포로 성장할 수 있는지가 Fig. 41에 주어져 있다. 이 그림에서 확인할 수 있는 바와 같이 기포벽의 초기 속도가 500 m/s 은 되어야 표면장력과 점성력을 극복하고 나노크기의 기포가 성장할 수 있다. 기포의 초기반경이 작아지면 표면장력과 점성력이 상대적으로 크게 된다. 따라서 기포의 초기 압력이 820 atm, 초기 속도가 1036 m/s라 할지라도 기포의 반경이 5.5 nm이하가 되면 기포로서의 성장을 하지 못함을 Fig. 42는 보여 주고 있다.

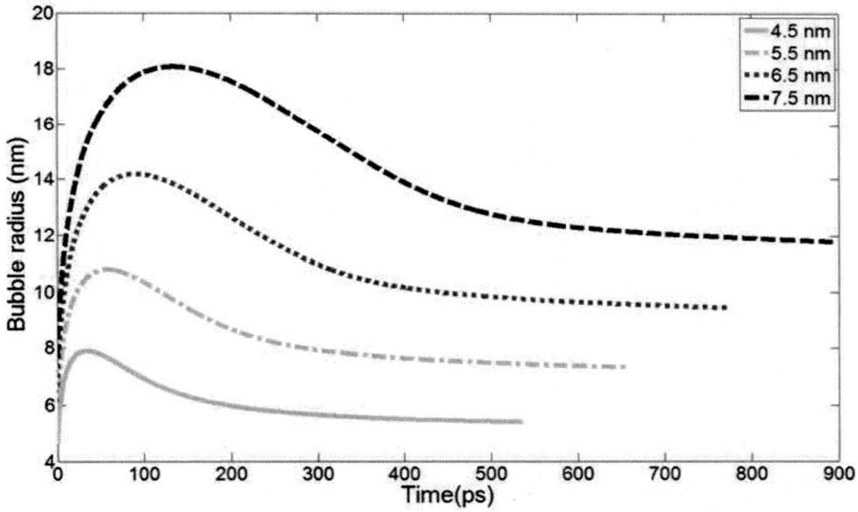

Fig. 42 Bubble radius–time curves with various initial radii for the case shown in Fig. 38.

References

1. L. Rayleigh, "On the pressure developed in a liquid during the collapse of a spherical cavity, "Phil. Mag., Vol. 34, pp. 94 -99 , 1917.
2. A. Prosperetti, L. A. Crum, and K. W. Commander, "Nonlinear bubble dynamics," J. Acoust. Soc. Am., Vol. 83, pp. 502-504, 1988.
3. H. Kwak and J. Na, "Hydrodynamic solutions for a sonoluminescing gas bubble," Phys. Rev. Lett., Vol. 77, pp. 4454-4457, 1996.
4. F. R. Young, Cavitation, McGraw-Hill Co, 1989.
5. G. K. Batchelor, An Introduction to Fluid Dynamics, Cambridge University Press, 1967.
6. F. A. Neppiras and B. E. Noltink, Proc. Phys. Soc. B(Lond) Vol. 64B, pp. 1032-, 1951.
7. H. Poritsky, Proc. 1st US National Congress in Applied Mathematics(ASME), p. 813, 1952.
8. F. J. Moody, Second law thinkings. example applications in reactor and containment technology, in Second Law Aspects of Thermal Design, HTD, Vol. 33 ASME, pp. 1-9, 1984.
9. L. E. Scriven, "On the dynamics of phase growth," Chem. Eng. Sci., Vol. 10, pp. 1-13, 1959.
10. S. Van Stralen and R. Cole, Boiling Phenomena, Hemisphere Publ. Co, 1979.
11. P. S. Epstein, and M. S. Plesset, "On the stability of gas bubble in liquid-gas solutions," J. Chem. Phys., Vol. 18, 1505-1509, 1950.
12. D. E. Rosner, and P. S. Epstein, "Effects of interfacial kinetics, capillarity and solute diffusion on bubble growth rates in highly supersaturated liquids," Chem. Eng. Sci., 27, 69-88, 1972.
13. P. Payvar, "Mass transfer-controlled bubble growth during rapid decompression of a liquid," Int. J. of Heat and Mass Transfer, Vol. 30, 699-705, 1987.
14. H. Kwak, and S. Lee, "Homogeneous bubble nucleation predicted by a molecular interaction model," ASME J. Heat Tranfer, Vol. 113, 714-721, 1991.
15. R. H. Doremus, Rates of Phase Transformations, Academic Press, 1985.
16. E. A. Hemmingsen, "Cavitation in gas-supersaturated solutions," J.Appl. Phys., Vol. 46, 213-218, 1975.
17. M. S. Hong, A Study on Gas Bubble Formation in Supersaturated Gas-Liquid Solution by Decompression. Ph. D. Thesis, Chonnam National University, Korea, 1985.
18. R. J. Albalak(ed), Polymer Devolatilization, Marcel Dekker Inc., New York, 1996.

19. A.N. Gent and D.A. Tompkins, "Nucleation and growth of gas bubbles in elastomers," J. Appl. Phys., Vol. 40, pp. 2520-2525, 1969.
20. C.W. Stewart, "Nucleation and growth of bubbles in elastomers," J. Polym Sci. A-2, Vol. 8, pp. 937-955, 1970.
21. J.H. Han and C.D. Han, "Bubble nucleation in polymeric liquids. Ⅰ. Bubble nucleation in concentrated polymer solutions," J. Polym. Sci. Pt. B, Vol. 28, pp. 711-741, 1990.
22. C.D. Han and H.J. Yoo, "Studies on structural foam processing. Ⅳ. Bubble growth during mold filling," Polym. Eng. Sci., Vol. 21, pp. 518-533, 1981.
23. J.S. Colton and N.P. Suh, "The nucleation of microcellular thermoplastic foam with additives: Part Ⅱ: Experimental results and discussion," Polym. Eng. Sci., Vol. 27, pp. 493-499, 1987.
24. S.K. Goel and E.J. Beckman, "Generation of microcellular polymeric foams using supercritical carbon dioxide. Ⅰ: Effect of pressure and temperature on nucleation," Polym. Eng. Sci., Vol. 34, pp. 1137-1147, 1994.
25. K.Y. Kim, S.L. Kang, and H. Kwak, H., "Bubble nucleation and growth in polymer solutions," Polym. Eng. Sci., Vol. 44, pp. 1890-1899, 2004.
26. R.B. Bird, W.E. Stewart and E.N. Lightfoot, Transport Phenomena, Wiley, New York, 1960.
27. A. Arefmanesh and S.G. Advani, "Diffusion-induced growth of a gas bubble in a viscoelastic fluid," Rheologica Acta, Vol. **30**, pp. 274-283, 1991.
28. K. Kim, S. Kang and H. Kwak, "Generation of microcellular foams by supercritical carbon dioxide in a PMMA compoud", Int. Polym. Proc., Vol.23, pp.8-16, 2008.
29. V. Kumar and N.P. Suh, "A Process for making microcellular thermoplastic Parts," Polym. Eng. Sci., Vol. 30, pp. 1323~1329, 1990.
30. V. Kamath, and A. Prosperetti, "A theoretical study of sonoluminescenece," J. Aoust. Soc. Am., Vol. 94, pp. 248-260, 1993.
31. H. B. Callen, Thermodynamics and An Introduction to Thermostatics, John Wiley & Sons Inc., p. 100, 1985.
32. W. G. Vincenti, and C. H. Kruger Jr., Introduction to Physical Gas Dynamics, Robert E. Krieger Publishing Co., Huntington, New York, pp. 407-412, 1977.
33. F. J. Moody, 1991, "Non-intuitive bubble effects in reactor and containment technology," in Fluids Engineering, Korea - US Progress, ed. by J. H. Kim et al, Hemisphere Publishing Co., pp. 409-426, 1991.
34. J. E. Shephered, and B. Sturtevant, "Rapid evaporation at the superheat limit," J. Fluid Mech., Vol. 121. pp. 379-402, 1982.

35. A. Bejan, Advanced Engineering Thermodynamics, John Wiley & Sons, 1988.
36. H. Kwak, and R. L. Panton, "Tensile strength of simple liquids predicted by a model of molecular interactions," J. Phys. D : Appl. Phys., Vol. 18, pp. 647-659, 1985.
37. A. D. Pierce, Acoustics, McGraw-Hill, New York, 1981.
38. H. Park, K. Byun and H. Kwak, "Explosive boiling of liquid droplets at their superheat limits," Chem. Eng. Sci., Vol.60, pp. 1809-1821, 2005.
39. M. P. Felix, and E. T. Ellis, "Laser-induced liquid breakdown... a step by step account," Appl. Phys. Lett., Vol.19, pp 484-486, 1971.
40. W. Lauterborn, "High-speed photography of laser-induced breakdown in liquid." Appl. Phys. Lett., Vol.21, pp. 27-29, 1972.
41. K. J. Ebeling, "Application of high speed holocinemattographical methods in cavitation research," in Cavitation and Inhomogeneities in Underwater Acoustics, pp. 35-41, ed. by W. Lauterborn, Spring-Verlag, 1980.
42. V. S. Teslenko, "Experimental investigation of bubble collapse at laser-induced breakdown in liquid," in Cavitation and Inhomogeneities in Underwater Acoustics, pp. 30-34. ed. W. Lauterborn, Spring-Verlag, 1980.
43. W. Lauterborn, "Cavitation and coherent optics," in Cavitation and Inhomogeneities in Underwater Acoustics, pp. 3-12., ed by W. Lauterborn, Spring-Verlag, 1980.
44. K. J. Ebeling, "Zum Verhalten kugelfoermiger lasererzeugter Kavitationsblasen in Wasser, "Acoustica, Vol.40, pp. 229-239, 1978.
45. W. Lauterborn, I. Eick, and A. Philipp, "Approaching and computers," in Bubble Dynamics and Interface Phenomena, ed. by J.R. Blake, J.M. Boulton-Stone and N.H. Thomas, Kluwer Academic Publ., 1994.
46. H. Kwak, S. Oh, and C. Park, "Bubble dynamics on the evolving bubble formed from the droplet at the superheat limit," Int. J. Heat and Mass Transfer, Vol.38, pp.1709-1718, 1995.
47. H. Kwak and J. Na, "Physical process for single bubble sonoluminescence", J. Phys. Soc. Jap., Vol. 66, pp. 1101-1110, 1997.
48. For example, R.T. Knapp, J.W. Daily and F.G. Hammit, Cavitation, McGraw-Hill Book Co., 1970
49. O. Baghdassarian, H. Chu, B. Tabbert and G. A. Williams, "Spectrum of luminescence from laser-created bubbles in water," Phys. Rev. Lett., Vol. 86, pp. 4934-4937, 2001.
50. J. O. Hirschfelder, C. F. Curtis and R. B. Bird, Molecular Theory of Gases and Liquids, Wiley, New York, 1954
51. R. D. Finch, and E. A. Neppiras, "Vapor bubble dynamics," J. Acoust. Soc. Am., Vol.

53, pp.1402-1410, 1973.

52. T. Theofanous, L. Biasi, and H.S., Isbin, "A theoretical study on bubble growth in constant and time dependent pressure fields," Chem. Eng. Sci., Vol.24, pp. 885-897, 1969.

53. V. P. Carey, Liquid-Vapor Phase Change Phenomena, Hemisphere Publ. Co, 1969.

54. S. Oh., S. Seung, S. Cho, and H. Kwak, "Actuation mechanism by bubble formation on a micro line heater," in ASME, DSC. Vol.46, Micromechanical Systems, pp. 35-42, 1993.

55. W. Lauterborn, and R. Timm, "Bubble collapse studies at a million frames per second," in Cavitation and Inhomogeneities in Underwater Acoustics, pp. 42-46, ed by W. Lauterborn, Spring-Verlag, 1980.

56. D. Ross, Mechanics of Underwater Noise, pp. 215-218, Pergman Press, 1976.

57. O. Baghdassarian, B. Tabbert, and G. A. Williams, "Luminescence characteristics of laser-induced bubbles in water," Phys. Rev. Lett., Vol. 83, pp. 2437-2440, 1999.

58. D. Lapotko,"Optical excitation and detection of vapor bubbles around plasmonic nanoparticles," Opt. Express, Vol. 17, pp. 2538-2556, 2009.

59. C.M. Lawson, G.W. Euliss and R.R. Michael, Nanosecond laser-induced cavitation in carbon microparticle suspensions: Applications in nonlinear interface switching," Appl. Phys. Lett., Vol. 58, pp. 2195- 2197, 1991.

60. G. Jori, and J. Spikes, "Photothermal sensitizers: Possible use in tumor therapy," J. Photochem. Photobiolog. Vol. B6, pp. 93-101, 1990

61. M.T. Carlson, A.J. Green and H.H. Richardson, "Superheating water by CW excitation of gold nanodots," Nano Lett., Vol.12, pp. 1534-1537, 2012.

62. R.Kurita and H. Tanaka., "Control of the liquid-liquid transition in a molecular liquid by spatial confinement," Phys. Rev. Lett., Vol. 98, Paper No. 235701, 2007.

63. Q.Zheng, D.J. Durben, C.H. Wolf, and C.A. Angell,"Liquids at large negative pressure: Water at the homogeneous nucleation limit," Science, Vol. 254, pp. 829-832, 1991.

64. H. Kwak, J. Oh, Y. Yoo and S. Mahmood, " Bubble formation on the surface of laser-irradiated nano-sized particles," Journal of Heat Transfer, Vol. 136, pp. 081501-1~081501-9, 2014.

65. V. Kotaidis and A. Plech, "Cavitation dynamics on the nanoscale," Appl. Phys. Lett. Vol. 87, Paper No. 213102, 2005

Chapter 7

소노루미네센스 현상

7.1 서 론

소노루미네센스(sonoluminescence, 이하 SL이라 약칭함)현상은 초음파가 조사(照射)되는 액체 내에서 생성된 기포 또는 액체 내에 존재해 있던 미소기포가 초음파에 동기화되어 거동할 경우 그 수축시에 빛이 나오는 현상을 말한다. 이 SL 현상은 1933년 Frenzel과 Schultes[1]에 의하여 처음 발견된 이래 60여년 동안 알려져 왔으나 이 현상에 대한 이해와 물리, 화학, 생물은 물론 공학에의 응용은 1990년 대 부터 비로소 활발히 이루어 지고 있는 상태이다.

현재 SL 현상을 가장 잘 설명해 주고 있는 hot-spot 모델은 1950년 Noltingk와 Neppiras[2]에 의하여 제안되었다. 이 모델은 기포가 빠른 속도로 수축할 경우 기포 내 가스의 온도는 단열적으로 압축되어 흑체복사에 의한 빛을 낼 수 있을 정도의 고온이 된다는 이론이다. 기포벽을 통한 외부로의 열전달현상을 무시할 경우 수축시의 기포 내부의 온도는 잘 알려진 다음의 식에 의해 예측할 수 있다.

$$T_{ad} = T_{\infty}\left(\frac{R_{\max}}{R_{\min}}\right)^{3(\gamma-1)} \tag{7-1}$$

윗식에서 T_{∞} 는 주위 액체의 온도이며, T_{ad}는 기포가 최소로 수축했을 때의 기포 내 가스의 온도, $R_{\max}$ 과$R_{\min}$는 기포가 최대로 팽창했을 때와 최소로 수축했을 때의 기포 반경이며, γ는 기포 내 가스의 비열비이다. 기포가 최대로 팽창했을 때의 기포 내 가스의 온도는 환경온도와 같다고 가정하였고 이것은 구체적으로 계산했을 때도 타당함이 밝혀졌다. 단일 기포가 초음파장에서 거동할 경우, Fig. 1에서 볼 수 있는 바와 같이 초음파의 진폭이 부압이 될 때 기포는 최대 팽창을 하게 되고 바로 뒤이어 그 진폭이 양압으로 변할 때 급격한 수축을 하게 된다. 하지만 이 이론은 기포 내 가스의 성분이 분자량이 큰 불활성 가스의 경우가 작은 경우보다 SL 강도가 큰 이유를 설명해 주지는 못하고 있다. 1963년 Hickling[3]은 최초로 hot-spot 모델이 기포수축시 외부로의 열전달을 고려하지 못함으로 인하여 야기된 실험결과와의 상이점을 설명하기 위하여 비압축성 액체 내에서 진동하는 구형기포에 대한 수치계산 결과를 발표하였다. 이 모델은 부분적으로 기포를 이루는 가스의 종류에 따른 SL 강도를 설명하는 데에는 성공하였다.

Hot-spot 모델과 같은 흑체복사에 의한 발광 이론 이외에도 현재 그 사실이 확인되고 있는 이론은 1950년대 Griffing에 의해서 제안된 chemiluminescence 모델(이하 CL이라 약칭함)이다[4]. 이 이론은 기포의 수축시 기포 내 가스의 온도가 고온이 됨에 따라 분자들의 열해리가 일어나 과산화수소(H_2O_2)와 같은 산화제가 생성, 기포 주위의 액체로 용해되어 화학반응을 일으킬 때 빛이 나온다는 이론이다. 1957년 Gunter[5]는 전해질 수용액 내에서의 SL 연구로부터 흑체 복사원 이외에 금속 라디칼에 의한 스펙트럼 선과 띠를 확인한 바 있다. 즉, Sehgal 등[6, 7]은 수용액 내에서의 SL 스펙트럼을 분석한 결과 강한 스펙트럼 선은 분자충돌에 의해 여기된 수산기가 $H_2O^* \rightarrow H + OH^* \rightarrow H + OH \rightarrow h\nu$의 과정에 의해 기저상태로 천이됨에 따른 것임을 확인하였다.

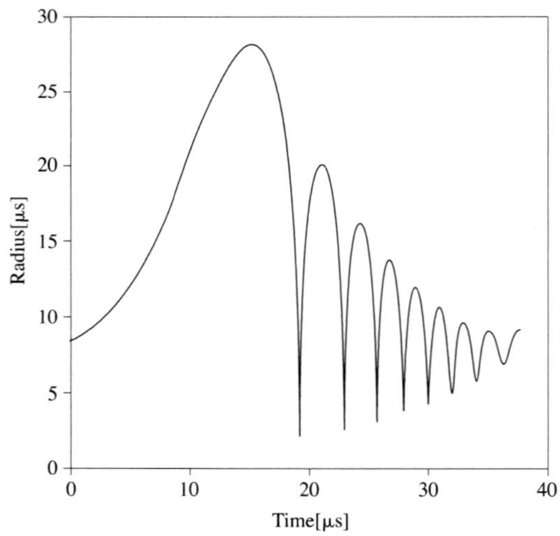

Fig. 1 Theoretical radius–time curve for air bubble of $R_o = 8.5\ \mu m$ at $P_a = 1.075$ atm and $f = 26.5$ kHz in water.

어떤 연구도 그러하듯이 SL 현상에 대한 연구도 SL 그 자체 현상의 규명에 관한 연구보다도 이 현상을 이용한 응용연구가 먼저 미국 Illinois대의 화학자에 의하여 집중적으로 이루어졌다. 즉, Suslick 등[8]은 금속 카보닐의 알칸용액 내에서 금속 카보닐의 반응률을 기포내의 농도의 함수로서 측정하는 방법을 사용하여 기포 내의 온도가 최대 5200K 정도임을 보고하였으며, 기포벽 주위의 액체 내에 1,900K의 유효 온도를 갖는 반응영역(reaction zone)이 존재한다고 결론지었다. 또한, Flint 및 Suslick[9, 10]과, Suslick[11]은 실리콘유 용액 내에 잠겨진 직경 1 cm의 티타늄 진동호온으로부터 발생되는 SL의 영상을 촬영하였으며, 이 때 천이 캐비테이션 과정 중에 기록된 발광 스펙트럼을 탄화수소로부터 여기된 상태의 2원자 탄소(C_2)에 대한 이론 곡선에 피팅시킴으로써 기포의 hot spot내에 달성된 온도가 5,000 K임을 추정하였다. Suslick 등[12]은 이러한 사실을 이용하여, $Fe(CO)_5$ 용액 내에 초음파를 조사하여 기포 수축시 기포 내의 고온에 의한 열전달을 이용하여 CO 분자를 Fe 원자와 분리한 다음, 기포가 다시 팽창하여 기포 내의 온도가 급강하하는 현상을 이용하여 비정질 철의 제조에 성공하였고, 이 때의 냉각속도는 10^7 K/s가 된다고 추산하였다[12]. 또한 Doktycz와 Suslick[13]은 Fig. 2에서 볼 수 있는 바와 같이 기포수축시 발생되는 내파(implosion)에 의해 용액 내의 금속미립자(Ni, Zn 등)들이 충돌한 후 결합되는

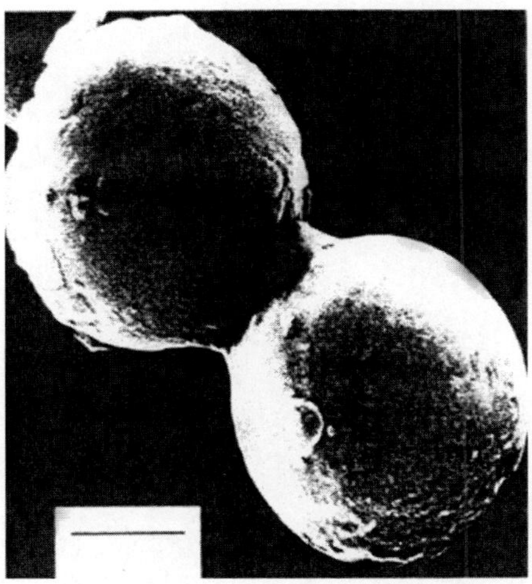

Fig. 2 Scanning electron micrograph of 5 μm average diameter Zn powder. Neck formation from localized melting is caused by high velocity collisions [From reference, 13].

neck- formation을 실험적으로 확인하여 초음파를 이용한 새로운 물질개발의 가능성을 제시하였다. 이와 같은 금속 물질간의 충돌은 금속분말의 표면적은 물론 형상을 바꾸어 놓을 뿐만 아니라 산화막을 깨뜨리기 때문에[14] 촉매의 재활성화에도 획기적인 효과를 줄 수 있으리라 믿는다. 이 외에도 sonochemistry 분야[15]는 Alkane용액에서의 C－C 결합 파괴에 의한 H_2, CH_4, C_2H_2 등의 생성[16], 물 내에서의 오염물질의

제거 등 많은 응용분야가 연구를 기다리고 있는 상태이다.

SL 현상에 대한 근본적인 연구는 1990년 Gaitan[17]에 의해 액체 내에서 시험관의 크기와 액체의 점도에 따라 초음파의 주파수를 조절하여 단일 기포를 음파의 힘으로 부상시키는 데 성공함으로써 본격적으로 시작되었다. Gaitan 등[18]은 이 방법을 이용하여 물 또는 물/글리세린 혼합용액 내에서의 단일 공기기포를 안정적으로 수축 · 팽창을 유지시킬 수 있는 가진(加振)압력(물 : ~1.3기압, 물/글리세린 : ~1.5기압)까지 그 기포의 공진주파수 밖에서 진동시키는데 성공함으로써, 단일기포에 의한 SL 현상의 정성적 해석의 발판을 마련하였다. 또한 시간에 따른 기포 크기의 측정결과로부터 초음파에 의해 최대로 팽창한 기포의 체적이 수 micro-second 내에 수십만분의 1의 체적으로 수축함을 관찰하였으며, SL 은 기포가 최소로 수축됨과 동시에 기포의 중심으로부터 발생됨을 확인하였다.

이와 같은 액체 내에서의 단일기포 부상 방법을 이용한 SL 현상에 대한 획기적인 실험결과는 1992년 UCLA의 Putterman 그룹[19, 20, 21, 22]에 의하여 발표되었다. 즉 이들은 초음파장에서 진동하는 단일기포로부터의 SL현상은 첫째, 기포수축시 기포중심으로부터 나오는 빛은 레이저 광선처럼 간섭성(coherence)이며: 둘째, 그 발광시간은 60~250 ps 이내이며: 셋째, 초음파에 동기화 되어 발광하는 시간 간격의 오차는 50 ps 이내로 규칙적이며; 넷째, 빛의 파장은 0.19 μm이하까지 분포되어 있음을 알 수 있어 기포중심의 온도는 수만도에 이른다는 획기적인 실험결과를 얻었다.

생물학적인 측면에서의 SL 현상은, 기포의 격렬한 붕괴시에 발생되는 고온에 의한 물분자가 H^+와 OH^-성분으로 해리될 수 있으며, 이때 OH^-의 고반응성(반응시간은 수 nano-second 이내)으로 인하여 생체세포의 DNA가 이들 수산기와 결합하게 되면 유전자 암호의 변경을 일으킬 가능성이 있음이 제시되고 있다[23]. 또한, Church는 기포역학의 근사모델을 사용하여 기포의 격렬한 붕괴시에 방출될 수 있는 X-선에 의해서도 DNA의 형질변경이 일어날 수 있다는 연구결과를 제시하였다[24].

Hickling[3]에 의하여 처음으로 시도되었던 SL 현상에 대한 이론적인 연구는 Kamath 등[25]에 의하여 다시 시도되었다. 이들은 Hickling의 기포 내 가스의 온도가 균일하다는 가정 대신에 기포벽의 온도가 액체의 온도와 같다는 경계조건을 사용, 가스에 대한 에너지 방정식을 수치적으로 풀어 기포 내부의 온도분포를 구하였다. 이를 토대로 하여 그들은 Sehgal 등[6]의 실험결과, 즉 SL은 기포수축시 여기된 과산화기

radical들이 기저상태로 천이됨에 따라 빛을 낸다는 실험사실을 확인하였다. 하지만 기포거동에 대한 정확한 해석에 의하면 기포벽의 온도를 임의로 정할 수 없음이 밝혀졌다[26].

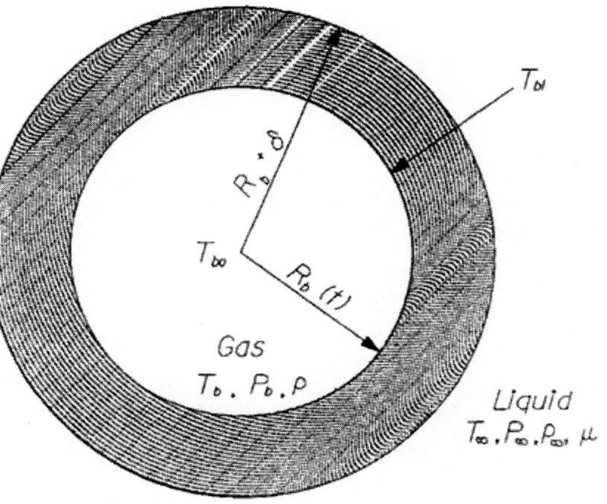

Fig. 3 A physical model with thermal boundary layer for the forced oscillation of a spherical bubble in liquid.

Wu와 Roberts[27]은 기포 내 가스에 대한 Euler식을 초대형 컴퓨터를 이용하여 수치적으로 풀은 결과 초음파의 진폭이 큰 경우 ($\simeq$ 1.5 atm) 기포수축시 기포 내부에 충격파가 발생됨을 확인하였고, 이때 충격파에 의한 광펄스 간격은 0.1 ps, 가스의 온도는 10^7K 까지 됨을 보여, Greenspan과 Nadim[28]에 의해 제안된 SL 원인이 기포수축시 충격파 발생에 의한 것임을 수치적으로 입증하였지만, 충격파가 발생하는 원인에 대하여는 해답을 찾지 못하였다. 이에 Kwak과 Yang[29]은 Fig. 3에서 주어진 모델을 이용하여 기포내부의 가스에 대한 보존법칙 뿐만 아니라 기포주위의 액체에 대한 보존법칙을 고려하여 초음파장에서 거동하는 기포에 대한 해석적인 해, 즉 기포 내 가스에 대한 밀도분포, 속도분포, 압력분포, 및 온도분포를 구하였고, 이 해석을 통하여 Suslick 등[8]이 실험적으로 유추한 반응영역(열적경계층)이 존재함을 해석적으로 밝혔다. 또한, 기포수축시 기포벽 주위의 열경계층을 통한 열유속은 자그마치 47 GW/m^2 정도임과 용액의 온도가 낮을수록 SL 강도가 크게 나타나는 실험 결과[30]를 예측할 수 있었다. 게다가 이와 같은 해석적인 결과를 토대로, 기포수축시의 충격파

발생이 기포수축시 기포벽의 속도가 음속 이상으로 되지 않더라도 기포벽의 급격한 가속 때문에 일어날 수 있음을 밝혀내었다. 이 이론은 1965년 Nobel 상 수상자인 Schwinger교수가 제안[31]한 SL현상은 유전상수가 다른 매체로 이루어지는 계면이 급속한 가속에 의해 수축될 때 일어난다는 가정과 상당히 밀접한 유사성을 갖고 있다.

7. 2 정현파장에서의 기포의 거동

이미 유도한 바 있는 Rayleigh 식을 이용하면 정현파장에서 진동하는 구형기포의 거동을 해석할 수 있다. 이 경우 기포를 둘러싼 환경압력이 $(P_\infty - P_A \sin\omega t)$와 같이 변화하고 기포 내 가스의 압력은 단열과정으로 변화한다고 하면 정현파장에서 진동하는 기포의 거동은 다음의 RP 식으로 계산할 수 있다(제 6장 2절 참조).

$$R_b \ddot{R}_b + \frac{3}{2}\dot{R}_b^{\,2} = \frac{1}{\rho_\infty}\left[\left(P_\infty + \frac{2\sigma}{R_o}\right)\left(\frac{R_o}{R_b}\right)^{3\gamma} - \frac{4\mu \dot{R}_b}{R_b} - \frac{2\sigma}{R_b} - (P_\infty - P_A \sin\omega t)\right] \qquad (7-2)$$

윗 식에서 P_A는 가진 정현파의 진폭이며 $\omega = 2\pi f$ 로서 f는 정현파의 주파수이다. 식 (7-2)에서 점성항이 없는 식은 Noltink와 Neppiras에 의해 처음으로 유도되었고[32] 연구된 바 있다. 윗식을 적절한 무차원 변수를 이용하여 무차원화시키면 다음과 같이 된다.

$$R\ddot{R} + \frac{3}{2}\dot{R}^2 = \delta\left[R^{-3\gamma} - 1 + \epsilon \sin\tau + \alpha\left(R^{-3\gamma} - R^{-1}\right)\right] \qquad (7-3)$$

식 (7-3)에서 $R = R_b/R_o$, $\epsilon = P_A/P_\infty$, $\tau = \omega t$, $\delta = P_o/\rho\omega^2 R_o^{\,2}$, $\alpha = 2\sigma/R_o P_\infty$이며 평형반경 R_o의 기포의 공진주파수 ω_r는 $\omega_r = \sqrt{3\gamma P_\infty/\rho_\infty}/R_o$가 되기 때문에 무차원변수 $\delta = \omega_r^{\,2}/(3\gamma\omega^2)$으로 표현할 수 있다. Fig. 4에는 물리적 변수가 $R_o = 3.13 \times 10^{-3}$ cm, $P_A = 0.333$ bar, $f = 83.4$ kHz 로서 공진주파수 $f_r = 104.25$ kHz 이하에서 가진되는 경우가 나와 있다. 또한 Fig.5 에는 물리적 변수가 $R_o = 2.6 \times 10^{-3}$ μm, $P_A = 0.333$ bar, $f = 191.5$kHz로서 공진주파수보다 큰 주파수로서 가진되는 기포의 경우가 나와 있다.

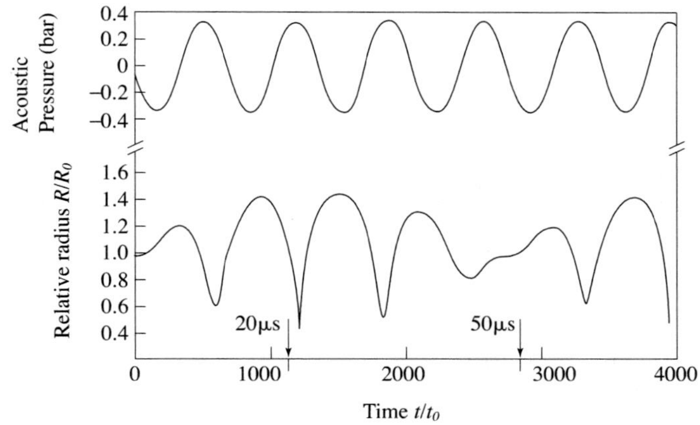

Fig. 4 Radius time curve for a bubble driven below resonance with $P_A = 0.33\ bar$ and $f = 83.4\,\mathrm{kHz}$ in water(From Flynn[33]).

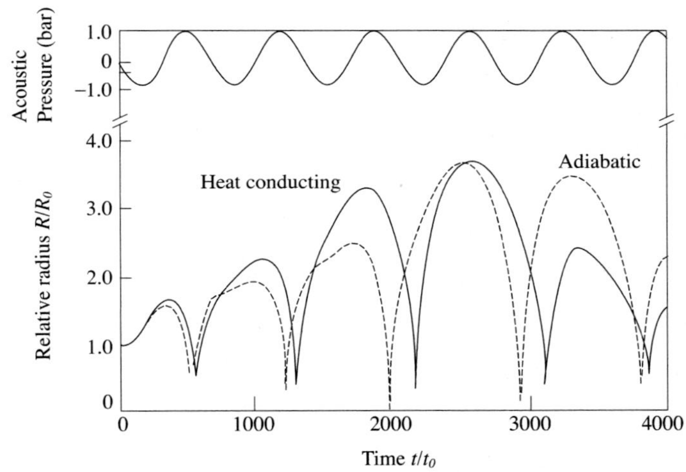

Fig. 5 Radius–time curve for a bubble driven above resonance with $R_o = 2.6 \times 10^{-3}\,\mathrm{cm}$, $P_A = 0.33\ bar$ and $f = 191.5\,\mathrm{kHz}$ in water(From Flynn[33]).

하지만 식 (7-3)에 주어져 있는 무차원화된 RP 식은 원래의 식과 똑같지 않은 형태를 취하기 때문에 비선형 방정식의 해석에 있어서 별로 좋은 방법은 아니다. RP 식에서 시간함수를 가진 주파수를 기준으로 하여 무차원하지 말고 $R_o/\sqrt{P_\infty/\rho_\infty}$에 대하여 무차원 시키고 표면장력은 $R_o P_o$에 대해 동점성계수는 $P_\infty R_o/u_o$에 대해, 무차원화시키면 다음과 같은 식을 얻는다.

$$R\ddot{R}+\frac{3}{2}\dot{R}^2 = \left\{P_b-1-\frac{4\mu\dot{R}}{R}-\frac{2\sigma}{R}+\epsilon\sin[2\pi(ff_ot_o)t]\right\} \tag{7-4}$$

위에 기술한 방법으로 무차원시킬 경우도 문제점은 있다. 식 (7-4)에서 f_o는 가진력의 진동특성을 나타내는 특성주파수인 바, 이 경우 가진주파수는 ff_ot_o가 되어 $f_ot_o \neq 1$인한 가진주파수는 변하게 되어 기포의 거동이 원래의 가진주파수 f 와는 전혀 다를 것이 예상된다. 또한 $f_ot_o = 1$로 취할 경우에는 기포의 특성진동수인 $1/t_o$와 가진주파수가 같게 되어 수치해석 과정에서 공진현상이 일어나는 인조공진이 일어난다[34].

이렇듯 비선형 시스템이 외부 힘에 의하여 가진될 경우 이 시스템을 수치적으로 다루는데 있어서 가진주파수의 변조가 일어나 인조공진(artificial resonance)이 일어날 수 있는 바, 이를 피하기 위하여 비선형방정식은 그 시스템의 특성시간은 t_o로, 가진주파수는 그 주파수의 특성시간인 $1/f_o$로 무차원화 해서 수치적분을 하면 된다. 이렇게 할 경우 기포(또는 진동자)는 외부 힘이 작용한 후 식 (7-5)에 정의된 지연시간 후에 그 힘이 나타남을 의미한다.

$$\tau = 1/f_o - t_o \tag{7-5}$$

이 방법에 있어서 문제점은 어떻게 가진주파수에 대한 특성주파수 f_0를 정하느냐는 것이다. 초음파장에서 정성적으로 기포거동을 비교적 잘 기술하는 Hilgenfeldt 등 [35]의 방법을 이용 설명해보기로 한다. Hilgenfeldt 등은 기포거동을 다음과 같은 기포벽의 속도가 음속에 가깝게 되더라도 사용할 수 있는 식 (7-6)에 주어진 수정된 RP 방정식을 사용하여 다루었다.

$$R\ddot{R}+\frac{3}{2}\dot{R}^2=\left(1+\frac{R}{c_\infty}\frac{d}{dt}\right)(P_b-1+P_A\cos[2\pi(ff_0t_0)t])-4\mu\frac{\dot{R}}{R}-\frac{2\sigma}{R} \tag{7-6}$$

식 (7-6)은 식 (7-4)와 똑같은 방법으로 무차원화된 것이다.
Hilgenfeldt 등은 기포거동에 따른 기포 내 가스의 압력 P_b를 다음과 같이 등온과정이라 가정하여 구하고자 하였다. 즉

$$P_b=\left(P_\infty+\frac{2\sigma}{R_b}\right)\left(\frac{R_0^3-h^3}{R_b^3-h^3}\right) \tag{7-7}$$

윗식에서 $h = R_0/8.5$는 공기에 대한 van der Waals 분자체적을 나타내는 함수이다. 5절에서 자세히 다루겠지만 식 (7-7)은 평형반경으로부터 최대팽창때까지 기포 내 압력을 구하는데 있어서는 문제가 없지만 최대 팽창 후 기포의 수축과정에 있어서는 등온과정이 아니기 때문에 이 과정에서 식 (7-7)을 이용하여 기포 내 가스의 압력을 구한다는 것은 문제가 있다. 게다가 Hilgenfeldt 등 [35]은 식(7-7)과 이상기체 법칙을 이용하여 수축과정에서의 기포 내 가스의 온도를 구할 수 없으므로 기포 내 가스의 온도를 구하는데 있어서는 다음 식을 사용하여 구하고자 하였다.

$$\frac{T_b}{T_\infty} = \left(\frac{R_0^3 - h^3}{R_b^3 - h^3} \right)^{\Gamma - 1} \tag{7-8}$$

Hilgenfeldt 등은 Γ를 기포벽의 속도와 기포를 이루는 가스의 열확산계수에 관계되는 Peclet 수를 도입하여 구하였는 바, Argon 기포일 때 이 지수는 1.05~1.60 정도의 값을 갖는다. 하지만 이 지수는 기포 수축 전 1.6의 최고값을 가졌다가 기포벽의 속도가 0이 되는 즉 SL이 나오는 부근인 기포 수축점에서는 1.0이 되는 모순점을 가지고 있다.

이제 Fig. 1에 주어져 있는 경우에 대해서 생각해보기로 한다. 이 경우는 기포의 평형반경이 8.5 μm, 가진주파수가 26.4 kHz, 가진압력이 1.075 기압일 때 시간에 따른 기포반경의 변화가 나와있다. 5절의 Table 1에서 볼 수 있는 바와 같이 Fig. 1에 주어져 있는 계산결과는 기포가 평형반경에서 최대 팽창할 때까지의 기포의 거동은 물론 1차 수축 후 팽창/수축을 거듭하는 되튐운동의 주기의 변화라든가 각 주기에 따른 기포의 최대반경은 실험결과와 너무나 잘 일치하고 있다. Fig. 1에 나와 있는 계산결과는 기포벽의 운동에 대한 3절에서 논의할 KM 방정식[36]을 시간에 대하여는 $t_0 = R_0 / \sqrt{P_\infty / \rho_\infty}$로 무차원화 시키고, 가진주파수에 대하여는 $f_0 = 10^6 / s$로 무차원시켜 수치계산한 것이다. 이렇게 할 경우 식 (7-5)에 주어져 있는 기포거동에 관한 완화시간 τ는 대략 0.15 μs 정도이다.

하지만 기포벽의 운동에 대한 RP 방정식을 시간에 대해서는 t_0로 무차원시키고 가진주파수에 대하여도 $1 / t_0$로 무차원시킨 결과가 Fig. 6에 나와 있다. Fig. 1에 나와 있는 계산결과나 실험결과[37]와는 평형반경에서 1차 수축까지의 시간도 차이가 날 뿐더러 1차수축 후의 되튐운동도 차이가 남을 확실히 알 수 있다. Fig. 6에 나와 있는 결과는 가진주파수를 $f_0 = 10^6 / s$로 무차원시키고 기포운동에 대한 시간도 $1 / f_0$로 무차원시킨 경우는 다음식과 같이 기포의 평형반경을 다른 값으로 취해야 함을 알 수 있다.

$$R_0' = \sqrt{P_\infty / \rho_\infty} / f_0 \tag{7-9}$$

Fig. 6에서 점선으로 표시된 결과는 평형반경을 R_0', 가진주파수를 $f_0 = 10^6 / s$로 각각 무차원화시키고, 기포거동에 관한 RP 방정식의 시간에 대해서도 $1 / f_0$로 무차원화시켜 얻은 것이다.

Fig. 7에는 평형반경 4.5 μm, 가진주파수 26.5 kHz, 가진압력 1.35 기압일 경우 식 (7-5)에 주어져있는 완화시간을 '0'으로 했을 경우, 즉 기포거동에 관계되는 시간은 t_0로 무차원화시키고, 가진주파수도 $1 / t_0$로 무차원화시켰을 경우 식 (7-6), (7-7), (7-8)로 지칭하는 RP 방정식과 5절에서 논의할 기포벽의 운동에 대해서는 KM 방정식을 이용하고 기포 내 가스에 대하여는 Navier-Stokes 방정식을 푼 KMNS 방법을 이용해 해석한 결과가 나와 있다. 1차 수축시 되튐운동을 제외하면 1차 수축시까지의 기포의 거동은 두 방법 모두 거의 비슷한 결과가 나옴을 알 수 있다. 하지만, 이렇듯 시간에 따른 기포반경이 거의 같다고 해서 두 모델이 같은 것은 아니다. 더욱 중요한 것은 기포수축시의 기포벽의 속도, 기포 내 가스의 온도와 압력이 어떤 값을 갖는지 확인함으로써 알 수 있다.

Fig. 8에는 Fig. 7에 주어진 경우에 대해서 기포거동에 관계되는 시간은 t_0로 무차원화시키고 가진주파수에 대하여는 $f_0 = 10^7 / s$로 무차원화시켜 계산한 결과가 나와 있다. 이 그림에서도 알 수 있는 바와 같이 실험결과와는 전혀 다른 결과가 나옴을 알 수 있다. 이렇듯 초음파장에서 거동하는 미소기포에 대해 해석할 경우 완화시간이 아주 중요한 개념임을 나타내는 경우는 평형반경이 작은 경우와 초음파의 가진주파수가 10 kHz 미만일 경우이다.

Fig. 9에는 평형반경이 1.4 μm, 가진주파수가 28.84 kHz, 가진압력이 1.15 기압일 경우의 광산란법으로 측정한 시간에 따른 기포 반경의 변화(a)와 완화시간을 고려하지 않고 RP 방정식을 이용한 경우(b), 완화시간을 τ=1.94 μs으로 취하여 KMNS 방법을 이용한 경우(c)가 나와 있다. 이 그림에서도 알 수 있는 바와 같이 완화시간을 고

려하지 않은 경우에 기포의 되뜀현상은 전혀 나타나지 않지만 적절한 완화시간, 즉 가진주파수를 적절한 특성주파수로 무차원화시킨 경우에는 실험결과와 계산 결과가 상당히 유사함을 알 수 있다[38].

위에서 논의한 바와 같이 진동자(기포)의 특성시간과 가진주파수의 특성시간에 좌우되는 진동자와 가진힘 간의 완화시간은 가진주파수가 작을 때 더욱 더 명확히 나타남을 알 수 있다. Fig. 10에는 평형반경이 5μm, 가진주파수가 12.926 kHz, 가진 압력이 1.33 기압일 때 완화시간을 0으로 했을 경우 RP 방정식을 사용하여 계산한 결과(실선)는 완화시간을 0.39μs으로 했을 경우 KMNS 방법을 사용하여 계산한 결과보다 그 최대 반경이 2배 정도 크게 나타남을 알 수 있다[39]. 하지만 실측결과는 Fig. 61에서 볼 수 있듯이 그 최대 반경이 50 μm에 지나지 않음을 알 수 있다. 이와 같이 낮은 주파수에서 완화시간을 '0'으로 하여 RP 방정식을 사용할 경우 그 최대 반경이 크게 나오기 때문에 가진주파수를 낮출 경우 수축점에서의 압력과 온도 또한 크게 나오리라 여겨서, 기포 수축시보다 강한 빛을 발산하리라 예상했지만 예상했던 만큼의 결과는 얻지 못하였다. 이 점에 대하여는 11절에서 다시 논의하기로 한다.

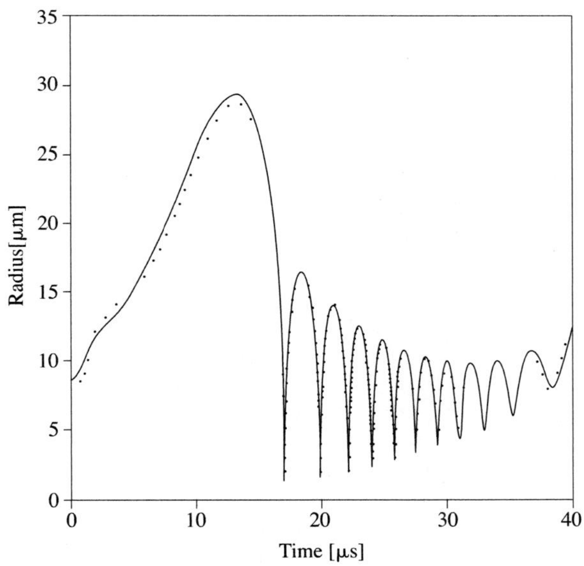

Fig. 6 Theoretical radius–time curves for the case shown in Fig. 1 by RP with reduced frequency(–)and adjusted equilibrium radius(---).

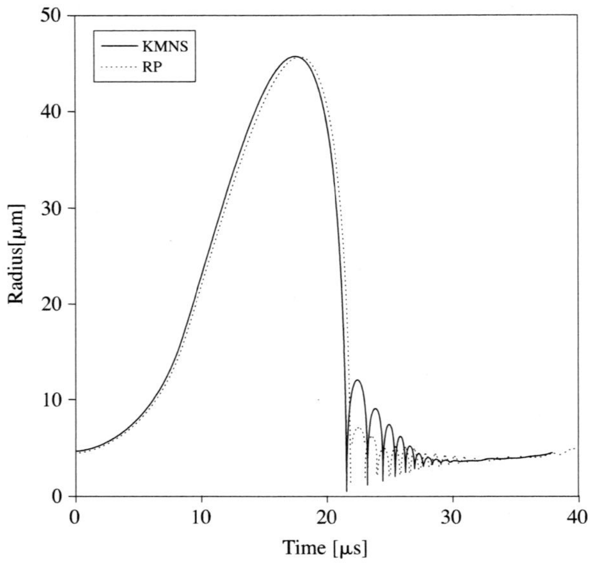

Fig. 7 Theoretical radius–time curves for air bubble of $R_o = 4.5\ \mu m$ at $P_A = 1.35$ atm and $f = 26.5\ kHz$ by KMNS(–) and by RP(----)with reduced frequency.

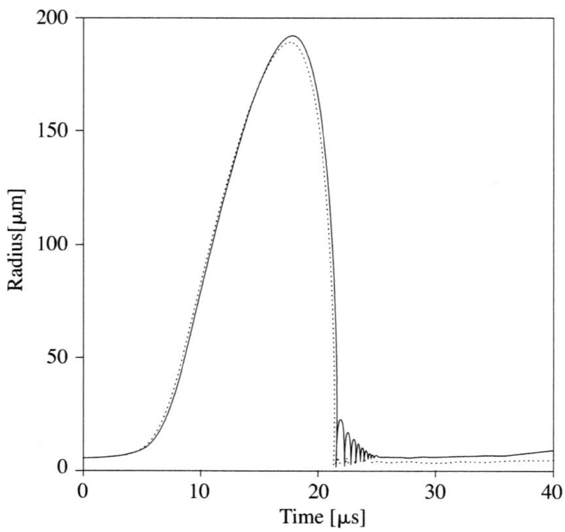

Fig. 8 Theoretical radius–time curves for the case shown in Fig. 7 by KMNS(–) and RP(----)with the characteristc time scale of driving force, 10^{-7} s.

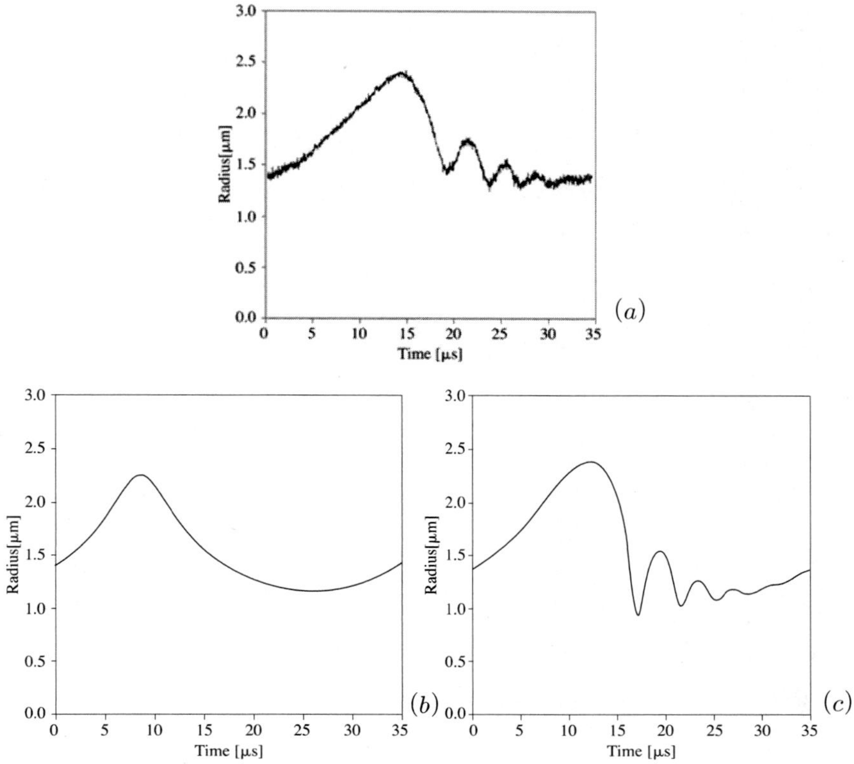

Fig. 9 Radius–time curve for air bubble of $R_o = 1.4\ \mu m$ at $P_A = 1.15$ atm and $f = 28.84\ kHz$. ; observed data(a), RP With $\tau = 0(b)$ and KMNS with $\tau = 1.94\ \mu s(c)$.

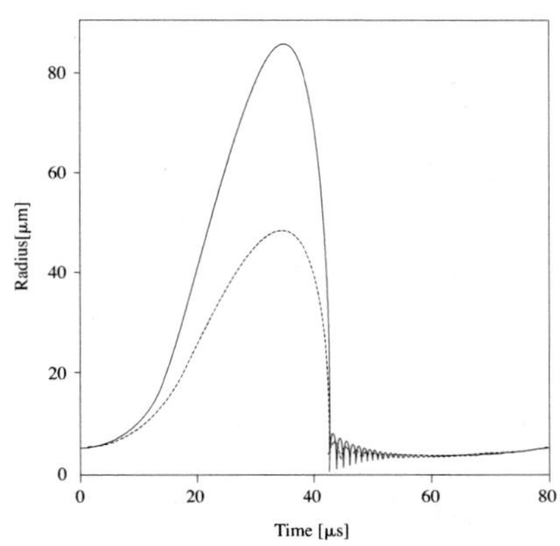

Fig. 10 Radius–time curves from the RP with no relaxation time(–) and KMNS with relaxation time of $0.39\ \mu s$(——) for an air bubble of $R_o = 5.0\ \mu m$ at $P_A = 1.32$ atm and $f = 12.926\ kHz$

7. 3 초음파장에서 진동하는 기포의 거동

6장에서 언급한 바와 같이 비압축성 매질 내에서 기포벽의 운동은 Rayleigh 방정식만으로도 충분히 기술할 수 있다. 하지만 초음파장에서의 기포의 거동은 가진 압력에 따라 기포가 수축시 벽의 속도가 매질의 음속에 가까울 수 있기 때문에 기포를 둘러싼 액체의 압축성 효과를 고려하여야 한다. 액체의 압축성 효과를 고려한 Keller와 Miksis[36]의 식은 다음과 같이 주어진다.

$$\left(1-\frac{U_b}{C_b}\right)R_b\frac{dU_b}{dt}+\frac{3}{2}U_b^2\left(1-\frac{U_b}{3C_b}\right) \tag{7-10}$$

$$=\frac{1}{\rho_\infty}\left(1+\frac{U_b}{C_b}+\frac{R_b}{C_b}\frac{d}{dt}\right)\left[P_B-P_s\left(t+\frac{R_b}{C_b}\right)-P_\infty\right]$$

여기서, R_b는 기포의 반경, U_b는 기포벽의 순간속도, C_b는 기포벽에서의 액체의 음속, ρ_∞는 액체의 밀도를 의미하며, 기포 외측의 액체 압력은 식 (7-11)과 같이 주어진다.

$$P_B=P_b(t)-\frac{2\sigma}{R_b}-\frac{4\mu U_b}{R_b} \tag{7-11}$$

여기서, σ와 μ는 각각 액체의 표면장력 및 동점성계수를 의미하며 적용된 가진압력은 다음과 같다.

$$P_s=-P_A\sin\omega t \tag{7-12}$$

윗식에서 P_A는 진폭을 의미하며, $\omega=2\pi f$ 이고 f 는 주파수를 의미한다. 또한 기포반경의 순간변화율은 기포벽의 속도와 다음과 같은 관계를 갖는다.

$$\frac{dR_b}{dt}=U_b \tag{7-13}$$

식 (7-10)에 주어진 기포벽의 가속도(또는 속도)에 관한 식은 음향학적 근사식이므로 다음의 Bernoulli 방정식과 속도퍼텐셜에 대한 파동방정식으로부터 구할 수 있다.

$$\frac{\partial\psi}{\partial t}+\frac{1}{2}u^2+\frac{P_l-P_\infty}{\rho_\infty}=0 \tag{7-14}$$

$$\nabla^2\psi - \frac{1}{c_\infty{}^2}\frac{\partial^2\psi}{\partial t^2} = 0 \tag{7-15}$$

경계조건

$$\rho_{Li}\left[\left(\frac{\partial\psi}{\partial r}\right)_{R_b} - \dot{R}_b\right] = \dot{m} \tag{7-16}$$

윗 식에서 P_l은 기포벽 근처 액체에서의 압력이며 ψ는 속도 퍼텐셜, u 는 액체 내의 속도이며 c_∞ 는 액체 내에서의 음속이다. 방정식 (7-15)의 일반해는 다음과 같이 주어진다.

$$\psi = -\frac{f\left(t - \frac{r}{c_\infty}\right)}{r} - \frac{g\left(t + \frac{r}{c_\infty}\right)}{r} \tag{7-18}$$

식 (7-17)에 주어진 일반해를 식 (7-14)에 대입하여 경계조건 $\left(\frac{\partial\psi}{\partial r}\right)_{R_b} = \dot{R}_b$을 취하면 식 (7-10)를 얻을 수 있다[40]. 이를 구체적으로 기술해 보자. 기포벽을 통한 질량전달이 없는 경우의 경계조건 $\left.\frac{\partial\phi}{\partial r}\right|_{r=R_b} = \dot{R}_b$ 에서 다음과 같은 식을 구할 수 있다.

$$\frac{f'}{R_b} = c_\infty \cdot \left[\dot{R}_b + \frac{\psi_R}{R_b}\right] + \frac{g'}{R_b} \tag{7-18}$$

$$\left(\frac{\partial\phi}{\partial t}\right)_{R_b} = -c_\infty\left[\dot{R}_b + \frac{\psi_R}{R_b}\right] - \frac{2g'}{R_b} \tag{7-19}$$

또한 기포벽에서 Bernoulli 방정식은 다음과 같이 되므로

$$-c_\infty(R_b\dot{R}_b + \psi_R) + \frac{1}{2}R_b\dot{R}_b{}^2 + \frac{R_b(P_b - P_\infty)}{\rho_\infty} = 2g' \tag{7-20}$$

윗식을 시간에 대해 전미분을 취한 뒤 $\ddot{g} = -\frac{1}{2}\frac{P_A c_\infty}{\rho_\infty\omega}sin\omega\left(t - \frac{r}{c_\infty}\right)$라 간주하면 다음 식을 얻는다.

$$R_b\ddot{R}_b\left(1 - \frac{\dot{R}_b}{c_\infty}\right) + \frac{3}{2}\dot{R}_b{}^2\left(1 - \frac{\dot{R}_b}{3c_\infty}\right) = \frac{1}{\rho_\infty}\left(1 + \frac{\dot{R}_b}{c_\infty}\right)(P_b - P_\infty) + \frac{R_b}{c_\infty\rho_\infty}\frac{dP_b}{dt} \tag{7-21}$$

단, $\frac{D\psi_R}{Dt} = \frac{1}{2}\dot{R}_b^2 - \frac{1}{\rho_\infty}(P_b - P_\infty)$를 사용하여 식 (7-21)을 유도하였다.

7. 4 기포 표면의 불안정성

비교적 반경이 큰 기포가 액체 내에서 진동할 경우 표면장력만으로 구형 기포의 형태를 유지하기 힘들기 때문에 기포는 터져 여러 개의 기포가 되고 만다. 강한 초음파장 등에서 일시적으로 생성되고 소멸되는 기포의 경우는 기포의 성장단계에서는 구형을 유지했다하더라도 수축단계에서 표면의 뒤틀림이 발달된다. 이와 같은 현상은 기포가 수축했다가 다시 크게 될 때도 잘 일어난다.

본 절에서는 구형기포의 안정성에 대해 Plesset[41]의 방법을 기초로 하여 기술해 보고자 한다. 기포 표면의 구형에 대한 섭동은 다음과 같이 나타낼 수 있다.

$$r_s = R_b + a_n Y_n^{\ m} \tag{7-22}$$

윗식에서 $Y_n^{\ m}$은 구면 조화함수이며, a_n는 기포의 반경 R_b에 대해 섭동의 정도를 나타내는 양이다. 따라서 계면에서의 유체입자의 반경방향의 속도는 다음과 같이 주어진다.

$$u = \dot{R}_b + \dot{a}_n Y_n^{\ m} \tag{7-23}$$

이와 같이 기포 표면의 섭동을 고려하여 기포 내와 기포 밖의 속도퍼텐셜을 기술하면 다음과 같다.

$$\psi_1 = -\frac{\dot{R}_b}{2R_b} r^2 + b_1 r^n Y_n^{\ m} \qquad r < R \tag{7-24}$$

$$\psi_2 = \frac{\dot{R}_b^{\ 2} \dot{R}_b}{r} + b_2 \frac{Y_n^{\ m}}{r^{n+1}} \qquad r > R \tag{7-25}$$

계면에서 위의 두 퍼텐셜이 같다는 조건에서 b_1과 b_2를 구해서 퍼텐셜을 다시 쓰면 다음과 같다.

$$\psi_1 = -\frac{1}{2}\frac{\dot{R}_b}{R_b} r^2 - \frac{r^n Y_n^{\ m}}{n R_b^{\ n-1}}\left(\dot{a}_n - \frac{\dot{R}_b}{R_b} a_n\right) \tag{7-26}$$

$$\psi_2 = \frac{R_b^{\ 2} \dot{R}_b}{r} + \frac{R_b^{\ n+2} Y_n^{\ m}}{(n+1) r^{n+1}}\left(\dot{a}_n + \frac{2 a_n \dot{R}_b}{R_b}\right) \tag{7-27}$$

기포 내 가스의 압력 P_1과 기포 밖 액체의 압력 P_2를 구하기 위해 Bernoulli 식을 사용하면 다음과 같이 주어진다.

$$P_1 \;=\; P_{01}(t)+\rho_1\left[\left(\frac{\partial\psi_1}{\partial t}\right)_{r_s}-\frac{1}{2}(\nabla\psi_1)^2_{r_s}\right] \tag{7-28a}$$

$$P_2=P_{o2}(t)+\rho_2\left[\left(\frac{\partial\psi_1}{\partial t}\right)_{r_s}-\frac{1}{2}(\nabla\psi_2)^2_{r_s}\right] \tag{7-28b}$$

윗식에서 P_{02}는 기포로부터 무한대 떨어진 거리에서의 액체의 압력이며 P_{01}은 적분상수이다. 계면 안과 밖의 압력 차이는 1차 근사로 다음과 같이 나타내진다.

$$P_2-P_1 \;=\; -\frac{2\sigma}{R_b}-\frac{(n-1)(n+2)}{R_b^{\;2}}\sigma\, a_n Y_n^{\;m} \tag{7-29}$$

식 (7-26)과 (7-27)에 주어진 퍼텐셜을 이용 P_1과 P_2를 계산[식 7-28a, 식 7-28b]하여 식 (7-29)에 대입하면 다음과 같은 2개의 식을 얻는다.

$$R_b\ddot{R}_b+\frac{3}{2}\dot{R}_b^{\;2} \;=\; \frac{1}{\rho_2}\left[P_{01}(t)-\frac{1}{2}\rho_1 R_b\ddot{R}_b-P_{02}(t)-\frac{2\sigma}{R_b}\right] \tag{7-30}$$

$$\alpha\ddot{a}_n+\frac{3\dot{R}_b}{R_b}\dot{a}_n-(n-1)\left[\frac{\beta\ddot{R}_b}{R_b}-\frac{(n+1)(n+2)\sigma}{\rho_2 R_b^3}\right]a_n=0 \tag{7-31}$$

단, $\alpha=1+\dfrac{(n+1)\rho_1}{n\rho_2}$, $\beta=1-\dfrac{(n+1)\rho_1}{n\rho_2}$

이제 계면, 즉 기포벽의 운동과 이로 인한 기포벽 주위의 액체 흐름간의 상호작용을 고려해보자. 이와 같은 상호작용에 의한 와류(vortex)의 torroidal 성분은 다음과 같은 식으로 표현할 수 있다[42].

$$\frac{\partial U}{\partial t}+\frac{\partial}{\partial r}\left(\frac{R_b^2}{r^2}\dot{R}_b U\right)=\nu\frac{\partial^2 U}{\partial r^2}-(n+1)\frac{\nu U}{r^2} \tag{7-32}$$

계면, 즉 $r=R_b$에서 윗식은 다음과 같이 된다.

$$U[R_b(t),t]+2R_b^{n-1}\int_{R_b(t)}^{\infty}s^{-n}U(s,t)\,ds=\frac{2}{n+1}\left[(n+2)\dot{a}_n-(n-1)\frac{\dot{R}_b}{R_b}a_n\right] \tag{7-33}$$

점성효과가 적을 경우, 기포벽과 기포벽 주위의 액체 흐름간의 상호작용에 의한 와류는 기포벽 주위의 얇은 점성층에 국한되므로 이를 고려하면[43] 계면 섭동의 변화에 관한 방정식 (7-31)은 다음과 같이 쓸 수 있다.

$$\alpha\ddot{a}_n + B_n(t)\dot{a}_n - A_n(t)a_n = 0 \tag{7-34}$$

단,

$$A_n(t) = (n-1)\beta\frac{\ddot{R}_b}{R_b} - \frac{\beta_n\sigma}{\rho_2 R_b^3} - \frac{2\nu\dot{R}_b}{R_b^3}\left[\frac{n(n-1)(n+2)}{1+2\dfrac{\delta_\nu}{R_b}} - \beta_n\right] \tag{7-35}$$

$$B_n(t) = 3\frac{\dot{R}_b}{R_b} + \frac{2\nu}{R_b^2}\left[\frac{n(n+2)^2}{1+2\dfrac{\delta_\nu}{R_b}} - \beta_n\right] \tag{7-36}$$

$$\beta_n = (n-1)(n+1)(n+2) \tag{7-37}$$

기포거동에 환경액체의 압축성 효과를 고려할 경우, 식 (7-24)와 (7-25)에 대응되는 기포 내부 및 외부에서의 속도퍼텐셜은 다음과 같이 쓸 수 있다.

$$\phi_1 = \frac{1}{r}\left[f\left(t - \frac{r}{c_\infty}\right) + g\left(t + \frac{r}{c_\infty}\right)\right] + b_1' r_n Y_n^m,\ \ r < R_b \tag{7-38}$$

$$\phi_2 = \frac{1}{r}\left[f\left(t - \frac{r}{c_\infty}\right) + g\left(t + \frac{r}{c_\infty}\right)\right] + b_2'\frac{Y_n^m}{r^{n+1}},\ \ r > R_b \tag{7-39}$$

여기서, 함수 f와 g는 식 (7-15)에 주어진 파동방정식을 만족하는 일반해이다.

기포를 둘러싼 환경액체가 비압축성 액체라고 가정했을 경우와 똑같은 방법으로 식(7-38)과 (7-39)에서 b_1'와 b_2'를 구하면 다음과 같다.

$$b_1 \cong -\frac{1}{nR_b^{n-1}}\left(\dot{a}_n + \frac{\dot{R}_b}{R_b}a_n - \frac{\phi_R a_n}{R_b^2}\right) \tag{7-40}$$

$$b_2 \cong \frac{R_b^{n+2}}{n+1}\left(\dot{a}_n + \frac{\dot{R}_b}{R_b}a_n - \frac{\phi_R a_n}{R_b^2}\right) \tag{7-41}$$

따라서 식 (7-38)과 (7-39)는 각각 다음과 같이 쓸 수 있다.

$$\phi_1 = \frac{1}{r}\left[f\left(t - \frac{r}{c_\infty}\right) + g\left(t + \frac{r}{c_\infty}\right)\right] - \frac{r_n Y_n^m}{nR_b^{n-1}}\left(\dot{a}_n + \frac{\dot{R}_b}{R_b}a_n - \frac{\phi_R a_n}{R_b^2}\right) \tag{7-42}$$

$$\phi_2 = \frac{1}{r}\left[f\left(t-\frac{r}{c_\infty}\right)+g\left(t+\frac{r}{c_\infty}\right)\right]+\frac{R_b^{n+2}Y_n^m}{(n+1)r^{n+1}}\left(\dot{a}_n+\frac{\dot{R}_b}{R_b}a_n-\frac{\phi_R a_n}{R_b^2}\right) \tag{7-43}$$

비압축성의 경우에 식 (7-30)과 (7-31)을 구한 것과 마찬가지로 Bernoulli 정리를 이용하면 환경액체의 압축성 효과를 고려한 경우의 기포벽에 대한 운동방정식과 계면 섭동의 변화에 관한 방정식을 다음과 같이 얻을 수 있다.

$$c_\infty(R_b\dot{R}_b+\phi_R)-\frac{R_b\dot{R}_b^2}{2}-\frac{(P_B-P_\infty)R_b}{\rho_2}=-2\dot{g} \tag{7-44}$$

$$\alpha'\ddot{a}_n+\frac{3\alpha'\dot{R}_b}{R_b}\dot{a}_n-(n-1)\left[\beta'\frac{\ddot{R}_b}{R_b}-(n+1)(n+2)\frac{\sigma}{\rho_2 R_b^3}\right]a_n=0 \tag{7-45}$$

단,
$$\alpha'=\alpha=1+\frac{(n+1)\rho_1}{n\rho_2} \tag{7-46}$$

$$\beta'=1-\frac{(n+1)(n+2)\rho_1}{(n-1)n\rho_2} \tag{7-47}$$

기포벽의 급격한 변화에 기인하여 기포벽에서 생성되는 점성에 의한 액체의 와류[42] 성분인 torroidal에 대하여 경계층 근사(boundary approximation)를 고려하면 기포벽의 섭동방정식 (7-45)는 다음과 같이 표현할 수 있다.

$$\alpha'\ddot{a}_n+B_n'(t)\dot{a}_n-A_n'(t)a_n=0 \tag{7-48}$$

단,
$$A_n'(t)=(n-1)\beta'\frac{\ddot{R}_b}{R_b}-\frac{\beta_n\sigma}{\rho_2 R_b^3}-\frac{2\nu\dot{R}}{R_b^3}\left[\frac{n(n-1)(n+2)}{1+2\dfrac{\delta_\nu}{R_b}}-\beta_n\right] \tag{7-49}$$

$$B_n'(t)=\frac{3\alpha'\dot{R}_b}{R_b}+\frac{2\nu}{R_b^2}\left[\frac{n(n+1)^2}{1+2\dfrac{\delta_\nu}{R_b}}-\beta_n\right] \tag{7-50}$$

여기서, 점성에 의한 경계층 두께인, δ_ν는 Hilgenfeldt 등[43]이 제안한 다음과 같은 방법으로 구하면 된다.

$$\delta_\nu=\min\left(\sqrt{\frac{\nu}{\omega}},\frac{R_b}{2n}\right) \tag{7-51}$$

열경계층 두께, 운동경계층 두께 및 농도경계층 두께들이 기포의 붕괴점 근처에서는 기포의 반경의 크기와 거의 같기 때문에 식 (7-51)과 같이 점성경계층의 두께를 구하는 방법은 매우 타당하다. 그리고 식 (7-49)와 (7-50)에서 점성에 의한 항의 값들이 나머지 항들의 값들에 비하여 수백분의 일 정도 밖에 되지 않기 때문에 기포벽 속도와 기포벽 가속도가 매우 커지는 기포 붕괴점 근처에서 점성의 역할은 매우 적음을 알 수 있다.

비교적 진폭이 낮은 초음파장하의 조건에서는 기포벽 속도도 비교적 작으며, 액체의 밀도에 비하여 가스의 밀도가 무시할 만큼 작기 때문에 식 (7-31)에서 α와 β의 값은 1이 된다. 그러나 빛을 발산하는 단일기포의 경우, 기포 붕괴시 계면에서의 가스 밀도가 액체의 밀도에 가까울 정도로 높아지게 되므로 식 (7-47)에서 β' 값은 1 보다 작아지거나 음의 값을 가지게 된다. 이는 기포의 붕괴점 근처에서 β' 값이 음이 되면, 이때, Rayleigh-Taylor(RT) 불안정성이 기포 거동에서 나타남을 의미한다. 그리고 기포의 붕괴점 근처에서 가스 밀도의 증가로 인하여 식 (7-46)에서 α' 값은 1 이상이 되며, α' 값의 증가는 RT 불안정성을 감소시키는 결과로 나타난다.

기포의 붕괴점 근처에서 매우 짧은 시간 동안 계면에서 섭동에 의한 진폭이 다음과 같이 지수적으로 증가한다고 가정하자[44].

$$a_n \propto \exp[S_n(t)] \tag{7-52}$$

식 (7-52)를 식 (7-48)에 대입하면 다음과 같은 식을 구할 수 있다.

$$\alpha S_n^2 + B_n'(t) S_n - A_n'(t) = 0 \tag{7-53}$$

따라서 S_n 값은 다음과 같이 주어진다.

$$S_n = -\frac{B_n'}{2\alpha} + \sqrt{\left(\frac{B_n'}{2\alpha}\right)^2 + \frac{A_n'}{\alpha}} \tag{7-54}$$

S_n의 값이 양의 값을 갖는 시간 동안 계산된 S_n의 평균값 $\overline{S_n}$는 다음과 같다.

$$\overline{S_n} = \frac{1}{\Delta t} \sum S_{n,i} t_i \tag{7-55}$$

여기서, $S_{n,i}$는 계산 과정의 특정 시간에서 값이며, $\Delta t = \sum t_i$ 이다. 계면에서 기포의 불안정성 기준은 $\overline{S_n}\Delta t$의 값을 수정된 RP 방정식을 사용하였을 때는 '5'로, 기포의 완화적 거동을 고려한 KMNS 방법을 사용하였을 때는 '10'의 값으로 취하였다.

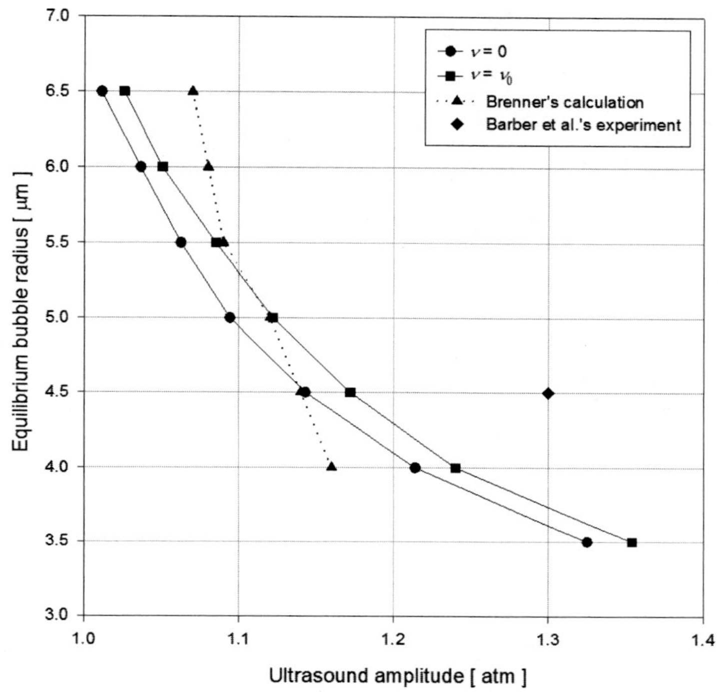

Fig. 11 Stability characteristics for $n=2$ mode for an air bubble in water with different kinetic viscosities. The results were obtained by using the modified Rayleigh–Plesset equation with $\tau=0$. And ◆ is a stable point by Barber et al.'s experiment.

기포 내 가스의 밀도를 무시하고($\alpha=\beta=1$), 기포의 완화적 거동을 고려하지 않은 경우($\tau=0$)에 대하여, 수정된 RP 방정식[44]로부터 얻어진 식 (7-31)을 사용한 불안정성 해석을 통하여 얻어진 결과와 Brenner 등[44]의 수정된 Rayleigh-Plesset 방정식으로부터 얻어진 계산결과를 함께 Fig. 11에 나타내었고, Barber 등[30]의 실험결과도 같이 나타내었다. Fig. 11, 12에서 경계선의 왼쪽이 안정성 영역에, 오른쪽은 불안정성 영역에 해당된다. Fig. 11은 기포의 평형반경 증가에 대하여 가진압력의 감소로 나타나는 기포 안정성의 한계 조건에 있어서, Brenner 등[44]의 계산결과가 본 논문의 계산결과보다 더 적게 감소하는 것으로 다소 차이를 보이고 있다. 그러나 단일기포의 안정된 발광이 관측된 가진주파수 26.5 kHz, 가진압력 1.3 atm, 평형반경 4.5μm[30]의 조건은 두 경우 모두 불안정성 영역에 있음을 보이고 있다. Fig. 11의 결과를 얻기 위한 기포의 불안정성 기준은 약 $\overline{S_n}\Delta t=5$로 선택하였고, 이때의 기포벽 가속도는 10^{12}~10^{15} m/s^{2}의 범위에 있었다. 점성을 무시한 경우는 RT 불안정성을 다소 증가시키며, 예측된 바와 같이 단일기포의 안정성 영역이 줄어드는 결과를 보여주고 있다.

Fig. 12는 식 (7-5)에서 정의된 기포의 완화적 거동을 고려하고, KMNS방법으로부터 얻어진 식 (7-45)에서 관성항(α')과 기포벽 가속도에 곱해지는 β'에 대한 점성의 영향을 고려하여 기포의 불안정성을 해석하였다. 가진주파수 26.5 kHz에 대하여 기포의 완화적 거동을 고려하기 위한 특성주파수, $f_0 = 10^6\ \mathrm{s}^{-1}$로 정하였다. 이 계산에서 기포의 불안정성 기준은 약 $\overline{S_n}\,\Delta t = 10$으로 선택하였고, 이때의 기포벽 가속도는 10^{13} m/s^2 미만이었다. 이렇듯 불안정성의 기준이 Fig. 11의 경우와 다른 이유는 기포의

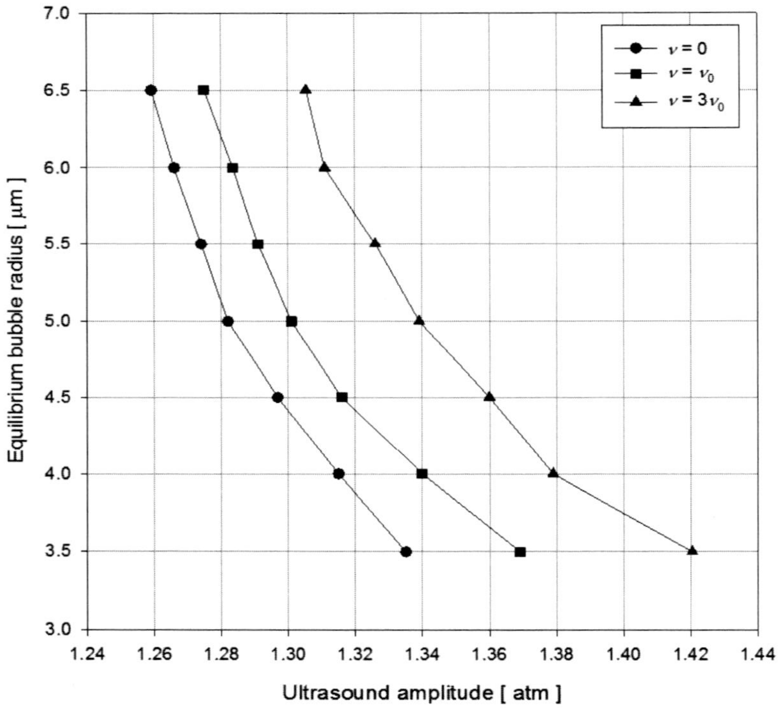

Fig. 12 Stability characteristics for $n=2$ mode for an air bubble in water with different kinetic viscosities. The results were obtained by using KMNS method with the relaxation time defined in eq. (7–5).

불안정성 해석에 수정된 RP 방정식의 사용과 기포의 완화적 거동을 고려한 KM 방정식을 사용하는 방법의 차에 기인한다. 또한 점성이 기포의 불안정성을 완화시키는 역할을 하며, 그 결과 점성의 증가가 보다 높은 가진압력에 대해서도 단일기포가 안정

성을 유지하고 있음을 여실히 보여주고 있다. 기포 주변을 둘러싸고 있는 액체의 점성이 3배 증가하게 되면, 단일기포의 안정성을 유지하기 위한 평형반경에 대한 가진압력의 크기는 2~4 % 정도 증가함을 보여주고 있다. Wu와 Robert[45]는 보다 큰 기포의 평형반경과 보다 낮은 가진압력에서 기포의 불안정성을 완화시키는 점성의 영향이 보다 커진다고 했지만 이러한 조건에서 SL의 발생은 이루어지지 않는다. 오히려 RT 불안정성이 일어나는 단일기포의 붕괴점 직전에서는 극고온이 형성되기 때문에 점성의 증가를 기대하는 것은 불가능하다. 식 (7-51)에서 사용된 점성경계층의 두께는 와류방정식에서 torroidal 성분의 정적해(static solution)로부터 구할 수 있으며, 점성 경계층 근사를 이용한 것이나 와류방정식의 torroidal 성분을 직접 푼 것이나 RT 불안정성을 완화시키는 점성의 영향은 별 다른 차이가 없음을 Fig. 11과 Fig. 12는 보여주고 있다.

7. 5 기포내 가스의 거동

SL현상을 보다 명확히 이해하기 위해서는 초음파장에서 진동하는 기포내 가스의 거동에 대한 엄밀한 해석과 그 이해가 필요하다. Prosperetti 등[46]이 기포 내부에 대한 에너지 방정식을 수치적으로 풀어 기포 내부의 온도분포를 구하기 이전의 기포거동의 연구는 잘 알려진 폴리트로픽 관계식 $P_b V_b^n = \mathrm{const}$ 을 사용하여 기포반경에 따른 기포내 가스의 압력을 예측해왔다. 하지만 이 관계식은 기포 내부의 온도가 균일하다는 가정을 포함하고 있을 뿐더러 $P_b V_b^n$ 항이 완전미분이기 때문에 열전달에 의한 열적감쇄(thermal damping)을 기술하지는 못하고 있어 SL현상을 다루기에는 부적당하다. 이러한 사실은 Löfstedt 등[37]이 폴리트로픽 관계식을 이용 $n = 1$ (등온과정)인 경우와 $n = \gamma$ (단열과정)로 계산한 값을 실험결과에서 얻은 시간에 따른 기포반경의 변화와 비교해볼 때 서로 잘 맞지 않는 것을 보아서도 확인할 수 있다.

한편 Prosperetti 등[46]은 6장에서 이미 논의한 바와 같이 기포 내부의 압력을 시간만의 함수라고 가정하여 연속방정식과 에너지 보존식으로부터 기포 내 가스에 대한 속도분포를 다음과 같이 얻었다(제 6장 5절 참조).

$$u_b = \frac{1}{\gamma P_b}\left[(\gamma-1)\,k_g\frac{\partial T_b}{\partial r} - \frac{1}{3}\,r\dot{P_b}\right] \tag{7-56}$$

윗식으로부터 기포 내 가스의 압력을 균일하다고 가정, r 대신에 R_b (기포반경)을 취함으로써 다음과 같이 얻을 수 있다.

$$\frac{dP_b}{dt} = \frac{3}{R_b}\left[(\gamma-1)\,k_g\frac{\partial T_b}{\partial r}\bigg|_{r=R_b} - \gamma P_b\dot{R_b}\right] \tag{7-57}$$

또한 그들은 기포벽 내에서의 가스의 온도는 항상 액체의 온도와 같다는 경계조건을 사용, 다음의 에너지 보존식을 풀어 기포 내 가스에 대한 온도분포를 구하고자 하였다.

$$\frac{\gamma}{\gamma-1}\frac{P_b}{T_b}\frac{DT_b}{Dt} - \dot{P_b} = \nabla\cdot(k_g\nabla T_b) \tag{7-58}$$

이 식들을 이용하여 Kamath 등[25]은 상대적으로 낮은 초음파 진폭(〈1bar)의 경우 기포거동에 따른 OH radical의 농도를 구함으로써 SL현상이 OH radical에 의한 것임을 이론적으로 밝혔다. 하지만 이와 같은 낮은 진폭은 단일기포의 경우 SL 현상을 관찰할 수 없는 진폭범위이며[30] 보다 정확한 기포거동에 대한 해석결과에 따르면 경계조건을 이들과 같이 임의로 취할 수 없음이 밝혀졌다[26]. 게다가 Prosperetti 등[46]의 기포 내 압력이 균일하다는 가정으로는 기포 내부의 충격파 현상을 설명할 수는 없다.

이에 Wu와 Roberts[27]는 Greenspan과 Nadim[28]에 의해 제안된 SL 원인이 기포 수축시 기포 내부에서의 충격파 발생에 의한 것임을 다음에 주어진 Euler 식과 기포벽을 통한 열전달을 고려하지 않은 에너지식을 수치적으로 풀어 확인한 바 있다.

$$\frac{\partial\rho}{\partial t} + \frac{1}{r^2}\frac{\partial}{\partial r}(\rho u_b r^2) = 0 \tag{7-59}$$

$$\frac{\partial}{\partial t}(\rho u_b) + \frac{1}{r^2}\frac{\partial}{\partial r}(\rho u_b^2 r^2) + \frac{\partial P_b}{\partial r} = 0 \tag{7-60}$$

$$\frac{\partial E_b}{\partial t} + \frac{1}{r^2}\frac{\partial}{\partial r}[(E_b+P_b)u_b r^2] = 0 \tag{7-61}$$

단, $E_b = \rho e + \frac{1}{2}\rho u_b^2$으로 단위질량당 내부에너지와 운동에너지이다. Wu와 Roberts [27]는 식 (7-59), (7-60), (7-61)을 수치적으로 풀어 초음파의 진폭이 비교적 큰 경우 ($\cong$1.5atm) 기포가 수축하기 0.5 ns 전에 기포 내의 밀도와 압력구배가 나타남과, 충격파의 집속시간은 1 ps, 충격파의 집속에 의한 기포 중심의 가스온도는 $10^7 \sim 10^8$ K 까지 도달함을 계산한 바 있다. 하지만 그들은 에너지식에서 열전달을 고려하지 못하였기 때문에 초기조건에 크게 좌우되는 충격파의 강도가 너무 크게 계산되었는지 모른다. 또한 그들은 충격파의 발생원인이 무엇인지는 규명하지 못하였다.

한편, Kwak과 Yang[29]은 식 (7-59)와 (7-60)에 주어진 Euler 식에 대한 해석적인 해를 발견함으로써 초음파장 내에서 진동하는 기포거동을 초대형 컴퓨터의 도움 없이도 정확히 예측할 수 있는 길을 마련하였다. 6장에서 이미 기술한 바와 같이 식 (7-59)와 (7-60)을 만족하는 기포 내 가스에 대한 밀도분포, 속도분포 및 압력분포는 다음과 같이 주어진다.

$$\rho = \rho_o + \rho_r \tag{7-62}$$

$$u_b = \frac{\dot{R}_b}{R_b} r \tag{7-63}$$

$$P_b = P_o(t) - \frac{1}{2}\left(\rho_o + \frac{1}{2}\rho_r\right)\frac{\ddot{R}_b}{R_b} r^2 \tag{7-64}$$

단, ρ_o 와 ρ_r 을 각각 기포 중심과 기포 내 임의의 점에서의 가스의 밀도이며 다음과 같이 주어진다.

$$\rho_o R_b^3 = const. \tag{7-65}$$

$$\rho_r = \frac{a r^2}{R_b^5} \tag{7-66}$$

단, 식 (7-66)에서 상수 a 는 기포 내의 질량 m 에 관계되는 양, 즉 $a/m = 5(1 - N_{BC})/4\pi$이고 $N_{BC} = (P_{b_o} R_b^3 / T_{b_o}) / (P_\infty R_o^3 / T_\infty)$이다. 또한 식 (7-65)이 의미하는 바는 기포 중심에서의 가스의 상태는 항상 $P_o = \rho_o R_b T_b$ 인 이상기체식을 만족함을 의미한다. 또한 식 (7-63)으로 대표되는 구대칭에서의 Navier-Stokes 식의 해는 homologous적 해를 의미한다. 즉 구내의 모든 점은 구중심으로 모일 수 있으며 반대로 구중심으로부터 나올 수 있다. 이것은 8장에서 논의 될 중력수축 문제와 직결되는 문제이다(제

8장 2절 참조).

식 (7-62), (7-63), (7-64)에 주어져 있는 Euler 식의 해석적인 해와 기포벽의 운동에 대한 음향근사식(acoustic approximation)인 Keller-Miksis 식 [36]을 이용, Kwak과 Yang[29]은 기포벽의 가속을 무시할 경우, 즉 초음파의 진폭이 크지 않은 경우 기포의 거동은 물론 기포 내 온도분포까지 해석적으로 구할 수 있었다.

Table 1에는 Fig. 1에서 보여진 바와 같이 초음파의 진폭이 1.075 atm 인 경우, 즉 물용액 내에서 진동하는 기포로부터 SL을 관찰할 수 없는 경우에 대해 기포가 최대 팽창하여 1차 수축을 하고 다시 팽창·수축을 거듭하는 경우에 대한 계산결과와 실험결과가 함께 주어져 있다. 이 표로부터 Kwak과 Yang에 의한 해석적 해가 얼마나 정확하게 초음파장에서 거동하는 기포의 거동을 예측할 수 있는지 확인할 수 있다. 하지만 위에 기술한 해석적 해와 기포가 순간적으로 수축할 경우 충격파가 발생한다는 가정에 의해 Kwak과 Yang은 SL 현상을 설명하고자 하였지만 왜 SL이 기포 수축점 바로 전에 발생하는지, 또 SL의 원인이 명확히 무엇인지는 규명하지는 못하였다[29].

| Table 1 | Calculated and measured maximum bubble size and the corresponding period of bouncing motion after the first bubble collapse for air bubble of $R_o = 8.5\ \mu m$ at $P_A = 1.075\ \mathrm{atm}$ and $f = 26.5\ \mathrm{kHz}$.

	Maximum bubble size (μm)		Corresponding period (μs)	
Bouncing number	Mesured value	Calculated value	Mesured value	Calculated value
1	19.9	20	3.56	3.62
2	15.6	16.2	2.43	2.76
3	13	13.6	2.24	2.24
4	11.1	12.1	2.06	2.07
5	10.4	10.5	1.87	1.90
6	9.7	9.5	1.87	1.82

이제 기포 내부의 압력분포의 해석적 해에서 주어진 기포벽의 가속도가 기포 내 가스의 온도분포에 어떤 영향을 주는지 알기 위해 기포 내 가스에 대한 에너지식을 다루기로 한다. 기포 내부의 가스에 대한 에너지 보존식은 기포 내 가스의 내부에너지

가 온도분포만의 함수 즉, $de = C_{v,b}dT_b$ 라고 가정하면 다음과 같이 쓸 수 있다.

$$\rho_g C_{v,b}\frac{DT_b}{Dt} = -\frac{P_b}{r^2}\frac{d}{dr}(r^2 u_g) - \frac{1}{r^2}\frac{d}{dr}(r^2 q_r) \tag{7-67}$$

단, q_r 은 기포 내 반경방향의 열유속이다. 또한 엔탈피의 정의에 의하여 윗식은 다음과 같이 쓸 수 있다.

$$\rho_g C_{p,b}\frac{DT_b}{Dt} = \frac{DP_b}{Dt} - \frac{1}{r^2}\frac{d}{dr}(r^2 q_r) \tag{7-68}$$

위의 두 식 (7-67), (7-68)에서 DT_b/Dt 항을 소거하면 기포 내 압력에 대한 다음과 같은 식을 얻을 수 있다.

$$\frac{DP_b}{Dt} = -\frac{\gamma P_b}{r^2}\frac{d}{dr}(r^2 u_g) - \frac{\gamma-1}{r^2}\frac{d}{dr}(r^2 q_r) \tag{7-69}$$

균일한 압력분포를 가정하면 즉, 기포 내 압력이 시간만의 함수라고 가정하고 윗식을 풀면 기포 내 온도분포를 구할 수 있다. 하지만 기포가 수축 전 1 ns 동안의 기포벽 가속도의 변화는 상상하지 못할 정도로 큰은 실험적으로도 규명된 사실이다. 또한 기포가 수축할 때 빛이 나오는 것이 아니라 수축 전 300 ~ 400 ps 전에 빛이 나오는 이유가 이 기포벽의 가속도가 급격한 증가 후에 감소가 되기 때문이라는 것도 알 수 있다. 식 (7-62), (7-63), (7-64)를 (7-69)에 대입하면 기포 내 열유속에 대한 식을 구할 수 있는데 그것은 다음과 같이 표현된다.

$$\frac{\gamma-1}{r^2}\frac{d}{dr}(r^2 q_r) = -\left[\frac{dP_o}{dt} + 3\gamma P_o\frac{\dot{R}_b}{R_b}\right] \tag{7-70}$$
$$+\frac{1}{2}\left(\rho_o + \frac{1}{2}\rho_r\right)\left[(3\gamma-2)\frac{\dot{R}_b\ddot{R}_b}{R_b^2} + \frac{R_b}{R_b}\right]r^2$$

윗식을 Fourier 법칙과 연관하여 해석하는데 있어서 동일한 경계조건에서 하나의 해를 구할 수는 없다. 이 문제는 다음과 같은 착상으로 해결의 실마리를 찾을 수 있다. 즉 기포벽의 가속도의 급격한 증가와 감소는 500 ps 정도 동안에 일어나는 과도(transient)현상이기 때문에 균일한 압력분포에 의한 해와는 다른 시간 스케일에서 다룰 수 있음을 알 수 있다(multiple-time scale method:[47]). 이제 식 (7-70)을 균일한 압력분포일 경우에 해당하는 열유속 q_o 와 급격한 기포벽의 가속도 변화에 따른 열유속($q_\gamma - q_o$)에 관계되는 식으로 분리할 수 있다. 즉,

$$\frac{\gamma-1}{r^2}\frac{d}{dr}(r^2 q_o) = -\left[\frac{dP_o}{dt}+3\gamma P_o\frac{\dot{R}_b}{R_b}\right] \tag{7-71}$$

$$\frac{\gamma-1}{r^2}\frac{d}{dr}\left[r^2(q_\gamma - q_o)\right] = \frac{1}{2}\left(\rho_o+\frac{1}{2}\rho_r\right)\left[(3\gamma-2)\frac{\dot{R}_b\ddot{R}_b}{R_b^2}+\frac{R_b}{R_b}\right]r^2 \tag{7-72}$$

식 (7-71)의 해는 균일한 압력분포일 경우에 해당된다. 이 경우 기포 내 가스의 열전도도가 온도의 선형함수로 표시할 수 있다고 가정하면, 즉

$$k_g = AT + B \tag{7-73}$$

로 가정할 때 공기의 경우 상수값, $A = 5.528\times10^{-5}$ W/mK^2 , $B = 1.65\times10^{-2}$ W/mK 를 취하면 열전도도 k_g 는 200 K ~ 3000 K 범위에서 잘 맞는다. 이와 같은 가정과 Fourier 법칙을 사용하면 식 (7-73)에 대한 해는 다음과 같이 주어진다.

$$T_b(r) = \frac{B}{A}\left[-1+\sqrt{\left(1+\frac{A}{B}T_{b_o}\right)^2 - 2\eta\frac{A}{B}(T_{bl}-T_\infty)\left(\frac{r}{R_b}\right)^2}\right] \tag{7-74}$$

윗식에서 $\eta = (R_b/\delta)(k_l/B)$ 로 주어지며 δ 는 기포벽 주위의 열경계층 두께로서 기포벽 주위의 액체에 대한 질량, 운동량 및 에너지 보존식을 풀음으로써 얻을 수 있다(제6장 5절 참조). 또한 기포 벽의 속도는 음향학적 근사식인 KM식[36]을 이용할 수 있다. 기포 내 압력이 균일하다는 가정하에서 얻은 일련의 결과는 기포가 수축 전 빛을 발산하지 않는 경우에 기포의 거동을 정확히 예측할 수 있음을 이미 밝혀진 사실이다 [29].

기포벽의 가속도는 $\ddot{R}_b$와 그 변화량 $d\ddot{R}_b/dt$ 에 관계되는 열유속에 대한 방정식, 식 (7-72)에 대한 해는 기포중심에서 열유속의 대칭성에 의하여 0이며 기포벽에서 열유속은 연속이라는 경계조건, $k_g' dT_b/dr = k_l dT_l/dr$ 을 사용하면 다음과 같은 해를 얻는다[48]

$$T_b'(r) = -\frac{1}{40(\gamma-1)k_g'}\left(\rho_o+\frac{5}{21}\rho_r\right)\left[(3\gamma-2)\frac{\dot{R}_b\ddot{R}_b}{R_b^2}+\frac{R_b}{R_b}\right]r^4 + C \tag{7-75}$$

단, 상수 $C(t)$ 는 다음과 같이 주어진다.

$$C = \frac{1}{20(\gamma-1)}\left[(3\gamma-2)\dot{R}_b\ddot{R}_b R_b + R_b R_b^2\right] \cdot \left[\frac{\delta'}{k_l}\left(\rho_o + \frac{5}{14}\rho_{r=R_b}\right) + \frac{R_b}{2k_g'}\left(\rho_o + \frac{5}{21}\rho_{r=R_b}\right)\right] + T_\infty \tag{7-76}$$

식 (7-75)와 (7-76)에 주어진 해는 500 ps 동안에 일어나는 에너지 발산 형태가 복사라는 점에서 볼 때 하나의 형식적 해라고 볼 수가 있다. 따라서 이때 기포벽을 통하여 방출한 열량은 복사에 의한 에너지 손실이라고 볼 수 있으므로 다음과 같이 에너지 수지식을 쓸 수 있다.

$$2\pi\, k_l\, R_b^2\,(T_{bl} - T_\infty)\,/\,\delta' = P_b \tag{7-77}$$

식 (7-77)에 주어진 열경계층 두께 δ' 는 식 (7-21)에서 주어진 기포의 운동에서 얻을 수 있는 두께가 아니며 전술한 바와 같이 복사에 의한 손실을 고려함으로써 얻을 수 있는 양이다. 기포 수축점에서 기포벽 가속도의 감소에 따른 급속한 냉각에 의해 기포 내의 온도가 0K 이하로 되지 않도록 하는 범위에서, 또 기포 수축 후 기포의 되뜀운동이 실험과 맞도록 δ' 값을 취할 수 있는 바, 0.1 μm 정도이었다. 또한 기포 내의 온도분포와 기포 중심에서의 온도는 가스의 열전도율 k_g'에 의해서도 상당히 영향을 받는다. 하지만 대상이 되고 있는 1만 기압이 넘는 압력과 수만 도에 이르는 가스의 환경 하에서 가스의 열전도도의 값을 예측하는 일이란 쉽지 않기 때문에 기체운동론에서의 충돌적분(collision integral) 방법을 이용한 값을 사용할 수 있다[49]. 만약 복사에 의한 에너지 손실이 없다고 가정하면 즉 $\delta' \to \infty$, $k_g' \to 0$ 를 취하면 기포 내 가스의 온도는 식 (7-75)와 (7-76)에서 볼 수 있는 바와 같이 무한대가 된다. 이는 열전달항이 없는 에너지식을 질량 및 운동량 보존식과 연계하여 수치계산으로 풀은 결과[27], 기포 내 온도가 $10^7 \sim 10^8$ K 라는 값을 얻은 것은 결코 이상한 결과가 아님을 알 수 있다. 이제 기포 내 온도 분포는 식 (7-74)와 식 (7-75)에 주어진 온도분포의 합으로 계산할 수 있는 바, 이 때 식 (7-74)에 주어진 온도분포는 배경으로 주어진 기포 내부의 온도라고 해석할 수 있다.

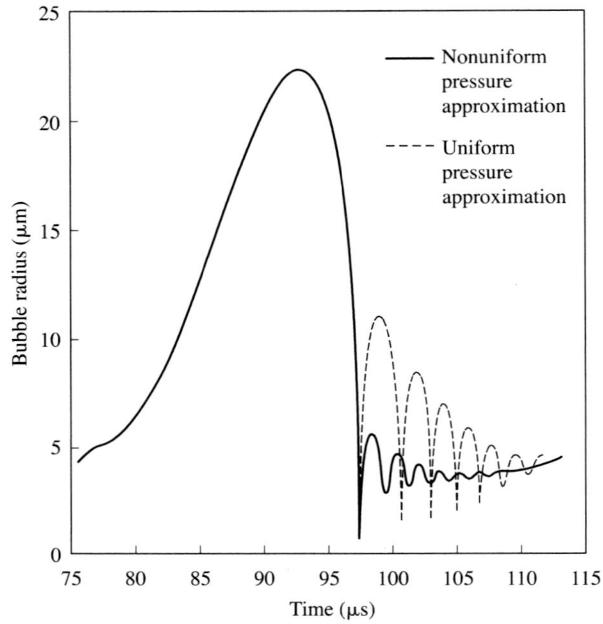

Fig. 13 Theoretical radius–time curve for air bubble of $R_o = 4.5\ \mu m$ and $P_A = 1.30$ atm and $f = 26.5$ kHz in water.

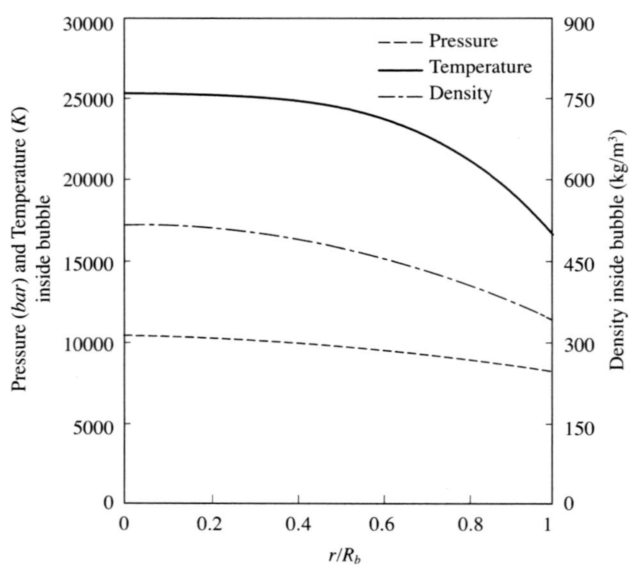

Fig. 14 Pressure, temperature and density distributions inside bubble at 400 ps prior to the collapse shown in Fig. 13.

Fig. 13에는 평형상태에서의 반경이 4.5 μm 인 기포가 가진 주파수가 26.5 kHz , 가진 압력이 1.30 atm 인 초음파장에서 진동할 경우의 시간에 대한 기포반경의 변화가 주어져 있다. 또한 Fig. 13에는 기포 내 압력이 균일하다는 가정 하에서 구한 시간에 대한 기포반경의 변화가 나와 있다. 이 두 그림을 비교해 보면 기포가 최대 반경이 된 후 수축점까지는 별 다른 차이가 없지만 수축 후의 되튐운동은 양상이 전혀 다름을 알 수 있는 바 이는 전술한 바와 같이 수축 전에 빛을 발산하는 경우 냉각이 이루어져 수축점에서의 온도가 500 K 정도로 되며, 이에 따라 기포 내 압력도 급강하하기 때문이다. 반대로 기포 내 압력이 균일하다고 가정할 경우에는 수축점에서 기포 내 가스의 온도와 압력이 최대로 되어 수축 후의 되튐운동이 훨씬 크게 됨을 알 수 있다.

Fig. 14에는 Fig. 13에 주어진 조건에서 기포가 수축되기 400 *ps* 이전, 즉 가스의 온도와 압력이 최대가 되었을 때 기포 내 가스의 밀도, 압력 및 온도분포가 나와 있다. 이 그림에서도 알 수 있는 바와 같이 기포 내 가스의 압력이 균일하다는 가정은 맞지 않음을 알 수 있다. Fig. 15에는 시간에 따른 기포벽의 가속도의 변화와 기포 중심에서의 온도변화가 나와 있다. 이 그림에서 볼 수 있는 바와 같이 기포 수축전 400 *ps* 부근에서 기포벽의 가속도는 최대가 되며, 그 이후에는 기포벽의 가속도가 급격히 감소함을 알 수 있다. 기포벽의 가속도의 변화에 따라 기포 중심에서의 온도도 같이 변화하고 있음을 이 그림에서 또한 볼 수 있다. Fig. 13에 주어진 조건에서 기포가 운동할 경우 기포 수축 전 400 *ps* 되는 점에서 기포 중심의 온도가 25,000 K 에 달하게 됨과 그 이후에는 기포의 온도가 급격히 냉각됨을 알 수 있다. 따라서 이 과정에서 빛을 발산하는 시간은 이 ”thermal pulse“의 반너비인 300 *ps* 미만임을 알 수 있다. 또한 가진 압력을 높일 경우 기포 내 중심의 온도는 더 더욱 높아진다. Table 2에는 SL의 강도를 결정하는 중요한 변수, 기포의 평형상태에서의 반경, 가진 압력, 용액의 온도에 따라 기포중심에서의 최대온도가 나와 있다. 이 표에서 볼 수 있는 바와 같이 기포의 평형반경이 4.0 μm 초음파의 가진 압력이 1.40 atm 일 경우 기포 중심의 온도는 무려 100,000 K 에 달하게 됨을 알 수 있다. 반면 SL이 발생하지 않는 기포의 경우에는 기포벽의 가속도 변화가 기포 내 가스의 온도변화에 거의 영향이 없음을 알 수 있다. 이 경우의 기포벽의 가속도는 최대 10^{10} m/s^2 정도이었다.

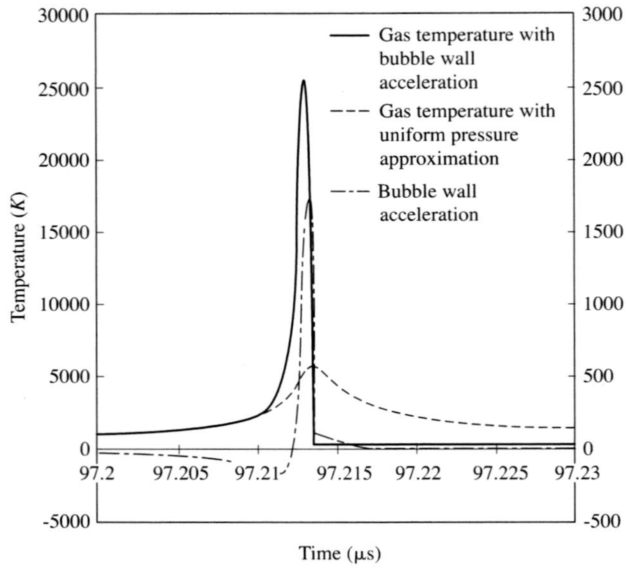

Fig. 15 Time dependent bubble wall acceleration and gas temperature around the collapse for the case shown in Fig. 13. Rapid quenching of the gas occurs after the maxium.

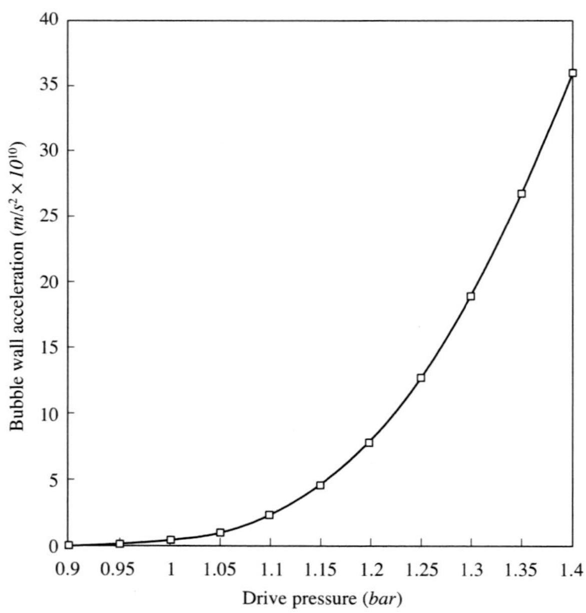

Fig. 16 Bubble wall acceleration depending on driving perssure of ultrasound for the bubble of $R_o = 10\ \mu\text{m}$ at $\text{f} = 30.9\ \text{kHz}$ in low visocosity silicon oil.

| Table 2 | Calculated gas temperature at bubble center and the maximum bubble wall acceleration depending on the equilibrium radius, the driving amplitude of ultrasound and ambient liquid temperature.

		Case 1	Case 2	Case 3	Case 4
Experimental	$R_o\,(\mu m)$	5.5	4.5	4.0	8.5
input	P_A(atm)	1.25	1.3	1.4	1.075
parameter	T_∞ (K)	308	293	276	293
Calculation	$\ddot{R}_b(m/s^2)$	1.02×10^{12}	1.79×10^{12}	4.82×10^{12}	2.38×10^{10}
results	T_c(K)	13,000	25,000	100,000	2,400

물 용액에서 단일 기포에 의한 SL 현상이 쉽게 관찰되는 이유를 알기 위해 물과 비슷한 상태량을 가지고 있는 silicon oil인 경우와 비교하여 보았다. Silicon oil인 경우에는 가진 압력이 1.4 atm에 이르러서 기포벽의 가속도는 3.5×10^{11} m/s^2 에 지나지 못해 가속도에 의한 기포 내 가스의 온도 상승 효과는 크지 못하다. 이와 같이 가진 압력이 커도 기포벽의 가속도가 10^{12} m/s^{2}까지 이르지 못하는 이유는 다름 아닌 silicon oil 내에서의 음속이 물의 2/3 밖에 되지 않아 용액 내 가스 기포를 압축하는 효과가 그 만큼 작기 때문이라고 생각된다. Silicon oil인 경우 가진 압력에 따른 가속도가 Fig. 16에 주어져 있다.

7. 6 기포벽을 통한 물질전달

SL 발생시 기포의 팽창단계에서는 기포 내 가스압력이 주위 액체의 압력보다 현저히 낮아지므로 주위 액체 중의 가스성분은 기포 내로 유입 될 것이다. 반면 기포의 수축점 부근에서의 기포 내 가스의 압력은 주위 액체의 압력보다 수만배 높으므로 인하여 기포 내 가스는 주위 액체로 방출하게 된다. 그러나 SL의 안정화 조건에서는 수많은 사이클을 걸친 기포의 팽창 및 수축이 반복적으로 이루어져야 하므로 주위 액체 중의 용존 가스 성분과 기포내 가스 성분과의 물질전달량, 즉 유입된 가스의 양과 방출량이 한 사이클에서 동일해야 한다. 만약 기포 내로 공급된 질량유량과 기포로부터 방출된 가스의 질량유량이 동일하지 않으면 기포가 커지거나 작아져 기포 소멸의 원인이 되며, 결국 SL은 안정화될 수 없다. 이와 관련하여 Brenner 등[50]은 기포 내 가스와 주위 액체 중의 용존가스간에 물질전달 특성을 분석함으로써 기포의 안정화 조건을 규명하기 위한 시도를 수행한 바 있다. 그러나 그들의 연구에서는 단지 농도 구배에 의한 물질 전달량만을 감안한 관계로, SL 발생시의 고압조건에 의한 물질전달은 고려되지 않았다. 그러나 UCLA의 Putterman 그룹이 수행한 일련의 차원해석에 의하면[51], SL 발생시의 기포 내 가스와 주위 액체 간의 높은 압력차에 기인한 물질전달(barodiffusion)이 무시될 수 없음을 밝힌 바 있다. 따라서 본 절에서는 농도구배에 의한 물질전달량과 압력차에 의한 물질전달량을 정량적으로 분석하기 위한 모델을 설명하고자 한다.

7.6.1 기포거동 특성

기포 내 가스와 주위 액체 중의 가스 간에 물질전달은 기포벽면 속도에 영향을 미치므로 식 (7-10)의 Keller와 Miksis 관계식에 대한 수정이 필요하다. 7.3 절에서 기술한 것과 같은 방법으로 기포 내 가스와 주위 액체 중의 가스 간에 물질전달을 고려한 기포벽의 속도에 대한 시간변화율은 다음과 같이 나타낼 수 있다[52].

$$\left(1 - \frac{U_b}{C_b} + \frac{\dot{m}''}{C_b\rho_\infty}\right)R_b\frac{dU_b}{dt} + \frac{3}{2}U_b^2\left(1 - \frac{U_b}{3C_b} + \frac{2\dot{m}''}{3C_b\rho_\infty}\right) \tag{7-78}$$

$$= \frac{1}{\rho_\infty}\left(1 + \frac{U_b}{C_b} + \frac{R_b}{C_b}\frac{d}{dt}\right)\cdot\left[P_B - P_s\left(t + \frac{R_b}{C_b}\right) - P_\infty\right]$$

$$+\frac{\ddot{m}''R_b}{\rho_\infty}\left(1 - \frac{U_b}{C_b} + \frac{\dot{m}''}{C_b\rho_\infty}\right) + \frac{\dot{m}''}{\rho_\infty}\left(\dot{R}_b + \frac{\dot{m}''}{2\rho_\infty} + \frac{U_b\dot{m}''}{2C_b\rho_\infty}\right)$$

여기서 P_B 는 다음과 같이 주어진다.

$$P_B = P_b(t) - \frac{2\sigma}{R_b} - \frac{4\mu}{R_b}\left(\dot{R}_b - \frac{\dot{m}''}{\rho_\infty}\right) - \dot{m}''^2\left(\frac{1}{\rho_\infty} - \frac{1}{\rho_g}\right) \tag{7-79}$$

하지만 질량유속이 매우 작은 양이어서 이것이 기포 거동에 미치는 영향은 미미하다.

7.6.2 농도차에 의한 물질전달

가스 기포와 주위 액체 중에 소량의 가스를 첨가한 경우에 대한 농도차에 의한 물질전달량은 기포 주위와 액체 중의 가스 농도에 대한 물질전달 관계식 및 단위시간당 기포벽을 통하여 전달되는 질량유속에 대한 관계식을 통하여 식 (7-80)과 같이 나타낼 수 있다.

$$\frac{\partial C}{\partial t} + v\frac{\partial C}{\partial r} = \frac{D}{r^2}\frac{\partial}{\partial r}\left(r^2\frac{\partial C}{\partial r}\right) \tag{7-80}$$

또한 농도차에 의하여 기포 내부 및 외부로의 질량 전달량은 다음과 같이 나타낼 수 있다.

$$\left(\frac{dM_c}{dt}\right)_D = 4\pi R_b^2 D\left(\frac{\partial C}{\partial r}\right)_{r=R_b} \tag{7-81}$$

식 (7-81)에서 D는 액체 중의 가스에 대한 물질확산계수를 의미한다. 공기의 경우에 상온의 조건에서 $2 \times 10^{-5}\ \mathrm{cm^2/s}$의 값을 가지며, 주위 액체의 농도는 헨리의 법칙을 적용하여 결정할 수 있다. 그러나 SL 발생시에는 극도의 고압, 고온의 조건이 형성됨에 따라 기포 경계층에 온도와 압력이 미치는 영향은 매우 크다. 한편 기포 벽에서의 질량 보존식은 다음과 같이 나타낼 수 있다.

$$vr^2 = v(R_b)R_b^2 = \left(\dot{R}_b + \frac{\dot{m}''}{\rho}\right)R_b^2 \tag{7-82}$$

따라서 식 (7-82)를 이용하여 식 (7-80)을 기포반경 R_b로부터 물질 경계층을 감안한 $R_b+\delta_c$까지 적분하면 다음과 같은 관계식을 유도할 수 있다.

$$\frac{d}{dt}\int_{R_b}^{R_{b+\delta}} r^2(C_\infty - C)\,dr + \dot{R}_b R_b^2(C_\infty - C_w) \tag{7-83}$$

$$= v_R R_b^2(C_\infty - C_w) - DR_b^2\frac{\partial}{\partial r}(C_\infty - C)|_{r=R_b}$$

식 (7-83)에서 물질전달 경계층에서의 농도분포를 적절한 경계 조건을 만족하는 2차 함수로 가정하면

$$\frac{C_\infty - C}{C_\infty - C_w} = (1-\xi)^2 \quad 단,\ \xi = \frac{r-R}{\delta_c} \tag{7-84}$$

따라서 가스 기포와 주위 액체에 의하여 농도 경계층에서의 반경 방향에 대한 농도분포는 다음과 같이 나타낼 수 있다.

$$\frac{\partial}{\partial r}(C_\infty - C) = -\frac{2}{\delta_c}(C_\infty - C_w) \quad (7-85)$$

또한 물질전달 경계층 두께 δ_c 는 식 (7-82), 식 (7-83), 식 (7-85)로부터 다음과 같이 나타낼 수 있다.

$$\left[1 + \frac{\delta_c}{R_b} + \frac{3}{10}\left(\frac{\delta_c}{R_b}\right)^2\right]\frac{d\delta_c}{dt} \quad (7-86)$$

$$= \frac{6D}{\delta_c}\left(\frac{1-C_\infty}{1-C_w}\right) - \left[2\left(\frac{\delta_c}{R_b}\right) + \frac{1}{2}\left(\frac{\delta_c}{R_b}\right)^2\right]\dot{R}_b$$

최종적으로 농도구배에 의한 기포 내부 및 주위 액체간의 물질전달량은 식 (7-81), 식 (7-84) 및 식 (7-86)을 적용하여 다음과 같이 구할 수 있다.

$$\frac{dm''}{dt} = -\frac{\rho_\infty}{1 - C_w}\frac{2D}{\delta_c}(C_\infty - C_w) \quad (7-87)$$

하지만 다음과 같이 확산방정식을 근사적으로 풀어, 초음파장에서 진동하는 기포벽을 통한 물질전달 현상을 이해할 수 있다.

7.6.3 확산방정식의 해

식 (7-88)과 (7-89)에 주어진 Lagrangian변수와 시간 변수 τ를 도입하기로 하자.

$$h \equiv \frac{1}{3}[r^3 - R_b^3(t)] \quad (7-88)$$

$$\tau \equiv \int_0^t R^4(t')\,dt' \quad (7-89)$$

윗식을 이용하여 식 (7-80)에 주어진 확산방정식을 정리하면 다음과 같이 된다.

$$\frac{\partial C}{\partial \tau} - D\frac{\partial}{\partial h}\left\{\left[1 + \frac{3h}{R^3(\tau)}\right]^{4/3}\frac{\partial C}{\partial h}\right\} = 0 \quad (7-90)$$

한 주기 동안 확산에 의한 투과길이가 기포 반경에 비해 작을 경우, 즉 $3h << R^3(t)$

일 경우 확산방정식은 다음과 같이 된다.

$$\frac{\partial C}{\partial \tau} - D\frac{\partial^2 C}{\partial h^2} = 0 \tag{7-91}$$

윗식의 해는 잘 알려진 바와 같이 다음과 같이 기술된다.

$$C(h, \tau) = C_\infty + A_o + \sum_{n=1}^{\infty}[A_n \cos(k_n h - \Omega_n \tau) + B_n \sin(k_n h - \Omega_n \tau)]e^{-k_n h} \tag{7-92}$$

단, $\Omega_n = 2\pi n/\tau(T_a)$, $k_n = \sqrt{\Omega_n/2D}$ 그리고 $T_a = 2\pi/\omega_a$는 가진되는 초음파의 주기이다. 정상상태에서는 $A_o = 0$이므로

$$C_\infty = \frac{1}{\tau}\int_0^{T_a}\frac{C_o P_g}{P_o}d\tau' = \frac{1}{\tau}\int_0^{T_a}\frac{C_o R_o^3}{R^3(\tau')}d\tau' \tag{7-93}$$

가 되어 윗식에서 대략 $C_\infty/C_o \cong 3(R_o/R_{\max})^3$의 값을 얻으며 이것이 SL 기포의 물질평형 조건이다. 이 조건에서 알 수 있는 바와 같이 평형반경 내 최대반경의 비가 물질평형 조건의 중요한 변수가 된다. 단, C_o는 대기압 하에서의 용액에 용해되어 있는 가스의 농도이다.

식 (7-90)로 표현되는 질량확산방정식은 2가지 시간 스케일로 특징지을 수 있다. 하나의 시간 스케일은 기포거동의 주기와 관계되는 스케일로 이 시간 내에서는 기포벽 주위로 질량이 확산되는 거리는 한정적이다. 이에 반해 긴 시간대에 걸쳐 질량은 기포벽으로부터 기포로부터 멀리 흘러갈 것으로 예상된다. 이 경우 확산방정식의 해는 다음과 같이 쓸 수 있다.

$$C(h, \tau) = \bar{C}(h, \bar{\tau}) + \sum_n C_n(h, \bar{\tau})\cos(n\Omega_a \tau + \delta_n) \tag{7-94}$$

윗식에서 $\bar{\tau}$는 기포거동의 한 주기동안에 서서히 변하는 긴 시간 스케일을 의미한다. 따라서 $\bar{C}(h, \bar{\tau})$는 긴 시간 스케일로 표현되는 질량농도이고 $C_h(h, \bar{\tau})$는 짧은 시간 스케일로 표현되는 질량농도이다.

확산방정식 (7-90)을 한 주기동안 평균을 취하면 다음과 같이 된다.

$$\frac{\partial \bar{C}}{\partial \tau} - D\frac{\partial}{\partial h}\left\langle\left[1 + \frac{3h}{R^3(\tau)}\right]^{4/3}\frac{\partial \bar{C}}{\partial h}\right\rangle = 0 \tag{7-95}$$

정상상태에서 $\overline{C}(h, \bar{\tau})$는 시간에 따라 변하지 않으므로 $C_n(h, \bar{\tau})$항의 계수는 0이 되어야 하므로 식 (7-95)의 해는 다음과 같이 된다.

$$\frac{\partial \overline{C}}{\partial h} \cong \frac{B_o / R_m{}^3}{\left\langle \left[1+\dfrac{3h}{R^3(\tau)}\right]^{4/3} \right\rangle} \tag{7-96}$$

따라서 윗식을 적분하면

$$\overline{C}(h, \bar{\tau}) \cong \frac{B_o(\bar{\tau})}{\left[1+\dfrac{3h}{R_m{}^3(\tau)}\right]^{1/3}} + C_\infty \tag{7-97}$$

짧은 시간 스케일에서 상수인 B_o는 기포벽 주위의 질량농도를 나타내는 해이므로 다음과 같은 해를 얻을 수 있다.

$$\overline{C}(h, \bar{\tau}) = \frac{\overline{C}(0, \bar{\tau}) - C_\infty}{\left[1+\dfrac{3h}{R_m{}^3(\tau)}\right]^{1/3}} + C_\infty \tag{7-98}$$

윗 식에서 $C_\infty \gg \overline{C}(0, \bar{\tau})$이므로 한 사이클 동안 기포 밖으로 나가는 질량, $\Delta M \cong 2\pi D C_\infty R_m T_a$ 정도 됨을 알 수 있다. 식 (7-96)~(7-98)에서 R_m은 기포의 최대반경이다.

7.6.4 압력차에 의한 물질전달(Barodiffusion)

SL 발생시에 기포 내 가스의 조건은 고압, 고온 조건이며 이에 따라 극도로 높은 압력조건에 기인한 물질전달이 발생되며, 이를 barodiffusion이라고 한다. Löfstedt 등[51]에 의하면 압력차에 의한 물질전달량은 다음과 같이 나타낼 수 있다.

$$\left(\frac{dM_P}{dt}\right)_D = 4\pi R_b^2 D_P \left(\frac{\partial C}{\partial r}\right)_{r=R_b} \tag{7-99}$$

$$= 4\pi R_b^2 D \left(\frac{k_P}{P}\frac{\partial P}{\partial r}\right)_{r=R_b}$$

식 (7-99)에서 k_p / P는 barodiffusion 계수를 의미하며 Landau와 Lifshitz[53]에 의하면

다음과 같이 표현된다.

$$\frac{k_P}{P} \approx \frac{C}{\rho_l c_o^2} \tag{7-100}$$

한편, 운동량 경계층은 기포 내 가스의 압력이 주위 액체의 압력보다 현저히 클 경우에 발생될 수 있으며, SL 발생 시점과 같이 기포 내 가스 압력이 주위 액체와 비교하여 매우 큰 경우에는 운동량 경계층이 형성될 수 있다. 따라서 운동량 경계층에서의 압력분포를 선형이라고 가정하면 물질전달량은 다음과 같이 나타낼 수 있다.

$$\left(\frac{dM_P}{dt}\right)_D = 4\pi R_b^2 D \frac{C}{\rho_l c_o^2} \frac{P_{bl} - P_\infty}{\delta_p} \tag{7-101}$$

식 (7-101)에 c_o는 표준상태에서 가스의 음속을 의미하며, 공기의 경우 340 m/s 이다. 한편, 식 (7-101)을 적용하여 압력차에 의한 물질전달량을 계산하기 위해서는 기포벽 주위의 액체에 대한 운동방정식으로부터 운동량 경계층 두께 δ_p를 구해야 한다. 따라서 기포벽 주위의 액체에 대한 운동방정식은 점성력에 의한 영향을 무시하면 다음과 같이 나타낼 수 있다.

$$\rho_l \frac{\partial u_l}{\partial t} + \rho_l u_l \frac{\partial u_l}{\partial r} = -\frac{\partial P_l}{\partial r} \tag{7-102}$$

한편, 기포 벽면에 인접한 액체의 속도분포는 연속방정식으로부터 다음과 같이 유도할 수 있다.

$$u_l = \left(\frac{R_b}{r}\right)^2 \dot{R}_b \tag{7-103}$$

따라서 관계식 (7-103)을 식 (7-102)에 대입하여 적분하면 다음과 같은 기포 벽면과 주위 액체의 압력차에 따른 운동량 경계층의 두께 δ_P에 대한 관계식을 유도할 수 있다.

$$\frac{P_{bl} - P_\infty}{\rho_l \dot{R}_b^2} = -\frac{\alpha}{1+\alpha} \times \left[\frac{3(\alpha + 4/3\alpha^2 + 1/2\alpha^3)}{1 + 3\alpha + 3\alpha^2 + \alpha^3} + \frac{R_b \ddot{R}_b}{\dot{R}_b^2}\right] \tag{7-104}$$

여기서 α는 δ_p / R_b를 의미하며 식 (7-104)로부터 운동량 경계층 δ_p를 구할 수 있다. 따라서 식 (7-101) 및 식 (7-104)로부터 기포의 붕괴점 부근의 높은 압력차에 의한 barodiffusion 구할 수 있다.

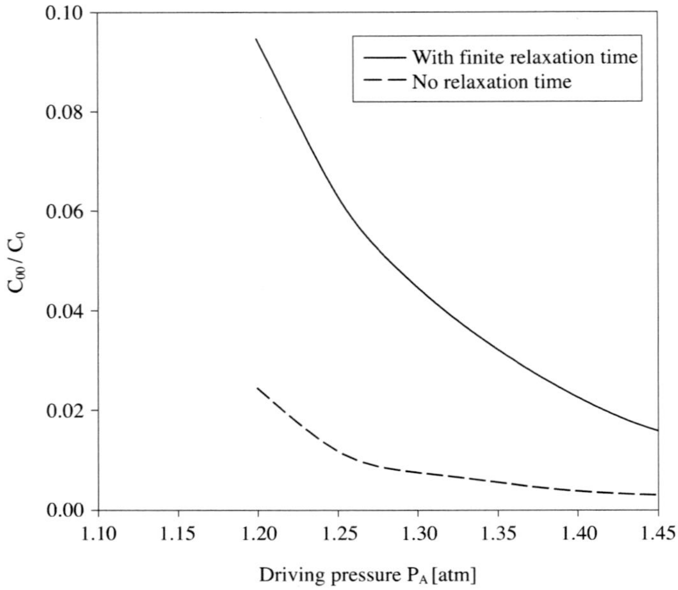

Fig. 17 Diffusive equilibrium condition, c_∞/c_o depending on the ultrasound amplitude P_A for air bubble of $R_o = 4.5\ \mu\text{m}$ at $f = 26.5\ \text{kHz}$ with finite relaxation time and no relaxation time.

Fig. 17은 평형반경 4.5 μm, 가진주파수가 26.5 kHz인 경우에 가진 압력에 따른 물질전달에 관한 평형조건을 계산한 결과이다. 이 그림에서도 알 수 있는 바와 같이 기포거동과 가진 초음파간에 완화시간을 고려하면 SL이 나타나는 전형적인 경우, 즉 가진압력이 1.35 atm인 경우 c_∞/c_o가 0.033 조건에서 물질전달량이 평형상태를 이룬다. 하지만 완화시간을 고려하지 않은 경우에는 이 값이 0.007로 Brenner의 결과 0.002~0.004와 비슷하게 나타남을 알 수 있다. 계산결과에서 알 수 있는 바와 같이 완화시간을 고려하는냐 안하느냐 평형반경 내 최대반경의 비가 크게 달라지므로 SL 기포의 물질평형 조건은 이 비에 따라 결정되어 짐을 알 수 있다. 따라서 위의 결과는 Brenner 등이 사용한 기포거동 모델인 Rayleigh-Plesset 방정식을 완화시간을 고려하지 않고 사용한 데에서 기인된 것이라고 판단된다. 한편 Fig. 18은 농도차이에 의한 물질전달량의 시간에 따른 변화량을, Fig. 19는 barodiffusion의 영향에 의한 물질 전달량의 시간에 따른 변화를 나타낸 것이다.

Fig. 18에서 알 수 있는 바와 같이 barodiffusion을 감안하지 않았을 경우에, 주위액체에 용해된 가스가 기포로 전달되는 질량이 기포의 팽창과 함께 점진적으로 증가하며,

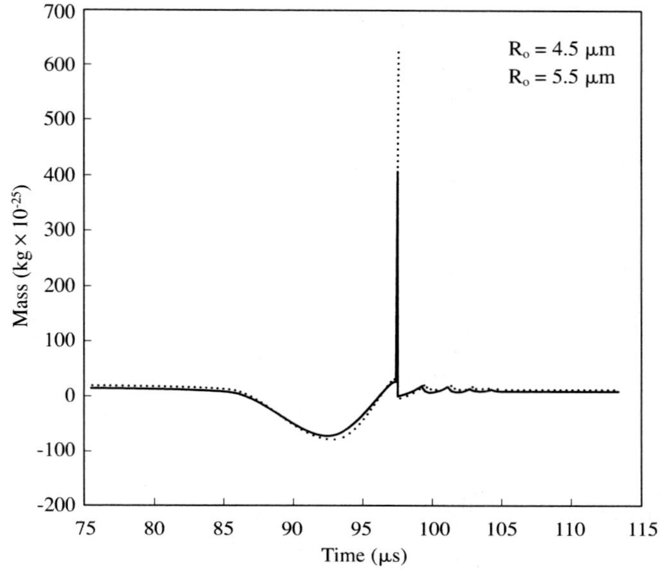

Fig. 18 Mass diffusion due to concentration gradient for air bubble of $R_o = 4.5\ \mu\text{m}$ at $P_A = 1.35$ atm and $f = 26.5$ kHz.

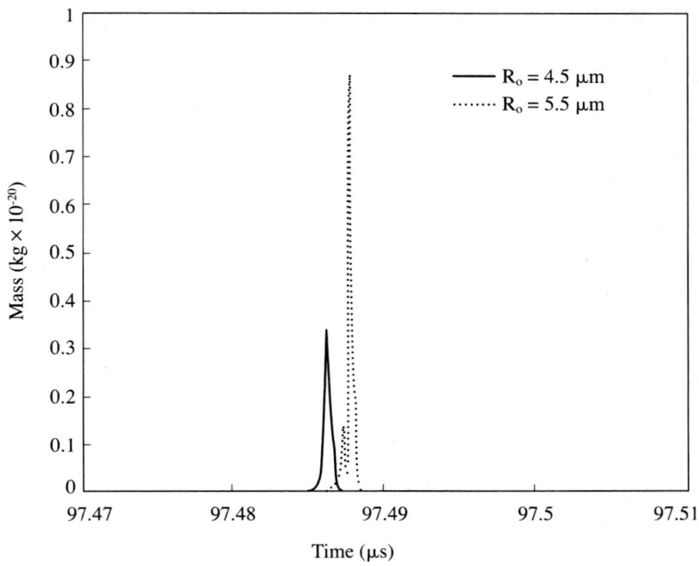

Fig. 19 Mass duffusion due to barodiffusion around collapse for the case shown in Fig. 18.

기포의 붕괴전 400 ps 부근에 도달할 때까지 기포 내부로 가스가 유입됨을 알 수 있다. 한편 기포 최대수축점 400 ps 부근에서는 기포 내 농도가 증가됨으로써 짧은 순간 동안에 기포로부터 질량이 주위액체로 전달되고 있음을 알 수 있다. 기포의 되튐시에는 기포내 가스의 농도가 증가함으로써 기포 내부로부터 질량이 외부로 배출되고 있으나 이 양은 무시할 정도이다. 그러나 기포로부터 배출되는 양이 기포로 유입되는 양에 비하여 긴 시간동안 발생됨에 따라 총유출량이 유입량보다 현저히 많게 됨을 알 수 있다. 하지만 Fig. 19에서 알 수 있는 바와 같이 기포의 최대수축점 400 ps 이전에 기포 내 가스압력은 주위 액체보다 매우 높아지므로 barodiffusion 현상이 발생됨에 따라 기포와 주위 액체의 조건은 결국 평형상태에 도달하게 됨을 알 수 있다. 계산결과, 완화시간을 고려하지 않은 경우에는 기포수축시 기포밖으로 나가는 질량은 위에서 언급한 barodiffusion에 의해 전적으로 일어남이 밝혀졌다.

Table. 3은 여러 가지 SL 실험 조건에서 물질평형 조건을 나타낸 것으로 가진압력이 증가함에 따라서 평형조건에 도달할 수 있는 주위 액체의 농도조건은 가진압력이 1.35 atm인 경우를 제외하면 낮아지는 경향을 나타내고 있음을 알 수 있다.

우리가 간과한 하나의 큰 의문은 기포 수축시 기포 내 가스의 온도가 급격히 올라가 몇만도가 되어 기포벽을 통하여 나가는 열유속이 큰 데도 불구하고 기포벽 주위의 액체가 왜 기화되지 않느냐는 것이다. 이것은 Fig. 20에서 볼 수 있는 바와 같이 기포수축시 기포 내 가스의 온도가 올라가 기포벽 주위의 액체의 온도가 올라감과 동시에 압력도 올라가서 초임계상태가 되어 기포벽 주위의 액체가 기화되지 않는다는 것을 알 수 있다.

| Table 3 | Calculated diffusive equilibrium conditions depending on the amplitude of ultrasound and the equilibrium radius of bubble.

conditions	$P_A = 1.20$ atm			$P_A = 1.30$ atm			$P_A = 1.35$ atm		
$R_o\,(\mu m)$	3.5	4.5	5.5	3.5	4.5	5.5	3.5	4.5	5.5
c_∞ / c_o	0.136	0.095	0.074	0.061	0.046	0.044	0.047	0.033	0.035

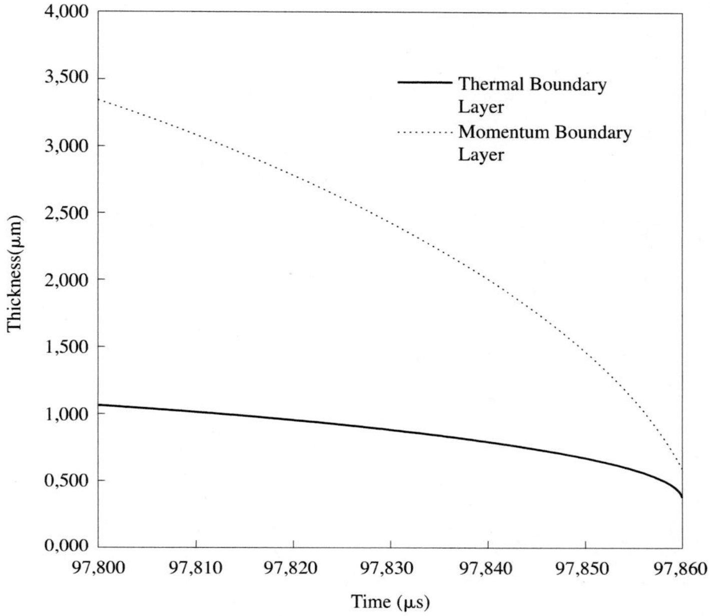

Fig. 20 Calculated thickness of the thermal and momentum boundary layers for an air bubble of $R_o = 4.5\ \mu m$ at $P_A = 1.35$ atm and $f = 26.5$ kHz near the bubble collapse.

7. 7 기포 수축시 기포로부터의 충격파

7.7.1 초음파장에서 거동하는 기포 내 가스 유동의 상사해

이제 3장에서 기술한 해석적 해를 다른 각도에서 조명해 보기로 하자. 기포 내 가스의 거동이 self-similar라고 하면 질량 및 운동량 보존식은 적당한 상사 변수를 적용하면 상미분방정식이 될 수 있다. 그 상사 변수를 다음과 같이 택할 수 있다[54].

$$\xi = \frac{r}{R_b(t)} \tag{7-105}$$

또한 질량 및 운동량 보존식의 해인 압력, 밀도, 및 속도를 상사변수 ξ를 이용해 무차원변수 $\pi(\xi)$, $g(\xi)$, $v(\xi)$로 표현할 수 있다.

$$P_b = \rho_o \dot{R}_b^2 \pi(\xi) \tag{7-106}$$

$$\rho_g = \rho_o g(\xi) \tag{7-107}$$

$$u_g = \dot{R}_b v(\xi) \tag{7-108}$$

식 (7-106), (7-107)과 (7-108)에 주어진 무차원변수와 상사변수 ξ를 이용하면 질량 및 운동량 보존식은 다음과 같이 된다[54].

$$\frac{\dot{\rho}_o}{\rho_o} + \frac{\dot{R}_b}{R_b}\left[\dot{v} + (v-\xi)(\ln g)' + 2\frac{v}{\xi}\right] = 0 \tag{7-109}$$

$$\frac{R_b \ddot{R}_b}{\dot{R}_b^2} v + (v-\xi)v' + \frac{\pi'}{g} = 0 \tag{7-110}$$

윗식에서 변수 t와 ξ가 분리되어야만 질량 및 운동량 보존식은 상미분방정식이 되므로, 이 조건은 다음과 같다.

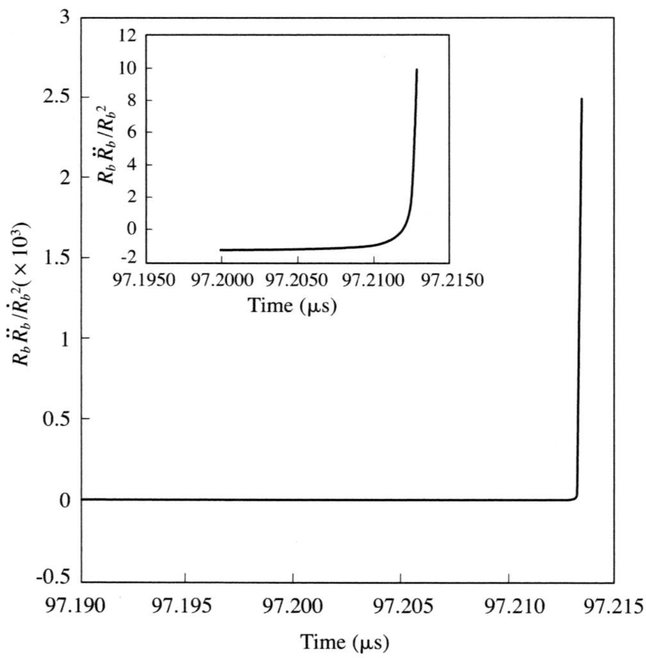

Fig. 21 Time dependence of $R_b\ddot{R}_b/\dot{R}^2_b$ for air bubble of $R_o = 4.5\,\mu\text{m}$ at $P_A = 1.30$ atm and $f = 26.5$ kHz in the water. The quantity which is negative value changes its sign near the bubble collapse.

$$\rho_o R_b^3 = const. \tag{7-111}$$

$$\frac{R_b \ddot{R}_b}{\dot{R}_b^2} = const. \tag{7-112}$$

식 (7-111)에 대한 주어진 조건은 식 (7-65)에 주어진 해석해 중 하나이다. 또 식 (7-112)에 주어진 조건은 잘 알려진 Gurderly의 해이며 다음과 같이 쓸 수 있다. 즉,

$$R_b = A\,t^{\alpha} \tag{7-113}$$

윗식에서 A 와 α 는 상수이다. 하지만 식 (7-113)에 주어진 self-similar 해는 기포벽의 가속도가 크지 않은 경우에는 사용할 수 있지만 Fig. 21에서 볼 수 있는 바와 같이 초음파장에서 진동하는 기포의 경우 기포벽의 가속도가 10^{12} m / s^2 에 달하는 경우, 즉 SL이 나올 경우에는 성립하지 않음을 알 수 있다. 따라서 식 (7-113)을 이용하여 단일기포에 의한 SL 현상을 충격파의 집속에 의한 가열 현상으로 해석할 수 없음을 알 수 있다.

7.7.2 기포벽으로부터의 충격파 발산

10^{11} g 이상의 값을 갖는 기포벽의 가속으로 급격하게 수축되는 기포는 기포의 중심에서 외부로 충격파를 발생시킨다. 이 충격파에 기인한 액체 속에서의 속도와 압력장은 Kirkwood-Bethe 가설[55]을 사용하여 구할 수 있다. 이 가설은 특성 속도, $c+u$ 로 불변량(invariant quantity)이 매체 속으로 전파된다고 가정하였고, 불변량, Y 는 다음 식 (7-114)와 같다(제 6장 8절 참조).

$$Y = r\left(h + \frac{u^2}{2}\right) = R_b\left(H + \frac{U_b^2}{2}\right) \tag{7-114}$$

속도와 압력장을 통과하는 속도와 압력의 특성식은 다음과 같다.

$$\left.\frac{du}{dt}\right)_{char} = \frac{1}{c-u}\left[(c+u)\frac{Y}{r^2} - \frac{2c^2 u}{r}\right] \tag{7-115}$$

$$\left.\frac{dp}{dt}\right)_{char} = \frac{\rho_\infty}{r(c-u)}\left(\frac{p+B'}{p_\infty + B'}\right)^{1/n}\left[2c^2u^2 - \frac{c(c+u)}{r}Y\right] \tag{7-116}$$

식 (7-115), (7-116)을 풀기 위해서는 기포벽의 운동에 의해서 구해지는 R_b, U_b, H들이 초기값으로 필요하다. 액체의 밀도가 압력만의 함수이며, 액체의 압축이 등엔트로피 과정으로 진행된다고 가정하였다. 이러한 조건에서는 Tait[56]의 액체에 대한 상태 방정식이 적절하며 다음과 같다.

$$\frac{p+B'}{p_\infty+B'}=\left(\frac{\rho}{\rho_\infty}\right)^n \tag{7-117}$$

물의 경우, $B' \approx 3{,}000$, $n \approx 7$이다.

어느 한 순간에서의 압력, p를 갖고 있는 액체 속의 국소적인 음속, c는 식 (7-117)로부터 다음과 같이 구할 수 있다.

$$c = c_\infty\left(\frac{p+B'}{p_\infty+B'}\right)^{\frac{n-1}{2n}} \tag{7-118}$$

여기서, c_∞는 외부의 영향이 없는 매체에서의 음속이며 다음과 같다.

$$c_\infty=\left[\frac{n(p_\infty+B')}{p_\infty}\right]^{\frac{1}{2}} \tag{7-119}$$

엔탈피와 압력의 관계는 등엔트로피 압축에 대한 다음 식으로부터 구할 수 있다.

$$h=\int_{p_\infty}^{P}\frac{dp}{\rho_m} \tag{7-120}$$

$$H=\frac{n}{n-1}\,\frac{p_\infty+B'}{\rho_\infty}\left[\left(\frac{P_B+B'}{p_\infty+B'}\right)^{\frac{n-1}{n}}-1\right] \tag{7-121}$$

충격파가 전파된 위치, r은 다음과 같이 나타낼 수 있다.

$$\left(\frac{dr}{dt}\right)_{char}=c+u \tag{7-122}$$

진동수 26.5 kHz, 가진압력 1.30 atm인 정현파 형태의 초음파가 물속에 존재하는 반경 4.5 μm의 기포에 조사될 때, 기포벽의 팽창, 수축거동은 Fig. 13에 나타나 있는 바와 같다. 기포의 반경이 기포의 초기반경의 약 5.1 배까지 팽창한 후, 0.58μm 정도까지 급격하게 수축됨을 보여주고 있다. 이 때 기포가 최소로 수축되기 약 200 ps 전에 빛을 발하는 SL 현상이 나타나며, 이 시간 동안에 온도는 약 18,000 K에서 약 500 K로 급격히 떨어지는 급냉(quenching) 현상이 일어난다.

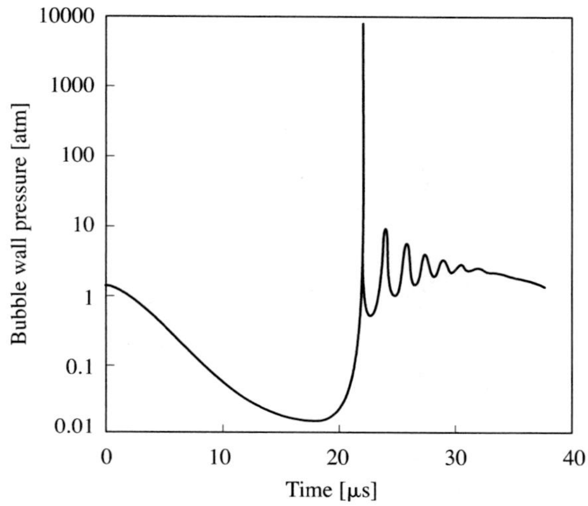

Fig. 22 Theorectical bubble wall pressure–time curve for the air bubble of $R_o = 4.5\ \mu m$ at $P_A = 1.32$ atm and $f = 26.5$ kHz in water.

기포벽면에서의 압력변화를 Fig. 22에 나타내었다. 기포벽면의 압력은 기포 중심에서의 압력이 약 12,000 atm으로 상승함에 따라 약 8,200 atm까지 상승한다. 이후 벽면의 압력은 급격히 떨어지며, 기포 내의 압력 변화와 마찬가지로 진동하면서 1기압 상태로 된다. 이와 같이 기포벽면에서의 압력이 약 8,200 atm에서 1 atm 으로 강하함에 따라 기포벽으로부터 충격파가 발생하여 기포 밖으로 전파된다. Fig. 23은 기포의 중심위치로부터 일정 위치 떨어진 여러 지점에서 계산한 충격파의 시간에 따른 압력의 변화를 나타낸 것이다. 외부로 전해진 충격파는 시간이 지남에 따라 초기에는 급격하게 줄어들어 약 100 ns 동안 벽면에서의 압력의 1/200 정도인 약 40 atm에 이르지만, 이후에는 서서히 줄어들며 약 680 ns의 시간이 지난 후에도 충격파의 압력은 7.7 atm을 유지하고 있다. 또한 이는 기포의 중심으로부터 일정 거리에 떨어진 위치에 압력을 측정할 수 있는 센서를 놓았을 때 충격파의 퍼져나감에 따라 측정할 수 있는 압력 변화라 할 수 있다. 즉 기포벽면과 근접한 10 μm 위치에서 산출된 압력은 최대 630 atm까지 상승한 후 200 ns 이후에는 거의 환경 압력까지 떨어진다. 이는 이미 충격파

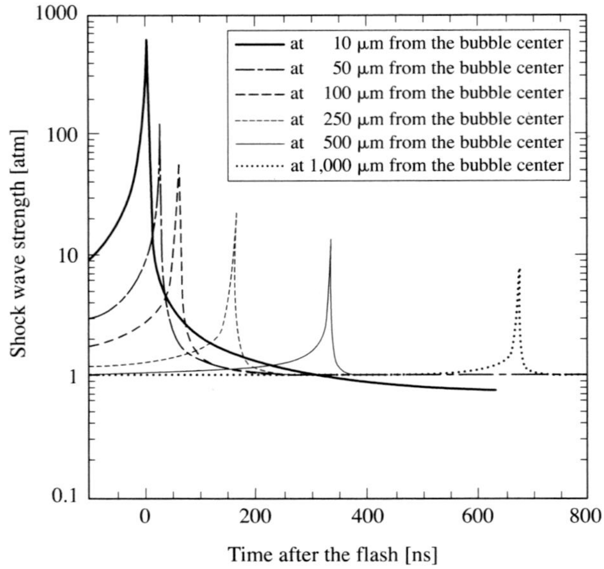

Fig. 23 Spherical shock wave propagation after the flash for the case as shown in Fig.22.

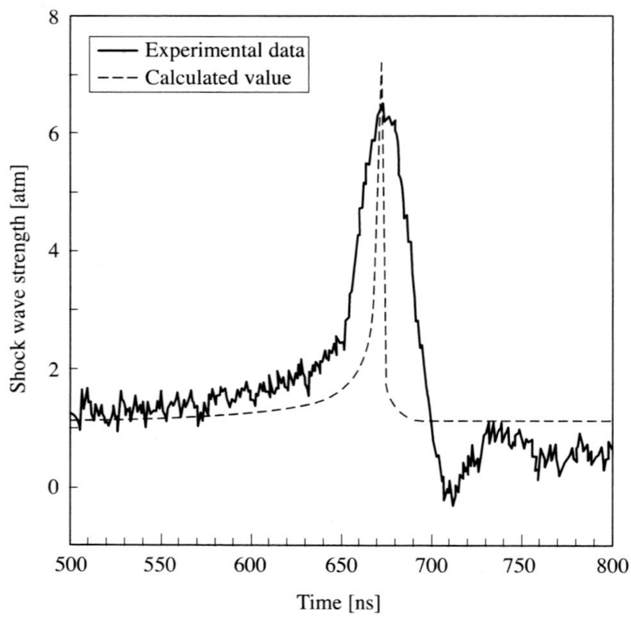

Fig. 24 Comparison between calculation data and experimental value of shock wave strength at 1 mm from the bubble center.

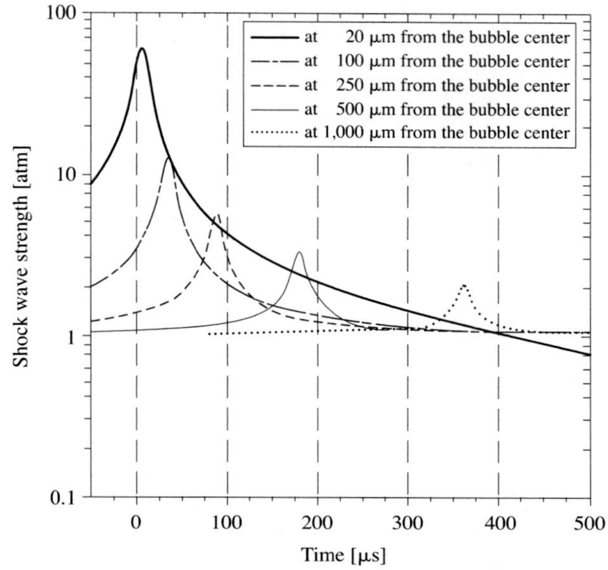

Fig. 25 Pressure wave propagation for the case of $R_o = 8.5$ μm, $P_A = 1.075$ atm, $f = 26.5$ kHz in water.

가 10 μm의 위치를 지나간 후이기 때문이다. 기포의 중심으로부터 1 mm 떨어진 지점에 위치한 압력센서에 나타날 수 있는 압력파에 해당할 수 있는 것이 Fig. 23의 가장 오른쪽의 피크를 나타내는 파이다. 즉 기포로부터 충격파가 나온 후 약 680 ns 후에 압력의 피크가 나타나며 이 압력 피크의 최대값은 절대압력으로 약 7.7 atm이 된다. Fig. 24에 기포의 중심으로부터 1 mm 떨어진 지점에서 압력의 상승 시간을 계산한 값과 실험적으로 얻은 결과를 비교한 것이 나와 있다. 1 mm 떨어진 위치에서의 needle hydrophone으로 측정한 압력의 상승 시간은 약 5 ns 이며 본 계산에서의 압력상승시간도 거의 5 ns로 산출되었다. 압력의 최대값은 Matula 등[57]의 실험에서는 약 3 atm 인데 반하여 본 계산에서는 게이지 압력으로는 약 6.7 atm으로 다소 높게 나왔다.

앞서의 연구에서 SL이 발생한다고 알려진 초기 기포 반경 4.5 μm, 가진 압력 1.32 atm의 경우(SL)와 SL이 발생 안된다고 알려진 초기 기포 반경 8.5 μm, 가진 압력 1.075 atm의 경우(no SL)에 대하여 충격파가 기포 중심으로부터 1 mm 지점까지 퍼져나가는 시간과 그 지점까지의 추이를 각각 Fig. 23과 Fig. 25에 나타내었다. Fig. 25에서 기포의 초기 직경이 8.5 μm 일 때는 약 420 ns 후에 기포의 중심으로부터 1 mm 되는 지점에 충격파가 도달되었음을 의미한다. SL이 발생하지 않을 때는 기포벽면에서의 최대 압력이 1,000 atm 정도이며, 이에 따라 일정 거리 떨어진 위치에 도달하는 압력도 SL이 발생할 때보다 현저하게 작음을 보여주고 있다(7.11.7 참조).

7.7.3 기포 내부에서의 압력파 발생

기포 수축시 기포벽의 가속도 변화가 크기 때문에 기포벽의 급격한 변화에 의해 기포 내부에서도 기포벽으로부터 압력파 내지는 충격파가 발생할 것이 예상된다. 기포 내부로 향하는 파의 특성식은 다음과 같이 주어진다.

$$\left.\frac{du}{dt}\right)_{char} = \frac{1}{-c-u}\left[(-c+u)\frac{Y}{r^2} - \frac{2c^2u}{r}\right] \qquad (7-123)$$

$$\left.\frac{dp}{dt}\right)_{char} = \frac{\rho}{r(-c-u)}\left[2c^2u^2 + \frac{c(-c+u)}{r}Y\right] \qquad (7-124)$$

또한 파의 전파속도는 다음과 같이 된다.

$$\left.\frac{dr}{dt}\right)_{char} = -c+u \qquad (7-125)$$

식 (7-123), (7-124), (7-125)와 (7-117)에 주어진 액체에 대한 상태방정식을 이용하면 기포 내부로 향하는 파에 대한 정보를 얻을 수 있다.

기포 내부로 전파되는 압력파의 크기가 기포의 중심에 다가가면서 변화하는 추이가 Fig. 26에 나타나 있다. 기포 외부로 전파되는 충격파와는 달리 기포가 팽창하거나 줄어들 때에는 기포 내부로 전파되는 압력파가 거의 나타나지 않는다. 기포가 붕괴되기 직전에야 비로소 기포 내부로의 전파가 시작되는데 이는 붕괴되기 직전부터 압력이 급격히 상승되어 붕괴되는 시점 근처에서 최대 압력이 나타나는 것과 관련이 있고, 기포 내부의 압력이 최소 6,000 atm 이상은 되어야 기포 내부로 전파되는 압력파가 나타난다. 실제로 Fig. 26에 나타난 것처럼 기포벽에서 출발하는 압력파의 크기는 약 6,100 atm이다. 또한 기포의 중심으로 갈수록 기포 자체의 내압이 더해져서 기포의 중심으로 압력파가 전파되어 가면서 압력이 점점 더 커지는 경향을 보여준다. 그리고 어느 정도 압력파가 커지면서 기포의 중심으로 전파된 후에 다시 바깥쪽으로 압력파

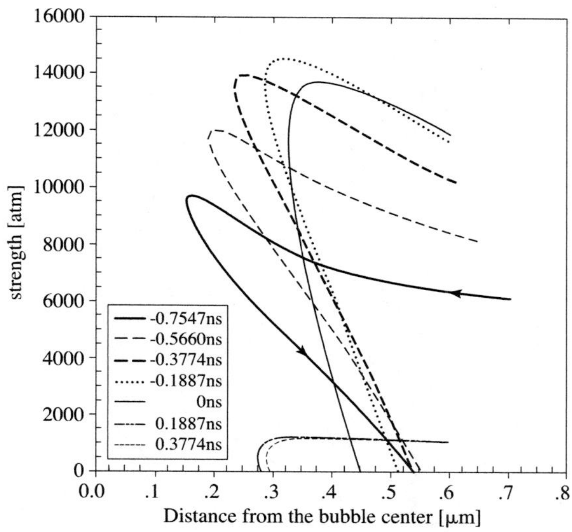

Fig. 26 Time dependent strengths of inwardly moving pressure disturbance and its reflected one around the collapse region.

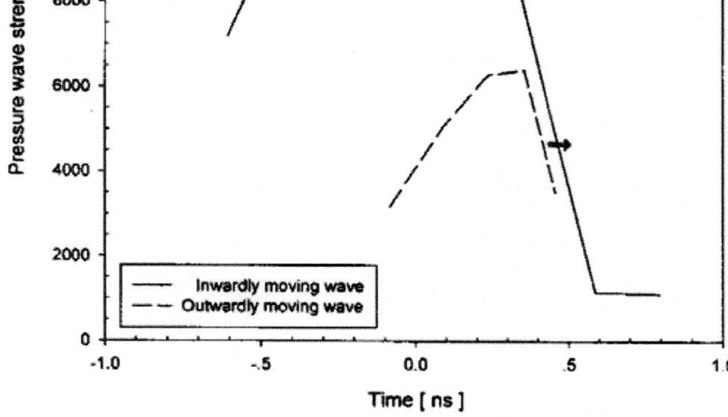

Fig. 27 The profiles of inwardly moving pressure wave and its reflected wave at 0.4 μm from the bubble center.

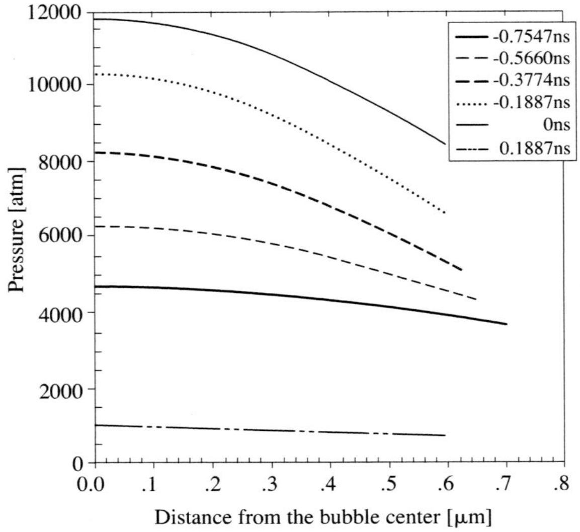

Fig. 28 Pressure distributions inside the bubble depending on time.

가 밀려나는 것을 볼 수 있는데, 이것은 압력파가 중심으로 전파되어가면서 기포의 자체 내압과 더해져서 증가된 기포의 압력에 의하여 팽창되려는 힘에 압력파가 밀려나는 것, 즉 반사된 압력파이다.

Fig. 27은 기포가 붕괴되는 근체에서 최대 압력일 때, 기포벽에서 출발하여 내부로 전파되는 압력파가 기포의 중심으로부터 0.4 μm 떨어진 지점에서 시간에 따라 변화하는 것을 나타내었다. 시간축에 (-)가 있는 것은 최대 압력일 때 기포 벽에서 압력파가 출발한 시점의 시간을 0으로 하였기 때문이다. 음의 시간 영역에서 나타난 압력파 크기는 기포가 붕괴되기 전, 즉 최대 압력이 아닌 시점에서 출발한 압력파의 크기이다. 또한 이 그림에서 실선으로 나타낸 것은 압력파가 기포 내부로 전파되어 들어갈 때 압력파의 변화이며, 점선으로 나타낸 것은 일단 안쪽으로 전파되어간 압력파가 기포 내부의 압력에 의하여 밀려나올 때의 압력파 변화이다. Fig. 28에는 시간에 따라 기포 중심에서 기포벽까지의 압력분포를 보여주고 있다. Fig. 26과 28을 비교 검토하면 알 수 있는 바와 같이 기포 내 가스의 압력구배가 뚜렷하게 나타날수록 중심으로 향하는 압력파가 반사되는 지점은 중심으로부터 더 멀어짐을 알 수 있다. 이들 계산 결과에서도 알 수 있는 바와 같이 기포 내부로 향하는 파는 충격파라기 보다는 압력파임이 밝혀져 충격파의 집속에 의한 SL 현상이 일어난다는 것은 그 가능성이 희박하다.

7. 8 SL 의 발산기구

이제 미해결의 문제 중의 하나인 SL의 기구가 무엇인가라는 문제를 토의해 보기로 하자. 현재 가장 가능성이 있는 기구는 제동복사(bremsstrahlung)와 흑체복사이다. 하지만 흑체복사(blackbody radiation)라고 가정하면 Fig. 15에서 볼 수 있는 바와 같이 SL의 펄스 기간은 ns범위이어야 하는데 이는 실험결과와는 너무 상이한 결과이기 때문에 SL의 기구가 흑체복사가 아님은 분명히 알 수 있다. 사실 흑체복사는 가스가 열적인 평형상태에서 나오는 복사현상이기 때문에 이와 같은 급격한 과도적 현상에 응용하기는 너무나 거리가 있다. 기포 수축시 나오는 빛의 스펙트럼이 연속적이라는 점에서 다른 가능성은 제동복사에서 찾을 수 있다. Fig. 29에는 SL의 스펙트럼을 측정한 데이터와 가스의 온도가 100,000 K 라고 할 때 제동복사에 의한 스펙트럼이 비교되어 나와 있다[58]. 서로 상당히 잘 일치하고 있음을 볼 때 SL가구가 제동복사일 가능성이 상당히 높음을 알 수 있다.

제동복사는 기체의 온도가 고온일 경우 전하를 띤 입자끼리의 충돌에 기인하는 복사현상이다. Ze의 전하를 띤 이온과 전자의 충돌기구가 Fig. 30에 주어져 있다. 이 경우 이온의 질량은 전자의 질량에 비하여 상당히 크므로 충돌시 이온의 가속도는 무시할 수 있으므로 이때 발산하는 power는 다음과 같이 쓸 수 있다.

$$P(t) = \frac{2(e^2/4\pi\epsilon_o)}{3c^3}\left[\ddot{x}(t)\right]^2 \tag{7-126}$$

또 $\ddot{x}(t)$ 는 주어진 시간에서의 전자의 가속도이며 이 가속도는 전자와 이온간의 Coulomb 힘에 의하여 다음과 같이 주어진다.

$$\ddot{x}(t) = -\frac{Ze^2/4\pi\epsilon_o}{m_e[r(t)]^2}\frac{\vec{x}}{r} \tag{7-127}$$

이와 같을 경우 충돌변수 b 는 대체적으로 $b_o = (Ze^2/4\pi\epsilon_o)/m_e v_e^2$ 보다 크기 때문에 전자의 궤도는 거의 일직선으로 진행한다고 볼 수 있으므로 $r(t)$ 는 다음과 같이 쓸 수 있다.

$$r(t) = (b^2 + v_e^2 t^2)^{\frac{1}{2}} \tag{7-128}$$

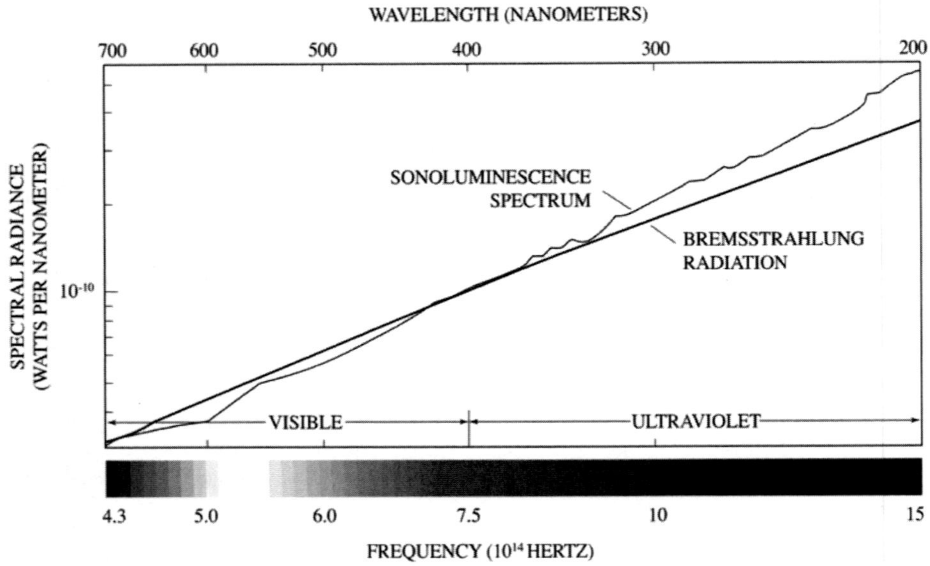

Fig. 29 Spectrum of sonoluminescence depending on frequency.

따라서 어떤 특정한 하나의 전자와 이온간의 충돌시 발산되는 시간당 총에너지는 다음과 같다.

$$W(b, v_e) = \int_{-\infty}^{\infty} P(t) dt \tag{7-129}$$

$$= \frac{2(e^2/4\pi\epsilon_o)}{3c^3}\int_{-\infty}^{\infty} |\ddot{x}|^2 dt \quad = \frac{\pi Z^2 (e^2/4\pi\epsilon_o)^3}{3m_e^2 c^3 v_e b^3}$$

윗식에서 v_e 는 전자의 속도이다. 기체 내의 이온의 밀도수를 n_i , 전자의 밀도수를 n_e 라고 하면 시간당, 체적당 나오는 제동복사에 의한 에너지는 다음과 같이 표기할 수 있다.

$$P^f = 2\pi n_e n_i \int\int\int_{-\infty}^{\infty}\int_{b_{\min}}^{\infty} v_e f_e(|\vec{v_e}|)\, W(b, v_e) b\, db\, d^3 v_e \tag{7-130}$$

Heisenberg의 불확정성원리를 이 경우에 적용하면 충돌변수 b의 최소값은 $h/m_e v_e$ 로 되어 식 (7-130)은 다음과 같이 된다.

$$P^f = \left[\frac{4\pi^3}{3}\left(\frac{8k_B}{\pi m_e}\right)^{\frac{1}{2}} \frac{(e^2/4\pi\epsilon_o)^3}{m_e c^3 h}\right] Z^2 n_e n_i T_e^{\frac{1}{2}} \tag{7-131}$$

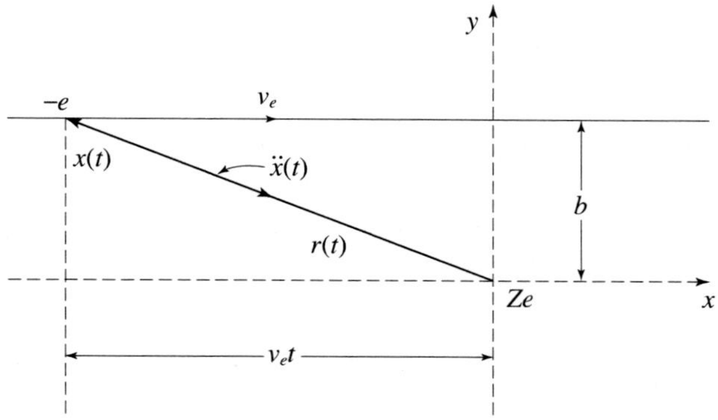

Fig. 30 Straight–line approximation for an electron's trajectory in a collision with an ion.

식 (7-131)을 얻는데 있어서 전자 평균속도는 다음과 같이 Maxwell분포를 가정하여 구하였다.

$$\overline{v_e} = \int\int\int_{-\infty}^{\infty} v_e f_e(|\overrightarrow{v_e}|) d^3\overrightarrow{v_e} \tag{7-132}$$

$$= \left(\frac{8k_B T_e}{\pi m_e}\right)^{\frac{1}{2}}$$

좀 더 정확한 제동복사에 의한 발산계수는 양자역학 관점에서 계산하여야 하며 그 결과는 다음과 같다[59].

$$j_\omega = n_i n_e Z^2 \left(\frac{e^2}{4\pi\epsilon_o}\right)^3 \left(\frac{m_e}{2\pi k_B T_e}\right)^{\frac{1}{2}} \frac{1}{m_e^2\ c^3} \times \frac{4}{3\pi}\left[\frac{\pi}{\sqrt{3}}\overline{G}(T,\ w)\right] \tag{7-133}$$

식 (7-133)에 주어진 $\overline{G}(T,\ \omega)$ 는 Gaunt 인자이며 고주파 영역에서는 다음과 같이 쓸 수 있다.

$$\overline{G}(T,\ \omega) = \sqrt{\frac{3}{\pi}}\, exp\left(-\frac{\hbar\omega}{k_B T_e}\right) \Big/ \sqrt{\hbar\omega / k_B\ T_e} \tag{7-134}$$

식 (7-133)에 상응되는 spectral radiance는 다음과 같다.

$$j_\lambda = \frac{\omega^2}{2\pi c} j_\omega$$
$$= n_i n_e Z^2 \left[\frac{4\pi^3}{3} \left(\frac{8k_B T_e}{\pi m_e} \right)^{\frac{1}{2}} \left(\frac{e^2}{4\pi\epsilon_o} \right)^3 \frac{1}{m_e c^3 h} \right]$$
$$\times \frac{4}{\sqrt{3}\pi} \left[\frac{\pi}{\sqrt{3}} G(T,\lambda) \right] \frac{hc}{k_B T_e \lambda} \cdot \frac{\sqrt{3}}{8\pi^2 \lambda} \qquad (7-135)$$

식 (7-135)에서 볼 수 있는 바와 같이 제동복사에 의한 spectral radiance는 파장에 따라 다음과 같이 변함을 알 수 있다. 즉,

$$j_\lambda \propto \exp(-hc/k_B T_e \lambda) / \sqrt{hc/k_B T_e \lambda} / \lambda^2 \qquad (7-136)$$

식 (7-136)에 주어진 j_λ 는 결국 $\lambda^{2.5}$ 에 반비례함을 알 수 있는데 이것은 실험결과와 잘 일치한다. 또한 식 (7-135)에 주어진 j_λ 가 최대가 되는 파장은 $dj_\lambda / d\lambda = 0$ 에 의하여 구할 수 있으며 그 점은 다음과 같이 주어진다.

$$\lambda_{\max} = \frac{2hc}{3k_B T_e} \qquad (7-137)$$

식 (7-137)에서도 알 수 있는 바와 같이 전자의 온도, 즉 속도가 크면 클수록 j_λ 가 최대가 되는 점은 짧은 파장쪽으로 전이함을 알 수 있는 바, 이는 흑체복사와 같다.

이제 시간당, 체적당 발산되는 제동복사에 의한 에너지는 식 (7-133)을 전 파장에 대해 적분을 취함으로써 구할 수 있는 바, 다음과 같다.

$$P^f = \int j_\omega \, d\lambda$$
$$= n_i n_e Z^2 \left[\frac{4\pi^3}{3} \left(\frac{8k_B T_e}{\pi m_e} \right)^{\frac{1}{2}} \left(\frac{e^2}{4\pi\epsilon_o} \right)^3 \frac{1}{m_e c^3 h} \right] \frac{4}{\sqrt{3}\pi} \overline{G} / 8\pi \qquad (7-138)$$

윗식을 MKS 단위로 다시 쓰면 다음과 같이 된다.

$$P^f = 1.43 \times 10^{-40} n_i n_e Z^2 T_e^{\frac{1}{2}} \overline{G} \, W/sr/8\pi \qquad (7-139)$$

따라서 고전적으로 구한 P^f 와 양자역학적으로 구한 P^f 간에는 단지 Gaunt 인자만 고려하면 됨을 알 수 있으며 식 (7-139)에 주어진 Gaunt 인자 $\overline{G}$ 는 1정도이다.

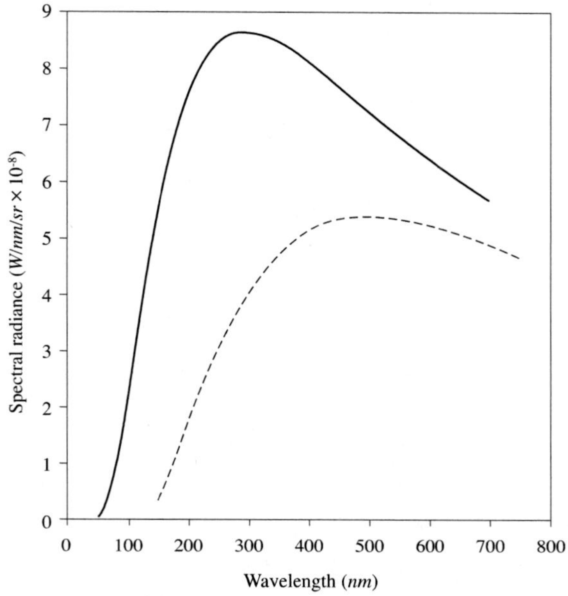

Fig. 31 Spectral radiance from 2% Xe bubble of $R_o = 4.5\ \mu\text{m}$ at $P_A = 1.32$ atm and $f = 26.5$ kHz. Dotted line is for the case of lower electron temperature.

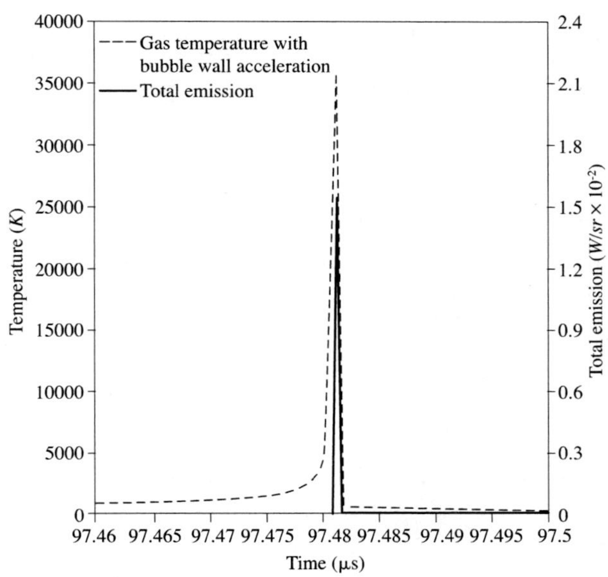

Fig. 32 Total emission and gas temperature inside bubble depending on time for 2% Xe bubble of $R_o = 4.5\ \mu\text{m}$ at $P_A = 1.32$ atm and $f = 26.5$ kHz.

Fig. 31에는 98 %의N_2 와 2 %의 Xe인 가스로 이루어지고 평형상태의 반경이 4.5 μm 인 기포가 가진 주파수가 26.5 kHz , 가진 압력이 1.32 atm 인 초음파장에서 진동할 때에 수축되기 400 ps 전에 발산되는 빛의 spectral radiance를 식 (7-135)에 의해, 파장에 따라 그린 것이다. 수축하기 전 400 ps 점에서 최대 온도는 32,000 K 로 spectral radiance가 최대가 되는 파장은 대략 300 nm 정도가 된다. 이와 같은 계산 결과로 볼 때 2% Xe 의 기포인 경우는 전자의 최대 온도는 32,000 K 가 되며 He 기포인 경우는 그 보다 더 높은 온도가 됨을 알 수 있다. 또한 이 때 나오는 시간당 에너지는 4 mW/sr 가 되며 전자의 온도가 100,000 K 일 경우에는 150 mW/sr 정도가 된다. 하지만 이 값은 실험결과보다는 너무 큰 값이다. 이것은 기포의 최대 온도에서 가스가 평형상태를 이루고 있다고 가정하여 원자가 이온화되는 개수를 계산하였기 때문이라 사료된다. 사실 이와 같이 온도가 급격히 30,000 K 이상으로 올라갔다가 500 K 정도로 급격히 냉각되는 상황을 평형상태로 가정하여 이온화되는 전자수를 계산하는 것은 무리라고 생각된다. 이제 평형상태라고 가정했을 때와 비교해 5 % 만이 Xe 원자가 이온화되었다고 가정하면 이때 나오는 시간당 에너지는 0.25 mW/sr 정도로 실험결과에 잘 일치하며 또한 이 양은 열전도도에 의한 에너지 손실과 거의 같음을 알 수 있다. 다른 가능성은 이 기포의 경우 가진 압력이 1.32 atm보다 작아 수축시 기포 내 가스의 온도가 15,000 K 정도가 될 수도 있다. Fig. 32에는 Fig. 31에 주어진 조건의 경우 식 (7-138)에 의해 구한 시간에 따른 SL의 스펙트럼 강도가 나와 있다. SL 반너비펄스는 대략 300 ps으로서 실험과 잘 일치한다.

최근 Hilgenfeldt 등[60]은 SBSL에 있어서 가장 중요한 발산기구로 열적 제동복사와 재결합 방사(recombination radiation)라고 간주하여 hemispherical spectral radiance가 다음과 같이 파장에 따른 빛의 흡수계수, k_λ에 따른다고 보았다.

$$j_\lambda^{\triangle} = 4\pi R_b^2 e_{b\lambda}\left[1+\frac{\exp(-2k_\lambda R_b)}{k_\lambda R_b}+\frac{\exp(-2k_\lambda R_b)-1}{k_\lambda^2 R_b^2}\right] \tag{7-140}$$

윗식에서 e_λ는 흑체복사에 의한 hemispherical emissive power이며, 다음과 같이 주어진다[61].

$$e_{b\lambda} = \frac{2\pi hc^2}{\lambda^5\,(e^{hc/\lambda k_B T}-1)} \tag{7-141}$$

유도방출(induced emission)에 의한 광흡수가 감소되는 것을[54] 고려하면 식 (7-140)은 투명한 물체에 대해서는 다음과 같이 쓸 수 있다 (단, $k_\lambda R_b \ll 1$).

$$j_\lambda^\triangle \cong \frac{4}{3} k_\lambda R \cdot 4\pi R^2 \frac{2\pi hc^2}{\lambda^5} e^{-hc/\lambda k_B T}$$

$$= n_i n_e Z^2 V_b \left[\frac{4\pi^3}{3} \left(\frac{8k_B T_e}{\pi m_e} \right)^{1/2} \left(\frac{e^2}{4\pi\epsilon_o} \right)^3 \frac{1}{m_e c^3 h} \right] \cdot \frac{4}{\sqrt{3}\pi} \left[\frac{\pi}{\sqrt{3}} e^{-hc/\lambda k_B T} \right] \frac{hc}{k_B T \lambda} \cdot$$

$$\frac{\sqrt{3}}{8\pi^2 \lambda} \cdot 8\pi \times \left[1 + \frac{\sigma_{tr}}{\pi a_o^2} \left(\frac{E}{2I_H} \right)^2 \frac{1}{Z^2} + \sum_{n_q > n_q'} \frac{1}{k_B} \left(\frac{I_H^2 Z^2}{n_q^2} \right) \frac{4}{n_q} \right] \tag{7-142}$$

식 (7-142)의 마지막 괄호 내의 두번째 항은 전자가 분자와 충돌시의 제동복사량과 전자가 이온과 충돌했을 시의 복사량의 비로서 이온화율이 1 % 이상일 경우에는 $\sigma_{tr}/\pi a_o^2$이 1 보다 작기 때문에 이 항은 무시할 수 있다. 또한 세 번째 항은 자유전자가 이온과 결합하여 원자가 되면서 빛을 방출하는 자유속박 방출과 자유전자와 이온과의 충돌에 의한 제동복사의 비로서 전자의 에너지가 크지 않을 경우에는 이 항 또한 1보다 작기 때문에 무시할 수 있다. 따라서 식 (7-142)는 식 (7-135)와 Gaunt 인자를 제외하고는 똑같음을 알 수 있다.

식 (7-135)와 식 (7-142)에 주어진 제동복사의 경우 Rosseland 평균자유행로[54]는 다음과 같이 주어진다.

$$l_R = \frac{1}{k_\nu} \tag{7-143}$$

$$= \left[\frac{4}{3} \pi^3 \left(\frac{8k_B T_e}{\pi m_e} \right)^{1/2} \frac{\lambda^3}{h m_e c^4} \left(\frac{e^2}{4\pi\epsilon_o} \right)^3 \right]^{-1} \times \frac{2\sqrt{3}\pi^2 k_B T_e}{n_i n_e Z^2}$$

기포 수축시 l_R은 기포 반경에 비해 상당히 작기 때문에 SBSL의 발산기구는 이온과 전자의 충돌에 의한 제동복사임을 확인할 수 있다.

가스의 온도가 충분히 높지 않아 충분히 이온화되지 않은 매체에서 이온-원자 산란에 의한 평균 흡수 계수는 다음과 같이 쓸 수 있다[54].

$$\kappa_\lambda = \left(\frac{e^2}{4\pi\varepsilon_0} \right) \frac{n_e \nu_{\text{eff}} \lambda^2}{\pi m_e c^3} = \frac{1}{l_A} \tag{7-144}$$

전자 온도가 약 20,000 K 정도일 때 이온화 정도가 0.01보다 작아 전자-이온 충돌에 의한 산란보다는 이온-원자 충돌에 의해 빛이 발생하므로 식 (7-140)은 다음과 같이 쓸 수 있다.

$$j_\lambda = n_e n_a V_b \left[\left(\frac{e^2}{4\pi\varepsilon_0} \right) \left(\frac{8k_B T_e}{\pi m_e} \right)^{1/2} \frac{h\sigma_{tr}}{\pi m_e c} \right] \frac{1}{\lambda^3} \bigg/ \left[\exp\left(\frac{hc}{\lambda k_B T} \right) - 1 \right] \qquad (7-145)$$

| Table 4 | Possible emission type from a single bubble sonoluminescence in liquids.

Emission type	Bubble radius (R_b) compared to the wavelength of visible light(λ)	Medium temperature [K]	SL flash width	Fluid medium
Bremsstrahlung due to electron-ion collisions	$R_b \le \lambda$	$T_b > 20000$	ps	water, water-glycerin mixture, alcohols, aqueous sulfuric solutions
Bremsstrahlung due to electron-atom collision	$R_b \le \lambda$	$T_b < 15000$	ps	water, water-glycerin mixture, alcohols, aqueous sulfuric solutions
Blackbody emission with finite absorption	$R_b > \lambda$	$T_b < 10000$	ns	aqueous sulfuric acid solutions

식 (7-145)는 전자-원자 충돌에 의한 제동복사를 계산하는데 사용할 수 있으며 복사휘도는 흑체복사와 유사한 것을 알 수 있다. 따라서 음파발광이 가능한 복사 기구는 Table 4에서 볼 수 있는 바와 같이 기포 수축점에서의 기포반경 및 기포의 온도에 따라서 여러가지 경우가 있을 수 있다. 식 (7-145)를 파장 전체에 대해서 적분을 취하면 전파장에 대한 복사 강도를 다음과 같이 얻을 수 있다.

$$j = n_a n_e V_B \left[\frac{\pi^2}{6} \left(\frac{e^2}{4\pi\varepsilon_0} \right) \left(\frac{8k_B T_e}{\pi m_e} \right)^{1/2} \frac{h\sigma_{tr}}{\pi m_e c} \right] \left(\frac{k_B T_e}{hc} \right)^2 \qquad (7-146)$$

7. 9 황산용액에서의 음파발광 현상

초음파장에서 거동하는 기포의 수축과 팽창운동에 의하여 가스 기포와 액체 사이에는 물질 전달 현상이 일어나게 되는데 증기압이 높은 유체의 경우 기포가 팽창 시 기포 안으로 증발된 후 기포 수축 시 고온의 기포 내부 환경에 의하여 증기분자는 열분해와 같은 화학반응으로 열손실이 발생될 수 있다. 따라서 증기압이 낮고 분자 구조가 단수한 물질은 기포 내 증기의 양을 줄일 수 있고 화학반응에 의한 열적 손실을 줄일 수 있는 가능성이 있다. 황산은 상대적으로 분자구조가 간단하며 증기압은 물의 1% 정도로 매우 낮다. 또한 황산의 음속은 물과 거의 비슷하기 때문에 음파발광 현상을 실험하기에 최적의 조건을 가지고 있는 용액이라고 할 수 있다. 최근에 황산 수용액에서 음파발광에 대한 실험 결과, 물보다 매우 밝은 빛이 발생한다는 것이 보고되었다[62, 63].

게다가 황산 용액에서 거동하는 기포는 용해된 가스의 농도를 조절하여 기포의 평형반경을 조절할 수 있으며 가진압의 변화에 따라 기포의 거동이 변화하는 여러가지 상태가 존재한다는 것이 관찰되었다[64, 65]. 4 Torr 정도의 낮은 가스 농도에서 단일 기포의 음파발광 실험결과, 평형반경에 대한 최대반경 비인 팽창비가 약 7~8 배 정도로 물에서와 비슷한 결과를 얻었고, 발생된 빛의 스펙트럼 및 반치폭도 물에서와 거의 같다는 것이 관찰되었다. 하지만 황산용액 속의 가스 농도가 증가하면 팽창비는 약 3.5 정도로 줄지만 기포의 평형반경은 커지며 이때 발생된 빛의 강도도 증가한다고 보고되었다[64, 66]. 또한 용해된 가스 농도가 높을 경우, 초음파의 가진압력에 따라서 각각 빛은 발생되지 않지만 안정적으로 수축과 팽창의 진동 운동을 하는 기포(stable no-SL bubble), 빛은 발생하지만 실험용기 중앙에서 떠는 기포(jittering bubble), 안정적으로 빛을 발생하는 기포(stable SBSL), 그리고 안정적인 위치에 있는 것이 아니라 움직이면서 빛을 발생하는 기포(Moving SBSL) 등 여러가지 상태를 관찰하여 보고하였다[62, 64, 65, 66]. 본 절 에서는 6장에서 기술된 기포벽에서의 열전달이 고려된 Navier-Stokes 방정식의 해석해와 KM식을 사용한 KMNS[29, 48]를 이용하여 황산용액에서의 기포 거동을 계산하였다[67].

| Table 5 | The properties of 85 % aqueous sulfuric acid solutions.

Density [kg/m3]	1,800	Sound Speed [m/s]	1,470
Thermal conductivity [W/mK]	0.400	Heat capacity [J/kg K]	1,817
Dynamic viscosity [Ns/m2]	0.025	Surface tension [N/m]	0.055

Figure 33a은 85%의 황산 수용액에서 가진주파수 $f_d = 37.8$ kHz, $P_A = 1.5$ atm의 초음파장에서 가진된 평형반경 15 μm의 xenon 기포에 대한 실험[64] 및 계산 결과[67]이며 계산에 사용된 85 % 황산 수용액의 물성치는 Table 5에 주어져 있다. 실험 결과에서 볼 수 있듯이 초음파 주기에 따라 기포는 동일한 기포 운동 패턴이 반복되는 것이 아니라 2 개의 서로 다른 상태가 존재하는데, 최대로 기포가 팽창을 했을 때 46 μm 또는 51 μm까지 팽창하며, 이때 기포반경이 46 μm까지 팽창할 경우 기포로부터 빛이 발생하지 않지만 더 크게 팽창한 51 μm의 경우에는 빛이 발생한다.
공기의 열전도도를 사용하여 계산한 결과, 처음 주기에서 기포는 46.1 μm까지 팽창하다가 5 μm까지 급격히 수축하며 다음 번 주기에서는 최대 50.3 μm까지 팽창하다가 4.6 μm까지 추축하는 2 개의 서로 다른 기포 운동 패턴이 반복적으로 이루어지는 것으로 계산되었는데 이것은 실험결과와 매우 잘 일치한다. 한편 공기의 열전도보다 작은 값을 가지는 xenon의 열전도도를 사용하여 계산할 경우 Fig. 33 a에서 볼 수 있듯이 SL이 발생하지 않는 첫번째 주기의 경우 공기의 열전도도를 사용한 경우와 거의 비슷한 결과를 얻었다. 하지만 SL을 발생하는 2 번째 주기의 경우, 최고 수축점에서 1 차 되튐 현상이 크게 일어나며, 그 후 수축이 거의 없는 1 번의 되튐 현상이 발생된다. 즉 기포가 수축 전까지는 공기나 xenon의 열전도도를 사용한 결과들이 거의 차이가 없지만 기포가 최소로 수축한 후 기포의 되튐 운동에서 상대적으로 큰 차이를 보였다. 이것은 계산에 사용한 열전도도의 유효 온도 범위는 3,000K 정도로 기포 수축 시 기포 내 온도는 6,000K 이상 증가하게 되어 계산에 사용한 열전도도의 유효범위를 벗어남에 기인한 실험 결과와의 차이로 보여진다. 하지만 Fig. 33 b에서 확인할 수 있는 바와 같이 $PV^{1.3} = const.$를 만족하는 폴리트로픽(polytropic) 관계식을 적용하여 계산하면 최대 기포반경이 51 μm까지 팽창하는 동일한 기포 운동 패턴이 연속적으로 반복되어 실험에서 관찰된 2 개의 서로 다른 기포 운동 패턴을 얻을 수 없었다. 또한 수축 시 기포벽의 속도는 Fig. 35에서 볼 수 있듯이 -600 m/s로 실험치와

큰 차이를 보이며, 가속도 또한 $10^{12}\ m/s^2$ 정도로 열경계층에서 열전달을 고려했을 때보다 100 배 정도 큰 값을 얻었다.

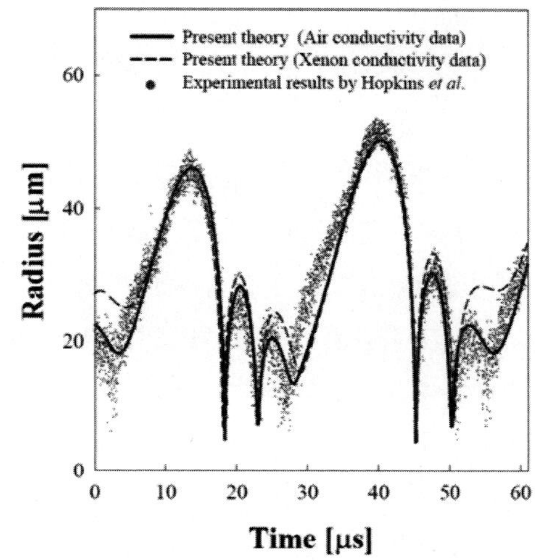

Fig. 33 a. Theoretical radius–time curve along with observed one by Hopkins *et al.*[64] for xenon bubble of R_0=15.0 μm at P_A=1.50 atm and f_d=37.8 kHz in sulfuric acid solutions.

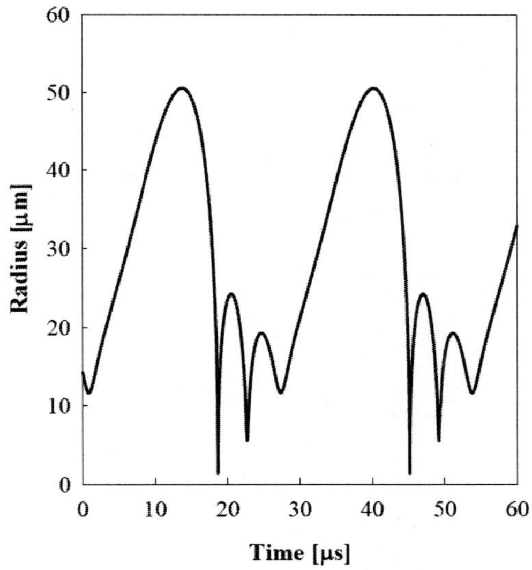

Fig. 33 b. Calculated radius–time curve obtained by using polytropic relation with polytropic index, n=1.3.

Figure 34는 KMNS 방법을 이용하여 계산된 기포 수축점 부분의 기포벽 속도와 가속도이다. 빛이 발생하는 경우 기포벽 속도는 최소 -115 m/s, 최대 89 m/s이며 빛이 발생되지 않은 경우에는 최소 -88 m/s그리고 최대 70 m/s로 계산되어, 실험에서 측정한 최소 속도(-80 m/s와 -60 m/s)[64]와 매우 잘 일치한다. 이때 수축점에서 기포벽의 가속도는 각각 1.2×10^{10} m/s^2와 7×10^9 m/s^2로 물에서 음파발광하는 기포의 경우보다 훨씬 작은 값을 얻었다.

SL을 발생하는 기포가 최대로 수축하는 부분에서 시간에 따른 기포 중심온도 및 기포의 평균온도를 사용하여 계산된 전체 흑체복사 강도를 Fig. 36에 나타내었다. 이때 기포 중심에서 최대 8,100 K까지 온도가 증가하며 전체 흑체복사 강도로부터 계산된 반너비폭은 21 ns으로 실험치 10 ns[64]보다 다소 큰 값을 얻었다.

Figure 37은 기포 수축점에서 기포 내 온도 및 압력분포로, 기포 내부 압력은 1,030 atm에서 980 atm으로 거의 일정한 압력분포를 가지는 것으로 계산되었다. 일반적으로 물 용액에서 음파발광을 하는 기포의 경우 기포벽 가속도는 약 10^{12} m/s^2이상 증가하며 급격한 가속도 변화로 인하여 기포 중심과 기포벽 사이에는 압력분포가 발생하고, 이로 인해 기포 내부의 온도는 급격히 상승하게 된다[48]. 하지만 황산의 경우 최대 1.2×10^{10} m/s^2까지 기포벽의 가속도가 증가하는데, 이것은 순수한 물 용액에서의 SL을 발생하는 기포의 가속도보다 무려 100배 정도 작은 값이다. 따라서 기포벽 가속도에 의한 압력분포가 거의 일어나지 않는다.

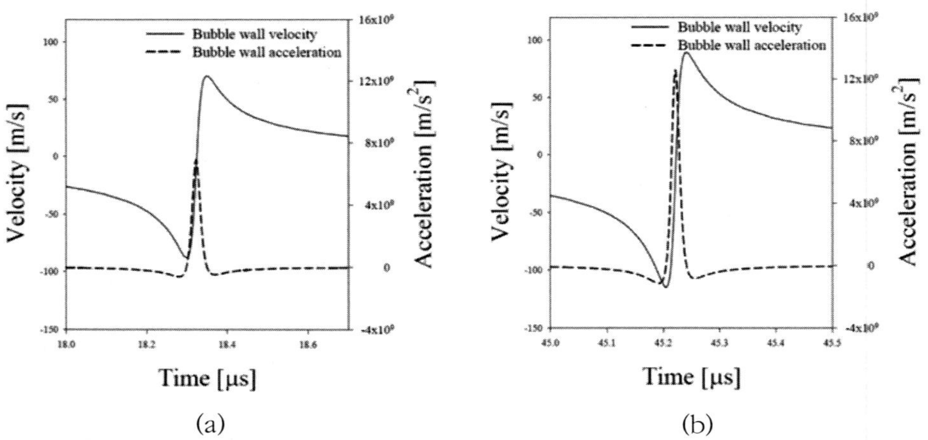

Fig. 34 Calculated bubble wall velocity (line) and acceleration (dash) near the collapse point for the bubble shown in Fig. 33 a. (a) is non-SL and (b) is SL.

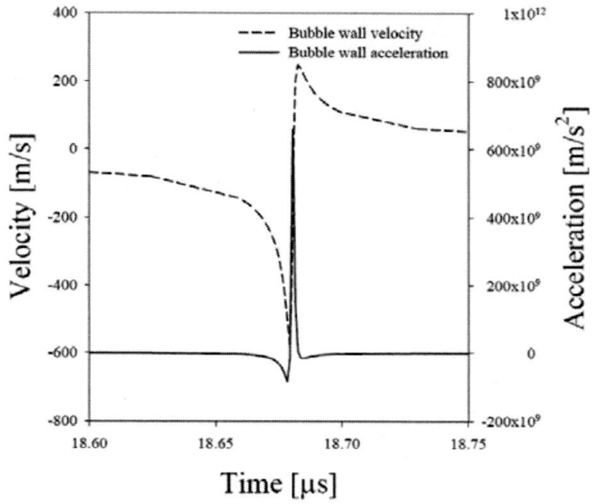

Fig. 35 Calculated bubble wall velocity and acceleration near the collapse point with polytropic relation.

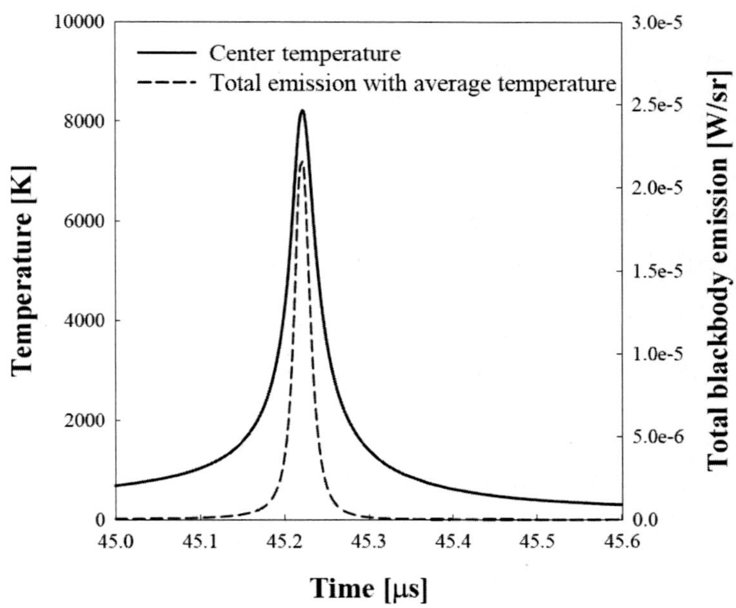

Fig. 36 Time dependent gas temperature at the bubble center and the corresponding total blackbody emission with the average temperature for the gas inside the bubble shown in Fig. 33 a.

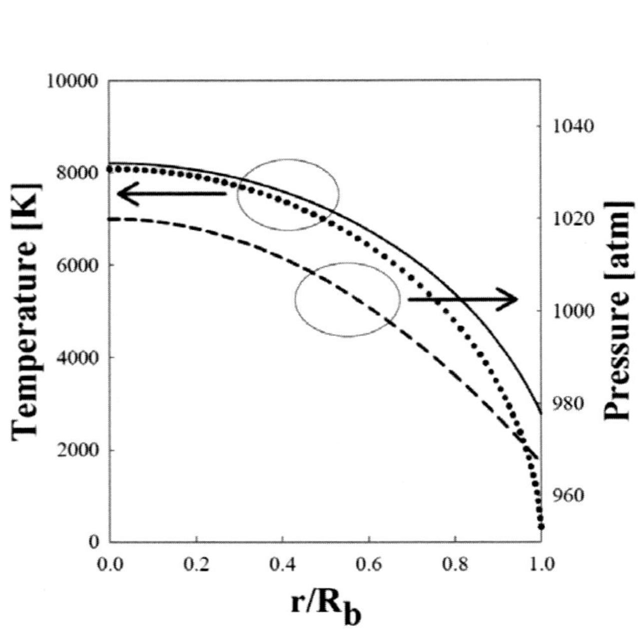

Fig. 37 Temperature and pressure distribution at the collapse point shown in Fig. 33 a. The dotted curve indicates the case with the temperature distribution given in Eq. (7-147).

압력분포와는 다르게 기포 중심과 기포벽에서의 온도는 각각 8,200 K에서 2,800 K로 약 5,000 K 이상의 온도차가 발생한다. 이러한 기포 내 온도분포는 액체와 열전달이 완벽하게 일어나는 조건 즉 기포벽의 온도가 환경온도로 고정되었을 때 얻어진 결과와 유사한데, 이것은 기포 수축 시 액체의 열경계층을 통하여 액체로 열전달이 효과적으로 이루어진다는 것을 의미한다. 기포벽 온도가 환경온도로 고정시켰을 때[25] 기포내 가스의 온도 분포는 식 (7-56), (7-57)과 (7-58)을 풀으면 다음과 같이 된다.

$$T_b(r) = \frac{B}{A}\left[-1+\sqrt{\left(\frac{A}{B}T_{bo}+1\right)^2-\left[\left(\frac{A}{B}T_{bo}+1\right)^2-\left(\frac{A}{B}T_{\infty}+1\right)^2\right]\left(\frac{r}{R_b}\right)^2}\,\right] \quad (7-147)$$

식 (7-147)을 사용한 기포의 거동은 Fig. 38에서 볼 수 있듯이 기포가 최소로 수축 후 되튐 운동에서 약간의 차이만 있을 뿐 액체의 열경계층에서 열전달을 고려한 경우와 마찬가지로 2 개의 서로 다른 기포 운동 패턴이 반복적으로 이루어진다. 이것은 기포 내부는 항상 열적 평형 상태라는 폴리트로픽 관계식으로부터 계산된 결과와 비교해 보면, 기포와 액체와의 열전달 뿐만 아니라 기포 내부에서의 열전달도 매우 중요하다는 것을 의미한다. 하지만 기포가 수축 시 기포 주위 액체 경계층에 2,000 K 정도의 고온과 1,000 기압의 환경이 형성되는데[8] 기포벽의 온도가 액체의 환경온도라 한다면 이러한 고온-고압의 액체 층을 설명할 수 없다.

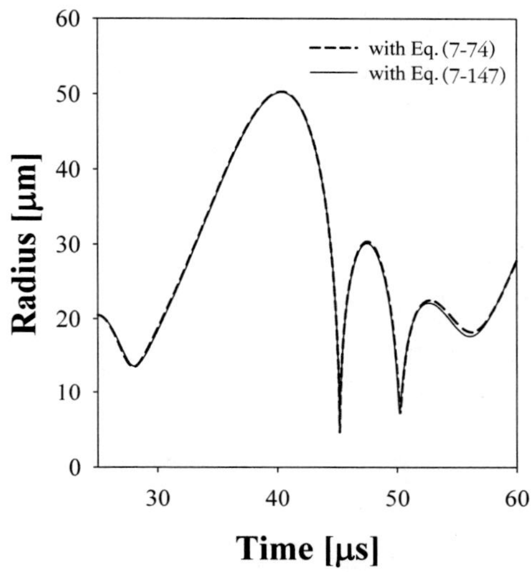

Fig. 38 Calculated radius–time curves with different temperature distributions for the bubble shown in Fig. 33 a.

가진주파수 $f_d = 28.5$ KHz, $P_A = 1.4$ atm의 초음파장에서 가진된 평형반경이 13.0 μm 의 argon 기포의 시간에 대한 압력 변화를 Fig. 39에 나타내었다. KMNS 방법의 경우 기포 수축점에서 1,020 atm까지 압력이 상승하였는데, 플라즈마 진단법으로부터 얻어진 수축 시 기포 내 압력이 약 1,500 atm 정도라는 실험 결과[66]와 매우 잘 일치한다. 반면 폴리트로픽 관계식을 이용 하여 기포 압력을 계산하면, 기포 수축점에서 10,000 atm 이상으로 매우 높게 상승하지만 반대로 기포가 최대로 팽창할 때는 0.01 atm까지 압력이 떨어진다. 폴리트로픽 관계식의 경우 Table 5에서 볼 수 있듯이 기포 수축 시 기포 온도는 너무 낮게, 반대로 압력의 경우에는 너무 높게 계산된다. 또한 황산용액에서 거동하는 기포에서 관찰된 기포 운동 패턴도 예측할 수 없었다. 반면 가스 기포와 액체와의 열전달을 고려한 KMNS 방법의 경우, 기포 거동은 물론 기포벽 속도, 기포 수축점에서의 온도와 압력을 정확히 예측하였다.

다음은 기포 내부 및 기포벽을 통한 열전달이 어떻게 이루어지는 살펴보기 위하여 기포가 최대로 팽창할 때와 수축 시 기포의 온도분포를 Fig. 39에 나타내었다. Figure 39.a는 기포가 최대로 팽창하는 지점에서의 온도분포로 기포가 최대로 팽창하기 전에는 기포 중심에서의 온도가 기포벽의 온도보다 약간 낮게 된다. 따라서 기포는 기포벽을 통하여 액체로부터 열을 공급받게 되며, 공급받은 열은 다시 기포 중심으로 열전달이 발생하게 된다. 이후 기포가 최대로 팽창하게 되면 액체로부터 공급받은 에너지에 의해서 기포 내 온도분포는 거의 일정하게 유지된다. 이후 기포의 급격한 수축과 더불어 기포의 온도가 상승하게 되는데, 이때 높아진 기포 내부의 온도로 인하여 기포벽을 통하여 액체로 열이 전달하게 되어 기포벽의 온도는 중심온도보다 낮아지게 된다. 이후 Fig. 39 b에서 볼 수 있듯이 기포의 수축점에 도달할수록 기포의 온도는 물론 기포벽에서 액체로의 열전달도 함께 증가하여, 기포 중심과 기포벽에서의 온도차가 점점 커지게 되어 기포의 수축점(42.2495 μs)에서 최대가 된다.

| Table 6 | Comparison between theoretical results and observed ones [66] for an argon bubble of R_0=1.3 μm at P_A=1.4 atm and f_d=28.5 kHz insulfuric acid solutions.

hysical parameters	Argon conductivity	Air conductivity	Polytropic relation	Observed results
Maximum/Minimum bubble wall velocity[m/s]	90/−120	100/−130	232/−461	60/−120
Maximum/Minimum bubble radius[μ]	49.3/4.2	49.6/3.8	47.0/1.2	49/3.1
Peak temperature[K] (center/bubble wall)	9,300/3,000	9,000/4,300	2,460	10,000
Average Temperature at the collapse[K]	6,800	7,100	–	–
Peak pressure[atm]	1,020	1,300	9,870	1,100

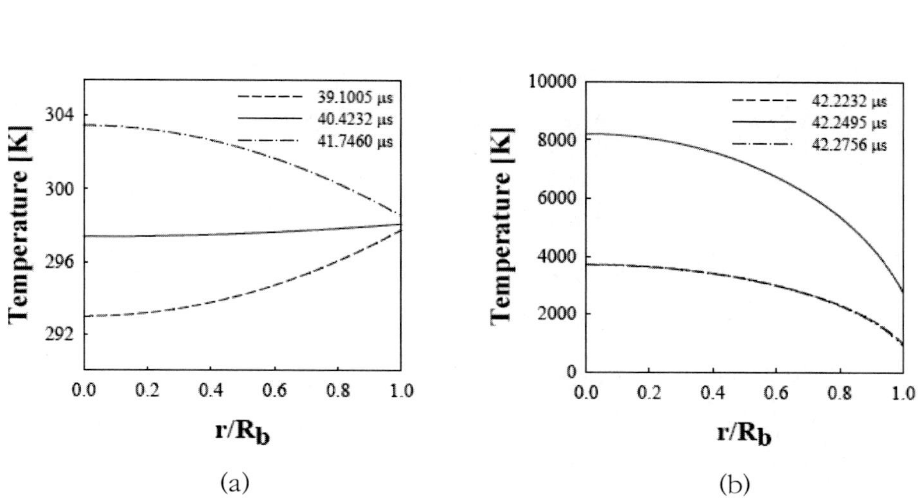

Fig. 39 Temperature distribution (a) near the maximum expansion point and (b) near the collapse point for the bubble shown in Fig. 33 a.

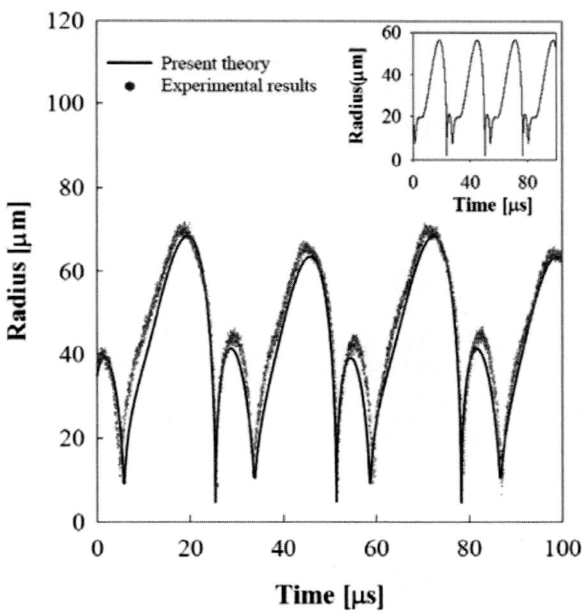

Fig. 40 Theoretical radius–time curve along with observed one by Hopkins *et al.*[2005] for xenon bubble of R_0=17.0 μm at P_A=1.60 atm and f_d=37.8 kHz insulfuric acid solutions. The insert shows the bubble radius–time curve with polytropic relationship.

Figure 40은 황산용액에서 xenon 기포의 평형반경과 가진압력이 17.0 μm와 1.60 atm 일 때 얻어진 실험 및 계산 결과로 Figure 33의 경우와 마찬가지로 기포는 2 개의 서로 다른 기포 운동 패턴이 반복된다. 이때 최소 수축 후 2 번의 되튐 운동이 1 번으로 줄어든 것을 알 수 있으며 크기 및 진폭이 실험 결과와 매우 잘 일치한다. 한편 Fig. 40에 삽입된 그림은 $n = 1.3$인 폴리트로픽 관계식을 사용하여 얻어진 시간에 따른 기포반경으로 1 개의 안정적인 기포 거동이 연속적으로 반복되며, 최소 반경으로 수축 후 1 번의 되튐 운동이 아닌 2 번의 되튐 운동을 하는 것으로 계산되었다. 또한 첫번째 되튐 운동의 경우 약 8 μs의 진폭을 가지고 45 μm까지 팽창하는 것으로 측정되었지만 폴리트로픽 관계식을 사용할 경우 진폭이 4 μs으로 측정치보다 매우 짧고, 21 μm밖에 팽창하지 못하였다.

기포가 최대로 수축 시 기포로부터 발생하는 빛에 대한 에너지 스펙트럼은 기포의 평균온도 6,000 K로 식 (7-145)를 사용하여 계산하였는데 Fig. 41에서 볼 수 있듯이 실험에서 얻어진 결과와 잘 일치한다.

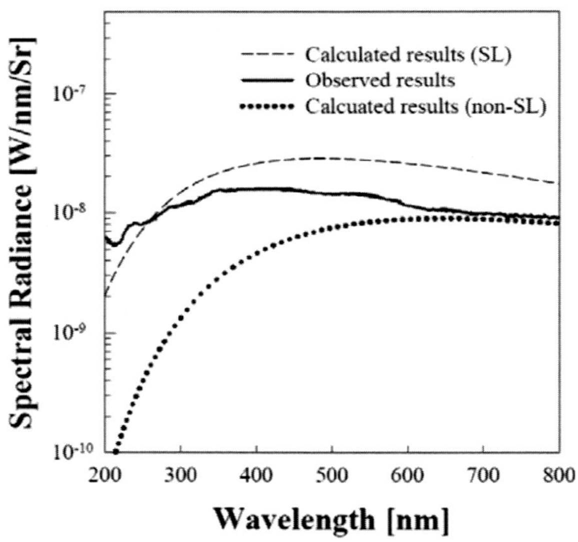

Fig. 41 Spectral radiance due to blackbody emission at the collapse point for the bubble shown in Fig. 33 a.

7. 10 SL현상의 분자동력학 시뮬레이션

분자동력학 시뮬레이션은 각각의 분자 사이에 작용하는 퍼텐셜 에너지(potential energy)를 계산하는 분자단위의 시뮬레이션 방법으로 1950년대 분자 사이에 작용하는 힘은 단순히 분자와 분자의 충돌에 의하여 운동량과 에너지를 상호 전달한다는 강구체(hard-sphere) 모델에 대하여 처음 적용되었다[68]. 1960년대 들어 강구체에서 다루지 못한 분자 상호 간에 작용하는 인력과 척력이 고려된 연구체(soft-sphere) 모델을 이용하여 Rahman [69]은 불활성 기체인 argon에 대하여 분자동력학 시뮬레이션을 수행하였고 이후 컴퓨터의 발전으로 물리, 화학 및 생명공학 분야 등에서 광범위하게 응용되기 시작하였다[70, 71]. 하지만 분자동력학 시뮬레이션은 각각의 분자에 대하여 계산을 해야 하기 때문에 시뮬레이션의 규모가 커지면 계산 시간과 계산 메모리의 제약을 받는다. 예를 들어 초음파장에서 거동하는 일반적인 기포의 평형반경은 수 마이크로미터 크기로 약 100 억 개 이상의 분자들을 포함하고 있는데, 개별 분자 각각의 위치와 속도를 정의하는데 필요한 메모리량만 약 500 G-Byte 정도로 일반 컴퓨터를 사용하여 계산하는 것은 불가능하다. 하지만 수 MHz의 가진주파수에서는 평형반경이 마이크로 이하 크기를 가진다는 것이 관찰된[72] 이후 상대적으로 작은 수의 분자를 포함하는 마이크로 이하의 기포에서 일어 나는 음파발광 현상을 분자동력학을 이용하여 연구하기 시작하였다[73, 74]. 음파발광 현상을 분자동력학 시뮬레이션 방법으로 연구하는 중요한 이유중의 하나는 음파발광 현상이 일어나는 조건, 즉 고온 고압에서 기포 내 가스의 비열이나 열전도 등의 상태량의 값을 산출하는 적당한 방법이 없기 때문에 이를 사용하지 않아도 기포의 거동을 예측할 수 있기 때문이다.

초음파에 의해 진동하는 기포의 경우 기포를 둘러싼 액체와 상호작용을 하기 때문에 기포 주위의 액체 분자와 기포를 구성하는 기체 분자에 대하여 분자동력학 시뮬레이션을 수행해야 한다. 하지만 액체에 대하여 분자동력학을 수행하는 것은 현재 불가능하기 때문에 액체와의 상호작용에 대하여 적당한 경계조건을 적용해야 한다. 연구체 모델의 경우 기체 분자 사이의 상호작용에 대하여 정확히 묘사할 수 있지만 기포 내 기체 분자와 액체 사이의 경계에서 상호간의 퍼텐셜이 정의되야 하지만 아직까지 적당한 방법이 제시되고 있지 않다. 게다가 초음파장에서 진동하는 기포의 경우 기포 내 분자속도는 기포가 수축함에 따라 급격히 증가하게 되는데, 이로 인하여 분자 사이에 작용하는 인력과 척력을 무시할 수 있어 강구체 모델을 사용하는 것이 적합하다[74]. 또한 유한차분법(finite difference method)을 이용하여 분자들의 위치와 속도 등을 계산해야 하므로 계산 시간 및 요구되는 메모리의 양이 증가하게 되기 때문에[75] 적당하지 않다.

본 절에서는 초음파장에서 거동하는 기포에 대하여 계산 방법 및 계산 속도가 빠르고 기포와 액체 사이의 다양한 경계조건을 적용하기가 용이한 강구체 모델을 사용하여 분자동력학 시뮬레이션에 대한 방법을 기술하고자 한다. 또한 강구체 모델을 사용하여 기포벽에서 분자가 충돌 시, 에너지와 운동량의 변화가 없는 단열조건, 기포벽의 온도가 환경온도로 고정된 등온조건, 그리고 기포벽 근처 열경계층으로부터 액체의 열전달이 고려된 조건 등을 적용하여 황산용액에서 거동하는 기포에 대하여 분자동력학 시뮬레이션을 수행하여 기포벽에서의 열전달이 기포 거동에 미치는 영향 등에 대하여 살펴보고자 한다. 본절에서 분자동력학 시뮬레이션 방법에 대한 내용은 김기영 박사의 중앙대학교 박사 논문 [76]에서 발췌한 것이고 결과는 기포벽에서의 경계조건을 보완하여 시뮬레이션을 수행한 것[77]을 실었다.

7.10.1 강구체(hard sphere) 모델

분자동력학 시뮬레이션 방법은 앞서 언급한 바와 같이 분자 사이에 작용하는 퍼텐셜의 종류에 따라 크게 두 가지로 구별할 수 있다. 그 중에 하나인 강구체 모델은 분자 사이에는 인력이나 척력이 존재하는 것이 아니라 분자간에 충돌로 인하여 분자의 운동량 즉 분자속도를 변화시키게 된다. 즉 분자들이 분자 지름 이상으로 떨어져 있을 때는 어떠한 제약도 받지 않고 자유롭게 직선 운동을 하게 된다. 하지만 분자간의 거리가 분자 지름에 도달하게 되면 분자 사이에 충돌이 발생하여 충돌한 분자들의 운동량과 에너지는 변하게 된다. 따라서 분자 사이에 작용하는 퍼텐셜은 다음과 같이 쓸 수 있다[78].

$$u(r) = \begin{cases} \infty & (r \le \sigma) \\ 0 & (r > \sigma) \end{cases} \tag{7-148}$$

강구체모델을 사용하여 분자동력학 시뮬레이션을 수행하기 위해서는 분자 간의 거리가 분자의 지름이 되는 시점, 즉 분자간의 충돌이 발생하는 시간 및 충돌한 분자의 운동량과 에너지의 변화량을 계산해야 한다.

7.10.2 분자-분자 충돌(molecular-molecular collision)

임의의 시간, t_m이 지난 후, 두 분자간 충돌이 일어나기 위해서는 다음 식을 만족해야 한다.

$$\frac{\sigma_1 + \sigma_2}{2} = \sigma_{12} \geq \left| (\vec{\mathbf{r}}_1 + t_m \vec{\mathbf{v}}_1) - (\vec{\mathbf{r}}_2 + t_m \vec{\mathbf{v}}_2) \right| = \left| \vec{\mathbf{r}}_{12} + t_m \vec{\mathbf{v}}_{12} \right| \tag{7-149}$$

여기서 $\vec{\mathbf{r}}_{12}$는 $\vec{\mathbf{r}}_1 - \vec{\mathbf{r}}_2$ 이고 $\vec{\mathbf{v}}_{12}$는 $\vec{\mathbf{v}}_1 - \vec{\mathbf{v}}_2$ 이다. 식 (7-149)의 양 변을 제곱한 후 시간에 대하여 정리하면 다음과 같다.

$$0 = v_{12}^2 t_m{}^2 + 2(\vec{\mathbf{v}}_{12} \cdot \vec{\mathbf{r}}_{12}) t_m + r_{12}^2 - \sigma_{12}^2 \tag{7-150}$$

식 (7-150)으로부터 분자가 충돌하는데 걸리는 시간, t_m은 다음과 같이 구할 수 있다 [75].

$$t_m = \frac{(-\vec{\mathbf{v}}_{12} \cdot \vec{\mathbf{r}}_{12}) - \sqrt{(\vec{\mathbf{v}}_{12} \cdot \vec{\mathbf{r}}_{12})^2 - v_{12}^2 \left(r_{12}^2 - \sigma_{12}^2 \right)}}{v_{12}^2} \tag{7-151}$$

이때 t_m이 양의 근을 가지기 위해서는 다음과 같은 조건을 만족해야 한다.

$$\vec{\mathbf{v}}_{12} \cdot \vec{\mathbf{r}}_{12} < 0 \tag{7-152a}$$

$$(\vec{\mathbf{v}}_{12} \cdot \vec{\mathbf{r}}_{12})^2 - v_{12}^2 \left(r_{12}^2 - \sigma_{12}^2 \right) > 0 \tag{7-152b}$$

분자의 충돌로 인하여 분자는 자신이 가지고 있는 운동량과 에너지를 충돌에 관여한 다른 분자에게로 전달되거나 전달받게 된다. 이때 분자 간의 충돌을 완전 충돌이라고 가정하면 분자간의 충돌에 의하여 운동량과 에너지의 변화가 없어야 하므로 다음과 같은 관계식을 만족해야 한다.

$$m_1 \vec{\mathbf{v}}_{1,i} + m_2 \vec{\mathbf{v}}_{2,i} = m_1 \vec{\mathbf{v}}_{1,f} + m_2 \vec{\mathbf{v}}_{2,f} \tag{7-153}$$

$$\frac{1}{2}m_1|\vec{\mathbf{v}}_{1,i}|^2+\frac{1}{2}m_2|\vec{\mathbf{v}}_{1,f}|^2=\frac{1}{2}m_1|\vec{\mathbf{v}}_{2,i}|^2+\frac{1}{2}m_2|\vec{\mathbf{v}}_{2,i}|^2 \quad (7-154)$$

충돌 전(i)/후(f)의 운동량 변화량은 충돌 분자 간의 질량중심을 기준으로 변하기 때문에 식 (7-153)는 다음과 같이 쓸 수 있다.

$$m_1(\vec{\mathbf{v}}_{1,f}-\vec{\mathbf{v}}_{1,i})=-m_2(\vec{\mathbf{v}}_{2,f}-\vec{\mathbf{v}}_{2,i})=A\hat{\mathbf{r}}_{12} \quad (7-155)$$

또한 식 (7-153)과 (7-154)로부터 $(\vec{\mathbf{v}}_{1,f}+\vec{\mathbf{v}}_{1,i})=(\vec{\mathbf{v}}_{2,f}+\vec{\mathbf{v}}_{2,i})$ 의 관계식이 성립함을 알 수 있으며 다음과 같이 쓸 수 있다.

$$(\vec{\mathbf{v}}_{1,f}-\vec{\mathbf{v}}_{1,i})-(\vec{\mathbf{v}}_{2,f}-\vec{\mathbf{v}}_{2,i})=-2(\vec{\mathbf{v}}_{1,i}-\vec{\mathbf{v}}_{2,i})=-2\vec{\mathbf{v}}_{12} \quad (7-156)$$

윗식의 양변에 단위 백터 $\hat{\mathbf{r}}_{12}$ 를 곱하면 다음 식과 같이 된다.

$$(\vec{\mathbf{v}}_{1,f}-\vec{\mathbf{v}}_{1,i})\cdot\hat{\mathbf{r}}_{12}-(\vec{\mathbf{v}}_{2,f}-\vec{\mathbf{v}}_{2,i})\cdot\hat{\mathbf{r}}_{12}=-2(\vec{\mathbf{v}}_{1,i}-\vec{\mathbf{v}}_{2,i})\cdot\hat{\mathbf{r}}_{12} \quad (7-157)$$

그리고 식 (7-155)의 관계식으로부터 식 (7-155)의 A는 다음과 같음을 알 수 있다.

$$A=-2\frac{m_1m_2}{m_1+m_2}(\vec{\mathbf{v}}_{12}\cdot\hat{\mathbf{r}}_{12}) \quad (7-158)$$

따라서 충돌 후 분자속도는 다음과 같다.

$$\vec{\mathbf{v}}_{1,f}=\vec{\mathbf{v}}_{1,i}-2\frac{m_2}{m_1+m_2}(\vec{\mathbf{v}}_{12}\cdot\hat{\mathbf{r}}_{12})\hat{\mathbf{r}}_{12} \quad (7-159a)$$

그리고

$$\vec{\mathbf{v}}_{2,f}=\vec{\mathbf{v}}_{2,i}+2\frac{m_1}{m_1+m_2}(\vec{\mathbf{v}}_{12}\cdot\hat{\mathbf{r}}_{12})\hat{\mathbf{r}}_{12} \quad (7-159b)$$

이 된다.

7.10.3 SL 분자-기포벽 충돌 (molecular-bubble wall collision)

기포와 액체 사이에 물질전달이 없다면 기포 내 분자와 기포를 둘러싼 액체는 Fig. 42에서 볼 수 있듯이 기포벽과 충돌한 분자에 의해서 에너지를 교환하게 된다. 이때 분자가 기포벽과의 충돌이 발생하기 위해서는 다음과 같은 조건을 만족해야 한다.

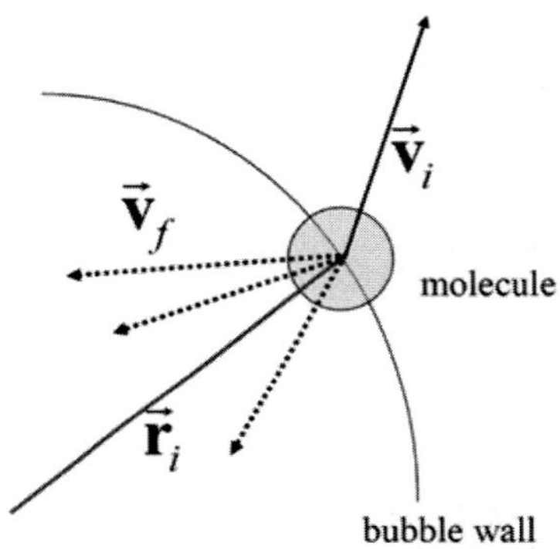

Fig. 42 A collision model between molecules and bubble wall.

$$(|\vec{\mathbf{r}}_i + t_b\vec{\mathbf{v}}_i|)/2 = R_b + t_b U_b \tag{7-160}$$

식 (7-160)의 양변을 제곱한 후, 시간에 대하여 정리하면 기포 벽과의 충돌시간 t_b를 구할 수 있다[76].

이때 분자가 기포 벽과 충돌로 인하여 에너지의 변화가 없는 단열 조건(adiabatic condition)을 만족한다면 충돌 후 분자속도는 다음이 쓸 수 있다.

$$(\vec{\mathbf{v}}_f - U_b\hat{\mathbf{r}}_i) = (\vec{\mathbf{v}}_i - U_b\hat{\mathbf{r}}_i) - 2[(\vec{\mathbf{v}}_i - U_b\hat{\mathbf{r}}_i)\cdot\hat{\mathbf{r}}_i]\,\hat{\mathbf{r}}_i \tag{7-161}$$

만약 기체 분자와 기포 벽과의 충돌로 인하여 액체와 열전달이 발생한다면 다음과 같은 변수를 도입하여 단열 조건에 대한 정도(degree)를 표시할 수 있다[77].

$$\alpha = (T_{in} - T_{out})/(T_{in} - T_{bl}) \tag{7-162}$$

윗 식에서 T_{in}은 벽에 부딪는 기포 내 가스 분자의 온도이며 T_{out}은 벽과 충돌 후 가스분자의 온도 그리고 T_{bl}은 기포벽면의 온도이다. 또한 벽면과 입자의 속도는 다음의 조건에서 구할 수 있다.

$$\left|\vec{\mathbf{v}}_f - U_b \hat{\mathbf{r}}_i\right|^2 / 2 = (3/2)(k_B T_{bl} / m) \tag{7-163}$$

식 (7-162)에서 α=0인 경우에는 단열 조건이 되고 α=1인 경우에는 기포내 분자가 기포벽에 있는 분자와 충돌할 경우 에너지 전달이 완전히 일어나는 heat bath 조건이 된다.

7.10.4 SL 스케일 변환(scaling transformation)

수십 kHz의 가진 주파수의 초음파장에서 초음파 장에 동기화 되어 수축/팽창할 수 있는 기포의 평형반경은 마이크로미터 크기가 되며 이때 기포는 수백억 (10^{10})개 이상의 분자들을 포함한다. 그렇기 때문에 마이크로미터 크기를 가지는 기포에 대하여 분자동력학 시뮬레이션을 수행하는 것은 현실적으로 불가능하다. 따라서 수백억 개의 분자들 모두에 대하여 분자동력학을 수행하는 것이 아니라 다음과 같이 스케일 변환을 통하여 분자의 크기를 조절하면 마이크로 크기의 기포도 분자동력학 시뮬레이션이 가능하다[73].

$$E_T = NT = N_s T_s \tag{7-164}$$

$$N\sigma^3 = N_s {\sigma_s}^3 \tag{7-165}$$

$$N_s m_s = Nm \tag{7-166}$$

여기서 하첨자 s는 스케일 변환을 의미하며 식 (7-164)에서 식 (7-166)은 시스템의 총 에너지, 부피 및 질량의 변화 없이 시스템의 분자 수를 조절한다는 것을 의미한다. 즉 스케일 변환된 입자는 많은 분자들의 집합체라 할 수 있다. 스케일 변환은 이와 같이 기존의 분자동력학 시뮬레이션으로 구현하지 못하는 시스템에 대하여 계산에 필요한 방대한 데이터 및 계산시간을 획기적으로 줄일 수 있다. 스케일 변환으로 얻어진 결과의 유효성을 알아보기 위하여 수용액에서 가진주파수 1.0 MHz에서 거동하는 약 3.5×10^7개의 분자로 구성된 평형반경이 0.7 μm 기포에 대하여 10^6, 2×10^6 그리고 3×10^6개로 스케일 변환하였고 각각의 경우에 대하여 분자동력학 시뮬레이션 수행하여 그 결과들을 서로 비교하였는 바 만족할 만한 결과를 얻었다[76].

7.10.5 SL 셀 분할

분자동력학 시뮬레이션은 자신과 자신이 아닌 다른 모든 분자 사이의 퍼텐셜 혹은 충돌 시간을 계산해야 하므로 계산양은 시스템을 구성하는 분자수 N이 증가함에 따라 제곱에 비례하게 된다. 따라서 시스템의 분자수가 증가함에 따라 계산 시간은 무한이 늘어나게 되기 때문에 계산 시간을 줄이기 위하여 일반적으로 시스템의 공간을 나누어 계산시간을 단축하는 방법을 사용한다[71, 76].

Figure 43은 2 차원에서 분자들의 충돌 시간을 계산하기 위하여 셀을 나눈 예이다. 셀을 나누지 않고 최소 분자충돌 시간을 계산할 경우 시스템의 모든 분자들 사이에 서로 충돌 시간을 계산해야 하지만 Fig. 43에서 볼 수 있듯이 G셀에 있는 i 분자의 경우, i 분자가 속해있는 G 셀과 그 이웃하는 8 개의 셀에 속해있는 분자 사이의 충돌 시간만 계산하면 된다. 즉 처음 각각의 셀에 속해있는 분자들을 정리한 후, 각각의 셀에 대하여 자신과 이웃하는 4 개의 셀(3D의 경우 13 개의 셀)에 속한 분자들 사이의 충돌시간을 계산한다. 이때 8 개의 이웃하는 셀이 아니라 4 개의 셀을 계산하는 이유는 A, B, C 등 모든 셀에 대하여 계산을 수행할 경우 서로 계산이 겹치는 경우가 발생하기 때문이다. 이때 각각의 분자들에 대한 충돌시간은 저장된다. 이후 분자 충돌이 일어난 이후부터는 모든 셀에 대하여 충돌시간을 다시 계산하는 것이 아니라 충돌이 일어난 셀과 그 이웃의 8 개의 셀에 대해서 충돌에 관여된 분자들에 대해서만 충돌시간을 갱신한 후, 저장된 충돌시간에서 최소 충돌시간을 찾으면 된다. 계산이 반복됨에 따라 분자들의 위치도 계속 이동하게 되는데 이때 여러 번의 충돌 후, 분자가 이동할 수 있는 최대 거리는 다음과 같이 쓸 수 있다.

$$\sum|\Delta\vec{\mathbf{r}}|_{\max} = \Delta t\sum|\vec{\mathbf{v}}|_{\max} \tag{7-167}$$

충돌이 반복됨에 따라 서로 이웃하지 않은 분자들이 충돌할 경우가 생기는데 (예를

들어 Fig. 43의 A 셀의 분자와 C 셀의 분자의 충돌) 이러한 경우를 제거하기 위하여 분자가 이동한 최대 거리 $\sum|\Delta \vec{r}|_{\max}$가 $L_c/2-\sigma$보다 크다면 분자들의 셀 위치를 다시 정리한 후 위의 과정을 반복한다.

셀 분할을 통하여 계산시간을 단축할 경우, 고려사항이 있는데 셀의 개수를 작게 나누면, 나누어진 단위 셀의 크기 (L_c)가 커져 분자가 이동할 수 있는 최대 거리가 커져 셀 위치를 갱신하고 모든 셀에 대하여 다시 계산해야 하는 과정이 적어져 계산 시간이 단축되지만 단위 셀 안의 분자수가 많아져 셀과 셀 사이의 계산시간이 증가하게 된다. 반대로 셀을 많이 나누면 셀에 속해 있는 분자의 개수가 적어 셀과 셀 사이의 계산 속도는 줄어들지만 셀의 크기가 작아져 전체 충돌 시간을 갱신하는 주기가 짧아지기 때문에 셀 크기를 적절히 조절해야 한다. 분자수가 10^6개로 구성된 기포의 경우 $40\times40\times40$(N이 3.5×10^7의 경우 $100\times100\times100$)개의 셀로 나누어 셀 단위로 계산하였다.

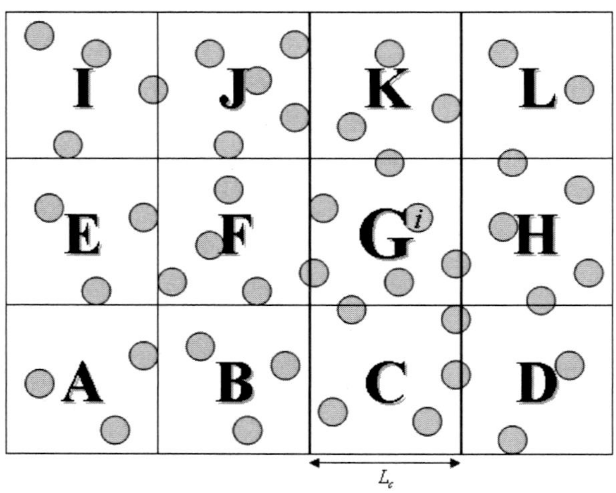

Fig. 43 Simulation system divided into cells of size $L_c\times L_c$ in the case of 2-D.

7.10.6 분자동력학 시뮬레이션 방법

계산 시간을 줄이기 위하여 분자동력학 시뮬레이션은 기포가 최대 반경에서 최소 반경으로 수축하는 구간에 대해서만 수행하였고, 기포 내 분자는 종류가 같은 분자들로 구성되어 있어 분자 반경 및 분자 질량이 동일하다는 조건으로 계산을 수행하였다. 기포 내 가스 분자들은 기포반경 안에 단순입방격자(simple cubic lattice)로 배열하였고 속도는 식 (7-168)과 같이 초기화하였다.

$$\frac{1}{2}\sum_k m|\vec{\mathbf{v}}_k|^2 = \frac{3}{2}Nk_BT_b \tag{7-168}$$

초음파장에서 기포의 거동을 분자동력학으로 계산하기 위하여 식 (6-148)에 주어진 KM식과 식 열 경계층 두께에 대한 식 (6-108)을 Runge-Kutta 법을 이용하여 적분하여, Δt시간 후 계산된 기포반경 $R_b(t)$과 열경계층두께 $\delta(t)$를 식 (7-74)에 대입하여 기포벽 온도 T_{bl}을 구하였다. 또한 이때 얻어진 기포반경으로부터 Δt시간 동안 기포벽 속도 및 기포반경은 다음과 같이 쓸 수 있다.

$$U_b(t+\delta t) \approx \frac{R_b(t+\Delta t) - R_b(t)}{\Delta t} \tag{7-169}$$

그리고

$$R_b(t+\delta t) = R_b(t) + U_b\delta t \quad (0 \le \delta t \le \Delta t) \tag{7-170}$$

먼저 최소 충돌시간(minimum collision time)을 계산하기 위하여 분자-분자 충돌시간 t_m은 식 (7-151)를 이용하여 계산한 후, 식 (7-160)을 이용하여 분자-기포벽 충돌시간 t_b를 계산하였다. 이때 t_b의 계산 시간을 절약하기 위하여 다음과 같은 조건을 만족하는 분자에 대해 t_b를 계산하였다.

$$|\vec{\mathbf{r}}_i| \ge R_b - \mathbf{U}_b\Delta t - 1.1\times|\vec{\mathbf{v}}|_{\max}\Delta t \tag{7-171}$$

여기서 $|\overrightarrow{V}|_{\max}$은 기포 내 분자들의 속도 중, 최대값이고 분자들의 충돌로 인하여 계산 중, 최대 속도가 변하여 식 (7-171)에 속하지 않는 분자가 기포벽 밖으로 나갈 수 있기 때문에 이러한 경우를 방지하기 위하여 1.1을 곱하였다. 분자-분자 충돌 시간

t_m과 분자-기포벽 충돌 시간 t_b의 계산이 끝난 후, 최소 충돌시간과 충돌 후 분자의 위치는 다음과 같이 쓸 수 있다.

$$t_c = \min(t_{b,\min}, t_{m,\min}) \tag{7-172}$$

$$\vec{\mathbf{r}}_i(t+\delta t+t_c) = \vec{\mathbf{r}}_i(t+\delta t) + t_c \vec{\mathbf{v}}_i \tag{7-173}$$

여기서 $\delta t = \sum t_c$로 최소 충돌 시간들의 합이다.

만약 $t_c = t_m$라면 식 (7-159)를 사용하여 충돌한 분자들의 속도를 계산하며 $t_c = t_b$라면 적용하는 경계 조건에 따라 식 (7-161)을 사용하여 기포벽과의 충돌 후의 속도를 계산한다. 이후, 앞의 과정은 $\delta t \geq \Delta t$가 될 때까지 반복한다. 충돌 시간의 합이 $\delta t \geq \Delta t$가 되면 기포의 속도, 온도, 밀도, 그리고 압력분포를 다음 식을 이용하여 구한다.

$$\vec{\mathbf{u}}_g(r) = \frac{1}{3N_r}\sum_{i=1}^{N_r}(\vec{\mathbf{v}}_i \cdot \hat{\mathbf{r}}_i) \tag{7-174}$$

$$T_b(r) = \frac{m}{3k_B N_r}\sum_{i=1}^{N_r}(\vec{\mathbf{v}}_i - \vec{\mathbf{u}}_g(r))^2 \tag{7-175}$$

$$\rho_b(r) = \frac{N_r}{V_r} \tag{7-176}$$

$$P_b(r) = \rho_b(r) k_B T_b(r) + \frac{1}{3}\frac{\rho_r(r)}{N_r} \times \frac{\sigma}{\Delta t}\sum_c |\Delta \vec{\mathbf{v}}_c(r)| \tag{7-177}$$

여기서 $\Delta \overrightarrow{V}$는 충돌한 분자의 충돌 전후의 속도차, N_r은 $r - \delta r/2 < r \leq r + \delta r/2$를 만족하는 분자의 개수며 식 (7-177)로부터 기포벽에서의 압력 $P_b(R_b) = P_{bl}$을 구할 수 있다. 이때 기포 내 분포를 구하기 위하여 기포반경을 $N = 10^6$의 경우 10 등분하였다.

7.10.7 분자동력학 시뮬레이션 결과

Figure 33 a의 황산용액에서 거동하는 평형반경 15μm의 xenon 기포에 대하여 분자동력학 시뮬레이션을 수행하기 위하여 식 (7-164), (7-165), (7-166)식을 사용하여 스케일 변환을 하였다. 이 스케일 변환에서 약 3.7×10^{11}의 분자로 구성된 평형반경이 15 μm인 기포에 대하여 총 10^6개의 입자로 스케일 변환을 하여 분자동력학 시뮬레이션을 수행하였다. 따라서 1 개의 입자는 약 3.6×10^5개의 분자 집합체라고 할 수 있다. 분자동력학 시뮬레이션은 Fig. 33 a에서 볼 수 있듯이 기포가 최대 반경 50.3 μm를 가지는 40.37 μs지점에서 계산을 시작하였으며 기포가 최소 반경으로 수축할 때 계산을 멈추었다. 이때 적분시간 Δt는 주기를 10^7등분한 값 ($\approx 2.65\ fs$)을 사용하였다.

기포가 수축을 함에 따라 기포의 밀도와 기포 내부 온도가 증가로 인하여 입자와 입자 사이의 거리가 가까워지고 입자의 평균 속도가 증가하게 되어 입자의 평균 자유행로가 짧아지게 된다. 따라서 기포가 수축 시 Δt시간 동안 입자들의 충돌 횟수가 급격히 증가하며, 이로 인해 기포 수축점 부근에서 계산 시간이 급격히 증가하게 된다. 기포벽에서 기포 내 분자와 액체와의 열전달 효과를 고려하기 위하여 식 (7-74)의 온도 분포식으로부터 얻을 수 있는 기포벽에서의 온도를 사용하여 분자가 기포벽과 충돌한 이후의 분자속도를 구하였다.

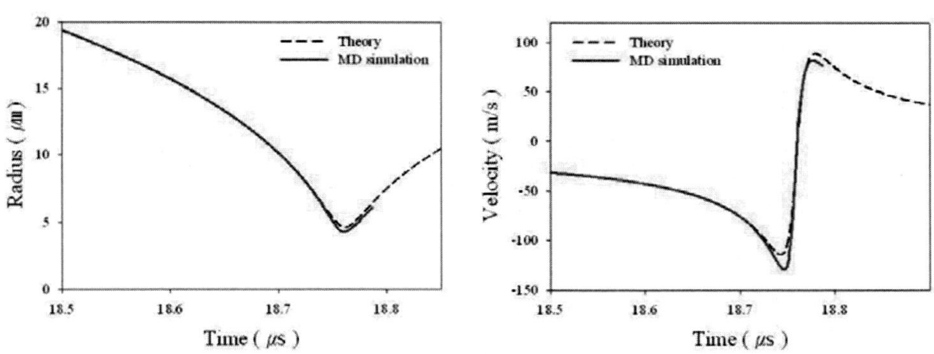

(a) (b)

Fig. 44 Calculated radius-time curves (a) and time-dependent bubble wall velocity obtained by MD simulation with α =0.15 and theory for the bubble shown in Fig. 33a..

Figure 44는 기포벽에서 열전달이 고려된 KMNS 방법 및 식 (7-162)에 주어진 α =0.15를 사용하여 분자동력학을 이용하여 얻어진 결과이며 기포 수축점 부근에서의 기포반경 및 기포벽 속도를 비교한 것으로, 분자동력학의 경우 기포의 최소 반경은 약 4.56 μm로 KMNS 방법을 이용해 얻어진 4.6 μm과 상당히 유사하다. 분자동력학 시뮬레이션 결과에 의한 기포벽 속도는 -130 m/s로 이론적인 결과인 -115 m/s 과 상당히 까지 유사하였다. Figure 45은 기포의 수축점 부근에서의 기포 중심에서의 온도와 압력이다. 분자동력학으로 계산된 기포 중심에서의 온도와 압력은 각각 7500 K와

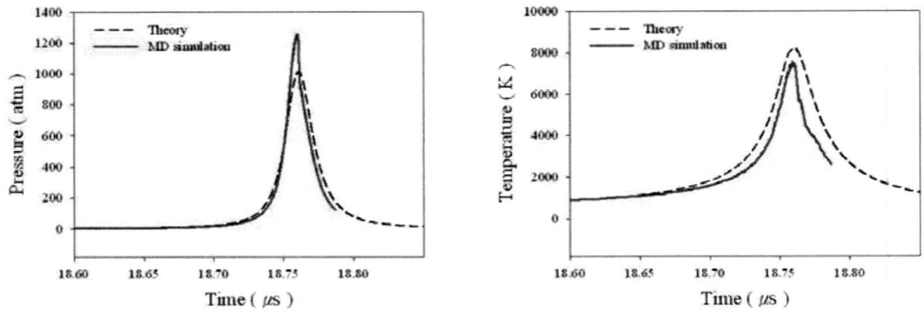

(a) (b)

Fig. 45 Time-dependent center pressure (a) and temperature (b) obtained by MD simulation with α =0.15 and theory near the collapse point for the bubble shown in Fig. 33a.

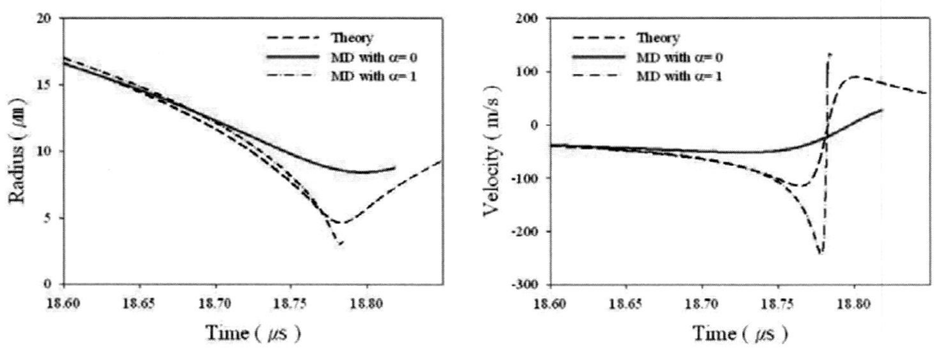

(a) (b)

Fig. 46 Bubble radius-time curves (a) and time-dependent bubble wall velocity obtained by MD simulation with adiabatic and heat bath boundary conditions, and theory for the bubble shown in Fig.33a.

1260 atm 으로 이론적으로 얻은 8200 K와 1010 atm 값에 상당히 접근한 값이다. 이것은 기포 수축시에 기포로부터 액체로 매우 큰 량, 즉 0.6 GW/m^2의 열전달이 이루어지지만 단열과정에 가까운 과정임을 나타내는 것이다. 하지만 이 값들이 α의 값에 따라 얼마나 달라지는지 즉 수축시의 기포벽면에서 분자간의 충돌과정이 단열과정이냐 또는 등온과정이냐에 따라 얼마나 달라지는지의 결과가 Fig. 46 및 47에 나와 있다.

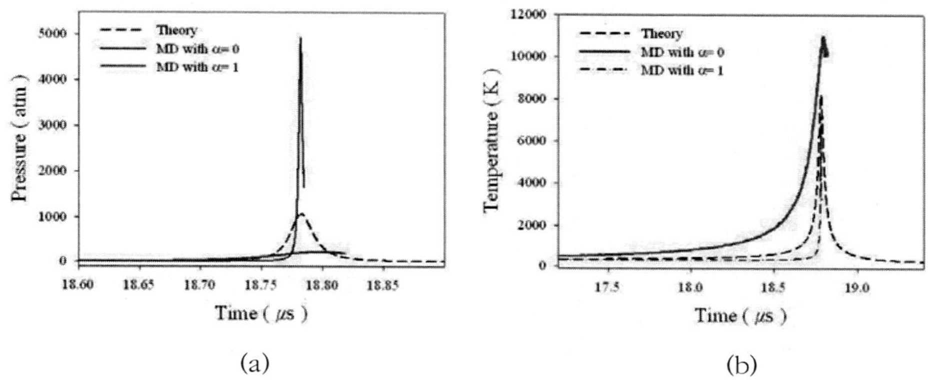

Fig. 47 Time-dependent center pressures (a) and temperatures (b) obtained by MD simulation with adiabatic and heat bath boundary condition, and theory for the bubble shown in Fig.33a.

Figure 48은 기포의 수축점 부근에서 기포의 밀도, 속도, 압력 및 온도 분포이다. Figure 48 b는 기포 내 속도 분포로 Navier-Stokes 방정식으로부터 얻어진 기포 내 속도 분포식인 식 (6-87)과 유사하여 기포벽에 가까울수록 선형적으로 증가하는 것을 볼 수 있다. 한편 Fig. 48 a에서 볼 수 있듯이 기포 중심의 밀도가 기포벽보다 낮은데, 이것은 기포가 수축함에 따라 기포반경이 급격히 줄어들어 기포벽 주위에 분자 개수가 증가했기 때문이다. 기포가 수축하면서 기포 중심의 온도는 급격히 상승하지만, 기포벽에서는 액체와의 열전달로 인하여 기포 수축 시 중심에서 7,500 K, 기포벽 주위에서 5,200 K로 약 2,300 K 정도의 온도차가 발생하게 된다. 기포 내 압력은 수축점에서 KMNS 방법을 사용하여 얻어진 결과보다 높은 1,250 atm로 계산되었지만, KMNS 방법을 사용하여 얻어진 결과와 마찬가지로 기포 내에서 거의 일정 분포를 가진다.

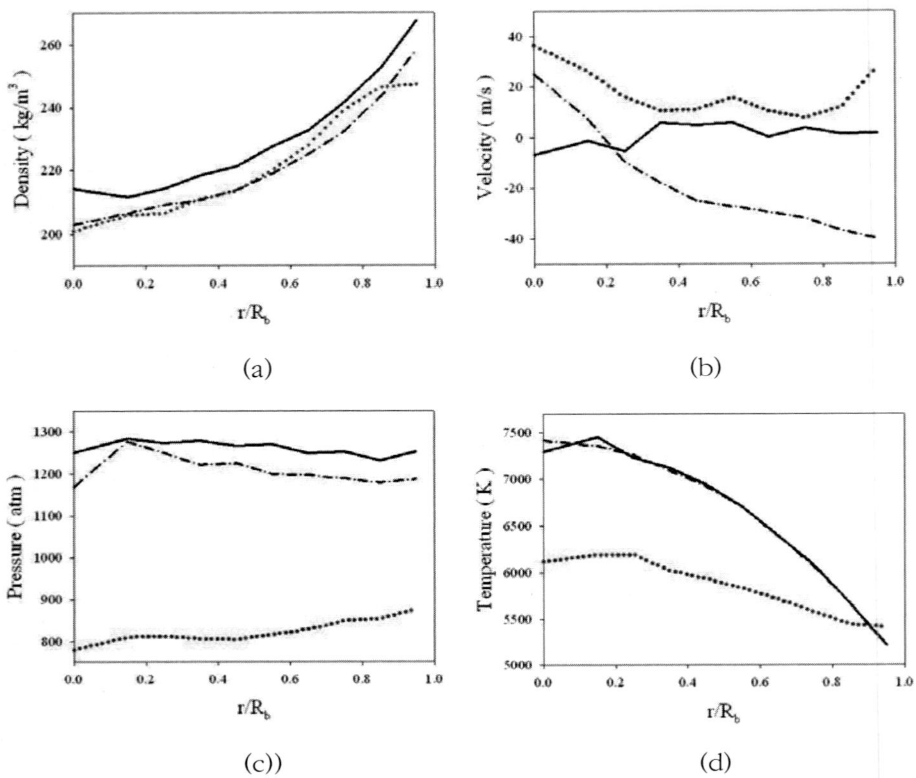

Fig. 48 Gas density(a), velocity(b), pressure(c), and temperature(d) distributions near the bubble collapse point obtained by MD simulation for the bubble shown in Fig.33 a before 2.5 ns (−·−·−), at (———) , and after 2.5 ns (···········) the collapse.

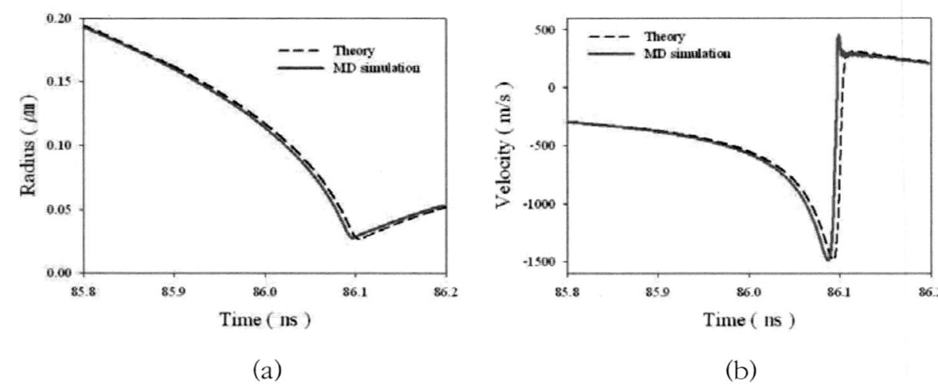

Fig. 49 Radius–time curves (a) and time–dependent bubble wall velocities obtained by MD simulation with α =0.03 and theory for an argon bubble of R_0 =0.1 μm at P_A =15 atm and f_d = 10 MHz in pure water.

Figure 49에는 가진주파수 10 MHz, 가진 압력이 15 atm 인 경우 기포의 평형반경이 0.1 μm 인 경우 α=0.03이라고 가정 본자동력학 시뮬레이션 한 결과가 나와있다. 이 그림에서 확인할 수 있는 바와 같이 기포의 평형반경이 마이크론 이하인 경우에는 수축과정이 거의 단열과정이라 생각할 수 있다.

7. 11 SL 현상의 실험

SL에 대한 실험을 수행하기 위하여는 적절한 크기의 구형 또는 실리더형 용기 내에 용액을 주입한 후 초음파 소자에 의하여 액체를 가진시켜 기포를 용기의 중심에서 진동시켜야 한다. 이를 위하여는 적절한 크기의 용기의 선택, 공진주파수 선정, 이에 상응하는 적절한 전자 회로가 필요하다. 구형 플라스크를 사용할 경우 공진주파수는 반경 a 와 음속 c 에 따라 다음과 같이 주어진다[79].

$$f_{o,\,n} = \frac{cn}{2a} \tag{7-178}$$

흔히 구할 수 있는 구형 용기를 물로 채웠을 때, 식 (7-178)에 의한 공진주파수는 구형용기일 때 반경 a 값에 따라 쉽게 구할 수 있다. 이 중 실험에 사용할 용기는 물 속에 용해되어 있는 가스를 진공펌프로 제거하는데 걸리는 시간이 적게 걸릴뿐더러 광학 측정장치를 가까이 근접시킬 수 있고, UV 빛을 적게 흡수하는 100 ml 석영용기가 좋다. 이 경우에 용기의 중심에서 antinode가 되는 공진 주파수는 26.0 kHz이다. 이 때만이 용기 내의 기포는 구 중심으로 모이게 되며, 최대의 진폭에서도 진동하게 된다. 이 절에서는 중앙대학교 상변화 실험실에서 수행한 연구를 토대로 기술하려 한다.

7.11.1 SL 발생장치

SL을 발생기키기 위한 장치는 물이 담겨 있는 구형용기와 여기에 부착되어 이는 초음파 초자(piezoelectric transducer)를 진동시켜주는 발진회로(Fig. 50)로 구성되어 있다. 용기는 전술한 바와 같이 100 ml의 구형이며 재질은 석영을 사용하였다. 액체는 증류수로 용기의 목까지 채운 뒤, 물 속에 포함되어 있는 공기를 제거하기 위해 진공펌프를 연결하여 실험전에 충분히 가동한 뒤 밸브를 잠그고 실험하면 된다.

진동자는 piezoelectric ceramic으로 지름 15 mm, 두께 6 mm이며 양면에, 은으로 전극이 입혀져 있는데 여기에 은박으로 전선을 부착하였다. 이 진동자는 용기의 양쪽에 두 개를 부착했는데, 한쪽에만 부착할 경우 기포가 중심에 있지 못하고 계속적으로 움직이게 된다는 Barber의 실험결과[79]를 참고하였다. 진동자의 표면은 평면이고 용기는 구면이므로 구중심에 대해 직각으로 부착시키기 위해 진동자에 전선을 납땜을 할 때 삼각형 모양으로 세 점에 납을 녹여 붙인 후, 에폭시 접착제로 용기 표면에 밀착시켜 붙였다. 진동자는 (+), (−)의 방향성이 있으며 진동시 용기의 중심을 향해 동시에 압축, 이완 작용을 할 수 있도록 두 개 모두 (+)가 구면 쪽으로 붙도록 하면 된다.

발진회로는 Fig. 50에서 볼 수 있는 바와 같이 우선 파형발생기(function generator)에서 정현파로 약 25 kHz, 700 mV를 발생시켜 증폭기로 보내어 증폭시킨 후 진동자를 포함한 L-R-C 회로로 구성해야 한다. 그 이유는 초음파초자가 capacitance 역할을 하기 때문이다. 여기서 inductance는 트랜스듀서의 capacitance가 이미 정해져 있으므로, 주어진 주파수의 발진회로에서 공진이 일어나는데 매우 중요한 값이 된다. L-R-C 회로의 공진주파수는 다음과 같이 간단한 식으로 구할 수 있다.

$$w = 2\pi f = \frac{1}{\sqrt{LC}} \qquad (7-179)$$

본 실험에서 사용된 트랜스듀서(transducer)의 capacitance를 측정해 본 결과 약 0.4 nF으로 병렬로 연결하므로 $c1+c2=2c$ 가 되어 총 capacitance는 약 0.8 nF이 된다. 또한 앞서 언급한 바와 같이 100 ml의 구형 용기의 물에 대한 공진주파수는 약 25 kHz 정도 되므로 위 식으로부터 L(inductance)은 약 50 mH가 됨을 알 수 있다. 그래서 25 mH의 inductor 두 개를 직렬로 연결하여 사용하는데 두 개로 나눈 이유는 두 개의 간격 및 각도를 변경함으로써 미세하게 inductance를 조절할 수 있도록 하여 최적의 상태를 만들어주기 위함이다. inductor를 사용함으로써 전류가 전압과 같은 상(phase)이 되어, 낮은 전압으로도 강한 출력을 낼 수 있게 된다. 여기서 각 장치간의 신호용 전선은 반드시 shield 처리가 잘 된 전선을 사용해야 한다. 중간에 전선을 연결하거나 shield 처리가 부실한 전선을 사용할 경우 출력측에서 정상적인 파장이 나오지 않음을 실험을 통해 알 수 있었다.

회로 중에 출력파형을 보기 위해 전압과 전류를 오실로스코프에 표시되도록 하였는데, 발진이 일어나지 않는 주파수에서는 전압과 전류의 파형의 주기가 다르게 나타나다가 발진이 되는 순간 주기가 일치되며 전류의 진폭이 약 3~4배 증가되는 것을 발견할 수 있었다. 이는 공진이 일어날 때 반사되어 다시 증폭기로 돌아오는 전력이 줄어들고 보다 많은 에너지가 발진에 소모되기 때문이라고 생각된다.

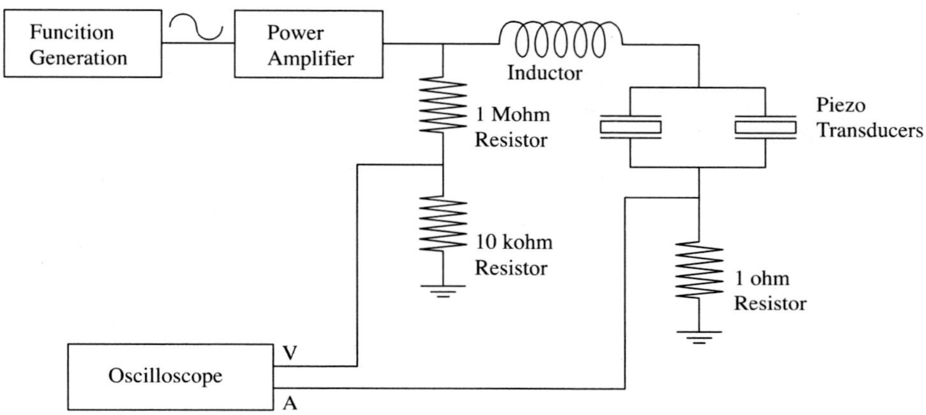

Fig. 50 Driving circuit for piezoeletric transducer.

7.11.2 광산란 실험 장치

본 실험에서는 초음파장 내에서 진동하는 미소 기포의 거동을 실험적으로 규명하기 위한 단계 중의 하나로 기포의 반경을 광산란법에 의해 측정하였으며, 데이터의 보정(calibration)을 위하여는 Kwak과 Na[48]의 계산식을 이용하여 구한 기포 반경을 사용하였다. 또한 SL만을 광전관(PMT ; Photo-Multiplier Tube)로 수광함으로써 SL이 언제 발생하는 지를 측정하였다.

기포 크기를 측정하기 위한 장치로는 10 mW의 He-Ne 레이저와 PMT(Hamamatsu R2027)가 사용되었다. PMT의 설치각도는 산란광의 강도와 입자의 크기가 선형적으로 비례하는 70°~80°에 맞추었으며[80], 노이즈 제거를 위해 수광부 표면에 지름 500 μm 의 pin-hole이 사용되었다. 그리고 PMT가 빛을 받아 발생하게 되는 전압을 오실로스코프(LeCroy 9300)에 연결하여 파형을 나타내고 이를 다시 컴퓨터로 전송하여

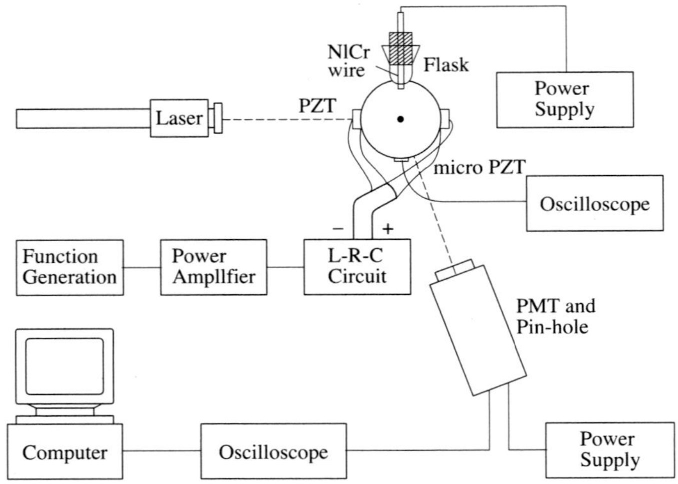

Fig. 51 Schematic diagram for single bubble sonoluminescence.

기포의 크기를 계산할 수 있도록 하였다. 또한 기포 중심에 걸리는 초음파 가진 압력의 크기를 측정 및 기포의 존재여부를 확인하기 위해 플라스크 바닥에 작은 PZT를 microphone 역할을 하도록 부착했다. 전체적인 실험장치의 개략도를 Fig. 51에 나타내었다.

SL을 관찰하려면 우선 플라스크 중심에 기포를 하나 형성시켜야 하는데, 단일 기포를 만들기 위해서는 증류수 내의 가스 제거가 무엇보다 중요하다. 방법은 진공펌프를 사용하는 방법도 있으나, 본 실험에서는 간단하게 하기 위하여 앞서 비등 후 냉각하는 방법을 사용하였다. 미리 준비된 증류수를 구형 플라스크의 목부분까지 채우고 개략적인 계산으로($w = 2\pi f = 1/\sqrt{LC}$) 예측되는 공진주파수 (100 ml 플라스크의 경우 약 26 kHz)를 파형 발생기에 맞춘 후 증폭기를 켠다. 여기서 공진주파수는 실제로는 조금 높게(28.835 kHz) 나타나는데 이는 플라스크의 재질과 플라스크가 정확한 구형이 아님에 기인하는 것으로 생각된다.

기포가 중심에 멈춰 있기 위해서는 acoustic resonance와 electrical resonance가 맞아야 한다. 우선 마이크로 PZT의 출력을 오실로스코프에 나타내면서 진폭이 최대가 되는 주파수를 찾는다. 다음에는 가진용 PZT에 걸리는 전압과 전류를 2채널 오실로스코프에 동시에 나타내어 두 파형의 위상이 일치하고 진폭이 최대가 되도록 inductor를 조절한다.

Fig. 52 Light scattering experiment. The white dot near the center indicates the sonoluminescing buble trapped under ultrasound.

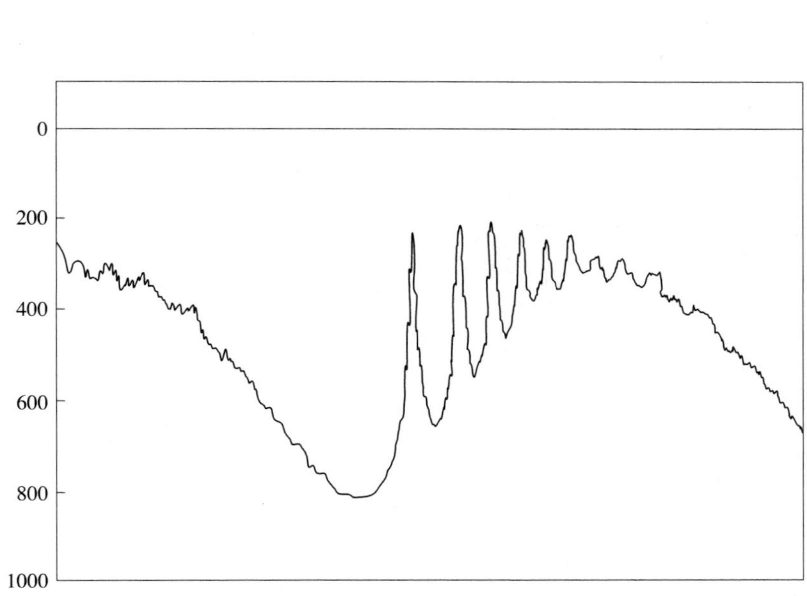

Fig. 53 Light scattering data from oscillating bubble with PMT(no SL). Without calibration.

다음에는 기포를 인위적으로 만들어주어야 하는데, 다음과 같은 몇 가지 방법이 있다. 가장 간단한 것은 주사기 등으로 작은 물방울을 살짝 떨어뜨리는 것이다. 하지만 이렇게 수 차례 하면 수면이 올라가 공진조건이 달라지므로 좋은 방법이 아니다. 유사한 방법으로 바늘 등을 플라스크에 찌르듯이 넣었다 빼도 기포를 만들 수 있는데 간단하지만 좋은 방법 중 하나이다. 또한 외부 공기와의 차단을 기하기 위해서는 플라스크를 마개로 막아야 하는데 이 경우 위와 같은 방법을 쓸 수 없으므로 마개에 고정된 가는 니크롬선을 수면에 담그어 일정한 전류를 흘려 기포를 만들 수도 있다.

일단 기포가 만들어지고 공진조건이 잘 맞았다면 기포는 플라스크 중심으로 이동하여 멈춰 있음을 육안으로 확인할 수 있다. 이 상태에서 파형 발생기의 출력진폭을 점차 높이면 기포가 흔들리다가 아주 작아져 보이지 않게 된다. 이 때 급격한 진폭증가로 기포가 없어질 수도 있으므로 오실로스코프를 보면서 조심스럽게 진폭을 증가시켜야 한다. 기포가 있으면 정현파의 산 부분에 파형이 찌그러져 나타나므로 쉽게 확인할 수 있다.

이 때부터는 주변을 아주 어둡게 할 필요가 있다. SL은 밝은 실내에서도 육안으로 충분히 볼 수 있다고 많은 실험자들이 설명하고 있고 실제로 이를 확인할 수 있지만 기대만큼 밝지는 못하다. 왜냐하면 기포가 스스로 발광하고는 있지만 워낙 크기가 작기 때문에 주위가 어두워야만 이를 잘 볼 수 있다. 여기서 진폭을 더 올리면 약간 더

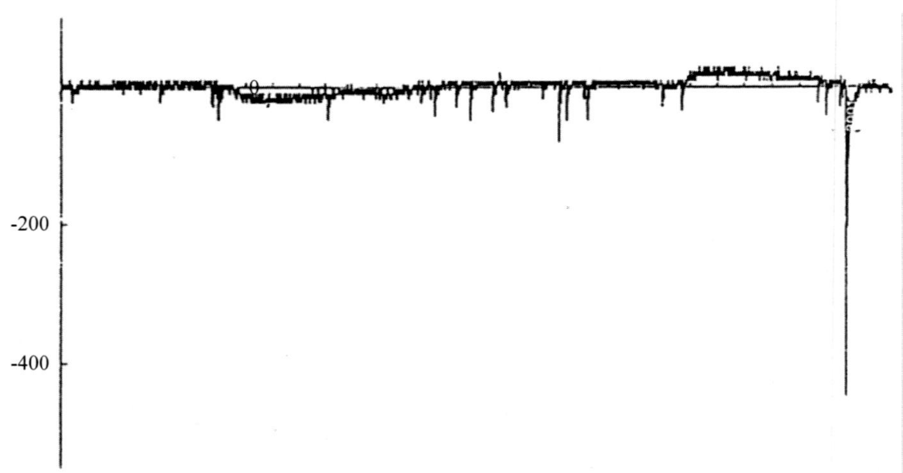

Fig. 54 SL burst obsered by PMT.

밝은 빛을 내다가 어느 순간 빛이 사라지면서 기포도 붕괴되고 만다. Fig. 52에는 광산란 실험장치의 실제 사진이, Fig. 53에는 광산란된 빛을 PMT가 수광한 그림이, Fig. 54에는 SL만을 PMT로 수광한 것이 나타나 있다.

7.11.3 기포 크기 측정에 대한 이론적 보정

기포의 크기는 앞서 말한 바와 같이 산란광의 강도를 시간의 변화에 따라 측정하여 이를 기포 반지름으로 계산하는 방법을 사용하였다. SL이 발생하기 전과 SL 발생중에 기포가 한 곳에 정지해 있을 때, 레이저를 기포에 입사시키고 여기서 산란된 빛을 PMT로 검출하였다. 검출된 신호는 전압(mV)으로 나타나는데 이를 기포 반경으로 계산하기 위하여 B.P. Barber[79]가 사용한 Mie 산란이론에 근거를 둔 PMT 신호와 기포 반경간의 비례식 방법을 이용하였다. 여기에서 보정에 필요한 기포의 평형반경(equilibrium radius)과 최대 반경의 비를 예측하는 데는 Kwak과 Na[48]의 초음파장에서 진동하는 액체 내의 구형기포의 운동식을 이용하였다. 자세히 기술하면 다음과 같다.

임의의 시간에 있어서 기포의 반경 R은 PMT에서 받은 voltage, 즉 산란강도의 제곱근에 비례한다. 즉,

$$R(t) \propto T(t) = [V(R=0) - V(t)]^{\frac{1}{2}} \tag{7-180}$$

윗 식에서 $V(R=0)$는 기포가 존재하지 않을 때 얻은 빛의 산란에 의한 값이다. 초음파장에서 진동하는 기포의 운동, 즉 시간에 따른 기포 반경의 변화는 평형상태에서의 반경 R_0와 초음파의 가진 압력 P_A가 결정되면 정확히 예측할 수 있다. 즉 이론적으로 주어진 가진 압력 P_A에서 기포의 평형반경 R_0와 최대반경 R_m의 비를 구할 수 있다. 또한 실험적으로 식 (7-180)을 이용하면 주어진 가진 압력에서 최대 크기의 기포의 반경 R_m과 평형반경의 비를 다음과 같이 전기적 신호의 비로 나타낼 수 있다.

$$\frac{R_m}{R_0} = \frac{T_m}{T_o} = \frac{[V(R=0) - V_m(t)]^{\frac{1}{2}}}{[V(R=0) - V_0(t)]^{\frac{1}{2}}} \tag{7-181}$$

따라서 주어진 가진압력에서 실험적으로 얻은 (R_m/R_0) 값과 이에 대응되는 이론적

인 값을 찾음으로써 기포의 평형반경 R_0를 구할 수 있다. 임의의 시간에 있어서 기포의 반경 $R(t)$는 다음의 비례식으로 구할 수 있다.

$$R(t) = R_m \frac{T(t)}{T_m} \tag{7-182}$$

7.11.4 기포 크기 측정에 대한 실험적 보정

시간에 따른 기포의 크기를 정확하게 측정하는 것은 SL의 현상을 이해함에 있어 매우 중요하다. 또한 이러한 측정은 유체 내에서 기포의 운동[36]에 관계된 유체역학적 이론을 검증하고자 할 때도 필요하다. 구형과 원통형 셀을 이용한 광산란(light scattering) 기법으로 기포의 직경을 측정할 경우, 광전관(PMT) 또는 photodiode에 의하여 측정된 전압과 기포직경과의 상관관계가 매우 중요하다. 그 동안 Mie 산란 이론에 비하여 10 % 정도의 오차[80]를 갖는 상승속도법(rise-velocity method)이 광산란법을 이용한 기포의 크기 측정의 보정용으로 사용되었다. 최근에는 광산란법을 사용할 수 없는 정방형 셀에서 미소 기포를 측정하기 위하여 직접 기포의 이미지를 확대 촬영한 연구[81]가 발표되었다.

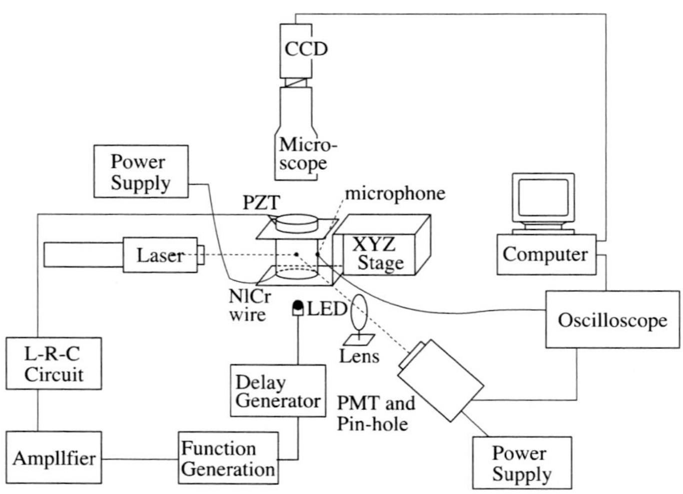

Fig. 55 Experimental arrangement used in measurement of time dependent radius of bubble in ultrasonic field.

본 절에서는 원통형 셀 내에서 띄워진 기포의 반경이 초음파장 내에서 시간에 따라 변화하는 것을 측정하기 위하여 초음파장 하에서의 기포 거동을 실시간에 따라 측정이 가능한지를 실험한 것을 토대로 기술하였다. 이 실험은 빛을 발산하는 기포의 거동이 수십억번 반복적으로 형태의 변함없이 계속적으로 진동하는 것에 근거를 두었다. 또한 Mie산란 (Mie scatteing) 이론의 검증은 SL기포가 거동하는 동안 완전한 구형을 유지하기 때문에 가능하였다.

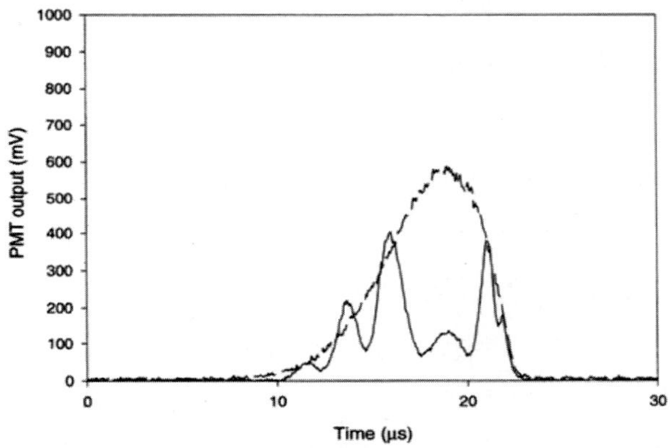

Fig. 56 Light scattering data received at 55° (solid line) and 80° (dashed line) degrees during the bubble evolution of one cycle.

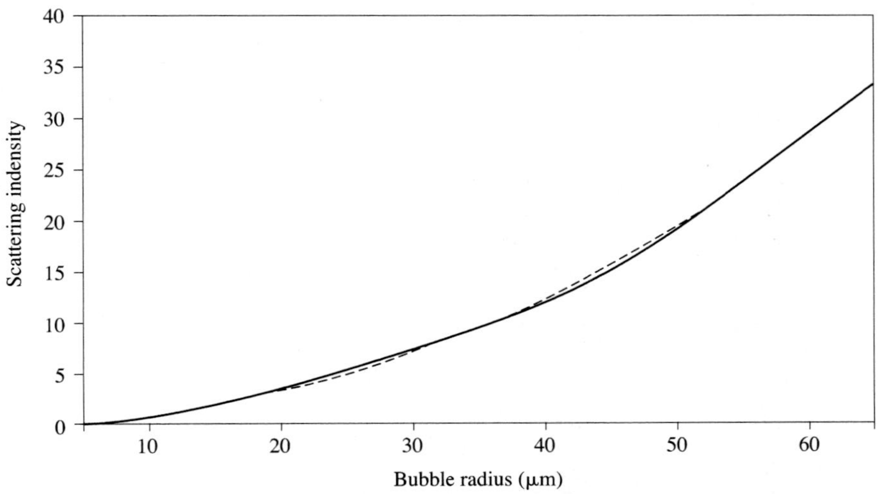

Fig. 57 Mie theory(solid line) for the photodetector substending an angle of 12.7 centered at 80°, which is represented closely by the index of proportionality of 0.5(dotted line).

실험장치의 개략도가 Fig. 55에 주어져 있다. 기포를 음향학적으로 띄우기 위한 석영 원통형 셀은 직경과 높이(3.8 cm)가 같도록 제작하였다. 기포를 가진시키기 위한 원통형 PZT(lead zirconate titanate) 트랜스듀서(직경 : 44.5 mm, 두께 : 3.5 mm, 높이 : 25.4 mm, Channel Industries. USA)는 원통셀의 아래 위로 접착된 정사각형 유리판 위쪽에 부착하였으며, 기포 생성을 위한 니크롬 선은 원통셀 내부에 설치하였다. 원통셀 내부로 용액을 주입하기 위하여 원통셀의 바닥에 직경이 0.16 cm 인 스테인레스 튜브 두 개를 부착시켰다. 그리고 기포에 작용하는 음향적인 압력을 측정하기 위하여 셀 외벽의 중앙 근처에 디스크형 마이크로폰(PZT, 직경 : 3.2 mm, 두께 : 1 mm, Channel Industries. USA)을 부착시켰다. 또한 기포의 상을 확대하기 위한 현미경을 셀의 위쪽에 수직으로 설치하였고, 직접 촬영을 위한 광원으로서 지연신호 발생기(SRS DG535)에 의하여 제어되는 LED(Light Emitting Didode)를 사용하였다.

파형발생기(function generator, HP33120A)로부터 생성된 동기신호(square pulse)를 지연신호 발생기와 연결하여 LED의 광폭을 조절하였고, 또 트리거 시간을 정하였다. 파형발생기에서 발생된 정현파(sign wave)를 증폭기(power amplifier, INKEL 9312A)와 R-L-C 발진 회로를 통하여 증폭된 신호를 PZT에 가함으로써 셀을 가진시켰다. LED광원의 발광 지속 시간은 300 ns으로 하여 현미경으로 확대된 기포의 영상을 CCD (BCS724A, 삼성)로 촬영하여 PC에 내장된 영상분석카드(image analysis card)를 이용, 기포의 영상을 가시화하여 이미지 파일로 저장하였다. 저장된 영상을 이용하여 PC 모니터상에 나타내어 기포 직경의 픽셀 수를 세어 기포의 크기를 측정할 수 있다. 이 시스템의 해상도는 0.92 μm/pixel 이다. 이러한 영상 측정방법은 20μm 간격으로 줄이 그어진유리 슬라이드 판을 이용하여 보정하였다. 이런 측정방법은 10μm 이상의 기포 크기를 측정함에 있어서 약 2% 이하의 오차를 가지고 있다. 시간에 따른 기포 크기의 변화는 광원의 트리거 시간을 변화시킴으로써 얻을 수 있었다.

시험셀의 외부에 평행하게 위치한 He-Ne 레이저(632.8 nm, 10 mW)로부터 나오는 빛을 필터링하여 기포에 조사(照射)하고 이 기포로부터의 산란강도를 PMT(Hamamatsu, R2027)로 측정하였다. 산란된 강도와 기포 반경 사이의 관계를 얻기 위하여 산란각는 80°로 정하였다. Fig. 56에서 나타난 바와 같이 기포가 거동하는 동안 55±0.4° 에서 산란강도를 측정해 보면, 80±0.4° 에서 측정할 경우 기포 크기에 따라 일 대 일 대응되는 산란강도 변화가 나타나는 것과는[80] 달리 여러 개의 분리된 peak가 나타남을 알 수 있다. 80°의 산란각에서 측정할 경우 Mie 산란이론에 의한 계산 결과는 기포의 반경이 클수록 미세 구조(분리된 peak)가 분명히 나타나고 있다. 따라서 유한한(finite) 입체각에서 산란된 빛을 수광하면 Mie 산란 이론의 미세구조에 의한 오차를 줄일 수 있다. 실제로 80°근처의 유한한 입체각으로 수광하면 이런 오차의 제거가 가능하다. 이 계산에서 사용된 비례지수값 0.5는 식 (7-181)에서 나타난 바와 같이 Mie 산란이론에서 얻은 기포 반경과 산란강도 사이의 상관관계를 정확하게 표현하고 있음을 Fig. 57에서 알 수 있다. 이 그림에서 볼 수 있는 바와 같이 기포 반경이 서서히 증가하면, 이에 따라 산란강도 또한 증가한다는 사실에 근거를 두고 모든 실험은 80° 근처에서 수광하였다. 본 연구에서 사용된 가진 음파의 주파수와 진폭은 각각 약 38.67 kHz, 1.36 atm이다. 기포가 SL을 현상을 나타내고 있을 때는 매우 안정적인 기포의 진동에 기인하여 매 주기마다 똑같은 형태의 변화를 갖기 때문에 순간적인 기포의 영상을 쉽게 얻을 수 있다. CCD의 셔터 속도는 1/60 초로 정해있어 기포거동의 다른 주기로부터 얻은 매 한 장면에는 645 개의 기포 영상이 겹쳐서 된 것이다. 또한 기포로부터의 산란강도는 20번 주기의 측정값을 평균하여 얻어진 것이다. 우선 CCD로 직접 촬영을 통해 시간변화에 따른 영상을 얻은 후 광산란 실험을 동일한 조건에서 수행하였다.

Mie 산란이론을 이용하여 구형의 기포의 크기를 측정하려는 노력은 여러 번 시도되었다[81]. 하지만 이 실험에서 가장 큰 문제는 산란강도와 기포 크기와의 상관관계를 확실히 정하기 위하여 필요한 실험 데이터에 대한 보정(calibration)문제이다. 위에서 기술한 바와 같이 빛을 발산하는 기포는 그 거동이 대단히 안정하다는 사실을 이용, 광산란법과 직접촬영법으로 초음파장에서 진동하는 기포의 시간에 따른 반경을 정확히 측정할 수 있었다.

가진 음파의 주파수와 세기가 각각 약 38.67 kHz, 1.36 atm 일 때의 기포에 대하여 산란법과 직접 촬영으로부터 얻어진 시간에 따른 기포 반경의 변화를 Fig. 58에 나타내었으며, 이 때 SL이 발하고 있는 기포의 시간에 대한 크기 변화를 CCD로 촬영한 결과가 Fig. 59에 주어져 있다. 광산란법으로부터 얻어진 데이터를 기포 반경이 최대가 될 때를 기준으로 보정하였고, $R(t) \propto [V(R=0) - V(t)]^x$ 인 식으로 곡선맞춤하였다. 여기서 x는 비례지수로서 0.45를 사용하였다. PMT의 신호 $V(t)$는 laser와 PMT가 켜져 있지만 기포가 없을 때의 배경신호(background signal)인 $V(R=0)$로 보정하였다. 한 점에서 실험값에 의해 보정을 하고 x 값을 적절히 정함으로써 광산란법으로부터 얻어진 데이터를 이용하여 시간에 따른 기포 반경의 변화를 잘 나타내 줄 수 있다는 것을 Fig. 58은 보여주고 있다. 그러나 평형기포 반경에서 보정을 하고 x값을 임의

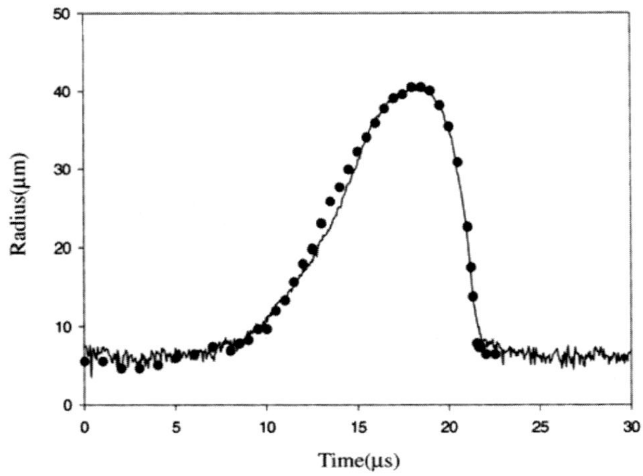

Fig. 58 Radius versus time for one cycle of bubble oscillations, obtained from CCD camera(·) and light scattering data(−).

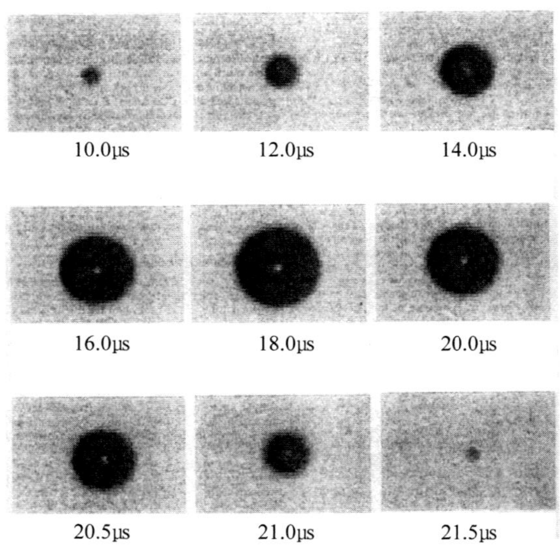

Fig. 59 Snapshot images of oscillating bubble with SL, shown in Fig. 58

로 정하면 매우 다른 최대 반경이 얻어질 수도 있다. 이 때 평형 기포 반경의 결정은 이론적인 계산만으로는 결정할 수 없다.

Hansen[80]은 상승속도법(rise-velocity mehtod)이 Mie의 이론에 의한 기포 반경의 값보다 10 % 작은 값으로 나타난다는 것을 밝힌 바 있다. 따라서 Hansen은 상승속도법에 의하여 측정된 기포 반경값을 10 % 만큼 이동함으로써 Mie의 산란이론 곡선과 맞출 수 있었다. 그리고 단일기포의 정확한 측정은 Mie의 산란법을 이용하여 얻을 수 있다고 결론내렸다. 그러나 산란강도의 측정값은 사용된 광학장치나 광학장치들의 정확한 배열에 매우 민감하게 영향을 받아 반드시 최소한 한 점에서 보정을 해야만 된다는 것을 본 실험을 통하여 알았다. 광산란 실험에서 오차를 야기시키는 것 중 하나는 전압측정과 전기적 잡음이라고 추정할 수 있다.

7.11.5 기포의 안정성과 선택적 갈래현상

기포벽의 운동을 나타내는 Rayleigh 식이나 기포벽의 운동에 있어서 유체의 압축성 효과를 고려한 Keller-Miksis[36]에 의한 식은 전형적인 비선형방정식이다. 이에 대한 이론적인 연구는 Lauterborn[82]에 의하여 자세히 이루어졌다. 하지만 이런 연구에 있어서 초음파의 가진주파수를 제어변수로 하여 도출된 결과를 실험적으로 검증하는 것은 대단히 어려운 일이다. 왜냐 하면 미소 기포를 초음파를 이용하여 부유시키는 경우 용기의 크기에 따라 가진 주파수가 결정되기 때문이다. 본 실험에 있어서는 가진압력을 제어변수로 하여 초음파장에서 진동하는 기포의 거동을 광산란 방법을 이용하여 조사한 결과 절대적인 안정상태이고 SL를 수반하는 경우까지의 천이과정을 밝힐 수 있었다.

실험은 광산란법을 이용하여 시간에 따른 기포의 반경을 측정하였고 이를 $U-R$ 평면에 나타내었다. 또한 기포거동을 Fourier spectrum으로 나타내었다. $U-R$ 평면에 투영된 그림은 기포의 거동이 정상상태에 도달했을 때 가진 음파의 주기에 따른 기포 진동에 관해 보다 쉽게 그 특징을 보여준다. 초음파의 주파수를 일정하게(28.835 kHz) 유지한 상태에서 가진 압력을 증가시키면서 실험한 결과가 Fig. 60부터 나와 있다. Fig. 60에서 Fig. 67까지의 (a)번은 $R-t$ 평면에 (b)번은 $U-R$ 평면에 투영된 그림에 나타내었다. 이 때, 기포의 반경 측정시 PMT에 가해졌던 전압은 -712 voltages

였다. 여기서 Fig. 60는 가진압력이 낮은 $P_A = 1.04$ atm 에서 기포의 거동을 $R-t$ 평면이나 $U-R$ 평면에 그래프로 나타낸 것인데 가진 주파수가 한 번의 주기를 갖는 동안 기포는 한 번의 loop를 갖지만 상당히 불안정함을 알 수 있다. 그러나, 압력을 좀 더 높여가면 Fig. 61에 보여지는 $P_A = 1.06$ atm 에서는 2번의 loop를 나타나는 징후가 관찰되었고 Fig. 62에 보여진 $P_A = 1.08$ atm 에서는 한 번의 주기 동안 기포는 2번의 loop를 나타낸다. 점점 더 가진 압력을 높여가면 Fig. 63, 64, 65에서 보는 바와 같이 가진 압력 1.10 atm에서는 기포는 3번, 1.12 atm 에서는 4번 1.15 atm에서는 5번의 loop를 그리며 거동하고 있음을 알 수 있다. Fig. 66에서는 가진 압력 $P_A = 1.20$ atm 와 $R_0 = 3.2\mu$m 인 경우에 시간에 따른 반경의 변화와 이를 U-R 평면에 나타낸 것이다. SL이 보이지 않은 상태이고, 기포 초기 반경에 따라서는 약간의 차이는 있지만 SL이 발생하기 바로 전 단계인 가진 압력에서 기포는 안정된 모습을 보이고 있다. 초기 반경에 따라 R_m/R_o(단 R_m은 최대반경)의 차이가 나타나고, 이 비가 더 큰 경우에는 조금 더 안정된 형태를 나타내고 있다. Fig. 67에는 SL이 있을 때의 기포거동을 나타내었다. 첫 번째의 급격한 수축 후 빛의 발생으로 두 번째 되뛤 이후 기포벽의 속도가 아주 작음을 알 수 있고 SL이 발생되지 않을 때와 비교해보면 기포의 거동은 더욱 안정되어 있음을 확인할 수 있다. 특기 할만한 일은 기포의 거동이 가진압력을 높일수록 "loop"이 하나씩 더 생겨남을 알 수 있는데 이는 "loop"이 2개씩 더 생겨나는 "periodic doubling"현상과는 다름을 알 수 있다.

위에 기술한 데이터를 이용하여 기포 거동의 압력 변화에 따른 양상을 관찰하기 위해 가진 압력을 제어변수로 하는 P_A - bifurcation을 Fig. 68에 나타내었다. 그림에서 보는 바와 같이 R_{peak}/R_o 가 작은 곳에서 한 번 갈래가 일어난 후 다시 그 가지들의 더 낮은 쪽에서 갈래가 일어나는, 다시 말해 R_{peak}/R_o가 작은 값을 갖는 부분에서만 갈래가 일어나는 선택적 갈래현상이 일어남을 알 수 있다. 또한 이러한 선택적 갈래현상에 의해 기포의 거동은 점점 안정화 되어가고 있음도 확인할 수 있다. Fig. 69에는 식 (7-5)에 정의된 바 있는 완화시간을 기포의 평형반경 및 가진주파수에 따라 적절히 취하여 얻어진 기포거동을 Figs. 64, 65에 나와 있는 실험결과와 비슷하게 재현한 것이 나타나 있다. 이 그림에서 볼 수 있듯이 가진음파에 대한 기포의 완화적 거동이 분명히 나타남을 알 수 있다.

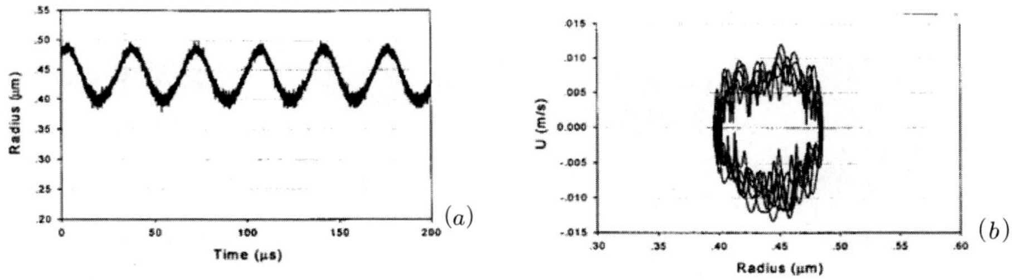

Fig. 60 (a) Radius–time curve of bubble oscillation for $R_o = 0.4$ μm at $P_A = 1.04$ atm with $f = 28.835$ kHz. (b) Projection of periodic motion shown in (a) into U–R plane.

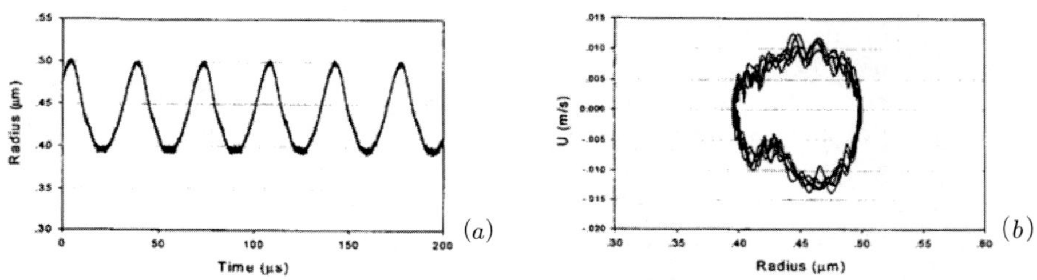

Fig. 61 (a) Radius–time curve of bubble oscillation for $R_o = 0.4$ μm at $P_A = 1.06$ atm with $f = 28.835$ kHz. (b) Projection of periodic motion shown in (a) into U–R plane.

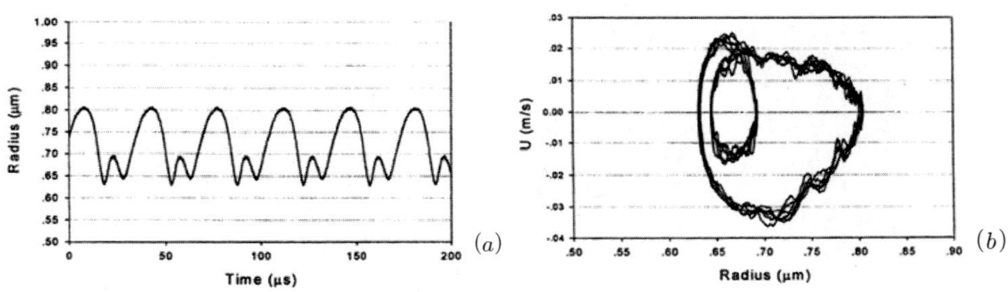

Fig. 62 (a) Radius–time curve of bubble oscillation for $R_o = 0.65$ μm at $P_A = 1.08$ atm with $f = 28.835$ kHz. (b) Projection of periodic motion shown in (a) into U–R plane.

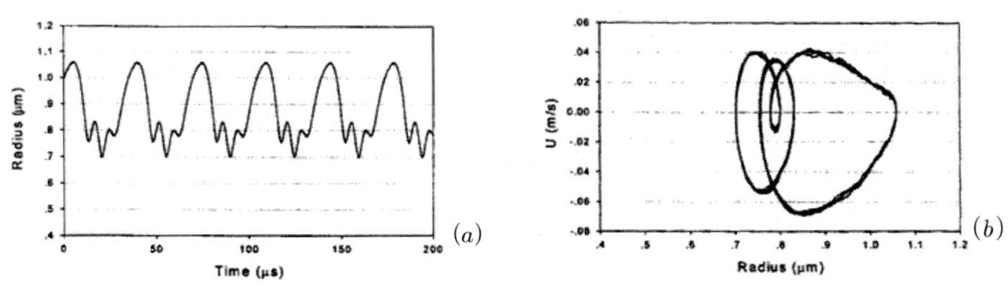

Fig. 63 (a) Radius–time curve of bubble oscillation for $R_o = 0.8$ μm at $P_A = 1.10$ atm with $f = 28.835$ kHz. (b) Projection of periodic motion shown in (a) into U–R plane.

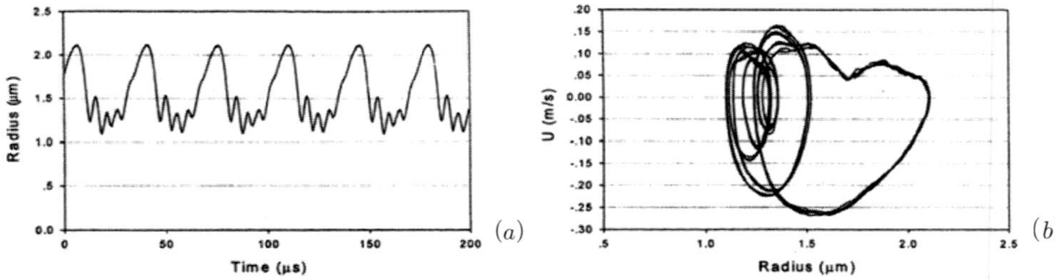

Fig. 64 (a) Radius–time curve of bubble oscillation for $R_o = 1.3$ μm at $P_A = 1.12$ atm with $f = 28.835$ kHz. (b) Projection of periodic motion shown in (a) into U–R plane.

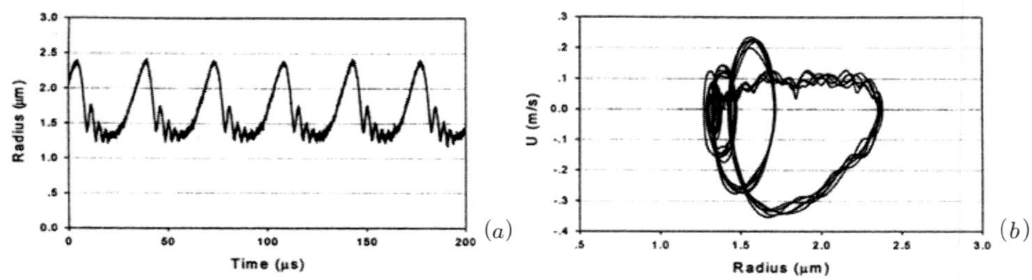

Fig. 65 (a) Radius–time curve of bubble oscillation for $R_o = 1.4$ μm at $P_A = 1.15$ atm with $f = 28.835$ kHz. (b) Projection of periodic motion shown in (a) into U–R plane.

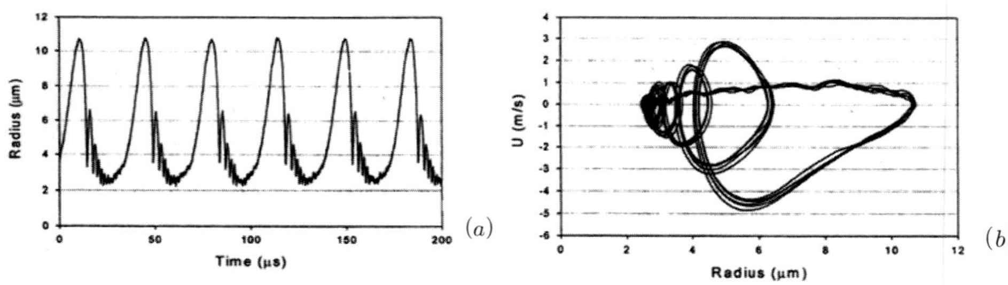

Fig. 66 (a) Radius–time curve of bubble oscillation for $R_o = 3.2$ μm at $P_A = 1.20$ atm with $f = 28.835$ kHz. (b) Projection of periodic motion shown in (a) into U–R plane.

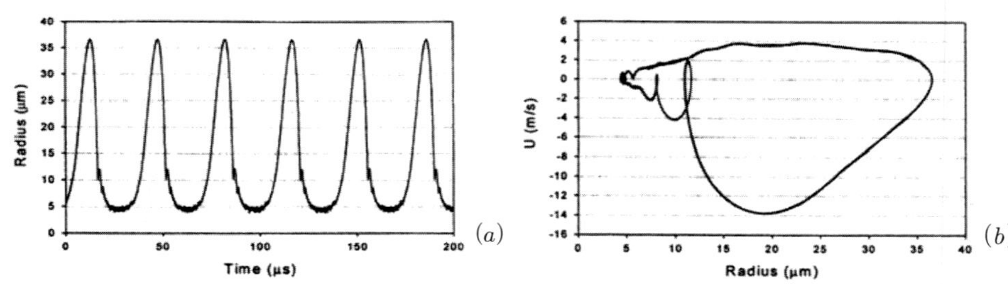

Fig. 67 (a) Radius–time curve of bubble oscillation for $R_o = 5.4$ μm at $P_A = 1.37$ atm with $f = 28.835$ kHz. (b) Projection of periodic motion shown in (a) into U–R plane.

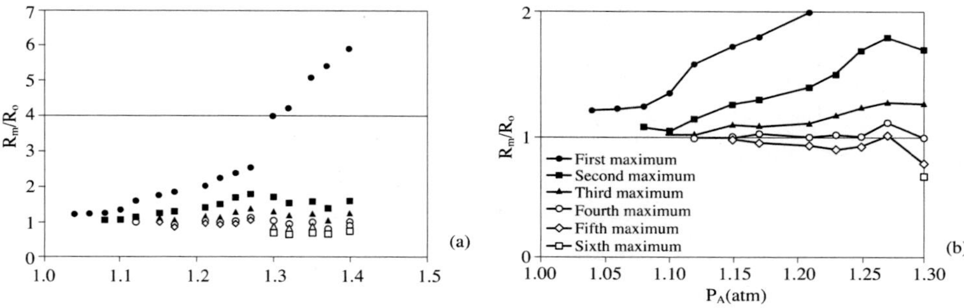

Fig. 68 (a) A P_A -bifurcation diagram. (b) Enlarged view of (a).

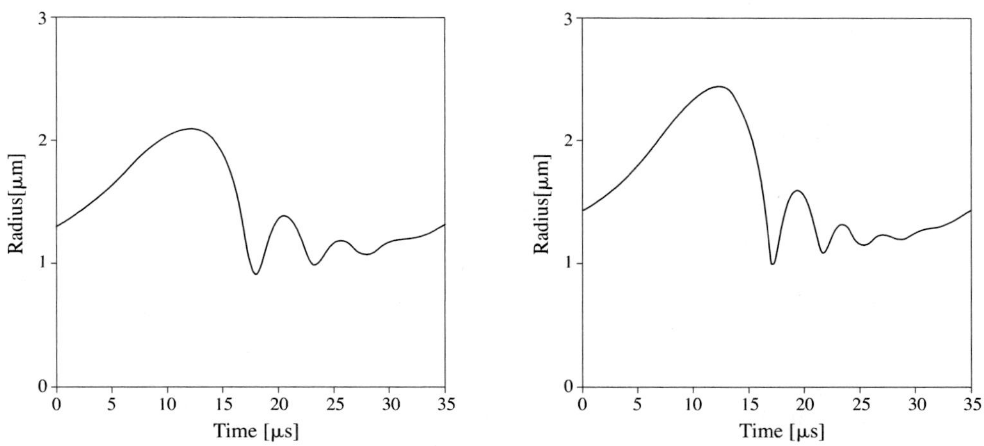

(a) (b)

Fig. 69 Radius–time curve for the air bubble shown in Fig. 65 with a relaxation time of 0.87 $\mu s\,(a)$ and for the air bubble shown in Fig. 66 with a relaxtion time of 1.94 $\mu s\,(b)$.

7.11.6 SL 스펙트럼 측정

SL의 스펙트럼 측정 장치는 Fig. 70에 보여지는 바와 같이 SL을 받아 각 파장에 해당되는 빛의 강도를 측정할 수 있는 monochrometer이다. 실험에서 사용된 monochrometer는 Czerny-Turner 광학 배열을 사용한 Acton-Research 사의 Spectra-Pro 275이다. 이 monochrometer는 반경이 75 mm, 초점거리가 275 mm인 오목 거울을 사용하며 입사광이 들어가는 슬릿은 0.01 mm부터 3 mm까지 손으로 조작할 수 있다. 회절 격자의 회전은 IEEE488(GRIB)를 이용하여 외부에서 컴퓨터로 제어한다. 실리더형 시험셀 내부의 용액을 냉각하기 위해 가로 105 mm, 세로 120 mm 높이 150 mm의 알루미늄 프레임의 직육면체의 두 옆면은 냉각수가 흐르게 제작하였고, 한 면은 석영유리를 달아 SL 빛이 잘 통과하게 하였다. 이 냉각장치는 시험 셀 내부 용액을 5℃까지 냉각할 수 있다. Fig. 70에서 볼 수 있는 바와 같이 SL에서 나온 빛은 초점거리가 250 mm인 포물면 거울을 통해 monochrometer로 들어가게 되어 있다. 이 장치를 통해 대략 SL에서 나오는 빛의 1/200을 색수차 없이 집광할 수 있다.

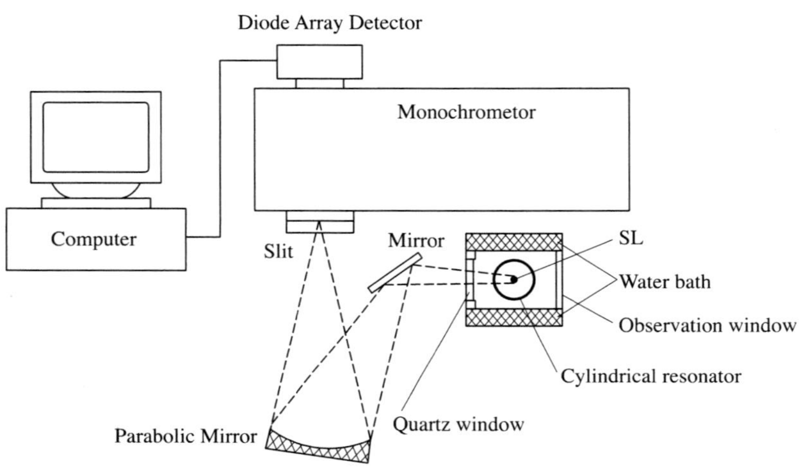

Fig. 70 Experimental apparatus for spectrum measurement of sonoluminescence.

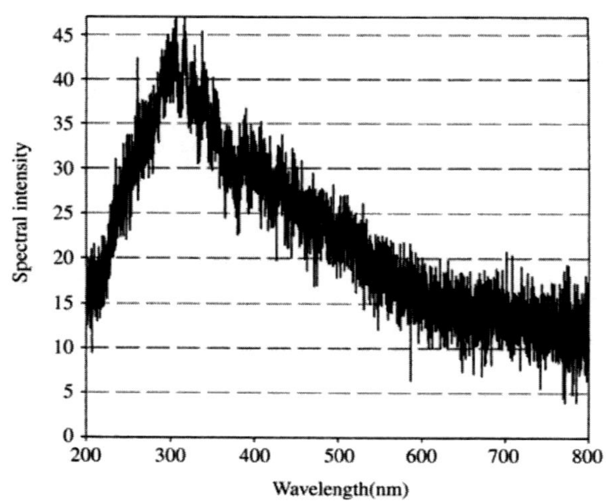

Fig. 71 Raw data for the SL spectral intensity measured with 0.0772 μm interval for air bubble at 10℃.

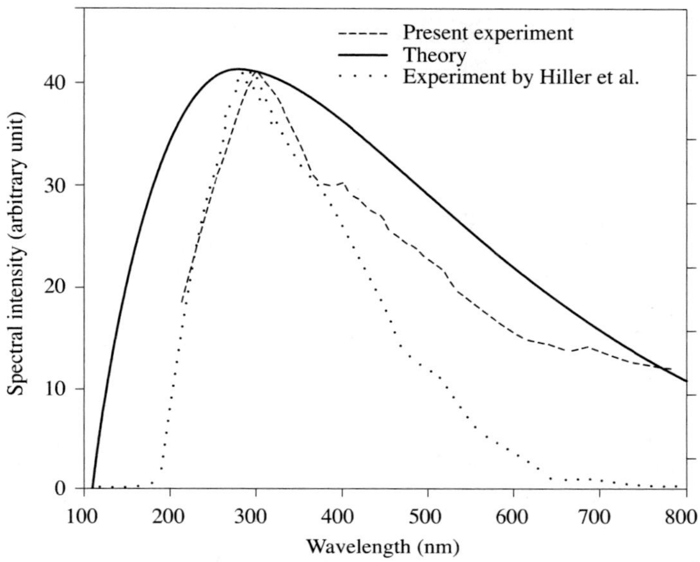

FIg. 72 Calculated data and experimental data for the spectral intensity of SL from an air bubble at 10℃.

Fig. 70에는 10℃물 용액 내에 있는 공기기포와 수축시 나오는 스펙트럼 강도가 나와 있다. 수집한 신호가 요동이 심한 것을 알 수 있으나 적절한 평균방법을 사용해 데이터를 처리하면 Fig. 71에서 주어진 바와 같은 비교적 원할한 데이터를 얻을 수 있다.

Fig. 72에는 식 (7-135)를 이용하여 얻은 이론 값과 10℃에서 얻은 스펙트럼의 실험치가 Hiller 등[21]의 실험치와 함께 실려 있다. 이론값은 기포의 평형반경이 4.5μm 초음파의 가진주파수와 압력이 각각 38.6 kHz, 1.44 atm인 경우에 얻은 것이다. 이 경우 기포 수축시 기포 중심의 가스 온도는 34000K로 스펙트럼의 최대치는 280 nm에서 나오며 이때 스펙트럼의 강도는 4.0×10^{-9} W/mm로 Hiller[83]의 실험치와 상당히 잘 일치한다. 식 (7-138)을 이용해 구한 전 파장에 걸친 방사에너지는 1.61 mW 정도 이다. 그림에서 확인할 수 있는 바와 같이 긴 파장대 내에서는 실험치와 이론치가 잘 일치하고 파장에 따라 $1/\lambda^{2.5}$ 에 비례하며 스펙트럼 강도가 감소하는 것을 알 수 있다. 하지만 300 nm 이하의 파장대에서 실험치와 이론치가 상이한 것은 물이 이 파장대의 빛을 상당히 흡수하기 때문이다. Fig. 73에는 20℃에서 얻은 스펙트럼 강도의 이론치와 실험치가 Hiller 등[21]의 실험치와 함께 나타나 있다. 이 때에도 거의 같은 형체의 파장에 따른 스펙트

럼 강도를 얻을 수 있었으나 그 강도는 반 이하로 줄어듬을 확인할 수 있다.

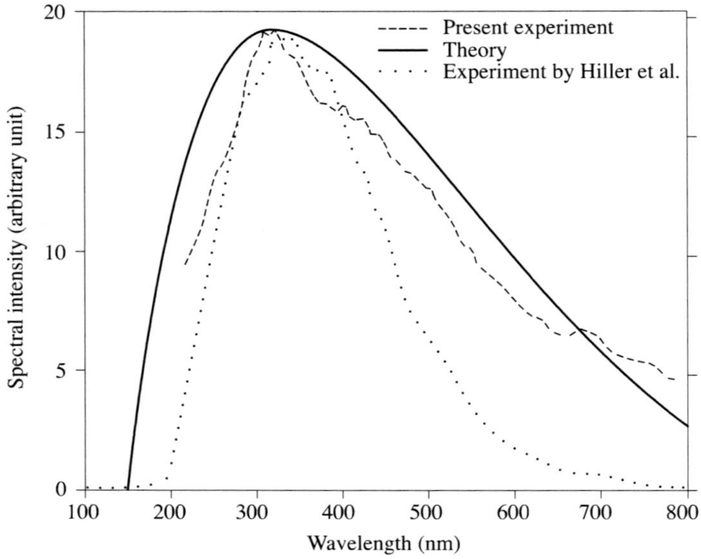

Fig. 73 Calculated data and experimental data for the spectral intensity of SL from an air bubble at 20℃. The experimental data by Hiller et al(1992) were measured at 22℃.

7.11.7 SL 발생시 충격파 측정

SL 발생시 기포벽의 급격한 가속에 의해 기포벽 밖으로 향하는 충격파의 측정에 관한 실험의 개략도가 Fig. 74에 나와 있다. 수축하는 기포로부터의 음향방사는 보정된 니들 하이드로폰(needle hydrophone, MH28-4, Generex Co.)을 이용하여 측정하였고, 니들 하이드로폰과 기포 중심과의 거리는 니들 하이드로 폰에 부착된 3D 트래버스(traverse)를 이용하여 조절하였다. 하이드로폰으로부터의 신호는 20 GHz 디지털 오실로스코프(11 801C, Tektronix)를 통하여 처리하였다.

Fig. 75에는 기포 수축시 발생한 충격파를 기포 중심으로부터 3 mm, 4 mm, 5 mm 떨어진 시점에서 측정한 것이 나와 있다. 이 그림으로부터 충격파의 전파 시간에 대하여 계산된 것과 측정된 것을 비교하여 보면, 기포 중심으로부터 약 4 mm 떨어진 지점에서 충격파가 나타난 지점의 시간이 58.02 μs 이며, 기포의 중심으로부터 5 mm 떨어진 곳에서 충격파의 최대치가 나타난 지점의 시간은 58.63 μs이다. 즉, 1 mm의

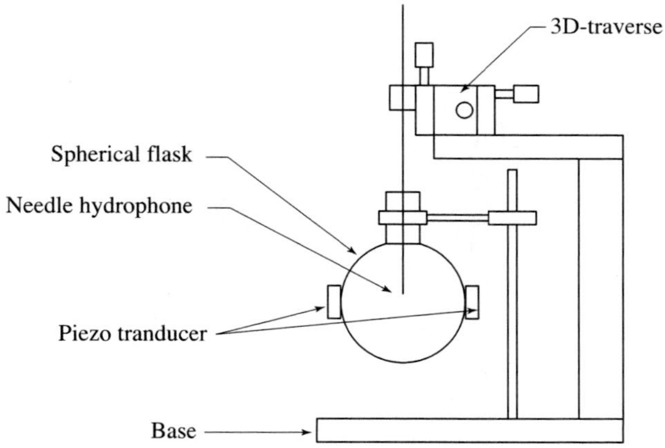

Fig. 74 Schematic diagram of the apparatus.

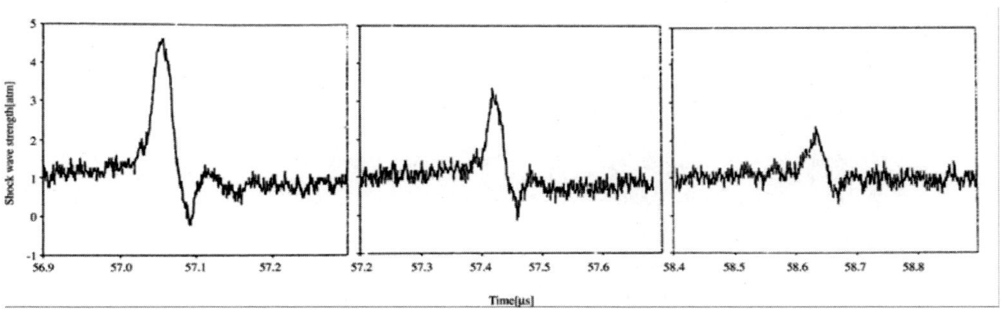

Fig. 75 Shock profile measured at 3, 4 and 5 mm from the bubble center.

거리를 충격파가 전파되어지는데 걸리는 시간은 0.61 μs이다. 충격파가 전파되어지는 시간이 계산된 Fig. 75으로부터 충격파가 1 mm를 전파되어 가는데 걸리는 시간을 계산하여 보면 0.673 μs이다. 따라서 실험으로 충격파를 측정한 경우, 하이드로폰의 위치가 정확하지 못하다는 것을 알 수 있다.

하지만 Fig. 75에서 볼 수 있는 바와 같이 거리에 따른 충격파의 강도변화는 그 크기가 거리에 반비례하며 변화하는 구형파임을 확인할 수 있다.

Fig. 76에는 충격파가 기포의 중심으로부터 1 mm 떨어져 있을 때 니들 하이드로폰으로 측정된 충격파의 크기와 계산되어진 크기를 비교하여 나타내었다. 충격파의 크기는 계산된 값이 약 7.3 atm, 측정된 값은 약 6.5 atm으로 이론적으로 계산된 값과 잘 일치하고 있음을 알 수 있다. 충격파의 상승시간(rise time)은 계산된 값에서는 약

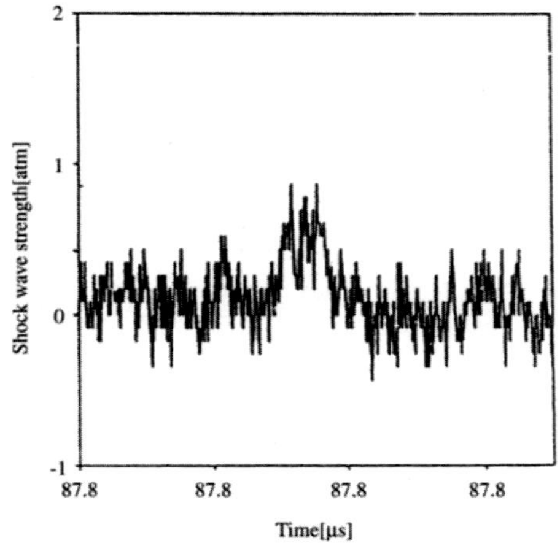

Fig. 76 Pressure wave measured at 2 mm from the bubble center for the nonsonoluminescing case.

5~7 ns 인데 반하여, 실험에서는 약 12 ns 정도로 측정되었다[84]. 상승시간의 측정에 있어서 이론치보다 측정치가 길게 나타난 것은 상승시간의 측정이 측정시스템의 띠폭(bandwidth)과 관계되기 때문이다[85]. 충격파의 반높이나비값도 계산값 10 ns보다 긴 33 ns 정도임을 알 수 있다. 따라서 기포 수축시 기포벽 밖으로 향하는 충격파는 수축시 기포벽에서 기포 중심으로 향하는 충격파가 기포의 중심에서 반사하여 기포 밖으로 나오는 것이 아니라 기포벽의 급격한 수축에 의하여 기포벽 밖으로

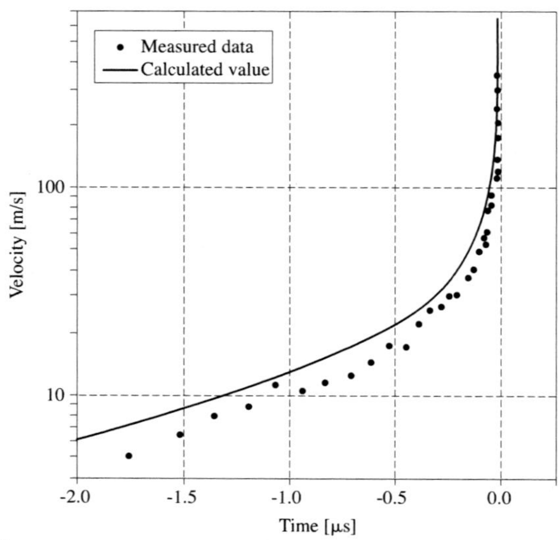

Fig. 77 Measured(Delgadino and Bonetto), and calculated bubble wall velocity for air bubble of $R_o = 4.5\ \mu\text{m}$ at $P_a = 1.32\ \text{atm}$ and $f = 26.5\ \text{kHz}$ near the bubble collapse.

향하는 내파임을 알 수 있다. 사실 이론적으로 기포벽의 급격한 수축에 의하여 기포벽에서 기포 중심으로 향하는 파는 충격파라기 보다 그 강도가 훨씬 약한 압력파임이 밝혀졌다[86]. 하지만 Fig. 76에서 볼 수 있는 바와 같이 빛을 발산하지 않는 기포의 경우는 파의 강도가 상당히 작게 나타나고 있음을 알 수 있다. Fig. 77에는 기포수축시 기포벽의 속도에 대한 측정치와 계산치가 나와 있다. 우리의 모델로 계산한 속도는 측정치보다 크나 비교적 잘 맞고 있지만 Rayleigh-Plesset 식으로 계산한 속도는 음속보다도 훨씬 크게 나온다. 이와 같은 결과는 7장 2절에서 논의한 바와 같이 수치계산할 때 가진 주파수의 특성시간과 기포거동의 특성시간을 같게 취함으로써 발생되는 인조공진에 의해서이다.

7.11 .8 SL의 펄스 폭 측정

본 절에서는 여러 가지 용액에서의 SL가스 기포에 대한 빛의 펄스 폭을 시간상관 단일광자 계수법(Time-Correlated Single-Photon Counting: TC/SPC) 방법을 이용하여 [87]측정하는 것을 기술하고자 한다. 시간상관 단일광자 계수법 기술은 매우 짧은 (picosecond 범위) 광 펄스의 폭을 측정하는 기술로 형광물질의 감쇄시간(decay time)을 측정하기 위해 개발되었다. 이 기술의 근거는 반복률은 높지만 빛의 강도가 매우 약한 경우, 하나의 신호주기 중 하나의 광자를 감지할 확률이 매우 낮다는 점을 이용하는 것이다. 즉, Photomultiplier tube (PMT)와 같은 광자감지기 (photon detector)가 하나의 펄스주기에 하나의 광자만을 감지하도록 필터를 사용하거나 감도를 적절히 조정해놓으면, 매 주기마다 하나 또는 0개의 광자를 감지하게 되는데, 이렇게 광자가 감지되었을 때 상응하는 시간의 메모리에 1을 더하고 이 과정을 수없이 많이 반복하게 되면 광자가 많이 나오는 사간에는 광자가 검출될 횟수가 많게 되므로 Fig. 78과 같이 시간에 따른 펄스모양을 재구성할 수 있게 되는 것이다.

Figure 79는 SL의 펄스 폭 측정을 위한 장비를 구성한 것을 보여주고 있다. SL 기포의 광원의 일부가 하나의PMT(MCP-PMT #2 in Fig. 1, Hamamatsu R3809U-50)에 감지가 되어 Time to amplitude converter(TAC)의 시작(start) 신호로 보내지면 전자장치의 시스템은 측정할 준비를 한다. 한편 SL에 나오는 하나의 광자가 다른 PMT로 감지하여 TAC의 정지(stop) 신호로 입력된다. TAC은 시작신호가 입력된 시점부터 전압을 증가시키기 시작해서 정지신호가 입력되면 시간이 전압 (진폭)으로 변환된 신호를

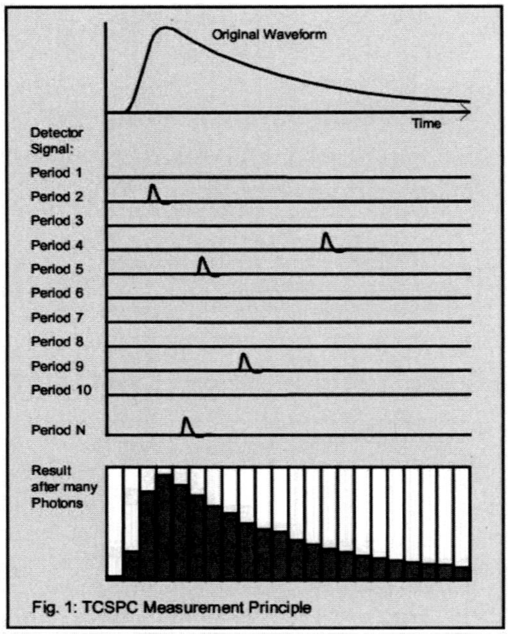

Fig. 78 General principle of time-correlated single photon counting (From reference 87).

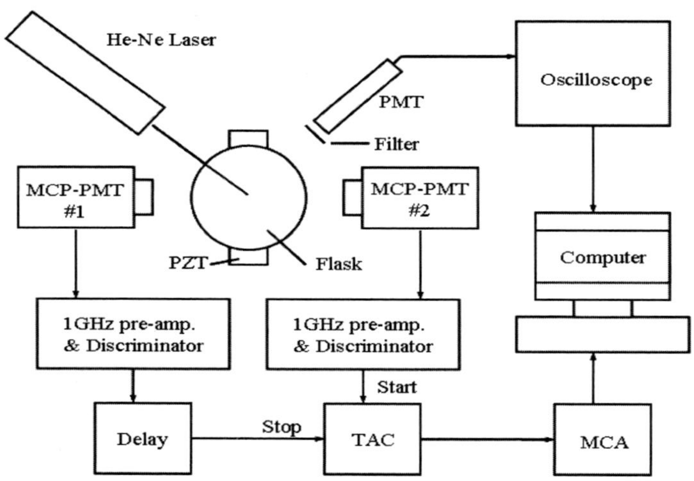

Fig. 79 Experimental setup for time-correlated single-photon counting (TC/SPC) and light scattering.

MCA(Multichannel Analyser)를 통해 컴퓨터로 전송한다. 이러한 과정을 무수히 많이 반복하여 컴퓨터에서는 전용 소프트웨어로 펄스를 재구성한다. 이렇게 측정된 펄스의 반높이나비을 계산함으로써 빛의 펄스 폭을 알아낼 수 있다 [87]. TCSPC의 시해상도 (time resolution)는 PMT의 출력 펄스 폭에 좌우되는 것이 아니라 Transit time spread (TTS, 전자가 수광 부로부터 PMT의 마지막 단계까지 도달하는 시간의 변동폭)에 좌우된다. 따라서 고속 MCP-PMT인 Hamamatsu R3809U- 50의 경우 25 ps 이하의 시해상도를 갖게 된다. 즉 PMT의 rise time이나 fall time (150ps 이상)에 좌우되지 않기 때문에 상당히 작은 펄스 폭 (50 ps 이하)의 측정이 가능하다.

헌데 실제의 SL의 펄스 폭은 TC/SPC장치가 SL펄스 폭 보다 훨씬 더 짧은 광원에 반응하는 시간, 즉 instrument response function(IRF)을 제거시켜야만 원하는 값을 얻을 수 있다. Figure 80 a는 TC/SPC를 사용하여400nm의 파장대를 갖는 300 fs 레이저 펄스를 측정한 Gompf 등[88]의 데이터이며 값을 다음 식을 이용하여 제거해야만 실제 SL의 펄스 폭을 측정할 수 있다.

$$f \times g = h \qquad (7-183)$$

윗식에서 f는 우리가 얻고자 하는 실제의 SL 기포의 빛이고 g는 장비의 반응 데이터이고 h는 우리가 측정한 실험 결과이다. 이 식을 이용하여 물 내에서 발광하는 기포의

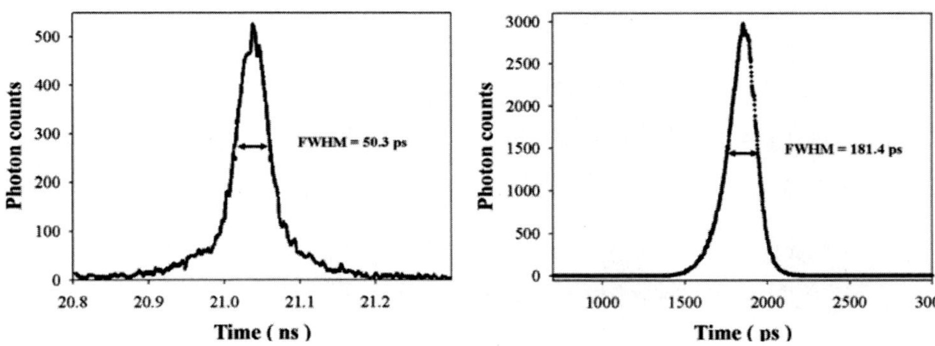

(a) (b)

Fig. 80 Response to a 300 fs, 400 nm laser pulse for the TC/SPC (a) and measured pulse width (b) for an air bubble of Ro = 5 μm in water with an ultrasound frequency of 28.76 kHz and an amplitude of 1.25 atm.

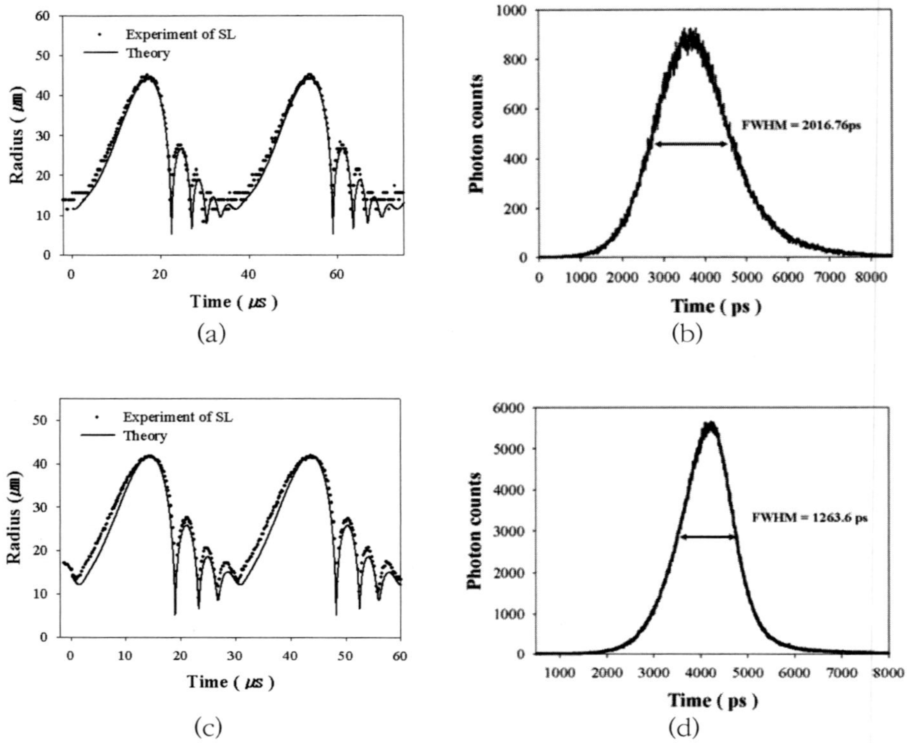

Fig. 81 Measured bubble radius–time curves and pulse widths of xenon bubbles in sulfuric acid solutions with an ultrasound frequency of 27.4 kHz and an amplitude of 1.35 atm (a), FWHM (b) and wth a frequency of 34.2 kHz and an amplitude of 1.40 atm (c), FWHM (d).

펄스 폭이 Fig.80 b에 나와있다.

Figure. 81은 황산 용액에 50 torr의 크세논(Xenon) 가스를 용해한 경우에 생성된 기포에 대해 가진 주파수가 각각 27.4 kHz 와 34.2 kHz 인 초음파 장에서 시간에 따른 기포의 반경과 펄스 폭을 측정한 것이다. 이론과의 실험의 시간에 따른 기포반경의 데이터 비교를 통해서 (a)와 (b)의 경우 평형 반경과 가진 압력을 유추할 수 있는 바 각각 R_o =12 ㎛, P_A =1.35 atm와 R_o =12㎛, P_A =1.40 atm정도가 된다. 또한 기포가 수축 시의 온도, 압력, 기포 반경, 기포 벽의 속도와 펄스폭이 Table 7에 나와 있다. 이 Table에서 황산내에서 기포가 수축 시 기포의 반경이 물 용액일 때 보다는 크다는 것을 알 수 있다. (b)와 (d)는 각 (a)와 (c)일 경우에 측정한 광펄스의 반높이나비이다. (a)는 2.02 ns 이고 (b)는 1.26 ns으로 물 용액 내에서의 SL 반치 폭보다 8 ~ 14배정도

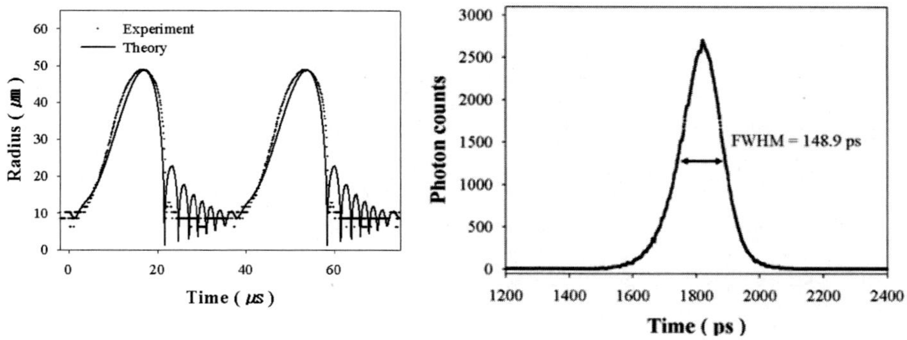

(a) (b)

Fig. 82 Measured bubble radius–time curves and pulse widths of air bubbles in D_2O with an ultrasound frequency of 27.24 kHz and an amplitude of 1.40 atm(a) and FWHM (b).

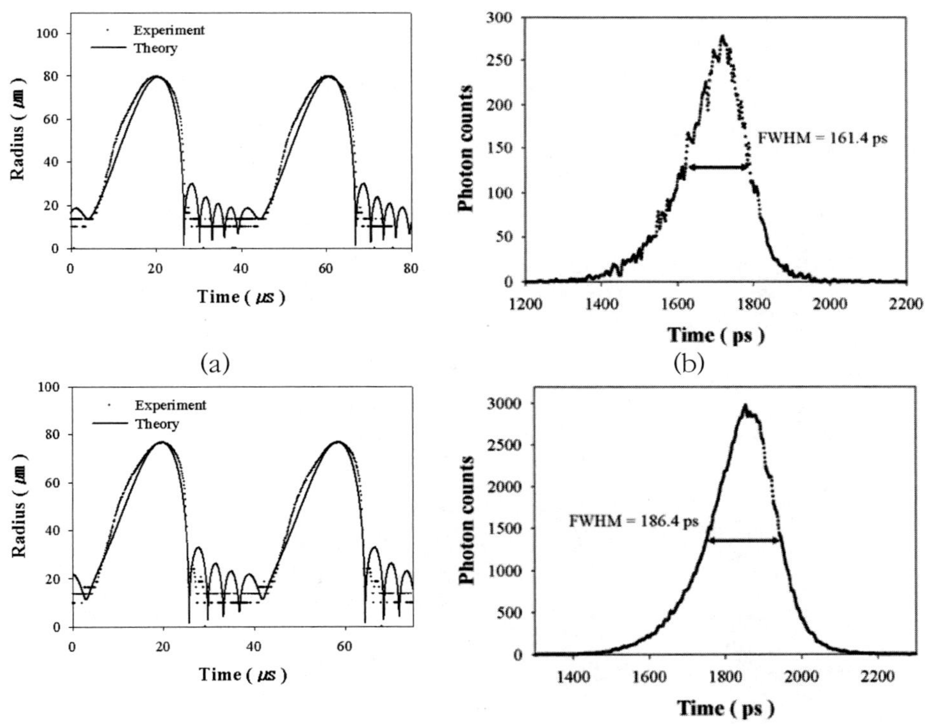

(c) (d)

Fig. 83 Measured bubble radius–time curves and pulse widths of air bubbles in differential concentration of glycerin with water under an ultrasound frequency of 27.8. kHz and an amplitude of 1.5 atm (a), FWHM (b) and at a frequency of 25.79 kHz and an amplitude of 1.40 atm (c). FWHM (d).

길어지는 것을 알 수 있다. 이렇게 발광시간이 긴 경우는 IRF를 고려하지 않고 직접 TC/SPC로 데이터를 받아도 무관하다.

Figure.82는 물과 유사한 상태량을 가진 D_2O용액내에서 발광하는 기포의 시간에 따른 기포의 반경과 광 펄스를 측정한 것이다. 시간에 따른 기포의 반경에 대한 이론치와 실험 데이터의 비교를 통해서 평형반경과 가진 압력이 각각 R_o=7 μm와 P_A=1.40 atm인 것을 알았다. D_2O용액내에서 발광하는 기포는 그 수축 시 반경은 물과 유사한 0.9㎛이었으며 측정한 발광 펄스 폭은 물의 경우와 비슷한 값인 148.9 ps를 얻었다.

Figure. 83은 글리세린(glycerin)과 물의 혼합용액일 때의 빛을 발산하는 기포에 대한 시간에 따른 기포 반경의 변화와 광 펄스의 반높이나비이다. 황산과 물의 혼합용액은 물보다 비중과 점성이 크고 다른 상태량도 차이가 나기 때문에 실험결과를 비교를 했다. (a)와 (c)를 통해서 기포의 최대 반경의 차이를 볼 수 있다. (a)의 경우 기포 수축 시 속도와 가속도는 각각 1066 m/s 와 2×10^{12} m/s^2이고 (c)의 경우는 1000 m/s 와 2×10^{12} m/s^2이다. 이는 물 용액 내에서 빛을 발산하는 기포의 경우 수축 시 기포벽의 속도 800 m/s보다는 큰 값이고 그 때의 가속도 3.24×10^{12} m/s^2보다는 작은 값이다. 하지만 (b)와 (d)를 보면 펄스 폭의 값은 비슷한 것을 볼 수 있다. 이는 기포의 거동은 가진 주파수, 진폭 그리고 용액에 영향을 받지만 펄스 폭은 Table 7에서 볼 수 있듯이 SL기포를 이루는 기체의 종류와 수축 시 기포의 최소 반경 크기에 영향을 받는 것을 알 수 있다.

| Table 7 | Estimated thermal properties, bubble radius, wall velocity at the collapse point, and the measured and calculated pulse widths for an SL bubble for various ultrasound frequencies and amplitudes in various gas-solution combinations.

Conditions for SL		Estimated properties at the collapse point			
Gas / solution	Ultrasound frequency (kHz) / amplitude (atm)	Peak temperature (K) / pressure (atm)	Bubble radius (μm) / wall velocity (m/s)	Emission mechanism	SL pulse width (measured / calculated)
Air / water	28.76 / 1.25	25000 / 12000	0.62 / 810	(7-143)	181.4 ps/ 190 ps
Air/glycerin (21%)	24.83 / 1.36	39000 / 22000	1.18 / 760	(7-143)	161.4 ps / 375 ps
Xenon/sulfuric acid (50Torr)	27.4 / 1.35	8300 / 400	5.10 / 67.0	(7-144)	2.02 ps / 3.2 ns

7. 12 Multibubble sonoluminescence (MBSL) 현상과 그 응용

7.12.1 MBSL의 특성

다중기포에 의한 음파발광(MBSL)은 높은 에너지를 가지는 초음파를 조사할 경우 수천개의 기포가 생성되고 그 기포들이 초음파에 동기화되어 팽창 후 수축할 때 빛을 발산하게 된다[89]. 다중기포 음파발광 조건에서의 기포들은 수축 시 기포 벽 주위의 액체에 1000℃, 1000 bar 정도의 고온, 고압의 영역이 생기며, 승온 및 냉각 속도가 10^9 K/s가 되고[90], 기포내부와 이 영역에서 OH 라디칼이 ($OH^{\bullet}$) 형성된다[91, 92]. 이때 생성된 수산화기의 고 반응성으로 인해 유기금속이 산화되고, 물속의 오염물질이 분해되는 고 에너지 화학반응이 가능해진다[90]. 이와 같은 MBSL의 실제적인 응용 중 하나는 MBSL 조건하에서의 기능성 촉매나 새로운 물질을 만들 수 있다는 것이다[93-95]. MBSL 조건에서 Byun 등[96]은 zinc 염을 이용하여 나노 크기의 ZnO를 제조하였으며, ZnO 의 입자 크기는 사용한 용매인 알코올의 탄소 수가 많아질수록 작아지며, T_iO_2에 ZnO를 코팅할 수 있음을 밝혔다. Lee 등[97, 98]은 T_iO_2에 CdS와 ZnS를 균일하게 코팅시켜 core/shell 구조의 나노 입자를 제조하였으며, T_iO_2에 LiOH를 균일하게 코팅하여 리튬 2차 전지의 음극 물질인 $Li_4Ti_5O_{12}$를 제조하였다[99]. 또한, Kim 등[100, 101]은 MBSL 조건에서 산화 알루미늄등 금속산화물 표면에 니켈이 균일하게 코팅된 core/shell 구조의 나노층상 나노 촉매를 제조하였다. 이러한 나노 크기의 촉매를 이용한 메탄의 부분산화 반응[100], 수증기 개질[101] 및 CO_2 개질[102]에서 메탄의 전환율이 약 95 % 이상이었으며, 초기 50시간동안의 반응에도 촉매의 활성 변화가 거의 없어 촉매의 안정성이 우수하다는 것을 확인하였다. 또한 Byun 등은 [103]은 난분해성 염료인 methylene blue를 MBSL 조건에서는 단순 초음파에 의한 분해보다 분해속도가 훨씬 빠르고 그 효율도 높다는 것을 밝혔다.

이러한 다중기포 음파발광을 구현하기 위한 실험장치는 Fig. 84에서 보여주고 있다. 다중기포를 생성하기 위한 에너지원인 초음파 가진을 위해 초음파 발생장치 (sonicator, Misonix S-4000, Misonix Inc., U.S.A.)를 사용하였다. 높은 에너지의 초음파를 조사하기 위하여 horn type의 probe를 사용하였고, probe의 끝은 티타늄 tip을 사용하였다. 반응기는 직경 25 mm, 높이 85 mm인 원통형으로 제작하였으며, 반응기 내부의 압력을 조절하기 위하여 3개의 O-ring이 달려 있는 어댑터를 사용하였다. 반응기 내부의 압력은 아르곤 가스를 이용하여 1.4 ~ 1.5 atm 정도로 유지하였고, 온도는 항온조를 이용하여 25℃로 유지하였다. 이러한 다중기포 음파발광 조건에서 생성된 core/shell 구조의 나노물질 생성과정을 Fig. 86 에서 보여주고 있다[103]. 이러한 다중기포 음파발광 현상을 가시화하기 위하여 벌브기능이 있는 카메라를 이용하여 촬영한 결과, Fig. 85 과 같이 푸른 빛을 방출하는 것을 확인할 수 있었다[103]. 이러한 다중기포 음파 발광의 특성을 파악하기 위하여 Ko와 Kwak [104]은 펄스폭과 기포의 크기 및 속도분포를 측정하였다. 먼저 펄스 폭을 측정하기 위하여 전절에서 기술한 시간상관 단일광자 계수법을 이용하였다. Figure 87은 위상 도플러 기술(Phase-Doppler)를 이용하여 MBSL 조건에서 생성되는 기포들의 크기와 속도를 측정하기 위한 장치이다.

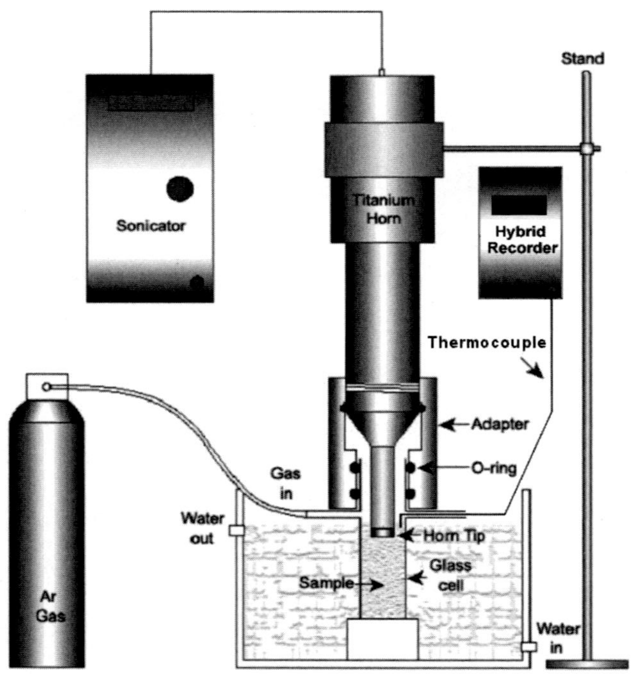

Fig. 84 Experimental set-up for multibubble sonoluminescence.

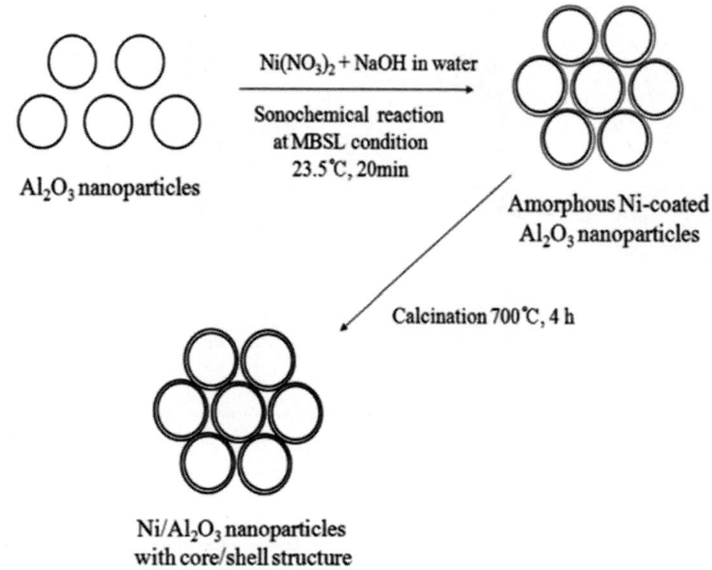

Fig. 85 Three steps method for supported Ni catalysts with a core/shell structure at the MBSL conditions [101].

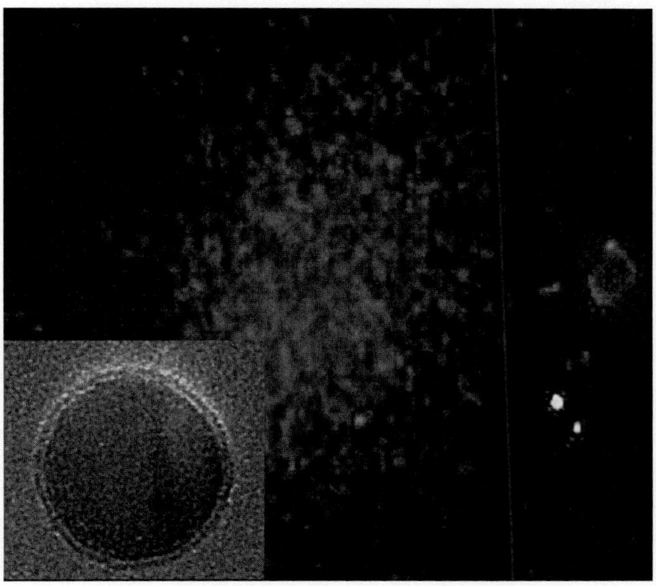

Fig. 86 Sonoluminescence from bubble clouds and core/shell structure synthesized at the MBSL conditions [101, 103].

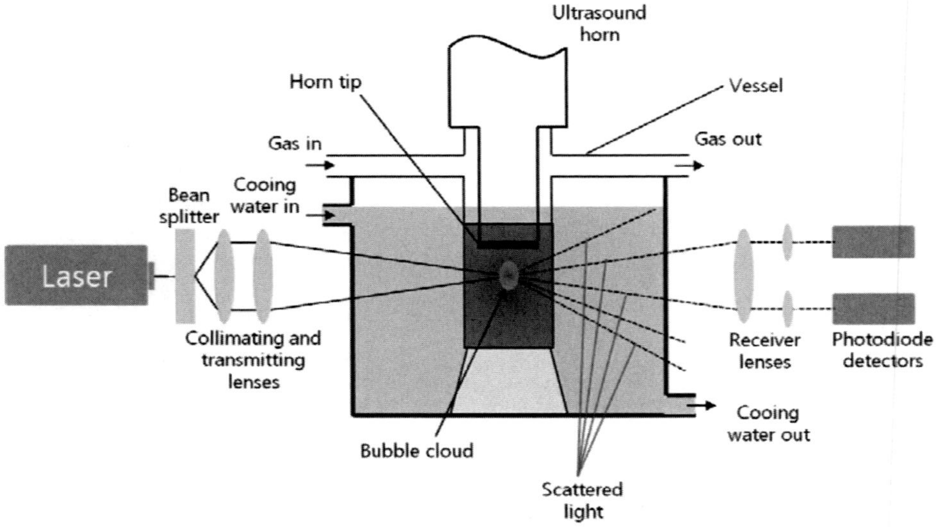

Fig. 87 Schematic diagram of phase-Doppler optical system [104].

캐비테이션의 nuclei의 크기를 위상도플러 기술로 측정할 수 있다는 것은 Tanger 와 Weitendorf [105]의 연구로 입증되었지만, 본격적인 연구에 앞서 재확인을 위해 50 μm 직경의 유리알들을 물속에 넣고 위상-도플러 기술을 이용하여 크기분포를 측정하였다. MBSL 조건에서 생성되어 있는 약 3000~6000 개의 기포들을 초음파의 2~4 주기를 갖는 짧은 시간동안에 측정된 데이터를 계산하여 기포들의 평균 크기와 속도를 얻었다.

Figure 88은 물속에서 MBSL 조건일 때 다중기포의 펄스폭이다. 놀랍게도 기포 운으로부터 측정된 251.9 ps 정도의 펄스폭은 단일기포로부터 측정된 펄스폭과 비슷한 형태임을 알 수 있다. 이것은 조사된 초음파에 기포 운들이 동기화되어 수축하여 빛을 동시에 방출하기 때문이라고 여겨진다. 이 측정결과는 Giri 와 Arakeri [106]가 예측한 것과는 상당히 다르다. 그 들은 다중기포 음파발광 조건에서는 수많은 SL 펄스들이 중첩되어 펄스폭이 길어 질것이라고 생각 하였다.

Figure 89는 SDS(sodium dodecyl sulfate) 수용액의 여러 SDS 농도에 따른 각각의 MBSL 펄스폭을 측정한 결과이다. 0.1 CMC(ciritical micelle concentration)에서 149.1 ps, 0.2 CMC에서 188.3 ps 그리고 0.25 CMC(2.0 mM)에서 201.4 ps의 펄스 폭들이 측정되었다. Figure 90에서 보는 것과 같이 SDS 농도에 따른 펄스 폭의 변화되는 경

향에 대해선 알 수 없지만, SL의 강도는 SDS 농도가 0.2 CMC까지는 증가하고 0.25 CMC까지는 감소하고 있다. 이 결과는 Ashokkumar 등[107]의 결과와 유사하다. 이와

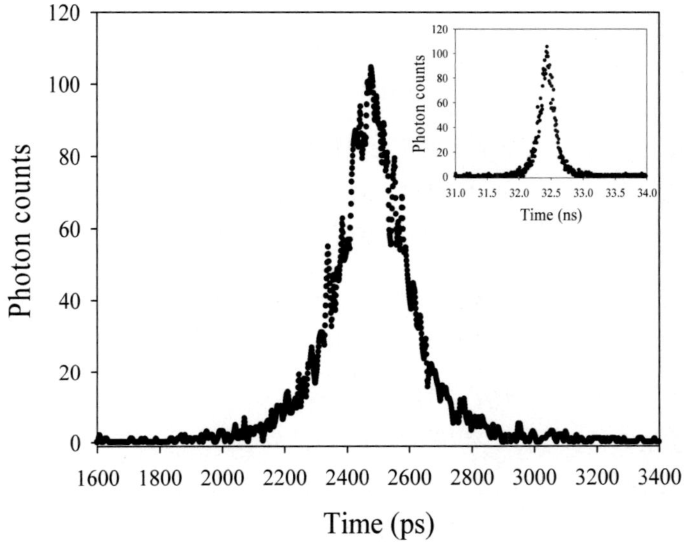

Fig. 88 Measured pulse from an gas bubble cloud in water at the MBSL condition an ultrasound frequency of 20 kHz.

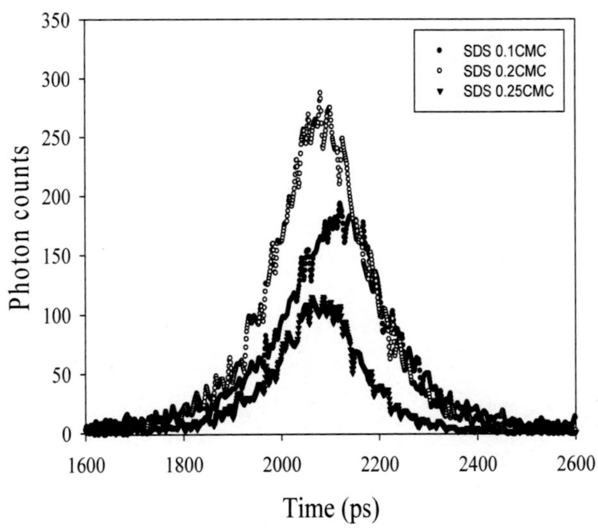

Fig. 89 Measured pulses from gas bubble clouds in water–SDS solution at the MBSL condition depending on concentration of SDS.

같은 결과는 초음파 장에서 형성된 기포/물의 경계 면에 계면활성제가 흡착되는 것[108]이라고 잘 알려져 있다. 마이크론 가스 기포가 형성되면 계면활성제가 외벽에 코팅 될 경우 계면활성제의 얇은 경계층은 마이크로 기포가 더 크게 성장하는데 도움이 되어 더 크게 수축되어 그 수축 점에서 더 밝은 빛이 방출될 것이다. 또한, 두꺼운 계면활성제가 코팅 되면 계면활성제 층에 의한 탄성력 때문에 기포의 압축률이 줄어들게 된다고 예상할 수 있다[109].

Figure 91는 Fig. 3 의 실험 장치에서 물로 채워진 용기 안에 혼팁(horn tip)을 삽입하고 혼팁의 3 mm 아래 부근에서 형성되어있는 아르곤 가스의 기포 크기 분포를 측정한 실험 결과 값이다. 순간적으로 측정된 기포 크기는 그 직경이 11.4 μm ~ 76.8 μm에서 거의 같은 양의 분포를 이루고 있다. 이 실험에서 얻은 평균 직경은 36.4 μm, Sauter mean 직경은 54.8 μm이다. 동일한 조건에서 SDS 농도에 따른 기포 크기를 측정하였다. 그러나 평균 속도는 Tsochatzidis 등[110]이 관측한 10 m/s 보다 훨씬 컸다. 비록 위상-도플러 기술로 기포의 평균 기포 크기를 측정하지는 못 하였지만 기포의 평균 크기와 최대 크기의 범위는 예측 할 수 있었다.

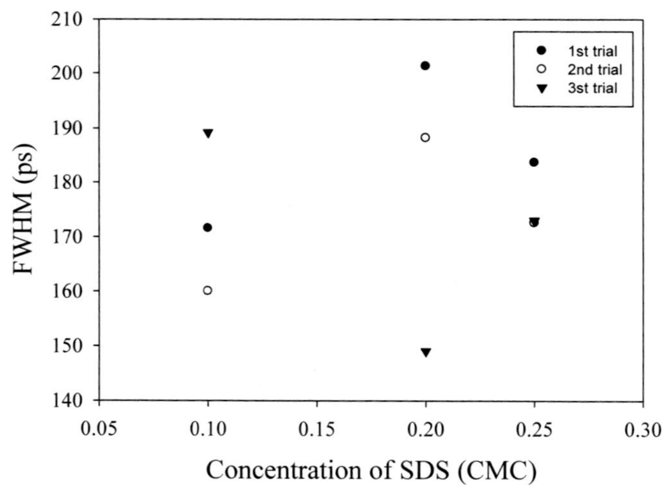

Fig. 90 Measured pulse widths from gas bubble clouds in water–SDS solution at the MBSL condition depending on concentration of SDS.

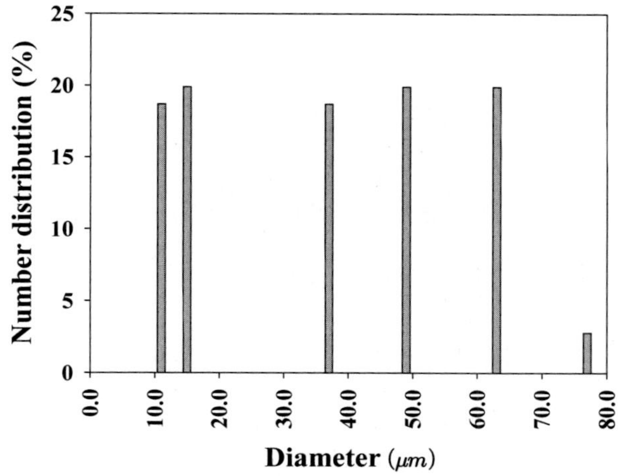

Fig. 91 Typical bubble size distribution (number distribution) in water at the MBSL conditions.

7.12.2 MBSL의 이론적 연구

Figure 86에서 볼 수 있는 바와 같이 MBSL의 경우는 초음파 초자의 혼팁 근처에서 수천 개의 마이크로 기포가 생성되어 팽창한 후 수축 시 빛을 발산한다. MBSL에 대한 이론적인 연구의 시초는 Omta [111]와 D'Agosta 와 Brennen [112]에 의해서 제공되었다. 그들은 구형의 기포운(bubble cloud) 내에 수많은 기포가 어떻게 고조파 주파수를 가진 원거리의 압력 여기(excitation)에 어떻게 반응하는 가를 연구하였는바 각 구형 기포운 내 기포군의 공진 주파수는 개개 기포의 공진 주파수 보다 작았다. 그 후 초음파 장내에서 두 기포간의 상호작용에 대한 연구는 Oguz 와 Prosperetti [113]는 가진 압력이 작은 경우 비교적 큰 마이크로 기포에 대해, Mettin 등[114]은 가진압력이 1 bar 이상인 경우 10 μm이하의 기포에 대하여 이루어 졌다. Yasui등[115]은 초음파장내에서 두 마이크로 기포의 상호작용에 대해 수치해석을 한바 있고 n개의 기포가 서로 상호작용도 고려한 바 있다. An [116]은 초음파 장에서 거동하는 n개의 기포운 내의 기포가 기포운 내 하나의 특정기포에 작용하는 압력을 구하였고 이를 MBSL현상에 적용하였다. 본 절에서는 n개의 기포로 이루어진 구형 기포운 내의 기포가 초음파 장에서 거동할 경우 각개의 기포거동에 의한 압력 장을 기-액 혼합체에 대한 연속방정식과 운동방정식으로부터 구하였다[117].

비슷한 반경을 가진 n개의 기포가 반경 r_c내에서 초음파에 동기화 되어 거동할 경우를 생각해 보자[115, 116]. 이 경우 기-액 혼합체의 평균 질량 밀도는 다음과 같이 된다.

$$\bar{\rho} = \alpha_l \rho_l + \alpha_g \rho_g \cong \rho_l (1 - \alpha_g) \tag{7-184}$$

식 (7-184)에서 α_l과 α_g는 각각 기포운 내의 액체와 가스가 차지하는 체적 비 이며 ρl은 액체의 밀도 이다. 기포의 반경을 R_b라 하면 α_g는 다음과 같이 기술 된다.

$$\alpha_g = 4\pi R_b^3 N_b / 3 \tag{7-185}$$

식 (7-185)에서 N_b는 기포운 내 기포의 수밀도이다. 모듬을 이루는 기-액 혼합체의 질량이 시간에 따라 변하지 않는다고 가정하면 다음의 식이 성립된다.

$$\bar{\rho} / N_b = \bar{\rho}_o / N_{bo} \tag{7-186}$$

식 (7-186)에서 하첨자 o은 초기상태를 뜻한다. 식 (7-184), (7-185) 및 (7-186)로부터 α_g와 α_{go} 및 N_b와 N_{bo}에 대한 관계식을 다음과 같이 얻을 수 있다.

$$\alpha_g = \alpha_{go} (R_b / R_o)^3 / \left\{ 1 - \alpha_{go} \left[1 - (R_b / R_o)^3 \right] \right\} \tag{7-187}$$

$$N_b = N_{bo} / \left\{ 1 - \alpha_{go} \left[1 - (R_b / R_o)^3 \right] \right\} \tag{7-188}$$

기포운의 기-액 혼합체에 대한 연속방정식은 식(7-184)에 주어진 평균 밀도를 이용해 다음과 같이 쓸 수 있다.

$$\frac{D\bar{\rho}}{Dt} + \frac{\bar{\rho}}{r^2} \frac{\partial}{\partial r} \left(r^2 u \right) = 0 \tag{7-189}$$

식 (7-189)에 주어진 연속방정식을 수밀도로 표시하면 다음과 같이 된다.

$$\frac{DN_b}{Dt} + \frac{N_b}{r^2} \frac{\partial}{\partial r} \left(r^2 u \right) = 0 \tag{7-190}$$

식 (7-187)과 (7-188)를 이용해 (7-190)에 주어진 연속방정식으로부터 다음과 같이 기-액 혼합체내 속도 분포를 얻을 수 있다.

$$u = \frac{1}{3}\left(-\frac{1}{\alpha_g}\frac{d\alpha_g}{dt} + \frac{3}{R_b}\frac{dR_b}{dt}\right)r \tag{7-200}$$

식 (7-187)를 이용해 식 (7-200)에 주어진 속도분포를 정리하면 다음과 같이 된다.

$$u = \alpha_g \frac{\dot{R}_b}{R_b} r \tag{7-201}$$

식 (7-201)이 의미하는 바는 n개의 기포로 이루어진 기포운도 각개의 기포의 거동에 따라 같이 움직이는 것을 뜻한다. 즉 기포운 내 기포가 수축하면 기포운도 수축하고 기포가 팽창하게 되면 기포운도 함께 팽창함을 뜻한다. 하지만 α_g가 상당히 작은 양이기 때문에 기포 거동에 따른 기포운 거동의 정도는 미약하다.
초음파 장에 동기화 되어 거동하는 기포운 내 n개의 기포에 의한 기포운 내 압력장은 다음에 주어진 기-액 혼합체에 대한 운동량 보존 식으로부터 구할 수 있다.

$$\bar{\rho}\frac{Du}{Dt} = -\frac{\partial p}{\partial r} \tag{7-202}$$

식 (7-202)를 풀면 n개의 기포의 거동에 의한 기포운 내 압력장을 구할 수 있으면 다음과 같이 주어진다.

$$p_{rad}(r) = p_{cl} + \frac{\bar{\rho}\alpha_g}{2}\left(\frac{r_{cl}}{R_b}\right)^2\left[R_b\ddot{R}_b + 2(1-\alpha_g)\dot{R}_b^2\right]\left[1-\left(\frac{r}{r_{ci}}\right)^2\right] \tag{7-203}$$

(7-185)에 주어진 α_g의 정의를 이용해 식(7-203)을 다음과 같이 기술 할 수 있다.

$$p_{rad}(r) = p_{cl} + \frac{\bar{\rho}n}{2}\left(\frac{R_b}{r_{cl}}\right)\left[R_b\ddot{R}_b + 2(1-\alpha_g)\dot{R}_b^2\right]\left[1-\left(\frac{r}{r_{cl}}\right)^2\right] \tag{7-204}$$

식 (7-204)에서 p_{cl}은 모듬 벽에서의 압력장이며 $4\pi(r_{cl})^3 N_b/3$은 n으로 대체하였다. 이제 β를 기포운 센터에서의 압력 장과 기포 벽에서의 압력 장의 비라고 정의하면 기포운 내 압력장의 분포는 다음과 같이 기술 된다.

$$p_{rad}(r)=\frac{1}{2(1-\beta)}\bar{\rho}n\left(\frac{R_b}{r_{cl}}\right)\left[R_b\ddot{R}_b+2(1-\alpha_g)\dot{R}_b^2\right]\left[1-(1-\beta)\left(\frac{r}{r_{cl}}\right)^2\right] \tag{7-205}$$

식 (7-205)로부터 기포운 내 평균 압력장을 다음과 같이 구할 수 있다.

$$\bar{p}_{rad}=\frac{(2+3\beta)}{10(1-\beta)}\bar{\rho}n\left(\frac{R_b}{r_{cl}}\right)\left[R_b\ddot{R}_b+2(1-\alpha_g)\dot{R}_b^2\right]=\xi\rho_\infty\left[R_b\ddot{R}_b+2(1-\alpha_g)\dot{R}_b^2\right] \tag{7-206}$$

식 (7-206)에서 ξ는 다음과 같이 주어진다.

$$\xi=\left[(2+3\beta)/(1-\beta)/10\right](1-\alpha_g)nR_b/r_{cl} \tag{7-207}$$

β의 값을 2/3으로 취하면 즉 기포운 벽에서의 압력장이 기포군 중심에서의 압력 장의 2/3이라고 하면 Yasui등[115]과 An[116] 이 구한 기포 군 내 압력장을 구할 수 있다.

$$\frac{3}{2}\bar{\rho}n\left(\frac{R_b}{r_{cl}}\right)(R_b\ddot{R}_b+2\dot{R}_b^2) \tag{7-208}$$

식 (7-206)에 주어진 기포 운 내 n개의 기포의 거동에 의한 평균 압력장을 식 (7-10)에 주어진 Keller-Miksis 식의 환경 압력 항에 중첩시켜 넣게 되면 다음과 같은 기포 군 내에서 거동하는 기포의 운동 방정식을 얻게 된다.

$$\begin{aligned}&\left[1-\frac{U_b}{C_b}+\xi\left(1+\frac{U_b}{C_b}\right)\right]R_b\frac{dU_b}{dt}+\frac{3}{2}\left[1-\frac{U_b}{3C_b}+\frac{4}{3}\xi(1-\alpha_g)\left(1+\frac{U_b}{C_b}\right)\right]U_b^2\\&=\frac{1}{\rho_\infty}\left(1+\frac{U_b}{C_b}+\frac{R_b}{C_b}\frac{d}{dt}\right)\left[P_B-P_s\left(t+\frac{R_b}{C_b}\right)-p_\infty\right]\end{aligned} \tag{7-209}$$

기포 군에서 초음파에 동기화 되어 거동하는 기포에 의해 생성되는 압력장은 기포 운 내 기포의 거동에 어떤 영향을 줄 것인지는 다음과 같은 기포의 질량[118]을 포함한 운동에너지를 고려하면 분명해 진다.

$$\frac{d}{dt}\left(\frac{1}{2}M_{eff}\dot{R}_b^2\right)=2M_{eff}\frac{\dot{R}_b}{R_b}\left(R_b\ddot{R}_b+\frac{3}{2}\dot{R}_b^2\right) \tag{7-210}$$

식 (7-210)에서 기포의 질량은 $M_{eff}=4\pi\rho_\infty R_b^3$ 으로 주어진다. 식 (7-210)에서 알 수

있는 바와 같이 기포운 내 기포의 거동에 따른 압력 장이 기포운 내 개개의 기포에 미치는 영향은 각 기포의 질량이 증가되는 것과 같은 효과를 주는 것이다.

| Table 8 | Maximum bubble radius, bubble radius and gas pressure at the collapse point, maximum gas temperature and minimum bubble wall velocity for a bubble in a cluster containing different numbers of bubbles. The applied ultrasound frequency and amplitude are 20 kHz and 1.4 atm, respectively.

Number of bubbles in cluster (n)	Maximum bubble radius (μm)	Bubble Radius (μm) at collapse point	Gas pressure at collapse point (MPa)	Maximum Gas temperature (K)	Minimum bubble wall velocity (m/s)
0	37.60	0.529	5911	21570	−1330
1000	29.23	0.561	3637	12590	−1020
2000	26.05	0.575	2886	10040	−886
3000	23.24	0.583	2518	8830	−800
4000	21.71	0.607	2032	7750	−693
5000	21.45	0.627	1645	6910	−569

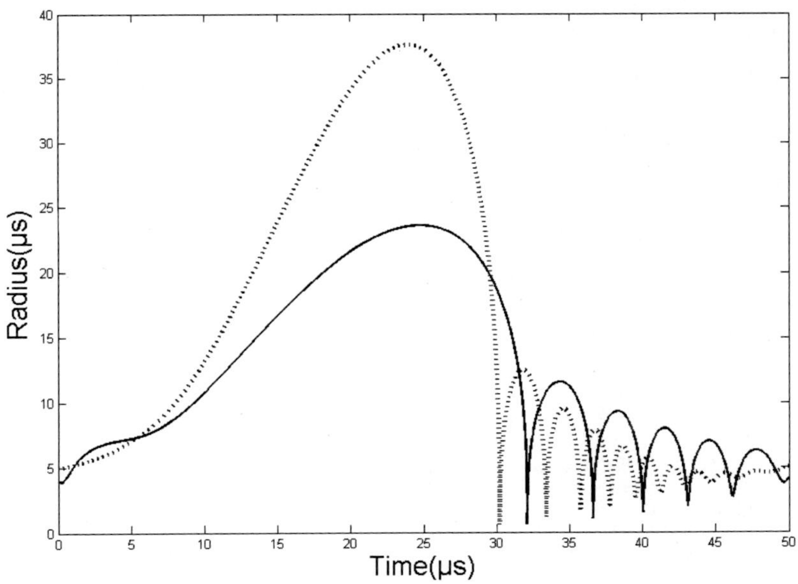

Fig. 92 Time-dependent bubble radius-time curve for a single bubble (dotted line) and a bubble (solid line) in a cluster of 3000 bubbles in water solution subjected to an ultrasound with a frequency of 20 kHz and an amplitude of 1.4 atm.

식 (6-75)를 이용하여 기포중심의 압력, 식 (6-91)를 이용하여 기포 내 압력분포를 구하고 식 (7-74)와 식 (7-75)를 이용하여 기포 내에서의 온도 분포를 구하고, 식 (6-108)를 이용하여 열경계층의 두께를 구하고, 식(7-210)을 이용하여 시간에 따른 기포운 내 기포의 반경과 기포 벽의 속도 및 가속도를 구할 수 있다. Table 8에는 기포운 내 기포의 수(n)에 따라 팽창 시 기포의 최대 반경, 수축 점에서 기포의 반경과 기포 중심에서의 압력 및 온도와 이때의 기포 벽의 속도가 나와 있다. 이 Table 에서 확인할 수 있는 바와 같이 기포운 내 기포수가 많아질수록 최대반경은 작아지고, 수축 점에서의 반경은 커지고, 압력과 온도는 낮아지고, 이때의 절대 속도는 작아지는 것을 일 수 있는 바 이것은 기포운 내 기포수가 많아질수록 똑 같은 초음파의 가진 압력에서 기포의 팽창도가 떨어짐을 의미한다. 이와 같은 기포운 내 각 기포의 거동에 따른 압력 장으로 인해 각 기포의 거동의 변화는 Fig. 92에서 확인할 수 있다.

Figure 93에는 식 (7-74)에 의한 온도분포는 slash-dot로 그리어져 있고 식(7-74)와 식 (7-75)의 중첩에 의한 온도는 점선으로 표시되어 있다. 이 그림에서 볼 수 있는 바와 같이 식 (7-74)에 의한 온도는 기포의 수축 점에서 최대가 되지만 식 (7-74)와 식 (7-75)의 중첩에 의한 온도는 수축 시점 400 ps 전에 최대가 됨을 알 수 있으며 이 온도에 대응하여 식 (7-145)에 주어진 전자-원자의 충돌에 의한 제동복사 발광이 일어남을 알 수 있다. 이와 같이 기포 수축 전에 발광이 일어나는 것[22]은 음파발광의 특징이다. 하지만 Fig. 94에서 볼 수 있는 바와 같이 기포의 반경은 수축 점에서 최소가 되고 기포 내 압력은 수축 점에서 최대가 된다.

Figure 95에는 기포운 내 기포의 수가 1000개, 3000개 4000 개인 경우 수축 시 기포 내 평균온도가 각각 12000 K, 8000 K, 6800 K 일 때 기포로부터 나오는 파장 별 spectral radiance이 나와 있다. 기포 내 가스의 온도가 12000 K 인 경우에는 최대 복사량이 파장이 430 nm 일 때 나타나고 기포 내 가스의 평균온도가 낮이 질수록 최대 복사량이 일어나는 파장은 점점 커지는 것을 알 수 있다. 또한 복사량도 가스의 온도가 낮아 질수록 차수(order of magnitude)가 달라지는 것을 알 수 있다. Figure 95에서 나타낸 계산 결과는 실험에서도 나타난 결과라 사료된다. 즉 Didenko 와 Gordeychuk[119]는 물 용액 내에서 비활성 기체에 의한 MBSL인 경우에 300 nm에서 복사량이 최대이었고 Didenko 와 Pugach [120], Ashokkumar 과 Grieser [121] 및 Wall 등[122]은 수용액에서 실험한 결과 450 nm에서 복사량이 최대이었다. 한편 최근에

Troia와 Ripa[123]는 수은용액에서는 500 nm 에서 복사량이 최대이었다. 이와 같이 수용액이나 가스의 종류에 따라 다른 파장에서 복사량이 최대가 되는 것은 실험의 조건이나 용액의 종류 또는 가스의 종류에 따라 MBSL에 참여되고 있는 기포 수에 따라 달라지는 것이라 사료된다.

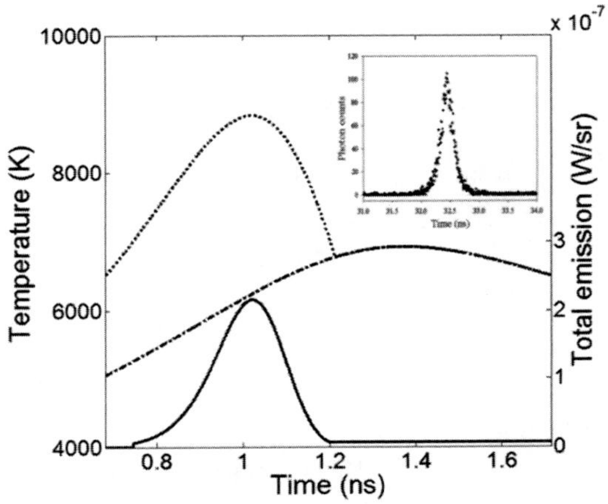

Fig. 93 Temporal temperature change obtained from Eq. (7) (dotted line) and from Eq. (8) (slash–dot line) and total emission due to electron–atom collisions (solid line) for the case shown in Fig. 92. In the insert, the sonoluminescence pulse width measured from the argon bubble cloud is shown (Taken from reference [104]).

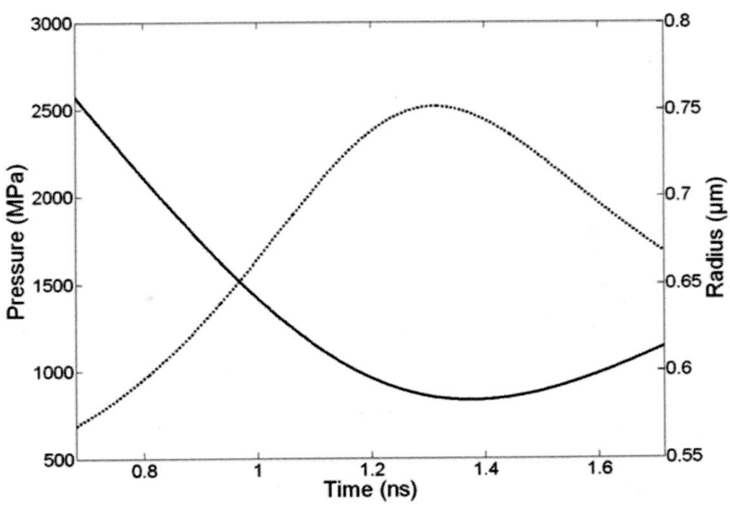

Fig. 94 Temporal change of bubble radius (solid line) and gas pressure (dotted line) obtained from Eq. (6) for the case shown in Fig. 92.

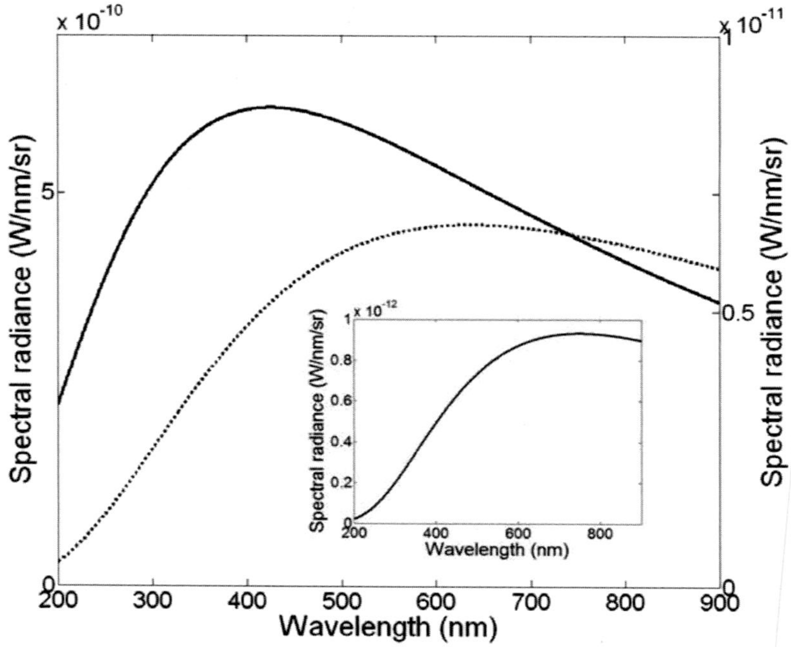

Fig. 95 Spectral radiance from argon bubble clouds containing 1000 bubbles (solid line: left) and of 3000 bubbles (dotted line: right) evaluated at 12000 K and 8000 K, respectively. The insert shows the spectral radiance from argon bubble cloud containing 4000 bubbles evaluated at 6800 K.

7.13.8 SL에 의한 에너지집중의 향상 방법과 핵융합 가능성

가진주파수를 낮출 경우 단일기포의 소노루미네센스 현상에 의한 에너지 집중을 더 한층 높일 수 있다는 것이 제안되었다[124]. 가진주파수를 낮출 경우 에너지 집중을 더 한층 높일 수 있는 이유는 가진주파수가 낮을 경우 기포가 팽창하는 시간이 상대적으로 길어져 최대반경 대 평형반경의 비로 정의되는 팽창비가 커져 기포의 수축이 더욱 더 급격히 일어날 수 있다는 것이다. 이에 Hilgenfeldt와 Loshe[124]는 평형반경이 4 μm 인 물용액내의 Ar 기포를 가진주파수가 5.0 kHz, 가진압력이 1.2 atm인 초음파로 가진시킬 경우 완화시간을 0으로 놓고 Rayleigh-Plesset 방정식으로 계산한 결과, 팽창비는 무려 30에 이르고 광펄스의 반높이나비는 1,000 ps에 이를 것이라고 발표하였다.

하지만, 중앙대 상변화 실험실에서 23.5℃ 물용액 내의 평형반경 5 μm 의 공기기포를 가진주파수 12.926 kHz, 가진압력 1.33 기압 하에서 실험적으로 관찰한 팽창비는 10 정도로 같은 조건에서 완화시간을 0으로 취하여 Rayleigh-Plesset 방정식을 이용하여 구한 팽창비 20보다 훨씬 작았다.

Fig. 96에는 광산란법과 CCD 카메라를 이용하여 전술한 경우의 시간에 따른 기포반경의 변화가 나와 있다. Fig. 97에는 Fig. 96에 나타난 몇몇의 경우에 대한 기포반경이 나와 있다. 이들 그림에서 확인할 수 있는 바와 같이 실험적으로 얻은 최대 반경은 49 μm 정도로 같은 조건에서 완화시간을 0으로 취한 경우에 Rayleigh-Plesset 방정식을 이용하여 계산된 기포의 최대반경인 86 μm의 반 정도에 지나지 않음을 알 수 있다. 이와 같이 이론치와 실측치 간의 큰 차이는 초음파장에서 진동하는 마이크로 기포의 정현파로 가진되는 힘에 대한 완화적 거동으로 설명할 수 있다. 즉 기포에 가진되는 주파수의 특성시간은 기포거동의 특성시간과 일치하지 않음을 알 수 있다(제7장 2절 참조).

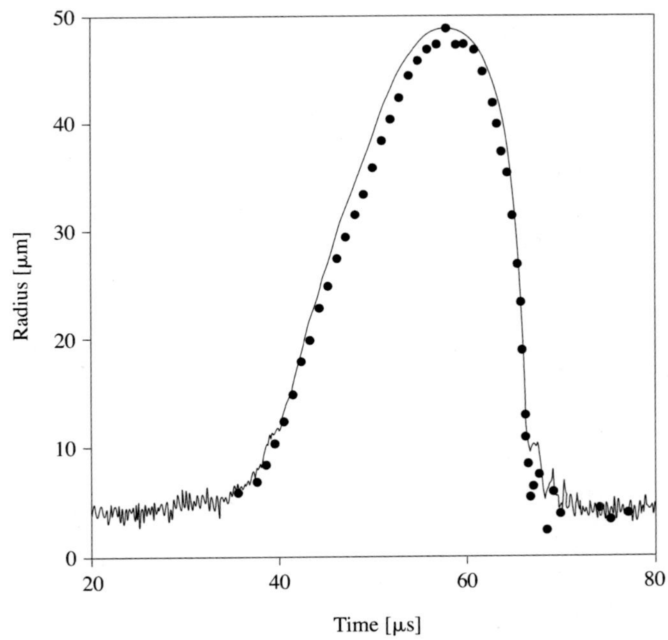

Fig. 96 Radius–versus time for one cycle of an air buble oscillations for the case of P_A=1.33 atm and f_d = 12.926 kHz at water temperature of 23.5℃. The equilibrium radius of the air bubble is estimated to be about 5.0 μm. Full circles indicate the data obtained by CCD camera and lines for the data from light scattering experiment.

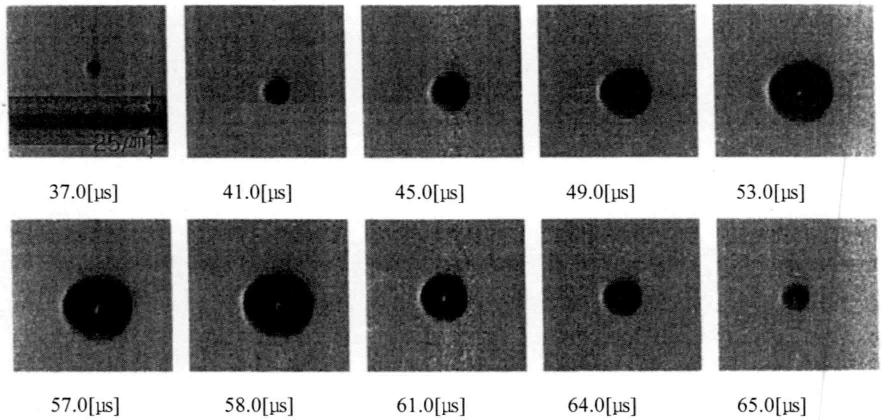

Fig. 97 Snapshot images of the oscillating bubble with SL shown in Fig. 61. A dark bar in the first frame is the image of gold wire of 25 μm diameter. The maximum radius achieved at 57.0 μs is about 49.0 μm.

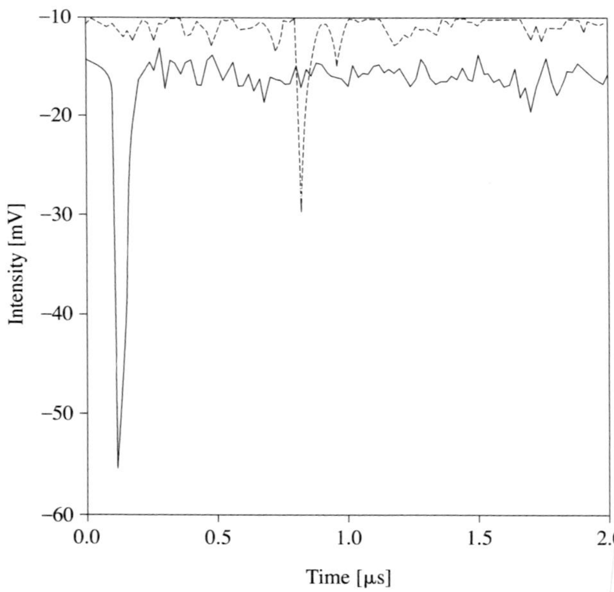

Fig. 98 SL intensity observed by PMT for the cases at a frequency of 12.926 kHz(–) and 28.162 kHz(····).

Fig. 98에는 모든 빛이 차단된 상태에서 PMT를 이용하여 기포중심으로부터 28 cm 떨어진 거리에서 측정한 SL 강도는 반경 2.8 cm의 구형셀을 이용하여 평형반경 4.5

μm의 공기기포를 가진주파수 28.162 kHz, 가진압력 1.56 atm 하에서 얻은 SL 강도보다 2배 내지 4배 크게 나왔다. 위에서 실험적으로 증명된 바와 같이 낮은 주파수에서도 완화시간을 고려하지 않고 기포의 거동과 가진주파수가 동기화되어 움직인다고 가정하여 계산을 할 경우 인조공진이 일어남을 알 수 있다.

Toegel 등[125]은 낮은 주파수에서 단일기포에 의한 에너지집중 현상이 예측한 바와 같이 일어나지 않은 이유를 초음파장에서 거동하는 단일기포가 그 팽창시 수증기가 많이 유입되고 따라서 기포 내 가스의 비열도 상대적으로 높아지기 때문이라고 하였지만, 기포가 팽창할 동안은 기포 내 가스의 온도가 거의 일정하게 유지되기 때문에 기포 내 수증기의 분압이 변하지 않아 수증기가 유입될 가능성은 적다.
SL에 의한 에너지집중 현상을 향상시키는 방법은 평형반경 대 최대반경의 비를 증가시키는 것이다. 현재의 실험방법으로는 이 비가 Fig. 96에서 확인할 수 있는 바와 같이 10 정도 된다. 만약 이 비를 10^5 정도로, 즉 현재 실험으로 가능한 이 비를 10000배 정도 높일 수 있다면 기포 내에서 핵융합이 가능한 온도인 1억도까지 올릴 수 있으리라 생각한다. 최근 Taleyarkhan 등[126]의 실험에 의하면 이 비가 10^5이라고 하지만 이를 증명할만한 실험적 근거는 없다. 보다 재현성 있는 에너지집중 현상의 향상에 대한 실험방법이 요구되는 실정이다. 최근에는 초음파를 이용하여 물용액내에서 반경 1.8 mm의 증기 기포를 반경 28 μm로 수축해 기포내 온도를 12000 K, 압력을 3.2 Mbar까지 올린 바 있다[127].

본장에서 기술한 초음파장에서 진동하는 기포의 유체역학적 해석은 기포내에서 일어나는 화학반응[128]은 물론 기포내 불활성 가스의 함유량에 따른 SL 강도[129]를 설명할 수 있다.

References

1. H. Frenzel, and H. Schultes, "Luminescent in Ultraschallbeschickter Wasser", Z. Phys. Chem., Vol. B27, pp.421-424, 1934.
2. B. E. Noltingk, and E. A. Neppiras, "Cavitation produced by ultrasonics", Proc. Phys. Soc., Vol. B63, pp. 674- , 1950.
3. R. Hickling, "Effects of thermal conduction in sonoluminescence", J. Aconst. Soc. Am., Vol.35, pp.967-974, 1963.
4. V. Griffing, J. Chem. Phys., Vol. 18, pp. 997- . as referenced by Walton et al(1984).
5. P. Gunter, W. Zeil, U. Grisar, and E. Heim, 1957, Zeit. fur Elektrikem, Vol. 61, pp. 188- . as referenced by A. J. Walton and G. T. Reynolds, "Sonoluminescence," Adv. in Phys., Vol. 33, pp. 595-660, 1984.
6. C. Sehgal, R. P. Steer, R. G. Sutherland and R. E. Verrall, "Sonoluminescence of aqueous solution", J. Phys. Chem., Vol. 81, pp. 2618-2620, 1977.
7. C. Sehgal, R. G. Sutherland, and R. E. Verrall, "Optical spectra of sonoluminescence from transient and stable cavitation in water saturated with various gases", J. Phys. Chem., Vol. 84, pp. 388-385, 1980.
8. K. S. Suslick, D. A. Hammerton, and R. E. Cline, 1986, "The sonochemical hot spot", Am. Chem. Soc., Vol. 108, pp. 5641-5642, 1986.
9. E. B. Flint, and K. S. Suslick, "The temperature of cavitation," Science, Vol. 253, pp. 1397-1399, 1991.
10. K. S. Sislick, and E. B. Flint, "Sonoluninescence from nonaqeous liquids", Nature, Vol.330, pp. 553-555, 1987.
11. K. S. Suslick, "Sonochemistry", Science, Vol. 247, pp. 1439-1445, 1990.
12. K. S. Suslick, S. B. Choe, A. A. Cichowals, and M. A. Grinstaff, "Sonochemical synthesis of amorphous iron," Nature, Vol. 353, pp. 414-416, 1991.
13. S. J. Doktycz, and K. S. Suslick, "Interparticle collisions driven by ultrasound", Science, Vol. 247, pp. 1067-1069, 1990.
14. K. S. Suslick, and S. J. Doktycz, "The sonochemistry of Zn powder", J. Am. Chem. Soc., Vol.111, pp.2342-2344, 1989.
15. G. J. Price, ed. Current Trends in Sonochemistry, Royal Society of Chemistry, 1992.
16. K. S. Suslick, J. J. Gawlenowski, P. F. Schubert, and R. H. Wang, "Alkane sonochemiatry", J. Phys. Chem., Vol. 87, pp. 2299-2301, 1983.
17. D. F. Gaitan, An Experimental Investigation of Acoustic Cavation in Gaseous Liquids,

Ph. D. Dissertation, The University of Mississippi, 1990.

18. D. F. Gaitan, L. A. Crum, C. C. Church, and R. A. Roy, "Sonolumunescence and bubble dynamics for a single, stable, cavation bubble," J. Acoust. Soc. Am., Vol. 91, pp. 3126-3138, 1992.

19. B. P. Barber, and S. J. Putterman, "Observation of synchronous picosecond sonoluminescence", Nature, Vol. 352, pp. 318-320, 1991.

20. B. P. Barber, R. Hiller, K. Arisaka, H. Fetterman, and S. J. Putterman, "Resolving the picosecond characteristics of synchronous sonoluminescence", J. Acoust. Soc. Am., Vol. 91, pp. 3061-3063, 1992.

21. R. Hiller, S. J. Putterman, and B. P. Barber, "Spectrum of synchronous picosecond sonoluminescence", Phys. Rev. Lett., Vol. 69, pp. 1182-1184, 1992.

22. B. P. Barber, and S. J. Putterman, "Light scattering measurements of the repetitive supersonic implosion of a somoluminescing bubble", Phys. Rev. Lett., Vol. 69, pp. 3839-3842, 1992.

23. R. E. Verral and C. Sehgal, in Somoluminescence in Ultrasound :its Chemical, Physical and Biological Effects, edited by K.S. Suslick, VCH, New York, pp. 227-286, 1988.

24. E. E. Everbach, "Sonoluminescence ; Ligth from sound", Echoes, Vol. 3, pp. 3-5, 1988.

25. V. Kamath, A. Prosperetti, and F. N. Egolfopoulos, "A theoretical study of sonoluminescence", J. Acoust. Soc. Am., Vol. 94, pp. 248-260, 1993.

26. H. Kwak, S. Oh, and C. Park, "Bubble dynamics on the evolving bubble formed from the droplet at the superheat limit", Int. J. Heat and Mass Transfer, vol. 38, pp. 1709-1718, 1995.

27. C. C. Wu, and P. H. Roberts, "Shock wave propagation in a sonoluminescing gas bubble", Phys. Rev. Lett., Vol. 70, pp. 1065-1067, 1993.

28. H. P. Greenspan and A. Nadim, "On sonoluminescence of an oscillating gas bubble", Phys. of Fluids, Vol. A5, pp. 1065-1067, 1993.

29. H. Kwak and H. Yang, "An aspect of sonoluminescence from hydrodynamic theory", J. Phys. Soc. Jpn., pp. 1980-1992, 1995.

30. B. P. Barber, C. C. Wu, R. Löfstedt, P. H. Roberts, and S. J. Putterman, "Sensivity of sonoluminescence to experimental parameters", Phys. Rev. Lett., Vol. 72, pp. 1389-1383, 1994.

31. J. Schwinger, "Casimir light; a glimpse", Proc. Natl. Acad. Ser., Vol. 90, pp. 958-959, 1993.

32. E. A. Neppiras, and B. E. Noltingk, “Cavitation produced by ultrasonics : Theoretical conditions for the onset of cavitation." Proc. Phys. Soc., Vol.B64, pp.1032-1038, 1951.

33. H. G. Flynn, Physical Acoustics, vol. 18, W. P. Mason(ed), Academic Press, Chap. 9,

1964.

34. H. Kwak, J. Lee and S. Karng, "Bubble dynamics for single bubble sonoluminescence," J. Phys. Soc. Jpn., Vol. 70, pp. 2909-2917, 2001.

35. S. Hilgenfeldt, S. Grossmann and D. Lohse, "Sonoluminessence light emission," Phys. Fluids, Vol. 11, pp. 1318-1330, 1999.

36. J. B. Keller, and M. Miksis, "Bubble oscillations of large amplitude", J. Acoust. Soc. Am., Vol. 68, pp. 628-633, 1980.

37. R. Löfstedt, B. P. Barber and S. J. Putterman, "Toward a hydrodynamic theory of sonoluminescence," Phys. of Fluids A, vol. 5, pp. 2911-2928, 1993.

38. S. Karng and H. Kwak, "Relaxation behavior of microbubbles under ulfrasonic field," submitted for publication, 2001.

39. J. Jeon, J. Lee and H. Kwak, "Upscaling of single bubble sonoluminescence," Submitted for publication, 2001.

40. K. Yasui, "Variation of liquid temperature at bubble wall near the sonoluminescence threshold," J. Phys. Soc. Jpn., Vol. 65, pp. 2830-2840, 1996.

41. M. S. Plesset, "On the stability of fluid flows with spherical symmetry.' J. Appl. Phys., Vol.25, pp.96-98, 1954

42. A. Properetti, "Viscous effects on perturbed spherical flows." Quat. Appl. Math. Vol.35, pp.339-352, 1977.

43. S. Hilgenefeldt, D. Lohse and M. P. Brenner, "Phase diagrams for sonoluminescing bubbles" Phys. of Fluids, Vol. 8, pp. 2808-2826, 1996.

44. M. P. Brenner, D. Lohse, T. F. Dupont, "Bubble shape oscillations and the onset of sonoluminescence," Phys. Rev. Lett., Vol. 75, pp. 954-957, 1995.

45. C. C. Wu and P. H. Roberts, "Bubble shape instability and sonoluminescrnce," Phys. Lett, A, Vol. 250, pp. 131-136, 1998.

46. A. Prosperetti, L. A. Crum, and K. W. Commander, "Nonlinear bubble dynamics", J. Acoust. Soc. Am., Vol. 83, pp. 502-514, 1996.

47. Davidson, R. C., Methods in Nonlinear Plasma Theory, Academic Press, New York, 1972.

48. H. Kwak and J. Na, "Hydrodynamic solutions for a sonoluminescing gas bubble." Phys. Rev. Lett., Vol. 77, pp. 4453-4457, 1996.

49. M. I. Boulos, P. Fauchais and E. Pfender, Thermal Plasmas, Vol. 1, Plenum Press. New York, 1994.

50. M. P. Brenner, D. Lohse, D. Oxtoby and T. F. Dupont, "Mechanism for stable single bubble sonoluminescence", Phys. Rev. Lett., Vol. 76, no. 7, pp. 1158-1161, 1996.

51. R. Löfstedt, K. Weninger, S. Putterman and B. P. Barber, "Sonoluminescing bubbles and mass diffusion", Phys. Rev. E, Vol. 51, no. 5, pp. 4400-4410, 1995.

52. K. Yasui, "Effects of thermal conduction on bubble dynamics near the sonoluminescence threshold," J. Acoust. Soc. Am., Vol. 98, pp. 2772-2782. 1995.

53. L. D. Landau and Lifshifz, Statistical Mechanics, 3rd ed. Pergamon, New York, 1980.

54. Ya. B. Zeldovich, and Ya. P. Raizer, Physics of Shock Waves and High Temperature Hydrodynamics Phenomena, Academic Press, New York, 1996.

55. R. T. Knapp, J. W. Daily and F. G. Hammit, Cavitation, Mcgraw-Hill, p. 117, 1970.

56. J. O. Hirschfelder, C. F. Curtis and R. B. Bird, Molecular Theory of Gases and Liquids, Wiley, New York, p. 261, 1954.

57. T. J. Matula, L. A. Crum and R. A. Roy, "Preliminary experimental observations of the effects of buoyancy on single-bubble sonolumimescence in micrograviry and hypergravity," J. Acoust. Soc. Am., Vol. 100, p. 2717, 1996.

58. S. J. Putterman, "Sonoluminescence: Sound into light", Scientic American, Feb., pp. 33-37, 1995.

59. G. Bekefi, Radiation Process in Plasmas, John Wiley and Sons, New York, 1996.

60. S. Hilgenfeldt, S. Grosemann and D. Lohse, "A simple explanation of light emission in sonoluinescence," Nature, Vol. 398, pp. 402-405, 1999.

61. R. Siegel and J. R. Howell, Thermal Radiation Heat Transfer, Hemisphere Publishing Co., New York, 1981.

62. A. Troia, A., Ripa, D. Madonna and R. Spagnolo, R., "Moving single bubble sonolumincescence in inorganic acid solutions", World Congress of Ultrasonics, edited by Cassereau, D. (Société Française d'Acoustique, Paris), pp. 1041-1044, 2003.

63. T. Lepoint, F. Lepoint-Mullie, S. Labouret, J. Frohly, C. Petrier, M. Comet and H. Fuzellier, H., "Multibubble sonoluminescence: a symbiosis between chemistry and physics," in Proceedings of ESS8 Conference, pp. 9a-9c, 2002.

64. S.D. Hopkins, S.J. Putterman, B.A. Kappus, K.S. Suslick, C.G. and Camara, "Dynamics of a sonoluminescing bubble in sulfuric acid," Phys. Rev. Lett., Vol. 95, paper # 254301, 2005.

65. D.J. Flannigan and K.S. Suslick, "Plasma formation and temperature measurement during single-bubble cativation," Nature, Vol. 434, pp. 52-55, 2005 a.

66. D.J. Flannigan, S.D. Hopkins, C.G. Camara, S.J. Putterman and K.S. Suslick, K.S., "Measurement of pressure and density inside a single sonoluminescing bubble," Phys. Rev. Lett., Vol. 96, paper #204301, 2006.

67. K. Kim, K. Bym and H. Kwak, "Characteristics of sonoluminescing bubbles in aqueous solutions of sulfuric acid", J. Phys. Soc. Jap., Vol. 75, No. 11, 2006

68. B.J. Alder and T.E. Wainwright, "Phase transition for a hard sphere system,"J.Chem.Phys.,Vol.27,pp.1208-1209,1957.

69. A. Rahman, A., 1964, "Correlations in the motion of atoms in liquid argon," Phys. Rev. A, Vol. 136, pp. A405-A411, 1964.

70. M.P. Allen and D.J. Tildesley, Computer simulation of liquids, Clarendon Press, Oxford, 1987.

71. D. Frenkel and B. Smit, Understanding molecular simulation from algorithms to applications 2nd Ed.,Academic Press,San Diego,2002.

72. K.R. Weninger, C.G. Camara and S.J. Putterman, "Observation of bubble dynamics within luminescent cavitation clouds: Sonoluminescence at the nano-scale," Phys. Rev. E, Vol. 63, paper #. 016310, 2001.

73. B. Metten and W. Lauterborn, W., "Ddynamics approach to single-bubble sonoluminescence," in Nonlinear Acoustics at the Turn of the Millennium: ISNA 15, 15th International Symposium on Nonlinear Acoustics edited by W. Lauterborn and T. Kurz, AIP Conference Proceedings 524, pp. 429-432, 2000.

74. S.J. Ruuth, S. Putterman and B. Merriman, "Molecular dynamics simulation of the response of a gas to a spherical piston: Implications for sonoluminescence," Phys. Rev. E, Vol. 66, paper #036310, 2002.

75. J.M. Haile, Molecular dynamics simulation: Elementary methods, John Wiley and Sons, New York, 1992.

76. 김기영, 황산용액에서의 음파발광 현상에 대한 연구, 중앙대학교 박사학위 논문, 2006년 12월

77. K. Kim, C. Lim, H. Kwak and J.H. Kim, "Validation of molecular dynamics for a collapsing process of sonoluminescing gas bubble," Molecular Phys., Vol. 106, pp. 967-975, 2008.

78. D.C. Rapaport, The art of molecular dynamics simulation, Cambridge University Press, New York, 1995.

79. B. P. Baber, Synchronous Picoscond Sonoluminescence, Ph. D Dissertation, UCLA, 1992.

80. G. M. Hansen, Mie Scattering as a Technique for the Sizing of Air Bubbles, Ph. D. Dissertation, The University of Mississippi, 1984.

81. Y. Tian, J. A. Ketterling and R. E. Apfel, "Direct observation of microbubble oscillations, "J. Acoust. Soc. Am., Vol. 100, pp. 3976-3978, 1996.

82. W. Lauterborn, "Numerical investigation of nonlinear oscillations of gas bubble in liquids." J. Acoust. Soc. Am., Vol. 59, pp. 283-293, 1976.

83. R. Hiller, The Spectrum of Single Bubble Sonoluminescence, Ph.D. Dissertation, UC Los Angeles. USA, 1995.

84. K. R. Weninger, B. P. Barber and S. J. Putterman, "Pulsed Mie scattering measurements of the collapse of a sonoluminescing bubble." Phys. Rev. Lett., Vol. 78, pp. 1799-1802, 1997.

85. T. J. Matula, I.M. Hallaj, R.O. Cleveland, L.A. Crum, W.C. Moss, and R.A. Roy, "The acoustic emissions from single-bubble sonoluminescence", J. Acoustic Soc. Am., Vol. 103, pp. 1377-1382, 1998.

86. H. Kwak, Y.P. Lee and S.W. Karng. 1999. "Pressure wave propagation inside a sono-luminescing gas bubble". J. Phys. Soc. Jpn., Vol. 68, pp. 705-708, 1999.

87. W. Becker: Advanced Time-Correlated Single-Photon Counting Technique, Springer, Berlin, 2005.

88. B. Gompf, R. Günther, G. Nick, R. Pecha, and W. Eisenmenger: "Resolving sonoluminescence pluse width with time-correlated single photon counting", Phys. Rev. Lett. Vol. 79, 1405-1408,1997.

89. L. Hua, R.H. Hoechemer, and M.R. Hoffman, "Sonolytic Hydrolysis of p-Nitrophenyl Acetate: The Role of Supercritical Water", J. Phys. Chem., Vol. 99, pp. 2335-2345, 1995.

90. K.S. Suslick, "Sonochemistry", Science, Vol. 247, pp. 1439-1445 ,1990.

91. V. Kamath, A. Prosperetti and F.N. Egolfopoulos, "A theoretical study of sonoluminescence", J. Acoust. Soc. Am., Vol. 94, pp. 248-260 ,1993.

92. Y.T. Didenko and S.P. Pugach, "Spectra of water sonoluminescence", J. Phys. Chem., Vol. 98, pp. 9742-9749, 1994.

93. K.S. Suslick, M.M. Fang, T. Hyeon and M.M. Mdleleni, M.M., in Sonochemistry and Sonoluminescence, Kluwer Academic Publishers, Netherlands, pp.291-320, 1999.

94. M. Ashokkumar and F. Grieser, in Encyclopedia of Surface and Colloid Science, Marcel Dekker, New York, pp. 4760-4774 , 2002.

95. S.S. Manoharan and H.L. Rao, "Sonochemical synthesis of nanomatterials", in Encyclopedia of Surface and Colloid Science, Vol. 10, pp. 67-82, 2004.

96. K.T. Byun, K.W. Seo, I. Shim and H. Kwak, "Syntheses of ZnO and ZnO-caoted TiO2 Nanoparticles in Various Alcohol Solutions at Multibubble Sonoluminescence (MBSL) Condition", Chem. Eng. J., Vol. 135, 168-173, 2008.

97. S.S. Lee, K.W. Seo, S.H. Yoon, I. Shim, K. Byun and H. Kwak, "CdS Cating on TiO2 Nanoparticles under Multibubble Sonoluminescence Condition," Bull. Korean Chem. Soc., Vol. 26, pp. 1579-1581, 2005.

98. S.S. Lee, K. Byun, J.P. Park, S.K. Kim, J.C. Lee, S.K. Chang, H. Kwak and I. Shim, "Homogeneous ZnS Coating onto TiO2 Nanoparticles by a simple one pot sonochemical method," Chem. Eng. J., Vol. 139, pp. 194-197, 2008.

99. S.S. Lee, K.T. Byun, J.P. Park, S.K. Kim, H. Kwak and I. Shim, "Preparation of Li4Ti5O12 nanoparticles by a simple sonochemical method", Dalton Trans., pp. 4182-4184, 2007.

100. H. Kim, K. Kang and H. Kwak, "Preparation of supported Ni catalysts with a core/shell structure and their catalytic tests of partial oxidation of methane", Int. J. Hydrog. Energ., Vol. 34, pp. 3351-3359, 2009.

101. H.Y. Kim, K.M. Kang, H. Kwak and J.H. Kim, "Preparation of supported Ni catalysts on various metal oxides with core/shell structures and their tests for the steam reforming of methane", Chem. Eng. J., Vol. 168, pp. 775-783, 2011.

102. K. Kang, H. Kim, I.W. Shim and H. Kwak, "Catalytic test of supported Ni catalysts with core/shell structure for dry reforming of methane", Fuel Process. Technol., Vol. 92, pp. 1236-1243, 2011.06.

103. K. Byun and H. Kwak, "Degradation of methylene blue under multibubble sonoluminescence condition", J. Photochem. and Photobiol. A: Chem., Vol. 175, pp. 45-50, 2005.

104. I. Ko and H. Kwak, "Measurement of pulse width from a bubble cloud under multibubble sonoluminescence condition", J. Phys. Soc. Jap., Vol. 79, paper # 124401, 2010.

105. H. Tanger and E.A. Weitendorf, "Applicability tests for the phase Doppler anemometer for cavitation nuclei measurements", J. Fluids Eng., Vol. 114, pp. 443-449, 1992.

106. A. Giri and V.H. Arakeri, "Measured pulse width of sonoluminescence flashes in the form of resonance radiation", Phys. Rev. E, Vol. 58, R2713-R2716, 1998.

107. M. Ashokkumar, R. Hall, P. Mulvaney and F. Grieser, "Sonoluminescence from Aqueous Alcohol and Surfactant Solutions", J. Phys. Chem. B, Vol. 101, pp. 10845-10850, 1997.

108. A.E. Algeria, Y. Lion, T. Kondo and P. Riesz, "Sonolysis of aqueous surfactant solutions: probing the interfacial region of cavitation bubbles by spin trapping", J. Phys. Chem., Vol. 93, pp. 4908-4913, 1989.

109. P. Marmottant, S. van der Meer, M. Emmer and M. Versluis: J. Acoust. Soc. Am. Vol. 118, 3499, 2005.

110. N.A. Tsochatzidis, P. Guiraud, A.M. Wilhelm and H. Delmas, "Determination of velocity, size and concentration of ultrasonic cavitation bubbles by the phase-Doppler

technique" Chem. Eng. Sci., Vol . 56, pp. 1831-1840, 2001.

111. R. Omta, "Oscillations of a cloud of bubbles of small and not so small amplitude", J. Acoust.Soc. Am., Vol. 82, pp. 1018-1033, 1987.

112. L. D'agostino, C.E. Brennen, "Linearized dynamics of spherical bubble clouds", J. Fluid Mech., Vol.199, pp. 155-176, 1989.

113. H.N. Oguz, A. Prosperetti, "A generalization of the impulse and virial theorems with an application to bubble oscillation", J. Fluid Mech., Vol. 218, pp. 143-.162, 1990.

114. R. Mettin, I. Akhatov, U. Parlitz, C.D. Ohl, W. Lauterborn, "Bjerknes forces betwwen small cavitation bubbles in a strong acoustic field", Phys. Rev. E. Vol. 56, pp. 2924-2931, 1997.

115. K. Yasui, Y. Iida, T. Tuziuti, T. Kozuka, A. Towata, "Strongly interacting bubbles under ultrasonic horn", Phys. Rev. E., Vol. 77, paper #016609, 2008.

116. Y. An, "Formulation of multibubble cavitation", Phys. Rev. E., Vol. 83, paper # 066313, 2011.

117. S. Mahmood, Y. Yoo, J. Oh and H. Kwak, "Hydrodynamics approach to multibubble sonoluminescence," Ultrason. Sonochem. Vol. 21, pp. 1512-1518, 2014.

118. R.E. Apfel, Methods of Experimental Physics, vol. 19, Ultrasonics, p. 373, 1981.

119. Y.T. Didenko, T.V. Gordeychuk, Multibubble sonoluminescence spectra of water which resemble single bubble sonoluminescence, Phys. Rev. Lett., Vol. 84, pp. 5640-5643, 2000.

120. Y.T. Didenko, S.P. Pugach, Spectra water sonoluminescence, J. Phys. Chem., Vol. 98, pp. 9742-9749, 1994.

121. M. Ashokkumar, F. Greiser, Sonophotoluminescence from aqueous and non- aqueous solutions, Ultrasonic Sonochem., Vol. 9, pp.1-5, 1999.

122. M. Wall, M. Ashokkumar, R. Tronson, F. Grieser, Multibubble sonoluminescence in aqueous salt solutions, Ultrasonics Socochem., Vol. 6, pp. 7-14, 1999.

123. A. Troia, D.M. Ripa, Sonoluminescence in liquid metals, J. Phys. Chem. C, Vol. 117, pp. 5578-5583, 2013.

124. S. Hilgenfeldt and D. Lohse, "Predictions for upscaling sonoluminescence," Phys, Rev. Lett., Vol. 82, pp. 1036-1039, 1999.

125. R. Toegel, B. Gompf, R. Pecha and D. Lohse, "Does water vapor upscaling sonoluminesce?" Phys. Rev. Lett., Vol. 85, pp. 3165-3168, 2000.

126. R. P. Taleyarkhan, C. R. West, J. S. Cho, R. T. Lahey Jr, R. I. Nigmatulin and R. C. Block, "Evidence for nuclear emissions during acoustic cavitation," Science, Vol. 295, pp. 1868-1873, 2002.

127. M. C. Rareey and R. W. Dit., "Energetic cavitation collapse senerarcs 3.2 Mbar plasure with a 1.4 J driver," phys. Rev. Lett. Vol. 110, Paper # 154301, 2013.

128. L. S. Bernstein, M. R. Zakin, E. B. Flint, and K. S. Suslick, "Cavitation thermometry using molecular and continuum sonoluminescence," J. Phys. Chem., Vol. 100, pp. 6612-6619, 1996.

129. R. Hiller, K. Weninger, S. J. Putterman, and B. P. Barber, "Effect of noble gas doping in single-bubble sonoluminescence," Science, Vol. 266, pp. 248-250, 1994.

Chapter 8

하나의 기포로서의 별과 우주 및 해저 폭발

8.1 서론

노벨상 수상자인 S. Weinberg[1]는 그의 저서 "Gravitation and Cosmology"에서 하늘에 있는 대부분의 별들은 뉴톤 역학으로 기술할 수 있다고 말하였다. 상대론적으로나[2, 3] 뉴톤의 중력이론에 있어서나 공간에 존재하는 가스들이 그 중력의 힘에 의해 수축하는 중력수축의 문제는 흥미로운 과제이나 그것을 다루는 식 자체가 전형적인 비선형방정식이기 때문에 지금껏 수치적으로 시도되었을 뿐이다[4].

초음파나 다른 외력에 의해 거동하는 기포나 우주 내에서 가스들의 중력에 의해 수축 팽창하는 별들이나 우주 자체도 구형 내에서 거동하는 가스들의 운동을 기술하는 것이기 때문에 그 방정식들은 거의 같다. 따라서 초음파장에서 수축 팽창하는 기포의 거동은 구대칭의 Navier-Stokes 방정식에 대한 homologous 적인 해를 얻음으로써 명쾌히 해결할 수 있었고[5], 이를 바탕으로 지금까지 수치적으로만 이해할 수 있었던 뉴턴 별(Newtonian star)의 중력수축 문제를 해석적으로 이해할 수 있게 되었다.

제 6장 및 7장을 통하여 이상기체로 이루어진 계(system)라고 할 수 있는 초음파장에 동기화 되어 거동하며 수축 시 빛을 발산하는 마이크로 기포의 거동은 기포 벽을 통한 열전달에 따라 그 거동이 달라짐을 확인하였다. 한편 뉴턴별이나 초신성(supernova) 같은 거대한 물체의 수축이나 폭발 시에 열전달 문제를 다루는 것은 상당히 어려운 작업이다. 하지만 이 거대한 물체를 이상기체 시스템이라 가정하고 그 진화를 운동방정식을 통하여 안다면 마이크로 기포의 경우와는 반대로 열전달 량을 계산할 수 있다.

8.2 별의 생성 및 운동

이절에 대한 연구는 중앙대학교 물리학과 전정환 교수와 공동으로 수행하였다. 현재 알려진 중력수축 문제는 가스 내 압력을 무시(P = 0)한 1930년대에 Oppenheimer와 Snyder [3]가 일반 상대론 식을 풀은 경우가 유일한 해석해이다. 이제 Euler 식에 대한 해석적인 해를 근거로 하고 이 해가 "homologous"적인 해라는 점과 중력수축도 "homologous"적으로 이루어진다는 점[6, 7]에 착안하여 앞서 기술한 질량, 운동량 보존식, Newtonian 중력식에 대한 해석적인 해를 얻고자 하였다.

$$\frac{\partial \rho}{\partial t} + \nabla \cdot (\rho \vec{v}) = 0 \qquad \text{(질량 보존식)} \qquad (8-1)$$

$$\frac{\partial \vec{u}}{\partial t} + \vec{u} \cdot \nabla \vec{u} = -\frac{1}{\rho} \nabla P - \nabla \phi \qquad \text{(Euler 식)} \qquad (8-2)$$

$$\nabla^2 \phi = 4\pi G \rho \qquad \text{(Newtonian gravitation)} \qquad (8-3)$$

윗식에서 u는 속도, ϕ는 중력퍼텐셜, G는 중력상수이다. 윗식들은 Jeans이 은하수 형성에 관한 이론을 세울 때 처음 사용한 방정식이며 비상대론적 우주론에 관한 방정식이다. 질량 보존식의 해는 식 (7-65)와 (7-66)에 주어진 바와 같이 다음 식으로 표현할 수 있다.

$$\rho(r, t) = \frac{b}{R^3(t)} + \frac{ar^2}{R^5(t)} \qquad (8-4)$$

식 (8-4)에서 a와 b는 상수이다. 질량 보존식의 해인 (8-4)와 (7-63)의 속도분포를 이용 운동방정식과 Poission 방정식을 풀면 중력퍼텐셜 ϕ와 가스의 압력 P를 다음과 같이 구할 수 있다.

$$\phi = \phi_o(t) + \left(\frac{2\pi Gb}{3} \frac{r^2}{R^3} + \frac{\pi Ga}{5} \frac{r^4}{R^5} \right) \qquad (8-5)$$

$$P = P_o(t) - \left\{ \left(\frac{b}{2} \frac{r^2}{R^2} + \frac{a}{4} \frac{r^4}{R^4} \right) \frac{\ddot{R}}{R^2} + \left(\frac{2\pi Gb^2}{3} \frac{r^2}{R^2} + \frac{8\pi Gab}{15} \frac{r^4}{R^4} + \frac{2\pi Ga^2}{15} \frac{r^6}{R^6} \right) \frac{1}{R^4} \right. \qquad (8-6)$$

질량표면에서 중력퍼텐셜의 값이 $-GM/R$이 됨과 압력이 0 이 됨을 고려하면 질량 중심에서의 중력퍼텐셜과 압력은 다음과 같이 주어진다.

$$\phi_o = -\frac{GM}{R} - \frac{\pi G(3a+10b)}{15} \frac{1}{R} \qquad (8-7)$$

$$P_o = \left(\frac{a+2b}{4} \right) \frac{\ddot{R}}{R^2} + \frac{2\pi G(a^2+4ab+5b^2)}{15} \frac{1}{R^4} \qquad (8-8)$$

상수 a와 b를 결정하기 위하여는 질량의 성분을 구성하는 가스에 대한 에너지 보존식을 고려하여야 한다. 점성에 의한 소산항을 무시하면 에너지 보존식의 내부에너지와 엔탈피에 의한 기술은 다음과 같다.

$$\rho C_v \frac{DT}{Dt} = -P\nabla \cdot \vec{u} - \nabla \cdot \vec{q} \tag{8-9}$$

$$\rho C_p \frac{DT}{Dt} = \frac{DP}{Dt} - \nabla \cdot \vec{q} \tag{8-10}$$

윗식에서 q는 열유속이며 $\nabla \cdot \vec{q}$를 소거하면 다음 식을 얻는다.

$$\rho(C_p - C_v)\frac{DT}{Dt} = \rho R_g \frac{DT}{Dt} = P\nabla \cdot \vec{u} + \frac{DP}{Dt} \tag{8-11}$$

질량 중심에서 윗식은 다음과 같이 된다.

$$\rho_o R_g \frac{\partial T_o}{\partial t} = 3P_o \frac{\dot{R}}{R} + \frac{\partial P_o}{\partial t} \tag{8-12}$$

단, ρ_o, P_o, T_o는 중심에서의 밀도, 압력, 온도이다.

식 (8-12)에서 중심에서의 온도 T_o와 압력 P_o와는 질량표면에서의 온도를 T_s라 하면 다음과 같은 관계가 있다.

$$bR_g(T_o - T_s) = P_o R^3(t) \tag{8-13}$$

이제 질량 중심에서 다음의 "polytrope"가 만족한다고 가정하면

$$P_o = \kappa \rho_o^{\gamma} \tag{8-14}$$

질량 중심에서 "polytrope"라는 조건은 질량 중심에서 열의 발생이나 소실이 없다는 것을 의미한다. 즉 $\nabla \cdot \vec{q} = 0$이다. 물론 태양과 같이 질량중심에서 핵반응이 일어나는 경우 이 가정은 성립하지 않는다. 하지만 식 (8-14)에 주어진 가정은 천문학에서 전형적으로 사용하여 왔던 질량 내 모든 점에서 "polytrope"라는 가정이 아니라 단지 경계조건일 뿐이다. 질량 내의 온도분포, 속도분포와 압력분포를 이용하여 에너지 보존식 (8-11)을 풀면 다음과 같은 해를 얻는다.

$$a = -b = -\frac{15M}{8\pi} \tag{8-15}$$

$$T(r, t) = T_o - \left(\frac{R\ddot{R}}{4R_g} + \frac{2\pi Gb}{5R_g R}\right)\left(\frac{r}{R}\right)^2 + \frac{2\pi Gb}{15R_g R}\left(\frac{r}{R}\right)^4 \tag{8-16}$$

물론 식 (8-15)에 주어진 b값은 밀도가 균일한 경우의 $P_o R_3 = b'$와는 다른 값이다.

단, $T_o = \dfrac{R\ddot{R}}{4R_g} + \dfrac{4\pi Gb}{15R_g R}$

질량 중심에서 "polytrope"라는 가정과 이제 주어진 a와 b값을 이용하면 질량 내에서 압력, 온도 및 퍼텐셜의 분포를 다음과 같이 얻을 수 있다. 수축하는 혹은 팽창하는 질량에 대한 압력, 온도, 밀도, 분포와 중력퍼텐셜은 다음과 같이 얻을 수 있다.

$$P(r,\ t) = \frac{15\,M}{32\pi}\left[\frac{32\pi\kappa'}{15\,M}\frac{1}{R^{3\gamma-4}} - GM\left(\frac{r^2}{R^2}\right)\right]\left(1-\frac{r^2}{R^2}\right)^2\frac{1}{R^4} \tag{8-17a}$$

$$T(r,\ t) = \frac{1}{4R_g}\left[\frac{32\pi\kappa'}{15\,M}\frac{1}{R^{3\gamma-4}} - GM\left(\frac{r^2}{R^2}\right)\right]\left(1-\frac{r^2}{R^2}\right)^2\frac{1}{R^3} \tag{8-17b}$$

$$\rho(r,\ t) = \frac{15\,M}{8\pi}\left(1-\frac{r^2}{R^2}\right)\frac{1}{R^3} \tag{8-17c}$$

$$\phi(r.\ t) = -\frac{15\,GM}{8\,R}\left(1-\frac{2r^2}{3R^2}+\frac{r^4}{5\,R^4}\right) \tag{8-17d}$$

단, $\kappa' = \left(\dfrac{15M}{8\pi}\right)^{\gamma}\kappa$

식 (8-17)에 주어진 해석적 해에서 이상기체의 상태방정식 $P(r,\ t) = R_g\ \rho(r,\ t)\ T(r,\ t)$을 만족함을 확인할 수 있다. 또한 질량 내 어느 점에서도 온도나 압력이 0보다 크다는 조건에서 κ'값의 범위를 구할 수 있다. 즉,

$$\frac{32\,\pi\,\kappa'}{15\,M} \geq GMR^{3\gamma-4} \tag{8-18}$$

질량 중심에서의 상태량값들도 식 (8-17)에서 쉽게 구할 수 있다.

$$P_o = \frac{\kappa'}{R^{3\gamma}} \tag{8-19a}$$

$$T_o\,(t) = \frac{8\,\pi\,\kappa'}{15\,R_g M}\,\frac{1}{R^{3\gamma-3}} \tag{8-19b}$$

$$\rho_o\,(t) = \frac{15\,M}{8\,\pi\,R^3} \tag{8-19c}$$

$$\phi_o\,(t) = \frac{15\,GM}{8R} \tag{8-19d}$$

식 (8-17c)에 주어진 바와 같이 밀도가 균일하지 않을 경우의 구형체의 중력 퍼텐셜 에너지는 다음과 같이 주어진다.

$$U_g = -\alpha \frac{GM^2}{R} \tag{8-20}$$

윗식에서 α는 식 (8-17)에 주어진 밀도 분포를 갖는 경우 30/60의 값을 갖는다. 어떤 백색왜성이 열역학적인 평형상태에 있으면 중력에 의해 중심으로 향하는 압력과 이에 대응되는 전자의 압력은 균형을 이루어야 한다. 즉

$$P(R) = \frac{\alpha}{4\pi}\frac{GM^2}{R^4} \tag{8-21}$$

백색왜성을 이루는 전자들은 완전히 축퇴(degenerate)되어 있고 상대론적으로 기술되므로 다음과 같이 주어진다[1].

$$P = \frac{8\pi}{3h^3}\int_0^{p_f} m_e c^2 \frac{(p/m_e c)^2}{[1+(p/m_e c)^2]} p^2 dp \tag{8-22}$$

단 p_f는 Fermi 에너지에 해당되는 운동량이다. 운동량이 상당히 큰 값일 경우, 즉 $y = p \,/\, m_e c$가 큰 값을 갖는 경우에 식 (8-22)에 주어진 압력값은 다음과 같이 근사적으로 쓸 수 있다[8].

$$P(R) = \frac{2\pi m_e^4 c^3}{3h^3}(y_f^4 - y_f^2) \tag{8-23}$$

$$\text{단, } y_f = \frac{p_f}{m_e c} \simeq \left(\frac{9\pi M}{8m_n}\right)^{\frac{1}{3}} \frac{\hbar c}{m_e c^2}\frac{1}{R} \tag{8-24}$$

식 (8-21)과 식 (8-23)을 같게 놓으면 백색왜성의 평형반경을 다음과 같이 얻을 수 있다.

$$R = \frac{(9\pi)^{\frac{1}{2}}}{2}\frac{\hbar c}{m_e c^2}\left(\frac{M}{m_n}\right)^{\frac{1}{3}}\left[1-\left(\frac{M}{M_{\circledcirc}}\right)^{\frac{2}{3}}\right]^{\frac{1}{2}} \tag{8-24}$$

$$\text{단, } M_0 = \frac{9}{64}\left(\frac{3\pi}{\alpha^3}\right)^{\frac{1}{2}}\left(\frac{\hbar c}{Gm_n^2}\right)^{\frac{3}{2}} m_n \tag{8-25}$$

$M < M_{\circledcirc}$ 일 경우에는 반경 R에 대한 해가 존재하지 않으므로 $M_{\circledcirc}$ 보다 큰 백색왜성은 존재하지 않음을 알 수 있다. $\alpha = 30 / 63$ 인 경우 즉 식 (8-17c)에 주어진 밀도 분포를 백색왜성이 갖는다면 M_0 값은 $1.314 M_{\circledcirc}$ 가 되어 백색왜성에 대한 Chandrasekhar 한계질량값 $1.44 M_{\circledcirc}$ 에 접근함을 알 수 있다. 이와 같이 열역학/유체역학적으로 백색왜성의 한계질량을 구할 수 있는 것은 당연한 일이다. 왜냐 하면 Chandrasekhar 한계질량은 상대론적인 Oppenheimer-Volkoff 방정식[9]의 고전적 근사인 다음식에서 구할 수 있기 때문이다[1].

$$-r^2 \frac{dP(r)}{dr} = G\rho(r) M(r) \tag{8-26}$$

$$\text{단 } M(r) = \int 4\pi r^2 \rho(r) dr$$

윗식은 식 (8-1), (8-2)와 (8-3)에 주어진 천문학적 유체방정식의 정역학적 근사이다.

질량 중심에서 "polytrope"라는 가정에서 가스로 이루어지는 반경 R의 별의 운동에 대한 지배방정식을 다음과 같이 얻을 수 있다. 즉 식 (8-8)과 식 (8-19a)에서 다음 식을 얻을 수 있다.

$$\frac{d^2}{dt^2} R(t) = \frac{32\pi\kappa'}{15M} \frac{1}{R^{3\gamma-2}} - \frac{2GM}{R^2} \tag{8-27}$$

윗 식을 에너지 방법(energy method)을 이용하여 다시 쓰면 다음과 같이 된다.

$$\frac{1}{2}\dot{R}^2 + V(R) = \epsilon \tag{8-28}$$

여기서 ϵ 는 전 에너지에 해당되는 상수이며 퍼텐셜 함수 $V(R)$은 다음과 같이 주어진다.

$$V(R) = \frac{32\pi\kappa'}{45M(\gamma-1)} \frac{1}{R^{3\gamma-3}} - \frac{2GM}{R} \tag{8-29}$$

식 (8-28)의 해는 다음과 같은 적분으로 표시할 수 있다.

$$\int_{R_o}^{R} \frac{dR}{\sqrt{2[\epsilon - V(R)]}} = \pm t \tag{8-30}$$

윗식에서 (+)와 (-) 부호는 각각 질량이 팽창 또는 수축하는 경우에 해당된다.

우선 질량이 수축하는 경우에 대하여 고려해 보자. 초기의 질량 반경이 $R_o = R_{max}$ 이라고 하고, 이 때의 속도를 0이라 놓으면 시스템의 에너지는 다음과 같이 된다.

$$\epsilon \;=\; V(R_{max}) = \frac{32\pi\kappa'}{45M(\gamma-1)}\,\frac{1}{R_{max}^{3\gamma-3}} - \frac{2GM}{R_{max}} < 0 \tag{8-31}$$

식 (8-29)으로부터 γ가 4/3 보다 큰 경우에는 구속(bound)상태가 존재하지만 γ가 4/3 보다 작은 경우에는 안정된 구속상태가 존재하지 않음을 알 수 있다. 다시 말해서 $\gamma > 4/3$ 인 경우에는 질량이 R_{max} 에서 시작하여 수축하여 R_{min} 이 되면 다시 팽창하여 수축-팽창을 계속하지만 $\gamma < 4/3$ 일 경우에는 질량은 수축하여 급기야는 붕괴되고 만다. 식 (8-29)에서 정의된 퍼텐셜은 에너지, ϵ 보다 작으므로 κ'의 값은 또한 다음 조건을 만족해야 한다.

$$2\,GMR^{3\gamma-4} \;>\; \frac{32\,\pi\,\kappa'}{45\,M(\gamma-1)} \tag{8-32}$$

따라서 식 (8-18)와 (8-32)에 주어진 κ'의 조건을 $\gamma > 4/3$ 인 경우에 다시 쓰면

$$6\,(\gamma-1)\,GMR_{min}^{3\gamma-4} \;>\; \frac{32\,\pi\,\kappa'}{15\,M} \;\geq\; GMR_{max}^{3\gamma-4} \tag{8-33}$$

이 되며, $\gamma \le 4/3$ 인 경우에는 다음과 같다.

$$6\,(\gamma-1)\,GMR_{max}^{3\gamma-4} \;>\; \frac{32\,\pi\,\kappa'}{15\,M} \;\geq\; GMR^{3\gamma-4} \tag{8-34}$$

윗식에서 볼 수 있는 바와 같이 $\gamma < 4/3$ 인 경우에는 R의 최소치가 존재하지 않기 때문에 K 값은 ∞가 된다. 하지만 여기서 다룬 뉴턴 별에 관한 식은 일반 상대론적 효과가 작은 경우, 즉 $GM/R << 1$ 인 경우에 한정된다. 만약 질량의 반경 R이 $R \geqq 100GM$ 이라고 하면 식 (8-33)의 오른쪽 항의 값은 $(100GM)^{3\gamma-3}/100$ 이 된다. γ의 값이 4/3 보다 큰 질량으로 이루어진 별들은 그 반경이 R_{max} 와 R_{min} 사이에서 진동을 하겠지만 점성 영향으로 결국은 안정상태에 머무를 것이다. 안정상태에서의 질량 반경은 퍼텐셜 $V(R)$ 이 최소가 되는 점에서 구할 수 있다. 즉,

$$R_{st} \;=\; \left(\frac{16\,\pi\,\kappa'}{15\,GM^2}\right)^{\frac{1}{3\gamma-4}} \tag{8-35}$$

또한 그 진동주기는 다음과 같이 주어진다.

$$\omega = \left[(3\gamma - 4)\frac{2GM}{R_{st}^3} \right]^{\frac{1}{2}} \tag{8-36}$$

이제 식 (8-35)에 주어진 안정상태에서의 반경을 이용하여 별의 중심에서의 밀도, 온도, 압력을 구하면 다음과 같다.

$$\rho_o(t) = \frac{15M}{8\pi R_{st}^3} \tag{8-37a}$$

$$T_o(t) = \frac{GM}{2R_g R_{st}} \tag{8-37b}$$

$$P_o = \frac{15}{16\pi}\frac{GM^2}{R_{st}^4} \tag{8-37c}$$

윗식에서 알 수 있는 바와 같이 안정한 상태에 있는 별들의 중심에서의 상태량은 그 질량과 반경에 좌우됨을 알 수 있다. Table 1에는 태양, 목성, 토성들의 중심에서 밀도, 압력, 온도가 수치적으로 계산한 결과[10, 11]와 함께 나와 있다.

| Table 1 | Central densities, pressures and temperatures of the Sun, Jupiter and Saturn. The upper values of central densities, pressures and temperatures in each row are previously estimated values while the lower ones are those calculated by eq.(8–37).

	density kg/m³	pressure N/m²	temperature deg · K
Sun	1.6×10^5 3.5×10^3	3.4×10^{16} 3.4×10^{14}	1.5×10^7 $0.57 \sim 1.2 \times 10^7$
Jupiter	$1.6 \sim 2.8 \times 10^4$ 3.1×10^3	$0.76 \sim 1.1 \times 10^{13}$ 2.8×10^{12}	$2.1 \sim 3.4 \times 10^4$ $0.54 \sim 1.1 \times 10^5$
Saturn	$1.0 \sim 2.8 \times 10^4$ 1.6×10^3	$0.38 \sim 1.1 \times 10^{13}$ 4.8×10^{11}	$1.0 \sim 3.6 \times 10^4$ $1.9 \sim 3.8 \times 10^4$

γ의 값이 4/3 보다 작은 경우에 질량은 R_{max} 부터 수축하기 시작하여 결국은 붕괴하게 된다. 식 (8-28)과 (8-29)를 사용하면 반경 R_{max}, 질량 M인 크기의 가스가 붕괴하

는 시간은 다음과 같이 된다.

$$t = \frac{\psi + \sin\psi}{2k} \tag{8-38}$$

$$R = \frac{1}{2} R_{\max} (1 + \cos\psi) \tag{8-39}$$

단,

$$k = \sqrt{-2\epsilon(R_{\max})} / R_{\max}, \quad \epsilon = \left(\frac{32\pi\kappa'}{15M} - 2GM \right) / R_{\max} \tag{8-40}$$

위 결과는 1930년 Oppenheimer와 Snyder[3]가 압력을 무시할 경우 일반상대성 이론에서 나온 식을 푼 결과와 똑같다. 하지만 이와 같은 우연한 결과는 일반상대성 이론을 중력수축문제에 적용하는 과정에서 균일한 밀도와 영의 압력이라는 가정으로부터 출발한 때문이다. 이러한 가정에서 일반상대성 이론으로부터 얻은 별에 관한 운동방정식은 다음과 같이 주어진다.

$$\frac{d^2 R}{dt^2} = -\frac{GM}{R^2} \tag{8-41}$$

똑같은 가정 하에서는 본 장에서 사용한 유체역학의 식을 통해서도 같은 결과를 얻을 수 있어 식 (8-27)에 주어진 별에 관한 운동방정식이 좀 더 일반적임을 알 수 있다. 즉 식 (8-41)로부터 얻은 결과는 $\gamma = 1$인 경우, 다시 말하면 밀도가 균일하다는 것이지만 $\gamma \to 1$ 에서 얻은 결과는 밀도가 균일하다는 가정을 포함하고 있지 않기 때문에 식 (8-40)에 주어진 k 값에서 차이가 난다. 즉 식(8-41)의 해는 식 (8-38)과 (8-39)로 똑같이 표현되지만 $k = 2GM/R_{\max}^3$ 으로 주어진다. 그러면 왜 γ의 값에 따라 별은 안정한 상태와 불안정한 상태로 되는 것인가에 대해 토론해 보기로 하자. 식 (8-9), (8-10) 과 식 (8-17)로 부터 별의 내부로 향한 열흐름은 다음과 같이 얻을 수 있다.

$$-\nabla \cdot \vec{q} = \frac{(4-3\gamma)}{4(\gamma-1)} GM \frac{15M}{8\pi} \left(1 - \frac{r^2}{R^2}\right)^2 \left(\frac{r^2}{R^2}\right) \frac{\dot{R}}{R^5} \tag{8-42}$$

식 (8-42)로부터 확인할 수 있는 바와 같이 열의 흐름이 없으면 별은 안정한 상태에 있다. 이제 γ 값이 4/3보다 클 경우를 생각해 보자. 이 때 별이 팽창할 경우 $-\nabla \cdot \vec{q}$는 음의 값을, 별이 수축할 경우는 양의 값을 가지게 되어 별이 팽창할 경우 열의 흐름은 별의 내부에서 외부로 향하기 때문에 별 내부의 가스의 압력은 점점 작아지게 된다. 따라서 별이 팽창함에 따라 내부 가스 압력보다 중력이 크게 됨에 따라 더 크게 팽창하지 못하게 된다. 한편 별이 수축할 경우에는 열의 흐름이 별의 외부에서 내부로 향하기 때문에 별의 내부압력이 점점 커지게 되어 중력에 의한 수축이 더 이상 가능하지 않게 된다. 그러므로 가스의 γ 값이 4/3 보다 클 경우에는 별은 안정을 유지하지만 4/3보다 작을 경우에는 그 반대가 되어 영원히 팽창하거나 한 점으로 수축하게 된다.

또한 식 (8-42)는 기포가 수축할 경우 기포 내 가스의 비열비 γ에 따른 열전달에 의해 기포 내 가스의 온도가 어떻게 변화하는가를 예측해 주는 중요한 식이다. 따라서 기포내 불활성가스의 양에 따라 SL 강도가 어떻게 달라지는가[12]를 열전달이 기포 내 가스의 비열비에 의존함을 이용하여 예측할 수 있다.

8. 3 초신성(Supernova)의 폭발

NASA가 제공하는[13] 초신성 폭발에 관한 영상을 보면 그 장대함과 아름다움에 놀라움을 금할 수 없다. 대부분의 초신성 폭발의 경우는 구대칭이 아니지만[14], 이 절에서는 Fig. 1에서 볼 수 있는 바와 같이 이론적으로 다룰 수 있는 구형을 유지하며 수축 후 폭발하는 초신성인 Cassiopeia A 에 대하여 다루기로 한다.

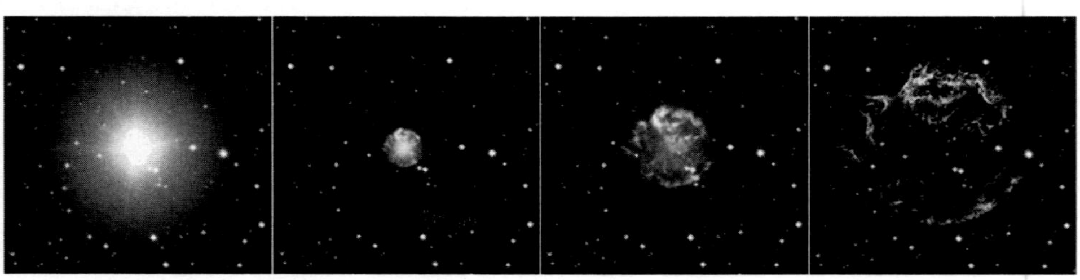

(a) (b) (c) (d)

Fig. 1 Artist view of evolution process for Cassiopeia A.

Cassiopeia A의 iron core 질량은 태양의 1.5배, 반경은 3000 km, 밀도는 10^{10} kg $/m^3$, 온도는 Fe-He 천이가 가능한 $6\times10^{10}K$(~509 keV)로 취하였다. Wheeler 상태방정식에 의한 원시성(progenitor star)의 압력은 10^{23} Pa이지만[15] 본 절에서는 부등식 (8-33)을 만족하는 1.2×10^{24} Pa로 취하였다. 또한 iron core를 둘러싸고 있는 가스의 밀도와 온도는 각각 10^6 kg $/m^3$과 10^6 K으로 취하였다. 원시성인 iron core 가 내파될 수 있는 조건은 원시성을 이루는 물체의 비열비가 4/3 보다 작아야 하므로 iron core의 비열비를 1.2 로 취하였다. 이 경우 뉴턴별의 운동방정식인 식 (8-27)은 다음 식과 같이 쓸 수 있다.

$$\frac{d^2}{dt^2}R(t)=-(4-3\gamma)\frac{2GM}{R^2} \qquad (8-43)$$

이 방정식의 해는 식 (8-38)와 (8-39) 및 (8-40)로 주어지나 ε(Rmax)은 다음과 같이 주어진다.

$$\varepsilon(R_{\max})=-(4-3\gamma)2GM/R_{\max} \qquad (8-44)$$

원시성을 이루는 iron core 는 그 밀도가 핵물질의 밀도와 비슷할 때까지 수축할 것이 예상된다 (Fig. 1 b). 수축시 iron core를 둘러싸고 있는 가벼운 가스들은 내파로 인해 iron core 밖으로 흩어 지게 된다 (Fig. 1 a). Iron core의 밀도가 핵물질의 밀도와 가까워 지면 내부 압력이 중력보다 커지게 되며 이때부터 원시성은 되튀어 폭발하며 팽창하게 된다(Fig. 1 c 및 Fig. 1 d).

핵물질의 밀도까지 수축된 iron core가 팽창하려면 다음 조건을 만족 해야 한다.

$$\frac{2GM}{R_{\min}}\le\frac{32\pi\kappa'}{15MR_{\min}^{3\gamma-3}} \qquad (8-45)$$

식 (8-45)의 왼편항의 최대치를 오른편 항으로 취하게 되면 위치에너지는 다음과 같이 된다.

$$V(R_{\min})=\frac{(4-3\gamma)}{3(\gamma-1)}\frac{32\pi\kappa'}{15M}\frac{1}{R_{\min}^{3\gamma-3}}=\frac{(4-3\gamma)}{3(\gamma-1)}\frac{2GM}{R_{\min}} \qquad (8-46)$$

식(8-46)에 주어진 위치에너지는 iron core가 수축하는 동안 축적된 에너지라고 생각할 수 있다. 이 위치에너지에 상응하는 운동방정식은 다음과 같이 쓸 수 있다.

$$\frac{d^2}{dt^2}R(t) = (4-3\gamma)\frac{32\pi\kappa'}{15M}\frac{1}{R^{3\gamma-2}} \tag{8-47}$$

식 (8-47)의 오른편 항은 γ가 4/3 보다 작으면 항상 0보다 크므로 이 경우 식 (8-47)은 팽창하는 별에 대한 운동방정식이 될 수 있다. 이제 γ의 값을 식 (8-47)이 해석해가 가능한 7/6으로 취하면 그 해는 다음과 같이 된다.

$$R = R_{\min}\cosh^4\theta \tag{8-48}$$

$$t = \frac{R_{\min}}{\sqrt{2V(R_{\min})}}\left(\frac{\sinh 4\theta}{8} + \sinh 2\theta + \frac{3\theta}{2}\right) \tag{8-49}$$

식 (8-48)과 (8-49)에서 수축 후 다시 폭발하는 원시성의 팽창 속도를 다음과 같이 구할 수 있다.

$$\frac{dR}{dt} = \sqrt{2V(R_{\min})}\tanh\theta = \sqrt{\frac{(4-3\gamma)}{3(\gamma-1)}\frac{2GM}{R_{\min}}}\tanh\theta \tag{8-50}$$

점근 속도가 $\sqrt{2GM/R_{\min}}$ 인 팽창 속도는 강한 충격파를 발산하게 된다. Iron core의 수축/팽창 시 일어나는 충격파의 전파 속도나 강도는 6.8절에서 구한 식들을 사용하면 된다.

Iron core의 수축/팽창 시에 일어나는 열전달 량은 식 (8-42)를 전체 체적에 대해 적분하면 다음과 같이 얻을 수 있다.

$$-\int_0^R (\nabla\cdot\vec{q})4\pi r^2 dr = 0.048\frac{(4-3\gamma)}{(\gamma-1)}\frac{GM}{R}\frac{M\dot{R}}{R} \tag{8-51}$$

식 (8-51)는 iron core로부터 방출되는 혹은 생성되는 열전달 율은 수축 또는 팽창 속도와 iron core의 질량에 의존함을 말해 주고 있다. Iron core의 수축 시에는 열전달은 중성미자(neutrinos)의 유출에 의하여 외부로 나가고 (음의 값), 팽창 시에는 중성미자의 흡수에 의하여 열이 발생하게 된다(양의 값).

Table 2에는 원시성을 이루는 iron core의 비열 비에 따라 수축할 때까지의 시간과 수축하는 동안 iron core에서 빠져 나오는 열량 및 수축 점에서 iron core의 밀도, 압력, 온도가 나와 있다. 이 Table에서 볼 수 있는 바와 같이 iron core의 비열비가 클수록 수축할 때까지 시간은 길어지고 나오는 열량은 줄어드는 것을 알 수 있다. 하지만 수축 점에서의 밀도, 압력, 온도는 비열비가 클수록 높은 값을 갖는다.

| Table 2 | Collapse time and heat from the star depending on the specific heat ratio with initial iron core-radius of 3000 km. The center properties are obtained at the radius of 108 km for the protoneutron star. The numerical values in parentheses are the case with the accretion mass flow.

Specific heat ratio(γ)	Collapse time(s)	Heat from star(ergs)	Center density (g/cm^3)	Center pressure(Pa)	Center temperature (K)
1.1	1.05	2.60×10^{52}	3.68×10^{13}	6.69×10^{28}	1.24×10^{10}
1.2	1.20	5.89×10^{51}	3.86×10^{13}	1.92×10^{29}	3.39×10^{10}
	(1.20)	(5.89×10^{51})	(3.86×10^{13})	(1.92×10^{29})	(3.39×10^{10})
1.3	1.59	7.52×10^{50}	4.06×10^{13}	5.56×10^{29}	9.35×10^{10}

Table 3에서 볼 수 있듯이 iron core의 수축 시 최대밀도는 비열비가 1.2일 때 3.86×10^{13} g/cm^3정도이다. 이 값은 핵 상태의 상태방정식으로 구한 값인 $2.7\times10^{14}g/cm^3$ [16]보다 7배 정도 적은 값이다. 수축 시 iron core의 온도는 초기 온도 보다 낮은 3.4×10^{10} K인데 이 온도 또한 여러 가지 모델로 계산한 값인 10^{11} K[17]보다는 3배 정도 작은 값이다.

반경이 3000 km인 iron core가 108 km로 수축하는 전형적인 시간은 1.2 초 정도 된다. 시간에 따른 iron core의 반경 및 속도가 Fig. 2에 주어져 있는 바 수축 점 부근에서 속도는 -14300 km/s에 달한다. 하지만 이 값은 여러 가지 수치적 모델[17, 18]로 계산한 값인 50000 km/s에 비하면 상당히 작은 값이다.

Figure 3에는 iron core를 둘러싸고 있는 가스의 밀도가 0.01 g/m^3 보다 작고 가스의 비열비가 1.6 보다 클 때에 수축 점 부근에서 입자 속도와 충격파의 속도가 나와 있다. 수축 점 부근에서 입자 속도의 절대 값은 최대 값을 가진 뒤 점점 작아지는 것을 알 수 있으며 이 변환 점이 iron core가 최소반경인 108 km가 되는 점이다. 한편 충격파의 속도는 60000 km/s에 달하는 것을 알 수 있으며 이 어마 어마한 충격파가 Fig. 1 a에서 볼 수 있듯이 iron core를 둘러싸고 있는 가벼운 가스들을 밖으로 몰아내는 것이다.

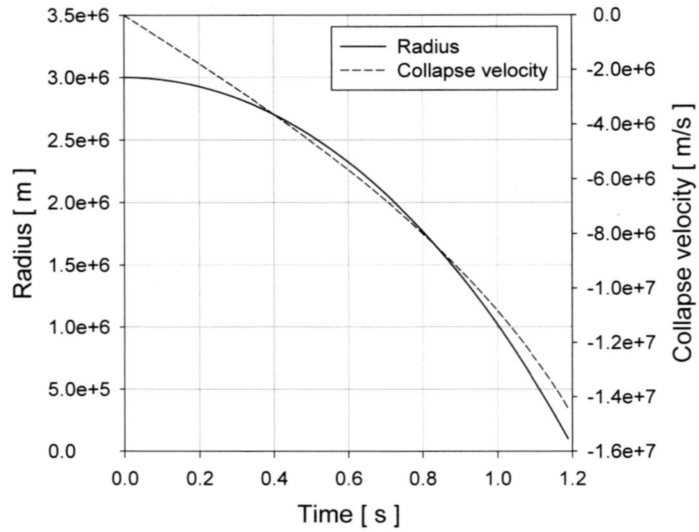

Fig. 2 Time dependent radius and collapse velocity of iron core.

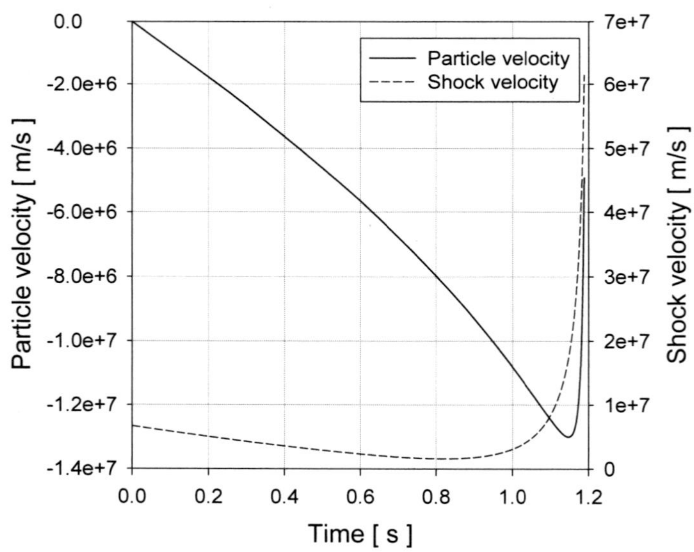

Fig. 3 Time dependent particle and shock velocities obtained for the case without the accretion mass flow.

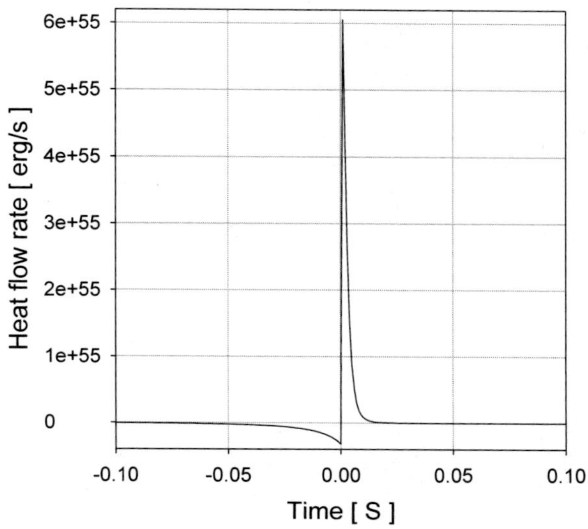

Fig. 4 Heat flow rate during collapsing (left) and explosion (right) phase.

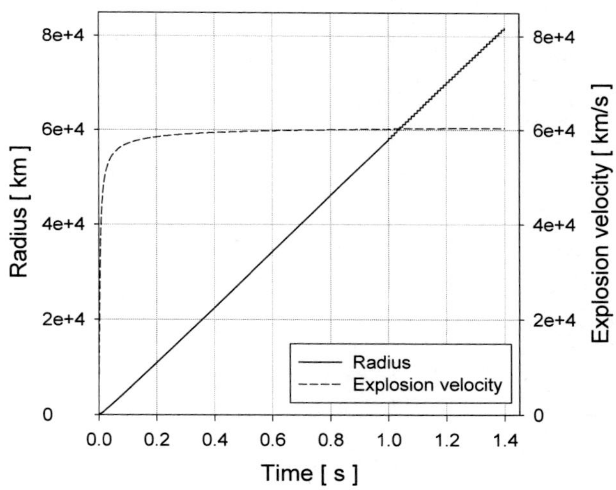

Fig. 5 Time dependent radius and explosion velocity of the protoneutron star.

Figure 4에는 수축 할 때 시간에 따른 방출에너지와 폭발할 때 시간에 따른 흡수되는 에너지가 나와 있다. 수축할 때 방출하는 에너지는 5.9×10^{51}ergs정도 되며 이 방출 에너지 값은 Libendoerfer등[19]이 수치해석으로 구한 값보다 6배 정도 많은 값이다.

팽창할 때 중성미자에 의해 초당 발열되는 에너지는 6×10^{55}erg/s에 달하며 이때 발열되는 총 에너지는 10^{52}ergs이다.

Figure 5에는 iron core가 폭발할 때 시간에 따른 반경의 변화와 팽창속도가 나와 있다. 폭발 후 400 ms 에서 팽창속도는 점근 속도인 60400 km/s에 이루며 iron core는 중성미자의 에너지 흡수에 의해 중성자 별은 계속적으로 팽창하게 된다. 3차원 수치해석으로 계산한 팽창속도는 30000 km/s[20]으로 해석적으로 계산한 값보다 작다.

8. 4 우주의 운동

별의 운동을 기술하기 위하여 별의 중심에서 polytropic이라는 가정을 하였다. 하지만 우주의 경우는 어느 지점에서든지 동등하게 보이기 때문에 중심의 의미가 없어진다.

식 (8-1), (8-2), (8-3)에 주어진 천문학적 유체방정식은 우주의 운동에 대해서 응용할 수도 있다. 식 (8-1)에 주어진 질량보존식에서 다음의 속도분포와 밀도분포를 얻을 수 있다(제6장 6절 참조).

$$u=\frac{\dot{R}}{R}r \tag{8-52}$$

$$\rho=\rho_0+\rho_r \tag{8-53}$$

$$\text{단, } \rho_0 R^3=b'=const. \tag{8-54}$$

$$\rho_r=\frac{ar^2}{R^5} \tag{8-55}$$

단, a는 질량에 관계된 상수이다.

식 (8-52)과 (8-53)를 이용 식 (8-2)에 주어진 Euler 식을 풀면 다음과 같은 해를 얻는다.

$$P=P_0(t)-(\rho_0+\frac{1}{2}\rho_r)r^2\left[\frac{\ddot{R}}{2R}+\frac{2\pi G}{3}\rho_0+\frac{\pi G}{5}\rho_r\right]-\frac{\pi G}{30}\rho_r^2 r^2 \tag{8-56}$$

단 P_0는 중심에서의 압력이다.

$r=R$일 경우 $P \to 0$가 된다는 가정과 식 (8-54)와 (8-55)을 이용하여 식 (8-56)을 정리하면 다음 식을 얻는다.

$$\frac{1}{2}R^2\ddot{R}+\pi G\left(\frac{2b'}{3}+\frac{a}{5}\right)=\frac{1}{b'+\frac{a}{2}}\left(P_0R^4-\frac{\pi Ga^2}{30}\right) \qquad (8-57)$$

윗식을 다시 쓰면 다음과 같이 된다.

$$\dddot{R} = -\frac{2b\pi G}{15R^2}\left(3A+10+\frac{A^2}{2+A}\right)+\frac{4P_0R^2}{b}\cdot\frac{1}{2+A} \qquad (8-58)$$

단, $A=a/b$,$b=\rho R^3$ 이며, a는 상수이다.

현재 우주에 대한 정보를 반경 R, 밀도 ρ, 압력 P_0를 넣어 식 (8-58)를 계산하면 현재 우주의 나이는 123억년 정도로 계산되어 관측결과[21]와 아주 흡사하지만, 뉴톤 역학적인 해이기 때문에 우주의 팽창속도는 현재를 중심으로 점점 작아지는 해가 나온다. 현재 관측결과와 같이 계속적으로 우주가 팽창하기 위하여는 다음과 같은 조건을 만족시켜야 한다.

$$\frac{P_o}{\rho_o} > \frac{1}{2}\frac{GM}{R} \qquad (8-59)$$

하지만 식 (8-59)를 만족하기에는 우주의 질량이 너무 큰 상태이다.

끝으로 본 장에서 다룬 천문학에 대한 해석적 해는 지금껏 근사적으로 다루어 왔던 여러 가지 현상[22]을 해석적으로 다룰 수 있음을 보여 주고 있다.

8. 5 해저에서의 폭발물의 팽창과 충격파 발생

해저에서 TNT가 폭발하게 되면 fire-ball이 생성, 팽창해 구형의 기포로 거동하게 된다. 기포의 운동에 관한 최초의 식은 식 (6-6)에 주어진 Rayleigh [23]에 의한 것이다. 그러나 Rayleigh 식은 액체가 비압축성일 경우 다시 말하면 기포 벽의 속도가 물에서의 음속 1480 m/s 보다 상당히 작을 경우에만 사용할 수 있다. 기포 벽의 속도가 매질의 음속에 가까워 지면 매질의 압축 성을 반드시 고려해야 한다. 물의 압축 성을 고려한 기포 벽의 운동은 식(7-21)에 주어진 KM[24]을 사용할 수 있다. 아는 바와 같이 기포의 거동을 기술하는 Rayleigh 식이나 KM 식은 기포 벽 외부의 액체에 대한 연속방정식 및 운동방정식을 풀면 얻을 수 있다(6장 참조).

하지만 TNT가 폭발할 경우 내부압력이 몇 만 기압 이상이 되어 기포의 팽창 속도는 매질의 음속보다 훨씬 클 것이 예상되어 Rayleigh식이나 KM식을 적용할 수 없다. 따라서 TNT나 원자탄의 폭발의 경우와 같이 경계 면의 속도가 음속을 초과하는 경우는 다른 방법을 찾아야 한다. 1940 년 G.I.Taylor는 차원해석으로 팽창하는 구에 의한 충격파 전파를 연구하였고 [25] S.I.Sedov는 self-similar 변수를 도입하여 연속 방정식, Euler 방정식 및 에너지 보존 식을 풀어 충격파 전면의 후미에서의 속도, 밀도 및 압력 분포를 구하였다 [26, 27]. 본 장에서는 가스에 대한 연속 방정식, Euler 식, 에너지 방정식을 풀어 해저에서 TNT 같은 폭발물이 점화되어 고온, 고 압력의 fire-ball이 형성될 경우 증기 운의 팽창속도를 구하고 이 fire-ball의 팽창에 의한 충격파의 전파를 Kirkwood-Bethe 가설에 의해 계산한 것 [28]을 기술하였다.

TNT가 해저에서 폭발할 경우 구형의 거대한 기포가 생성된다고 하면 이에 관련된 연속방정식은 식 (8-1)에 주어져 있다. 폭발물을 기술할 수 있는 Euler 방정식은 별에 대한 식과는 다르게 중력 항을 무시할 수 있으므로 다음과 같이 주어진다.

$$\frac{\partial \bar{u}}{\partial t} + \bar{u} \cdot \nabla \bar{u} = -\frac{1}{\rho} \nabla P \tag{8-60}$$

연속 방정식의 해는 식 (7-63)에 주어진 선형의 속도분포와 식 (8-4)에 주어진 2차 식의 밀도분포 식으로 표현될 수 있다. 연속방정식의 해인 속도분포와 밀도분포를 이용하여 식 (8-60)에 주어진 운동방정식을 풀면 fire-ball 가스의 압력분포를 다음과 같이 구할 수 있다.

$$P = P_0(t) - \left(\frac{b}{2} \frac{r^2}{R^2} + \frac{a}{4} \frac{r^4}{R^4} \right) \frac{\ddot{R}}{R^2} \tag{8-61}$$

Fire-ball 벽에서의 압력을 0으로 가정하면 질량 중심에서의 기체의 압력은 다음과 같이 주어진다.

$$P_0 = \left(\frac{a+2b}{4}\right)\frac{\ddot{R}}{R^2} \tag{8-62}$$

상수 a 와 b 를 결정하기 위하여는 fire-ball를 구성하는 기체에 대한 에너지 보존 식을 고려하여야 한다. 점성에 의한 소산 항을 무시한 에너지 보존 식의 내부에너지와 엔탈피에 의한 기술은 식 (8-9)와 식 (8-10)에 주어져 있다. 이 두 식에서 $\nabla \cdot \vec{q}$를 소거하면 다음 식을 얻을 수 있다.

$$\rho(C_p - C_v)\frac{DT}{Dt} = \rho R_g \frac{DT}{Dt} = P\nabla \cdot \vec{u} + \frac{DP}{Dt} \tag{8-63}$$

질량 중심에서 식 (8-63)는 다음과 같이 나타낼 수 있다.

$$\rho_0 R_g \frac{\partial T_0}{\partial t} = 3P_0 \frac{\dot{R}}{R} + \frac{\partial P_0}{\partial t} \tag{8-64}$$

단, ρ_0, P_0, T_0는 fire-ball 중심에서의 밀도, 압력, 온도이다. 식 (8-64)로부터 Fire-ball 중심에서의 온도 T_0와 압력 P_0와 반경 R 간에는 다음과 같은 관계가 있음을 유도할 수 있다.

$$P_o R_o^3 / T_o = Const. \tag{8-65}$$

이제 fire-ball 중심에서 식 (8-14)에 주어진 "polytrope" 식을 만족한다고 가정하면 [29], 질량 내의 속도분포, 밀도분포, 압력분포를 이용하여 에너지 보존 식 (8-63)를 풀면 다음과 같은 해를 얻는다.

$$a = -b = -15M/8 \tag{8-66}$$

$$\rho(r,t) = \frac{b}{R^3(t)}\left[1 - \left(\frac{r}{R}\right)^2\right] \tag{8-67}$$

$$T(r,t) = T_s + \frac{R\ddot{R}}{4R_g}\left[1 - \left(\frac{r}{R}\right)^2\right] \tag{8-68}$$

$$P(r,t)=\frac{b}{4}\frac{\ddot{R}}{R^2}\left[1-\left(\frac{r}{R}\right)^2\right]^2 \tag{8-69}$$

가스 운이 진공상태로 급격히 팽창할 때의 S.I. Sedov의 self-similar 변수를 도입하여 풀은 해에 의하면[26] 가스 운 내 가스의 밀도가 균일하다는 가정하에 다음과 같이 fire-ball내 압력분포와 점근 속도를 얻었다.

$$P(r,t)=P_o(t)\left[1-\left(\frac{r}{R}\right)^2\right] \tag{8-70}$$

$$\frac{dR}{dt}=\left(\frac{5}{3}\right)^{1/2}\sqrt{2E_{\exp}/M} \tag{8-71}$$

하지만 fire-ball내에서는 온도나 압력이 균일 하지 않기 때문에 온도나 압력이 균일하다는 가정에서만 사용할 수 있는 폴리트로픽 관계식을 이용하여 압력을 구할 수는 없다. 식 (8-65)에서 시간에 따른 fire-ball의 중심에서 온도 $T_o(R)$를 다음과 같이 구할 수 있다.

$$\frac{dT_o}{dt}=T_o\left(\frac{1}{P_o}\frac{dP_o}{dt}+\frac{3}{R}\frac{dR}{dt}\right) \tag{8-72}$$

식 (8-68)에서 fire-ball의 표면의 온도를 구할 수는 있지만, 식 (8-69)에서 가정한 바와 같이 표면에서의 압력이 0이기 때문에 아무런 의미가 없다.

질량 중심에서 "polytrope"라는 가정에서 반경 R의 fire-ball의 운동에 대한 지배방정식을 다음과 같이 얻을 수 있다. 즉 식 (8-61)과 (8-14)로부터 다음 식을 얻을 수 있다.

$$\frac{d^2}{dt^2}R(t)=\frac{32\pi\kappa'}{15M}\frac{1}{R^{3\gamma-2}} \tag{8-73}$$

식 (8-73)을 에너지 방법을 이용하여 다시 쓰면 다음과 같이 나타낼 수 있다.

$$\frac{1}{2}\dot{R}^2 + V(R) = \varepsilon \tag{8-74}$$

여기서 ε 은 fire-ball의 전 에너지에 해당되는 상수이며 퍼텐셜 함수 V(R) 은 다음과 같이 주어진다.

$$V(R) = \frac{32\pi\kappa'}{45M(\gamma-1)}\frac{1}{R^{3\gamma-3}} \tag{8-75}$$

식 (8-74)의 해는 다음과 같은 적분으로 표시할 수 있다.

$$\int_{R_0}^{R} \frac{dR}{\sqrt{2[\varepsilon - V(R)]}} = t \tag{8-76}$$

반경 R 의 fire-ball 내의 가스에 대한 비열 비 γ가 5/3인 경우 식 (8-76)의 해는 다음과 같이 주어진다.

$$R = R_0 \cosh\theta \tag{8-77}$$

$$t = \sqrt{\frac{45M(\gamma-1)R_0^4}{64\pi\kappa'}}\sinh\theta \tag{8-78}$$

단 식 (8-78)에서 $k' = P_0 R^{3\gamma}$이다.

가스의 비열 비 γ가 4/3 인 경우에 식 (8-76)의 해석적 해는 다음과 같이 주어진다.

$$R = R_0 \cosh^2\theta \tag{8-79}$$

$$t = \sqrt{\frac{45M(\gamma-1)R_0^3}{64\pi\kappa'}}\left[\frac{\sinh\vartheta}{2} + 1\right] \tag{8-80}$$

식 (8-77)과 (8-78) 또는 식 (8-79) 과 (8-80)에서 fire-ball의 점근속도를 다음과 같이 구할 수 있다.

$$\frac{dR}{dt} = 0.89\sqrt{2E'/M} \tag{8-81}$$

단 $E' = P_0 V_0$이고 V_0는 초기 fire ball의 체적이다.

TNT의 폭발 연구에 있어서는 다음과 같은 거리, 시간, 압력에 대한 무 차원 변수를 사용하여 실험 측정치를 해석하여 왔다[30].

$$R^* = R / \left(E_{\exp} / P_\infty\right)^{1/3} \tag{8-81}$$

$$t^* = tC_0 / \left(E_{\exp} / P_\infty\right)^{1/3} \tag{8-82}$$

$$P^* = P / P_\infty \tag{8-83}$$

TNT의 경우는 폭발한 가스의 비열비가 1.30에 가깝기 때문에 식 (8-79)와 (8-80)에 주어진 해를 사용하는 것이 타당하지만 $\theta - t$의 관계를 얻기 힘들어 식 (8-77)과 (8-78)에 주어진 식을 사용하였다. 위에 주어진 무 차원 변수를 사용하여 이 식들을 다시 쓰면 다음과 같이 된다.

$$R^* = R_0^* \cosh\theta \tag{8-84}$$

$$t^* = \sqrt{\frac{30}{64\pi P_0^* R_0^* E_{\exp}^*}} \sinh\theta \tag{8-85}$$

식 (8-85)에서 폭발에너지 $E_{\exp}$에 대한 무 차원은 식 (8-86)와 같이 취하면 "fire-ball"의 시간에 따른 반경의 변화는 식 (8-87)과 같이 주어진다.

$$E_{\exp}^* = E_{\exp} / \left(Mc_0^2\right) \tag{8-86}$$

$$\frac{dR^*}{dt^*} = R_0^* \sqrt{\frac{64 P_0^* R_0^* E_{\exp}^*}{30}} \tanh\theta \tag{8-87}$$

물론 식(8-87)은 file-ball 벽의 속도가 매질의 음속 이하가 되면 Rayleigh 식이나 Keller-Miksis식으로 대체될 수 있다.

TNT가 폭발하게 되면 fire-ball 내의 초기 압력은 80000기압에 이른다[31]. 따라서 이와 같은 엄청난 내부 압력에 의해 fire-ball 내 가스는 급격히 팽창하게 되며 이에 따라 충격파가 전파된다. 이 충격파에 기인한 공기나 액체와 같은 매질 내에서의 속도와 압력 장은 Kirkwood-Bethe 가설을 사용하여 구할 수 있는 것은 이미 6장에서 논의한 바 있다.

TNT가 폭발하였을 경우 위에 주어진 충격파의 특성 식에 의해 충격파에 의해 압축된 가스층의 두께를 얻을 수 있다. 간단한 이론에 의해 그 층의 두께는 다음과 같이 주어진다[32, 33].

$$D = \frac{1}{3}\left(\frac{\gamma - 1}{\gamma + 1}\right) r_s \quad (8-88)$$

윗식에서 r_s는 팽창한 fire-ball의 반경이다.

TNT가 폭발 후 생성된 가스의 상태량은 Jones-Wilkins-Lee (JWL) 상태방정식[32]을 이용하여 구하였는 바 밀도는 1630 kg/m^3,질량당 내부 에너지는 4.29×10^6 J/kg,압력은 8.15×10^9 Pa이었다. 생성된 가스의 온도는 3300 K로 하였고 초기 반경은 ρV_0 = M을 이용하여 구하였다. TNT가 폭발 후 fire-ball의 급격한 팽창에 따라 충격파의 전면(front)은 압축된 가스층이 생성된다. 이 압축된 가스층이 생성되는 과정이 Figure 6에 나와 있다. 압축된 가스층의 두께는 식 (8-88)에 의해 근사적으로 구할 수 있으나 이 식은 폭발가스가 압축된 것 이라고 가정하여 유도된 것이다[26, 33]. TNT의 질량이 250 kg, 최초의 반경이 0.332 m, 에너지가 1.073×10^9 J,온도가 3300 K, 압력이 80340 기압 이고 해저 10 m에서 TNT의 폭발 할 경우 fire-ball의 속도와 반경의 변화가 Fig. 7 에 나와 있다. 이 경우 Fire-ball의 최대 속도는 2810 m/s에 이르고 있을 을 알 수 있다. 공기 중에서 TNT가 폭발할 경우에는 50 μs 내에 fire-ball의 속도가 3560 m/s에 다다름을 알 수 있는 바 이 속도는 식 (8-71)에 주어진 Sedov의 점근 속도 3780 m/s에 접근하는 값이다[28].

Figure 8에는 시간에 따른 폭발 물 중심에서 압력과 온도가 나와 있다. 0.2 ms 내에 기포내 압력은 대기압에 가까워 지고 온도 또한 급격히 떨어짐을 알 수 있다. Figure 9에는 해저 10 m에서 250 kg TNT의 폭발에 이은 fire-ball벽의 급격한 팽창에 의한 충격파의 전파가 나와 있다. 이 그림에서 볼 수 있는 바와 같이 충격파의 최대 압력은 6 μs 후에는 72100 기압 12 μs 후에는 64200 기압이 된다. 충격파의 전파에 의한 충격파 전면의 압축된 가스층의 두께는 0.5 mm 정도 되고 이 가스층에서 압력변화는 대

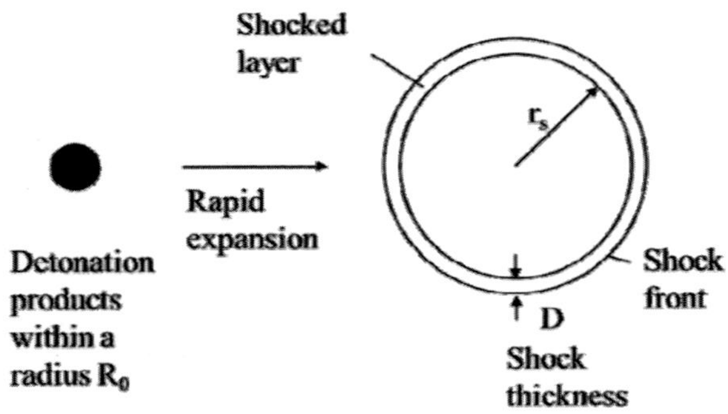

Fig. 6 Schematic of shock generation due to the rapid expansion of detonation products after complete explosion.

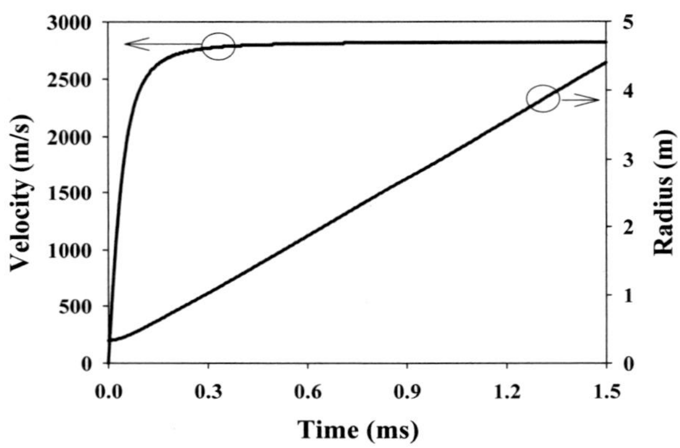

Fig. 7 Time dependent fire-ball velocity and radius for the first 1 ms.

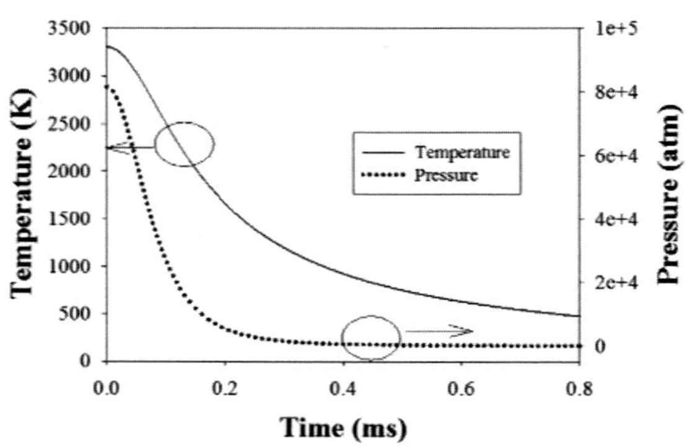

Fig. 8 Time dependent center and center pressure of the fire-ball in underwater.

략 90 기압이었다. Fire-ball의 급격한 팽창에 의해 충격파 전면의 가스층은 폭발물의 가스가 아니라 매질이 압축되었다고 할 수 있다. 이때의 충격파의 전파 속도는 6250 m/s에 달했다. TNT가 폭발한 후 100 μs (0.1 ms) 이후에 충격파의 전파는 Figure 10에 나와 있다. 충격파의 압력의 변화는 충격파의 강도가 크지 않을 경우에는 1/r에 비례해 [34] 저하되지만 이 경우와 같이 충격파의 강도가 클 경우에는 더 크게 떨어짐을 알 수 있다. 폭발 중심으로부터 1.6 m 떨어진 곳에서의 충격파의 최대 강도는 7500 기압 이었고 이때의 충격파의 전파 속도는 6350 m/s 이었다. 이 경우에 Rayleigh

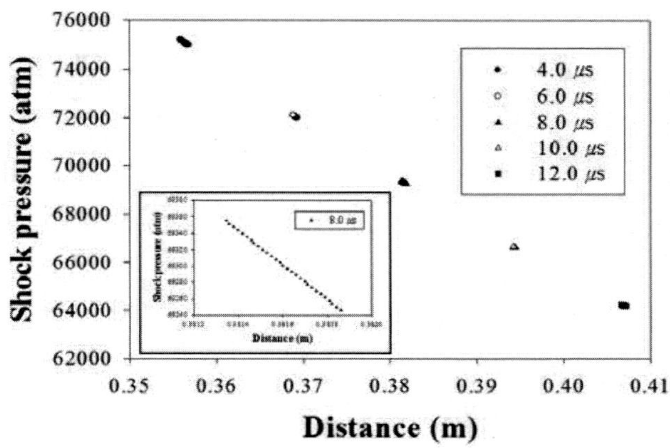

Fig. 9 Propagation of shock front due to the rapid expansion of detonation of products from a 250 kg TNT charge underwater.

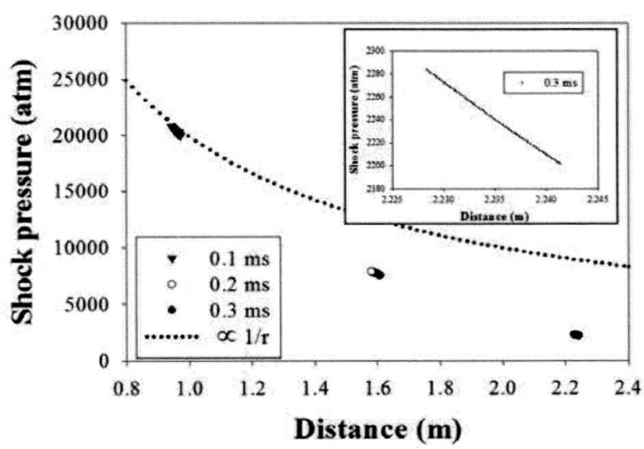

Fig. 10 Propagation of shock front at several specific times after detonation completion from a 250 kg TNT charge underwater.

방정식을 사용해서 문제를 풀게 되면 충격파의 최대 강도는 126000 기압[33]이나 되었고 충격파의 전파속도 또한 10000 m/s이 넘어 너무나 큰 값이 나온다.

Fire-ball 급격히 팽창하며 충격파를 발산한 후에는 fire-ball은 해저에서 거대한 기포로 운동을 하게 된다. 기포의 팽창에 따른 기포 내 압력의 급격한 저하와 함께 기포 벽의 속도 또한 급격히 감소하여 비선형 운동을 하게 된다. 이때의 기포 벽의 속도는 20 m/s 정도로 기포의 운동은 Rayleigh 식을 써서 예측할 수 있다[28].

| Table 3 | Calculated and measured values.*The values in parenthesis are the ones obtained by numerical method and the measured salues are from Refs. [35, 36, 37]

Depth(m) /Mass of TNT(kg)	Period of bubble developed from fire–ball(ms)		Maximum radius(m)	
	Measured value	Calculated value	Measured value	Calculated value
91.4/0.30	29.8	27.9	0.481	0.483
152.4/0.227	18.3	16.9	0.379	0.406
178.6/0.30	17.8	16.4	0.387	0.439
91.7/28.0	(127.0)*	126.0	(2.09)*	2.19
10.0/250.0	----	1063.2	----	7.30

Table 3에는 TNT의 질량, 해면에서부터 TNT의 폭발 지점에 따른 기포의 주기와 최대 반경의 계산결과를 Wardlaw 와 Mair의 논문[35]에 나와 있는 E. Swift와 J. Decius[36]와 Yennie 와 Arons[37]에 의한 실험결과와 비교한 것이 나와 있다. 이 표에서 볼 수 있는 바와 같이 이 절에서 논의한 모델에 의한 계산 결과가 실험과 비교적 잘 일치함을 알 수 있다. 최대 반경일 때 기포 내 온도는 대략 영하 30도 이었다.

References

1. S. Weinberg, Gravitation and Cosmology, John Wiley & Sons, New York, London, Sydney and Toronto 1972; References there in
2. C. W. Misner, K. S. Thorne and J. A. Wheeler, Gravitation, W. H. Freeman and Co., San Fransisco, 1970.
3. J. R. Oppenheimer, and H. Snyder, "On continued gravitational contraction." Phys. Rev., Vol. 56, pp.455-459, 1939.
4. P. Goldreich and S.V.Weber, "Homologously collapsing stellar cores," Astrophysical J. Vol. 238, pp. 991-997, 1980.
5. H. Kwak and J. Na, "Hydrodynamic solutions for a sonoluminescing gas bubble." Phys. Rev. Lett., Vol. 77, pp.4454-4457, 1996.
6. J. Jun and H. Kwak, "Gravitational collapse of Newtonian stars." Int. J. Modern Phys. D, Vol. 9, pp.35-42, 2000.
7. M. C. Chu, "The homologous contraction of a sonoluminescing bubble." Phys. Rev. Lett., vol.77, pp. 4632-4635, 1996
8. W. Greiner, L. Neise and H. Stöcker, Thermodynamics and Statistical Mechanics, Springer-Verlag, New York, 1995.
9. J. R. Oppenheimer and G. M. Volkoff, "On massive neutron cores." Phys. Rev. Vol. 55, pp.374-381, 1939.
10. K. R. Lang, Astrophysical Data, Spring Verlag, Berlin, 1991.
11. T. Gebrels, Jupiter, University of Arizona Press, Tucson, 1976.
12. R. Hiller, K. Weninger, S. J. Putterman, and B. P. Barber, "Effect of noble gas doping in single-bubble sonoluminescence," Science, Vol. 266, pp. 248-250, 1994.
13. 3D supernova explosion animation by R.A. Fesen, Dartmouth College, USA and J. Long, ESA/Hubble
14. K. Maeda, K. Kawabata, P.A. Mazzali, M. Tanaka, S. Valenti, K. Nomoto, T. Hattori, J. Deng, E. Pian, S. Taubenberger, M. Iye, T. Matheson, A.V. Filippenko, K. Aoki, G. Kosugi, Y. Ohyama, T. Sasaki, T. Takata, "Asphericity in supernova explosions from late-time spectroscopy," Science , Vol. 319, 1220-1223, 2008.
15. S.A. Colgate, R.H. White, "The hydrodynamics behavior of supernova explosions," Astrophys. J. Vol. 143, 626-681, 1966.
16. A. Marek, H.-Th. Janka, "Delayed neutrino-driven supernova explosions aided by the standing accretion-shock instability," Vol. Astrophys. J. Vol. 694, 664-696, 2009.

17. R. Buras, M. Rampp, H.-Th. Janka, K. Kifonidis, "Two-dimensional hydrodynamics core-collapse supernova simulations with spectral neutrino transport, I. numerical method and results for a 15 M⊙ star," Astron. Asrophys., Vol. 447, 1049-1092, 2006.

18. W. Iwakami, K. Kotake, N. Ohnishi, S. Yamada, K. Sawada, "Three-dimsional simulations of standing accretion shock instability in core-collapse supernovae," Astrophys. J. Vol. 678, 1207-1222, 2008.

19. M. Liebendoerfer, M. Rampp, H.-Th. Janka, A. Mezzacappa, "Supernova simulations with Boltzmann neutrino transport: A comparison of methods," Astrophys. J. Vol. 620, 840-860, 2005.

20. J. Nordhaus, A. Burrows, A. Almgren, J. Bell, "Dimension as a key to the neutrino mechanism of core-collapse supernova explosions," Astrophys. J. Vol. 720, 694-703, 2010.

21. "No backing off from the accelerating Universe." Science, Vol. 282, Nov., 1998.

22. B. W. Carroll and D. A. Ostlie, An Introduction to Modern Astrophysics, Addition-Wesley, Reading, Massachusetts, 1996.

23. R. Rayleigh,1917, "On the pressure developed in a liquid during the collapse of a spherical cavity", Phil. Mag., Vol.34, pp. 94-99, 1917.

24. J. B. Keller and M. Miksis, "Bubble oscillations of large amplitude", J. Acoust. Soc. Am., Vol. 68, pp. 628-633, 1980.

25. G.I. Taylor, "The air wave surrounding anexpanding sphere", Proceedings of Roy. Soc. London,Series A, Math. and Phys. Sci., Vol. 186, pp.273-292, 1946.

26. Ya B. Zeldovich, and Yu. P. Raizer, Physics of Shock Waves and High-Temperature Hydrodynamic Phenomena, Vol. I , Academic Press, 1966.

27. L.D. Landau and E.M. Lifshitz, Fluid Mechanics, Pergamon Press, Oxford, 1959.

28. H. Kwak, H., K. Kang, I. Ko and J. Kang "Fire-ball expansion and subsequent shock wave propagation by explosive detonation", Int. J. Thermal Sci. Vol. 59, pp. 9-16, 2012.

29. J. Jun and H. Kwak, "Gravitational Collapse of Newtonian stars", Int. J. Modern Phys. D, Vol. 9, pp.35-42, 2000.

30. M.J. Tang and Q.A. Baker, "A new set of blast curves from vapor cloud explosion", Process Safety Progress, Vol. 18, pp.235-240, 1999.

31. K. Kato, T. Aoki, S. Kubota and M. Yoshida, "A numerical scheme for strong blast wave driven by explosion", Int. J. Numer. Meth. Fluids, Vol. 51, pp. 1335-1353, 2006.

32. H. Luo, J.D. Baum, and R. Loehner, On the computation of multi-material flows using ALE formulation, J. Compt. Phys. Vol. 194, pp. 304-328, 2004.

33. C.J. Clarke and R.F. Carswell, Principles of Astrophysical Fluid Dynamics, Cambridge

University Press, Cambridge, 2007.

34. R.H. Cole, Underwater Explosions, Dover Publications Inc, New York, 1965.

35. A.B. Wardlaw and H.U. Mair, "Spherical solutions of an underwater explosion bubble", Shock and Vibration, Vol. 5, pp. 89-102, 1998.

36. E. Swift and J.C. Decius, "Measurement of bubble pulse phenomena III: Radius and period studies in underwater explosion research, Vol.2, Office of Naval Research, Washington, D.C., pp. 533-599, 1948.

37. D. Yenni and A. Arons, "Secondary pressure pulse due to gas glove oscillation in underwater explosion III: Calculation of bubble radius time curve from pressure time record, Navord Report, pp. 429-449, 1946.

국문색인

영문색인

O

P

Q

R

S

T

V

W

Y

Z

• 저자소개 •

곽 호 영 (郭 豪 榮)

1946년 7월 8일 생 충청남도 천안시 목천면 출생

- 목천 초등학교 덕전분교 4년수료 (1957.3) 및 목천본교 졸업(1959.3)
- 서울 보인중학교 졸업 (1962.2)
- 대학입학자격 검정고시 합격 (1964.7)
- 서울대학교 문리과대학 물리학과 학사 (1971.2 BS)
- 미국 텍사스대학교 대학원 물리학과 (1977.8, MA 플라즈마 물리학)
- 미국 텍사스대학교 대학원 기계공학과 (1981.5, Ph. D. 열 및 유체 공학)

〈주요경력〉

1981.9 - 2011.08: 중앙대학교 공과대학 조교수,부교수(1986.3-), 교수(1991.3-2011.08)
1986.12-1987.6: 미국 코넬대학교 기계공학과 객원 교수
1994.9-1997.12: 중앙대학교 연구지원처 사무국장
1996.02-1996.12: 한국학술진흥재단 학술연구 분과위원회 운영위원
1997.2-1999.2: 중앙대학교 공과대학 학장
2003.11-2004.12: 한국학술진흥재단 공학부문 위원장
2006.3-2010.08: 중앙대학교 BK21 기능보강형 소재 응용기술 팀 장
2007.3-2010.02: 중앙대학교 에너지 환경 연구소 소장
2007.11.16: Byron Short lecturer, The University of Texas at Austin
2010.11- : 한국과학기술한림원 정회원
2011.09-현재: 중앙대학교 CAU Fellow
2011.09-현재: 블루이코노미 전략연구원 부원장

〈학회활동〉

1981.10-현재: 대한기계학회 회원
1993.6-2010.06: 대한기계학회 평위원
1996.1-1997.12: 대한기계학회 편집이사
2000.1-2000.12: 대한기계학회 열공학 부문위원장
2003.1-2004.12:미국 기계학회 한국지부 의장
2004.1-현재: International Journal of Exergy (SCIE)편집위원
2008.7-2010.06: 대한기계학회 감사

〈수상경력〉

2005.11: 대한기계학회 남원 학술상

2010.05: 대한기계학회 열공학 학술상

〈주요논문〉

[기포형성 및 기포거동 분야]

1. 곽호영, R. L. Panton, "Gas bubble formation in non-equilibrium water-gas solutions", Journal of Chemical Physics, Vol. 78, pp.5795-5799, 1983.05. American Institute of Physics.
2. 곽호영, R. L. Panton, "Tensile strength of simple liquids predicted by a model of molecular interactions", Journal of Physics, D, Applied Physics, Vol. 18, pp. 647-659, 1985.04.The Institute of Physics.
3. 곽호영, 이상범, "Homogeneous bubble nucleation predicted by a molecular interaction model", ASME Journal of Heat Transfer, Vol. 113, pp. 714-721, 1991.08. American Society of Mechanical Engineers.
4. 곽호영, 오시덕, 박천호, "Bubble dynamics on the evolving bubble formed from the droplet at the superheat limit", International Journal of Heat Mass Transfer, Vol. 38, pp. 1709-1718, 1995.01. Pergamon
5. 곽호영, 김용원, "Homogeneous nucleation and macroscopic growth of gas bubble in the organic solutions", International Journal of Heat Mass Transfer, Vol. 41, pp. 757-767, 1998.04.Pergamon
6. 곽호영, 오시덕, "A model of homogeneous bubble nucleation of CO bubble in Fe-C-O melts", Journal of Colloid and Interface Science, Vol. 198, pp. 113-118, 1998.04. Academic Press
7. 오시덕, 승삼선, 곽호영, "A model of bubble nucleation on a micro line heater", ASME Journal of Heat Transfer, Vol. 121, pp.220-225, 1999.02. American Society of Mechanical Engineers
8. 곽호영, 정정열, 홍재호, "Quantum nucleation of bubbles in liquid heliums", J. Phys. Soc. Jpn., Vol. 71, pp. 2186-2191, 2002. 09.The Physical Society of Japan
9. 이중엽, 박홍철, 정정열, 곽호영, "Bubble nucleation on micro line heaters", ASME Journal of Heat Transfer, Vol. 125, pp. 687-692, 2003.08.American Society of Mechanical Engineers
10. 변기택, 곽호영, "A model of laser-induced cavitation", Japanese Journal of Applied physics, Vol. 43, pp. 621-630, 2004. 02. The Physical Society of Japan
11. 곽호영, 오시덕, "Gas-vapor bubble nucleation - a unified approach", Journal of Colloid and Interface Science" Vol. 278, pp.436-446, 2004. 08. Elsevier

12. 변기택, 곽호영, 강상우, “Bubble evolution and radiation mechanism for laser-induced collapsing bubble in water”, Japanese Journal of Applied Physics, Vol. 43, pp. 6364-6370, 2004. 09. The Physical Society of Japan
13. 김기영, 강성린, 곽호영, “Bubble nucleation in polymer solutions”, Polymer Engineering and Science, Vol. 44, pp. 1890-1899, 2004. 10. Wiley InterScience
14. 박홍철, 변기택, 곽호영, “Explosive boiling of liquid droplets at their superheat limits”, Chemical Engineering Science, Vol. 60, pp. 1809-1821, 2005. 02. Elsevier
15. 정정열, 곽호영, “Effect of surface condition on boiling heat transfer from silicon chip with sub-micron roughness”, International Journal of Heat and Mass Transfer, Vol. 49, pp. 4543-4551, 2006.11. Elsevier
16. 김기영, 강성린, 곽호영, “Generation of microcellular foams by supercritical carbon dioxide in a PMMA compoud”, International Polymer Processing, Vol.23, pp.8-16, 2008.03. Carl Hanser Verlag
17. 곽호영, 강기문, “Gas bubble nucleation under shear flow", International Journal of Heat and Mass Transfer,” Vol. 52, pp. 4929,4937, 2009. 10. Elsevier
18. 곽호영, 오재균, 유영필, Shahid Mahmood, "Bubble formation on the surface of laser-irradiated nano-sized particles," Journal of Heat Transfer, Vol. 136, pp. 081501-1~081501-9, 2014. American Society of Mechanical Engineers

[음파발광 분야]

1. 곽호영, 양 협, “An aspect of sonoluminescence from hydrodynamic theory”, Journal of Physical Society of Japan, Vol. 64, pp. 1980-1992, 1995.10.The Physical Society of Japan
2. 곽호영, 나중희, “Hydrodynamic solutions for a sonoluminescing gas bubble”, Physical Review Letters, Vol. 77, pp. 4454-4457, 1996.11. American Physical Society
3. 곽호영, 나중희, “Physical process for single bubble sonoluminescence”, Journal of Physical Society of Japan, Vol. 66, pp. 1101-1110, 1997.10.The Physical Society of Japan
4. 전진석, 나중희, 양익준, 곽호영, “Radiation mechanism from a single bubble sono luminescence", Journal of Physical Society of Japan, Vol. 69, pp. 112-119, 2000.01. The Physical Society of Japan
5. 전진석, 양익준, 강상우, 곽호영, “Radius measurement of a microbubble oscillating under ultrasound”, Japanese Journal of Applied Physics, Vol. 39, pp. 1124-1127, 2000.03. The Physical Society of Japan
6. 곽호영, 이중엽, 강상우, “Bubble dynamics for single bubble sonoluminescence”,

J. Phys. Soc. Jpn., Vol.70, pp.2909-2917, 2001. 10. The Physical Society of Japan

7. 전진석, 이중엽, 곽호영, "Possibility of upscaling for single bubble sonoluminescence at a low driving frequency", Journal of Physical Society of Japan, Vol. 72, pp. 509-515, 2003.03. The Physical Society of Japan
8. 변기택, 곽호영, "Degradation of methylene blue under multibubble sonoluminescence condition", Journal of Photochemistry and Photobiology, Vol. 175, pp. 45-50, 2005. 09. Elsevier
9. 이승수, 서국원, 윤석환, 심일운, 변기택, 곽호영, "CdS coating on TiO2 nanoparticles under multibubble sonoluminescence condition", Bulletin of the Korean Chemical Society, Vol. 26, pp. 1579-1581, 2005. 10. 한국화학회
10. 김기영, 변기택, 곽호영, "Characteristics of sonoluminescing bubbles in aqueous solutions of sulfuric acid", Journal of Physical Society of Japan, Vol. 75, No. 11, 2006.11. The Physical Society of Japan
11. 김기영, 곽호영, 김종현 "Molecular dynamics simulation of collapsing phase for a sonoluminescing bubble in sulfuric acidsolutions: A comparative study with theoretical results", Journel of Physical Society of Japan, Vol. 76, paper #024301, 2007. 02. The Physical Society of Japan
12. 변기택, 서국원, 심일운, 곽호영, "Syntheses of ZnO and ZnO-coated TiO2 nano particles in various alcohol solutions at multibubble sonoluminescence(MBSL) condition", Chemical Engineering Journal, Vol.135, pp.168-173, 2008.02. Elsevier
13. 전진석, 임찬수, 곽호영, "Measurement of pulse width of sonoluminescing gas bubble in sulfuric acid solutions", Journal of the Physical Society of Japan, Vol. 77, Paper # 033703, 2008.03. The Physical Society of Japan
14. 김기영, 임찬수, 곽호영, 김종현, "Validation of molecular dynamics simulation for a collapsing process of sonoluminescing gas bubble", Molecular Physics, Vol. 106, pp. 967-975, 2008.07.Taylor & Fransis
15. 김효원, 강기문, 곽호영, "Preparation of supported Ni catalysts with a core/shell structure and their catalytic tests of partial oxidation of methane", International Journal of Hydrogen Energy, Vol. 34, pp. 3351-3359, 2009.05. Elsevier
16. 고일곤, 곽호영, "Measurement of pulse width from a bubble cloud under multibubble sonoluminescence condition", Journal of Physical Society of Japan, vol. 79, pp. 1-6, 2010. 12. The Physical Society of Japan
17. 김효원, 강기문, 곽호영, 김종현, "Preparation of supported Ni catalysts on various metal oxides with core/shell structures and their tests for the steam reforming of methane", Chemical Engineering Journal, Vol. 168, pp. 775-783, 2011.04. Elsevier
18. 강기문, 김효원, 심일운, 곽호영, "Catalytic test of supported Ni catalysts with

core/shell structure for dry reforming of methane", Fuel Processing Technology, Vol. 92, pp. 1236-1243, 2011.06. Elsevier

19. Shahid Mahmood, 오재균, 유영필, 곽호영, "Hydrodynamic approach to multibubble sonoluminescence," Ultrasonics Sonochemistry, Vol. 21, pp. 1512-1518, 2014. Elsevier

[열 시스템의 엑서지 및 열경제학 해석 분야]

1. 오시덕, 방효선, 김시문, 곽호영, "Exergy analysis for a gas turbine cogeneration systems", Journal of Engineering for Gas Turbines and Power, Vol. 118, pp. 782-791, 1996.10. American Society of Mechanical Engineers
2. 김시문, 오시덕, 권용호, 곽호영, "Exergoeconomic analysis for thermal systems", Energy, Vol. 23, pp. 393-406, 1998.05. Pergamon
3. 권용호, 곽호영, 오시덕, "Exergoeconomic analysis of gas turbine cogeneration systems", Exergy Int. J, pp.31-40, 2001.01.
4. 곽호영, 김덕진, 전진석, "Exergetic and thermoeconomic of power plants analysis", Energy, Vol. 28, pp. 343-360, 2003.02. Pergamon
5. 곽호영, 변기택, 권용호, 양협, "Cost structure of CGAM cogeneration system," International Journal of Energy Research, Vol. 28, pp.1145-1158, 2004. 10. John Wiley & Sons, Ltd.
6. 오시덕, 오후석, 곽호영, "Economic evaluation for adoption of cogeneration system", Applied Energy, Vol. 84, pp. 266-278, 2007. 03. Elsevier
7. 오시덕, 이호준, 정정열, 곽호영, "Optimal planning and economic evaluation of small scale cogeneration system", Energy, Vol. 32, pp.760-771, 2007.05. Elsevier
8. 김덕진,김종현, K.F. Barry, 곽호영, "Thermoeconomic analysis of high-temperature gas-cooled reactors with steam methane reforming for hydrogen production," Nuclear Technology, Vol. 176, pp. 337-351, 2011.12. American Nuclear Society
9. 오시덕, 김기영, 오석범, 곽호영, "Optimal operation of a 1-kW PEMFC-based CHP system for residential applications," Applied Energy, vol. 95, pp. 93-101, 2012.07.Elsevier
10. 서현욱, 성진일, 오후석, 곽호영, "Economic optimization of a cogeneration system for apartment houses in Korea", Energy and Buildings, Vol.40, pp.961-967, 2008.02.Elsevier
11. 오시덕, 이예지, 유영필, 김진오, 김수용, 송성진, 곽호영, "A support strategy for the promotion of photovoltaic uses for residential houses in Korea," Energy Policy, vol. 53, pp. 248-256, 2013.02. Elsevier
12. 오시덕, 유영필, 송정훈, 송성진, 장하나, 김강원, 곽호영, "A cost-effect8ive

method for integration of new and renewable energy systems in public buildings in Korea," Energy & Buildings, Vol. 74, pp. 120-131, 2014. Elsevier

[기 타]

1. 전정환, 곽호영, "Gravitational collapse of Newtonian stars", International Journal of Modern Physics D, Vol. 9, pp. 35-42. 2000.09. World Scientific Publishing Company
2. 정정열, 곽호영, "Separation of micro particles and biological cells inside an evaporating droplet using dielectrophoresis", Analytical Chemistry, Vol. 79, pp. 5087-5092, 2007. 07. American Chemical Society
3. 정정열, 오후석, 곽호영, "Forced convective heat transfer of nanofluids in micro channels", International Journal of Heat and Mass Transfer, Vol. 52, pp. 466-472, 2009. 01. Elsevier
4. 곽호영, 강기문, 고일곤, 강재훈, "Fire-ball expansion and subsequent shock wave propagation from explosives detonation," International Journal of Thermal Sciences, vol. 59, pp. 9-16, 2012.09.Elsevier

기포동역학

곽호영 저자

1판 1쇄 발쇄 2002년 5월 3일
2판 1쇄 발행 2014년 5월 15일

편집인 명 혜 란
펴낸인 안 기 열
발행처 **드림미디어**
서울특별시 마포구 연남동 493-1번지 세창빌딩 501호
전 화 (02)332-3812~3
팩 스 (02)323-4560
메 일 dream356@empal.com

등록번호 제 6-0465호
ISBN 978-89-91051-51-5

정가 25,000원

불법복사는 지적 재산을 훔치는 범죄행위입니다.
저작권법 제136조(권리의 침해죄)에 따라 위반자는 5년 이하의 징역 또는 5천만 원 이하의 벌금에 처하거나 이를 병과할 수 있습니다.